太阳能光伏发电系统设计施工与应用（第3版）

李钟实 编著

人民邮电出版社

北京

图书在版编目（CIP）数据

太阳能光伏发电系统设计施工与应用 / 李钟实编著
. -- 3版. -- 北京 : 人民邮电出版社, 2023.9
ISBN 978-7-115-61482-7

Ⅰ. ①太… Ⅱ. ①李… Ⅲ. ①太阳能发电一系统设计
Ⅳ. ①TM615

中国国家版本馆CIP数据核字(2023)第054842号

内 容 提 要

本书系统介绍了太阳能光伏发电系统的类型及各组成部分的工作原理、性能参数、设计方法，重点介绍太阳能光伏发电系统的容量设计、并网接入设计、系统整体配置、设备部件选型及设计、安装施工、检测调试、运行维护及故障排除，还介绍了光伏发电系统设计应用实例及光伏发电新技术应用等内容，并提供了具体的设计、施工实例和实用资料。

本书紧跟太阳能光伏发展步伐，内容翔实，图文并茂，通俗易懂，具有较高的实用性，适合从事太阳能光伏发电系统设计、施工、维护及应用方面的工程技术人员及太阳能光伏发电设备、部件生产方面的相关人员阅读，也可供大专院校相关专业的师生学习参考，还可供对太阳能光伏发电感兴趣的各界人士阅读。

◆ 编　　著　李钟实
　责任编辑　李　强
　责任印制　马振武
◆ 人民邮电出版社出版发行　　北京市丰台区成寿寺路 11 号
　邮编　100164　　电子邮件　315@ptpress.com.cn
　网址　https://www.ptpress.com.cn
　北京天宇星印刷厂印刷
◆ 开本：775×1092　1/16
　印张：22　　　　　　2023 年 9 月第 3 版
　字数：522 千字　　　2025 年 8 月北京第 5 次印刷

定价：99.80 元

读者服务热线：(010)53913866　印装质量热线：(010)81055316
反盗版热线：(010)81055315

3 版前言

近几年来，新能源及光伏发电产业发生了巨大变化，光伏发电逐步进入平价上网时代，“光伏+”的多元化应用全面铺开，“乡村振兴”“整县推进”“应装尽装”“千家万户沐光行动”“中东南部地区光伏发电分布式开发和‘三北’地区集中式光伏发电基地化开发并举”等政策的实施，有力地促进了光伏产业的迅猛发展，光伏发电装机容量逐年大幅度上升。光伏储能及多能互补智能微电网的发展，为新能源电力储存和消纳提供了有力支撑。以光伏发电和风力发电为代表的新能源电力将逐渐成为未来能源结构中的主力军，光伏产业发展依然任重道远、大有可为。新能源作为经济增长新引擎，将进入崭新的、更长远的、更大规模的发展阶段。

本书在 2019 年 3 月第 2 版内容的基础上，结合光伏产业发展新形势、新技术和广大读者的学习需求，及时充实和更新相关知识，本书首先简要介绍了太阳能光伏发电系统的原理、分类和构成；然后结合实际，用 6 章的篇幅对光伏发电系统各组成部分的工作原理、性能参数及设计选用方法进行了详细介绍；第 7、8 两章分别对离网、并网光伏发电系统的容量设计、系统整体配置、并网接入设计等内容进行了详细介绍，给出了一些实用的设计方法和计算公式；第 9、10 章对光伏发电系统的安装施工、检测调试与运行维护、故障检修等内容进行了详细介绍；第 11 章通过几个不同形式、不同容量规模的离网、并网光伏发电系统实际设计应用案例，对光伏发电系统的整体设计思路、系统配置和构成等内容进行了梳理，便于读者更系统地理解和借鉴；第 12 章主要介绍了光伏发电系统新技术应用方面的内容；附录部分提供了最新实用数据资料、光伏发电词语解释和光伏发电场地勘测及项目申报等内容。

本书编著者结合自己从事光伏发电相关工作 16 年的实践经验及长期积累的数据资料，从实用的角度出发，紧随光伏行业发展步伐，及时更新相关内容，力求做到内容翔实、图文并茂、通俗易懂，使读者在实际工作中学以致用、提高技能，尽快成为行家里手、能工巧匠。

编著者在编写本书过程中，参阅和学习了光伏专家同人的部分著作及光伏相关的公众号发布的内容，汲取了营养，借鉴了精华，在此向各位同人致以敬意和由衷的感谢。

本书由李钟实编写，山西伏源利仁电力工程王志建先生，山西三晋阳光太阳能科技王君、张慧斌、张旭峰、苗中元、刘健、苗润平先生，山西西子能源王冬杰先生，山西能源学院王康民老师为本书的编写提供了宝贵资料和有力支持，并参与了部分章节的讨论和内容整理，在此一并表示感谢。

出于编著者水平有限，书中难免存在不妥之处，恳请广大读者予以指正。

编著者

2022 年 12 月

目 录

第1章 太阳能光伏发电系统概述

本章主要介绍太阳能光伏发电系统的特点、构成、工作原理及分类，使读者对太阳能光伏发电系统有一个大致的了解。

|1.1　太阳能光伏发电概述|

1.1.1　太阳能光伏发电简介

太阳能光伏发电（简称光伏发电）是利用太阳电池的光生伏特效应直接把太阳的辐射能转变为电能的一种发电方式，光伏发电的能量转换器就是太阳电池，也叫光伏电池，太阳电池实际上是一块将光能直接转化为电能的大面积硅半导体器件，是由半导体的P-N结组成的。在没有光照的情况下，单片太阳电池的电性能等效于二极管的电性能；在有光照的情况下，由于光生伏特效应，单片太阳电池产生电势差，可以对外输出电能。

纯净的硅半导体晶体结构如图 1-1 所示，图中正电荷表示硅原子，负电荷表示围绕在硅原子周围的 4 个电子，当硼或磷的杂质（元素）渗入到半导体硅晶体中时，因为硼原子周围只有 3 个电子，磷原子周围有 5 个电了，所以会产生如图 1-2 所示的带有空穴的晶体结构和带有多余电子的晶体结构，形成 P 型或 N 型半导体。由于 P 型半导体中含有较多的空穴，N 型半导体中含有较多的电子，当 P 型和 N 型半导体结合在一起时，在两种半导体的交界面区域会形成一个特殊的薄层，界面的 P 型一侧带负电，N 型一侧带正电，如图 1-3 所示，形成了 PN 结。由于 PN 结两边的电子和空穴的浓度不同，电子就会强烈地从 N 区向 P 区扩散，空穴会向相反的方向扩散，这两种电荷的移动使半导体内部形成了一个内建电场，这个电场在 P-N 结处又形成一个内部电位差，促使电子和空穴进一步扩散。包含这两种电荷层的区域为空间电荷区，电子和空穴的扩散通过空间电荷区的作用，达到 P-N 结内部的平衡状态。所以，太阳电池在无光线照射时，呈现的是硅二极管的特性，有光照时会产生开路电压，一旦人们把负载连接到太阳电池上，电路中就会有电流流过。

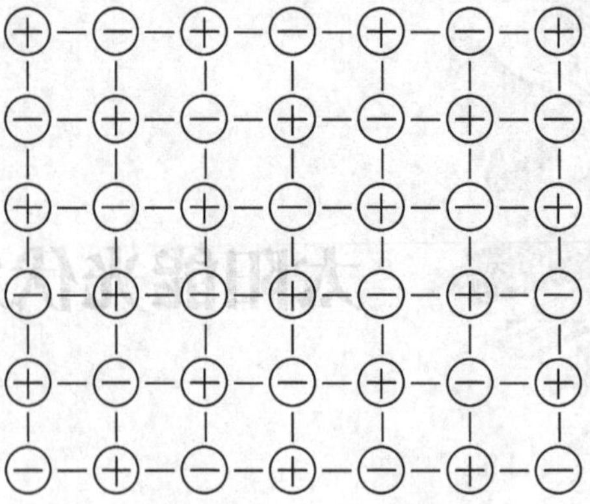

图1-1　纯净的硅半导体晶体结构排列

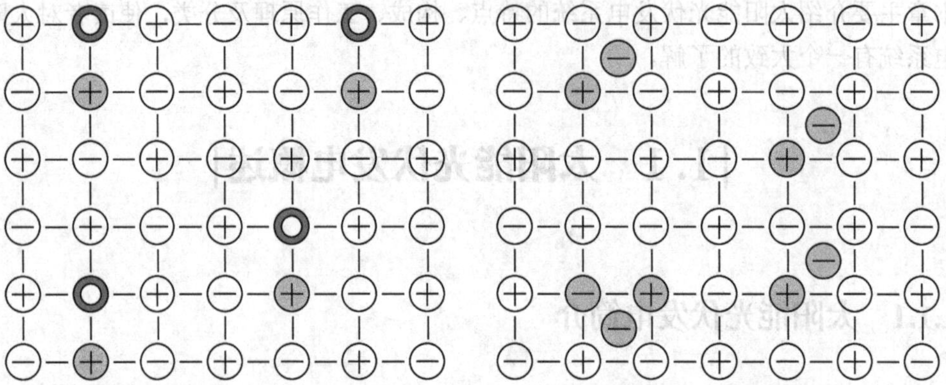

图1-2　掺入杂质的硅半导体晶体结构排列

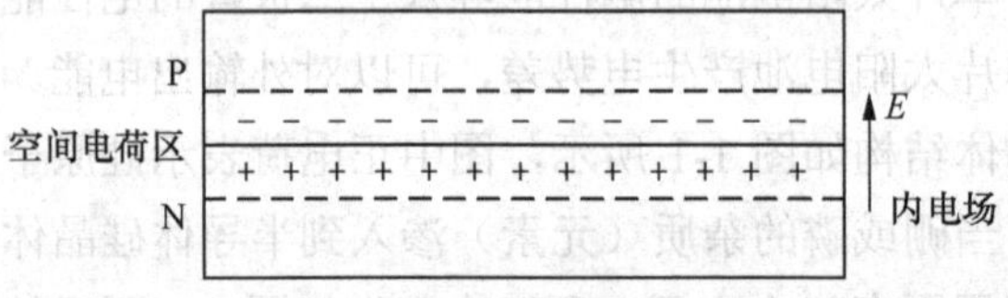

图1-3　平衡的P-N结示意图

当太阳光照射在太阳电池上时，其中一部分光线被反射，一部分光线被吸收，还有一部分光线透过电池片。被吸收的光能激发被束缚的高能级状态下的电子，产生电子-空穴对，在P-N 结的内建电场作用下，电子、空穴相互运动（如图 1-4 所示），N 区的空穴向 P 区运动，P 区的电子向 N 区运动，使太阳电池的受光面有大量负电荷（电子）积累，而在电池的背光面有大量正电荷（空穴）积累。若在电池两端接上负载，负载上就有电流通过，当光线一直照射时，负载上将有源源不断的有电流流过。单片太阳电池实际上是一个薄片状的半导体 P-N 结，在标准光照条件下，额定输出电压为 0.5～0.55V。为了获得较高的输出电压和较大的功率容量，在实际应用中人们往往要把多片太阳电池连接在一起构成光伏组件，或者用更多的光伏组件构成光伏方阵，如图 1-5 所示。太阳电池的输出功率是随机的，不同时间、不同地点、不同光照强度、不同安装方式下，同一块太阳电池的输出功率也不同。

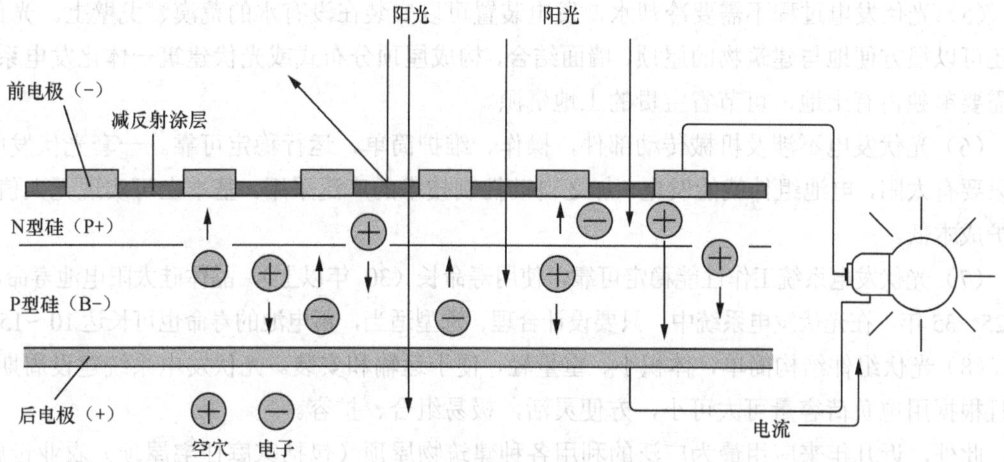

图1-4　太阳电池发电原理

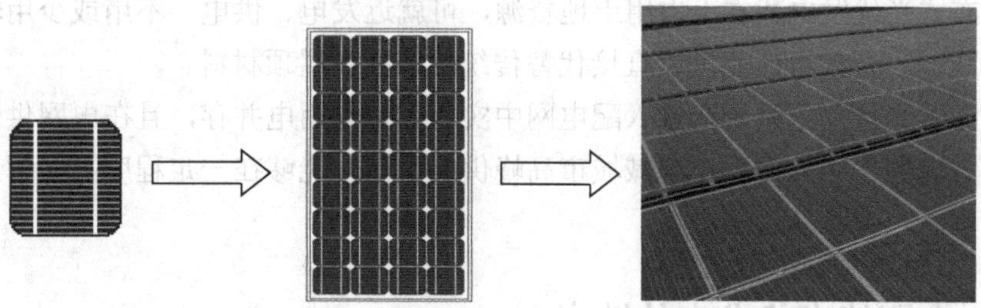

图1-5　从电池片、光伏组件到方阵

1.1.2　太阳能光伏发电的优点

太阳能光伏发电过程简单，不涉及机械转动部件，不涉及燃料消耗，不排放包括温室气体在内的任何物质，无噪声，无污染，太阳能资源分布广泛且取之不尽、用之不竭。因此，与风力发电和生物质能发电等新型发电技术相比，光伏发电是一种可持续发展理想特征（最丰富的资源和最洁净的发电过程）明显的可再生能源发电技术，其主要优点如下。

（1）太阳能资源取之不尽、用之不竭，照射到地球上的太阳能要比人类目前消耗的能量大 6000 倍，而且太阳能在地球上分布广泛，只要有光照的地方就可以使用光伏发电系统，不受地域、海拔等因素的限制。

（2）虽然在地球表面，纬度的不同以及气候条件的差异等因素会造成太阳能的不均匀，但由于太阳能资源随处可得，可就近解决发电、供电和用电问题，不必长距离输送，避免了长距离输电线路投资及电能损失。

（3）光伏发电是直接从光子到电子的转换，没有中间过程（如热能转换为机械能、机械能转换为电磁能等）和机械运动，不存在机械磨损。根据热力学分析，光伏发电具有很高的理论发电效率，可达 80%以上，技术开发潜力大。

（4）光伏发电本身不用燃料，温室气体和其他废气物质的排放几乎为零，不产生噪声，也不会对空气和水产生污染，对环境友好。不会遭受能源危机或燃料市场不稳定的冲击，太阳能是真正绿色环保的可再生新能源。

（5）光伏发电过程不需要冷却水，发电装置可以安装在没有水的荒漠、戈壁上。光伏发电还可以很方便地与建筑物的屋顶、墙面结合，构成屋顶分布式或光伏建筑一体化发电系统，不需要单独占有土地，可节省宝贵的土地资源。

（6）光伏发电不涉及机械传动部件，操作、维护简单，运行稳定可靠。一套光伏发电系统只要有太阳，电池组件就能发电，加之自动控制技术的广泛采用，基本上可实现无人值守，维护成本低。

（7）光伏发电系统工作性能稳定可靠，使用寿命长（30 年以上），晶体硅太阳电池寿命可长达 25～35 年。在光伏发电系统中，只要设计合理、选型适当，蓄电池的寿命也可长达 10～15 年。

（8）光伏组件结构简单，体积小、重量轻，便于运输和安装。光伏发电系统建设周期短，而且根据用电负荷容量可大可小，方便灵活，极易组合、扩容。

此外，近几年来应用最为广泛的利用各种建筑物屋顶（包括家庭住宅屋顶）农业设施屋顶建设的分布式光伏发电系统，除同样具有上述优点外，还具有以下优越性。

（1）分布式光伏发电基本不占用土地资源，可就近发电、供电，不用或少用输电线路，降低了输电成本。光伏组件还可以直接代替传统的墙面和屋顶材料。

（2）分布式光伏发电系统在接入配电网中实现了发电用电并存，且在电网供电高峰期发电，可以有效起到平峰的作用，削减城市高峰供电负荷，能够在一定程度上缓解局部地区的用电紧张状况。

1.1.3 太阳能光伏发电的缺点

当然，太阳能光伏发电也有它的不足，归纳起来有以下几点。

（1）能量密度低。尽管太阳投向地球的能量总和极其巨大，但由于地球表面积也很大，而且地球表面大部分被海洋覆盖，真正能够到达陆地表面的太阳能只有到达地球范围辐射能量的 10%左右，这致使在陆地单位面积上能够直接获得的太阳能量较少，通常以太阳辐照度来表示，地球表面最高值约为 1.2 $kW \cdot h / m^2$，且在绝大多数地区和大多数的日照时间内都低于 1$kW \cdot h / m^2$。太阳能的利用实际上是低密度能量的收集、利用。

（2）占地面积大。太阳能密度低，这就使得光伏发电系统的占地面积很大，每 10kW 光伏发电功率占地需 50~70m^2，平均每平方米面积发电功率为 200W 左右。随着分布式光伏发电的推广以及光伏建筑一体化发电技术的成熟，越来越多的光伏发电系统利用建筑物、构筑物的屋顶和立面，逐步改善了光伏发电系统占地面积大的问题。

（3）转换效率较低。光伏发电系统的最基本单元是光伏组件。光伏发电的转换效率指的是光能转换为电能的比率。目前晶体硅太阳电池的最高转换效率为 24%左右，做成的光伏组件转换效率为 18%～21%，非晶硅光伏组件的转换效率低于 13%。由于光电转换效率较低，所以光伏发电系统功率密度低，高功率发电系统难以形成。

（4）间歇性工作。在地球表面，光伏发电系统只能在白天发电，晚上则不能发电，这和人们的用电方式和习惯不符。除非在太空中没有昼夜之分的情况下，太阳电池才可以连续发电。

（5）受自然条件、气候、环境因素的影响。太阳能光伏发电的能源直接来源于太阳光的照射，而地球表面上的太阳光照射受自然条件和气候的影响很大，一年四季、昼夜交替、地理纬度和海拔等自然条件以及阴晴、雨雪、雾天甚至云层的变化都会严重影响系统的发电状态。另外，环境因素的影响也很大，特别是空气中的颗粒物（如灰尘等）降落在光伏组件表面，也会阻挡部分光线的照射，使光伏组件转换效率降低，发电量减少。

（6）地域依赖性强。不同的地理位置和气候，使各地区的日照资源相差很大。光伏发电系统只有在太阳能资源丰富的地区应用效果才更好，投资收益率才更高。

（7）系统成本偏高。由于太阳能光伏发电的效率较低，到目前为止，光伏发电的成本仍然比其他常规发电方式（火力和水力发电等）要高。这也是制约其广泛应用的主要因素之一。但随着太阳电池产能的不断增加及电池片光电转换效率的不断提高，光伏发电系统成本下降得也非常快，晶体硅光伏组件的价格已经从前几年的每瓦 10 元下降至目前的每瓦 2 元左右。

（8）晶体硅电池的制造过程高能耗、高污染。晶体硅电池的主要原料是纯净的硅。硅是地球上含量仅次于氧的元素，主要存在形式是沙子（二氧化硅）。从沙子一步步变成含量为 99.9999%以上的相对纯净的晶体硅，期间要经过多道化学和物理工序，不仅要消耗大量能源，还会造成一定的环境污染。

尽管光伏发电有上述不足，但是随着全球化石能源的逐渐枯竭以及化石能源过度消耗引发的全球变暖和生态环境恶化，已经给人类带来了很大的生存威胁，因此大力开发可再生能源是解决这个问题的主要措施之一。由于光伏发电是一种具有明显可持续发展理想特征的可再生能源发电技术，近年来我国政府也相继出台了一系列鼓励和支持新能源及光伏产业的政策法规，使得太阳能光伏产业迅猛发展，光伏发电水平不断提高，光伏应用范围逐步扩大，光伏发电装机和并网容量逐年攀升，并将在全球能源结构中占有越来越大的比重，表 1-1 所示为 2012—2022 年上半年我国光伏发电装机并网容量统计表。

当前，随着国家政策的出台，光伏产业发展将更加顺利，光伏发电市场和产品应用将更加“气象万千”。光伏应用的多元化将为光伏产业发展提供更为广阔的空间，多能互补的智能微电网发展将为光伏电力提供更多的消纳空间。2022 年全国能源工作会议确定的大政方针是：① 持续推进东中南部地区风电光伏就近开发消纳；② 充分利用“三北”地区沙漠、戈壁、荒漠等开发风电光伏基地建设；③ 启动千家万户沐光行动。到 2030 年我国风电、太阳能发电装机总容量将超 1200GW，光伏产业将进入一个新的时代。

表 1-1　　2012—2022 年上半年我国光伏发电装机并网容量统计表

年份	新增装机容量	新增分布式容量	累计分布式容量/与总装机占比	累计总装机容量	备注
2012 年	4.28GW	2.3GW	2.3GW（35%）	6.5GW	《太阳能发电科技发展“十二五”专项规划》
2013 年	12.92GW	0.8GW	3.1GW（15.9%）	19.42GW	《国务院关于促进光伏产业健康发展的若干意见》
2014 年	10.60GW	2.05GW	4.67GW（16.6%）	28.05GW	—
2015 年	15.13GW	1.39GW	6.06GW （14.1%）	43.18GW	超过德国，全球装机第一
2016 年	34.54GW	4.23GW	10.32GW（13.3%）	77.42GW	保持全球装机第一
2017 年	52.78GW	19.34GW	29.66GW（22.8%）	130.2GW	分布式光伏元年，保持全球装机第一
2018 年	44.26GW	20.96GW	50.62GW（28.98%）	174.46GW	保持全球装机第一
2019 年	30.11GW	12.2GW	62.63GW（30.65%）	204.56W	保持全球装机第一

续表

年份	新增装机容量	新增分布式容量	累计分布式容量/与总装机占比	累计总装机容量	备注
2020 年	48.20GW	15.52GW	78.15GW（30.83%）	252.77GW	**保持全球装机第一**
2021 年	54.88GW	29.28GW	107.43GW（35.06%）	307.65（305.99）GW	括号内数据为累计总并网容量，连续 7 年保持装机全球第一
2022 年上半年	30.88GW	19.65GW	127.08GW（37.77%）	336.87GW	与 2021 年累计并网容量相加

1.1.4 太阳能光伏发电的应用

太阳电池及光伏发电系统已经逐步应用到工业、农业、科技、国防及老百姓的日常生活中，预计到 2050 年，我国光伏发电和风力发电将成为主要发电方式，发电比例将达到 70% 以上，如图 1-6 所示。

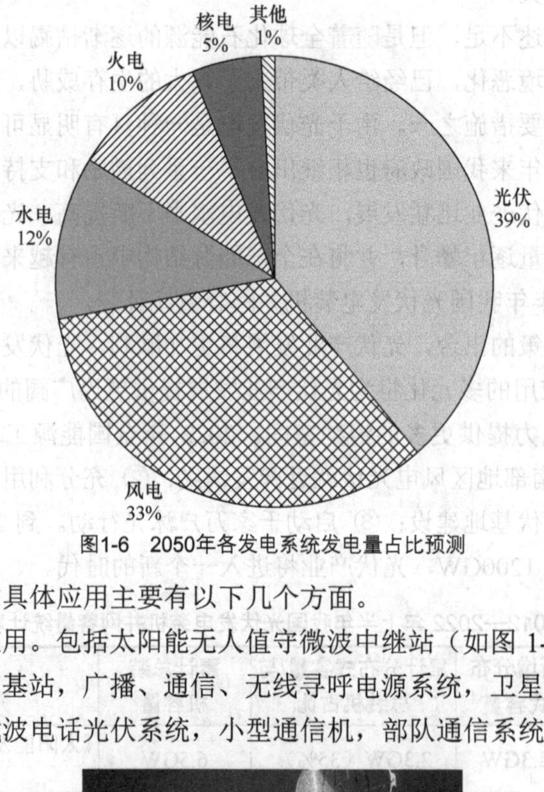

图1-6 2050年各发电系统发电量占比预测

太阳能光伏发电的具体应用主要有以下几个方面。

（1）通信领域的应用。包括太阳能无人值守微波中继站（如图 1-7 所示），光缆通信系统及维护站，移动通信基站，广播、通信、无线寻呼电源系统，卫星通信和卫星电视接收系统，农村程控电话、载波电话光伏系统，小型通信机，部队通信系统，士兵 GPS 供电等。

图1-7 太阳能无人值守微波中继站

（2）公路、铁路、航运交通领域的应用。如铁路和公路信号系统，铁路信号灯，交通警示灯、标志灯、信号灯，公路太阳能路灯，太阳能道钉灯、高空障碍灯，高速公路监控系统，高速公路、铁路无线电话亭，无人值守道班供电，航标灯塔和航标灯电源，高速公路太阳能隔音屏障等。太阳能灯具的应用实例如图 1-8 所示。

（a）　（b）　（c）

图1-8　太阳能灯具的应用

（3）石油、海洋、气象领域的应用。石油管道阴极保护和水库闸门阴极保护的太阳能电源系统，石油钻井平台生活及应急电源，海洋检测设备，海水淡化设备供电，气象和水文观测设备、观测站电源系统等，如图 1-9 所示。

（a）　（b）　（c）

图1-9　森林防火、水文观测及地震监测系统

（4）农村和边远无电地区的应用。如图 1-10 所示。在高原、海岛、牧区、边防哨所等农村和边远无电地区应用太阳能离网光伏发电系统、小型风光油储微电网发电系统作为村庄、学校、医院、饭店、旅社、商店等的供电系统，解决老百姓的日常生活用电问题。

（a）　（b）

图1-10　边远无电地区太阳能离网供电应用

应用太阳能光伏水泵，解决无电地区的深水井饮用、农田灌溉等用电问题。另外还有太阳能喷雾器、草原农牧场太阳能电围栏、太阳能黑光灭虫灯、农业光伏大棚、农光互补、牧光互补、渔光互补等应用（如图 1-11 所示）。

（a）

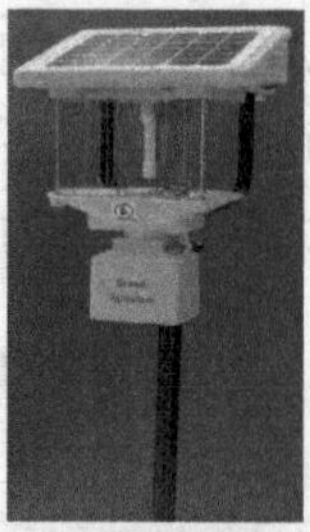

（b）

（c）

（d）

图1-11　农村太阳能光伏应用

（5）太阳能光伏照明方面的应用。太阳能光伏照明包括太阳能路灯、庭院灯、草坪灯，太阳能景观照明，太阳能路标标牌、信号指示、广告灯箱照明等，还有家庭照明灯具（如太阳能小台灯，如图1-12所示）及手提灯、野营灯、登山灯、垂钓灯、割胶灯、节能灯、手电照明等。

（6）大型地面（含荒山荒坡）光伏电站的应用。大型地面光伏电站主要应用在光照资源好，大量非农业用地中，即我国中西部地区的沙漠、戈壁、荒漠及其他地区的荒山荒坡等，如图1-13所示。

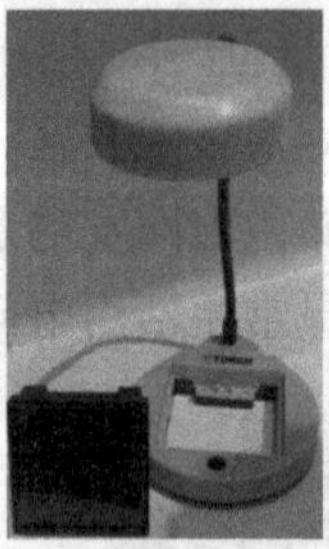

图1-12　太阳能小台灯

图1-13　大型地面光伏电站

（7）分布式光伏发电及光伏建筑一体化（BIPV）发电系统的应用。利用工商业屋顶、公共设施屋顶及家庭住宅屋顶等安装分布式光伏发电系统，以及以光伏组件代替建筑材料作为建筑物的屋顶和外立面，使得各类建筑物都能实现光伏发电系统与电力电网并网运行，以自发自用为主，将剩余电力送入电网，这将是目前和今后一段时期光伏发电应用的主要形式和发展方向。另外，自来水厂、污水处理厂的凉水池，高速公路的边坡和匝道、隧道边的空地以及电动汽车充电棚（光伏车棚）等（如图1-14所示）也是建设分布式光伏发电系统的理想场所。这些分布式光伏发电形式能充分利用太阳能资源，节约土地，就近发电、就近使用，减少了电力设施建设和电力输送损耗，提高了总体效益。

（a）屋顶光伏发电应用

（b）污水处理凉水池光伏发电应用

（c）高速公路边坡光伏发电应用

（d）光伏车棚光储充一体化应用

图1-14　分布式光伏发电应用

（8）太阳能电子产品及玩具的应用。由于太阳能随处可得，使用方便，一些小型的及用电量很少的电子产品、电子玩具与太阳电池有机结合，可以构成太阳能产品。包括太阳能收音机、太阳能钟、太阳凉帽、太阳能手机充电器（充电宝）、太阳能手表、太阳能计算器、太阳能玩具等，如图 1-15 所示。

图1-15　太阳能手机充电器和太阳能玩具

（9）在外太空领域的应用。光伏发电系统在外太空领域主要应用于卫星、航天器、空间太阳能电站中。由于太阳电池具有功率高、寿命长、可靠性好等优点，并能很好地在外太空极端恶劣的环境中工作，加之外太空的太阳辐射相对稳定，且不受地球大气层和气候变化的影响，所以太阳电池作为一种较为理想的空间电源获得了广泛应用。在迄今人类发射到外太空的各类飞行器中，绝大部分都是应用太阳电池作为电源。太阳能电池的空间应用如图 1-16 所示。

图1-16　太阳能电池的空间应用

（10）其他领域的应用。太阳能电动汽车、太阳能游艇、太阳能飞机、太阳能电动自行车等以太阳能作为驱动电源或辅助电源。此外，各种太阳能充电设备，太阳能制氢加燃料电池的再生发电系统，太阳能空调、换气扇、冷饮箱等也得益于光伏发电应用。

另外，当光伏发电得到更大规模应用时，我们完全可以利用廉价的光伏电力进行大规模的海水淡化、光伏制氢、沙漠灌溉、光伏治沙，让沙漠变成绿洲，用光伏修复生态。当地球上 70%的荒漠都变成绿洲时，人类通过生产生活排放的碳就会被吸收，实现真正的“零碳”排放和“负碳”发展，到那时，人类也无须考虑何时搬离地球的问题了。

1.2 光伏发电系统分类与构成

1.2.1 光伏发电系统的分类

光伏发电系统按大类可分为离网（独立）光伏发电系统和并网光伏发电系统两大类，具体分类和应用可参看图 1-17 和表 1-2。

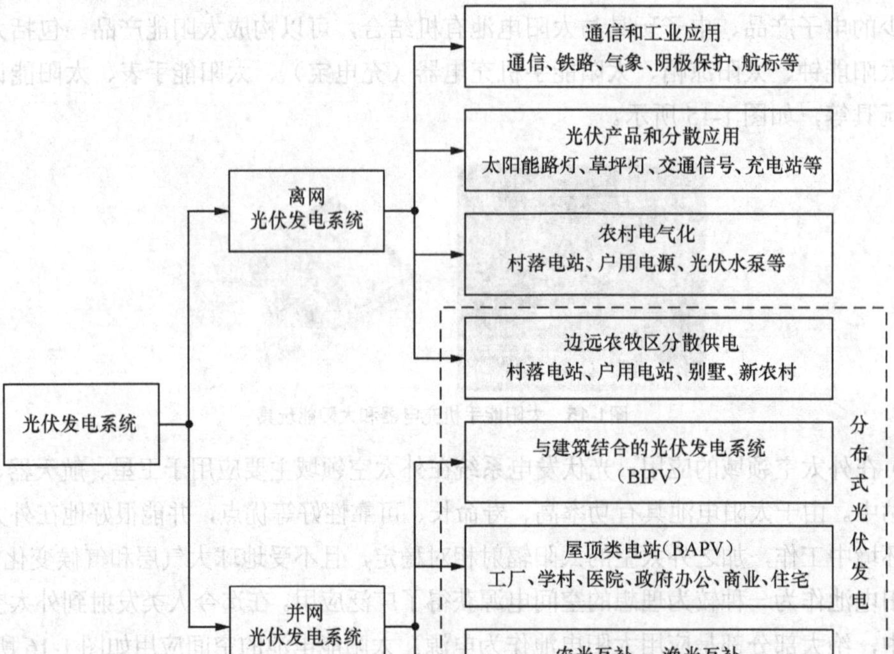

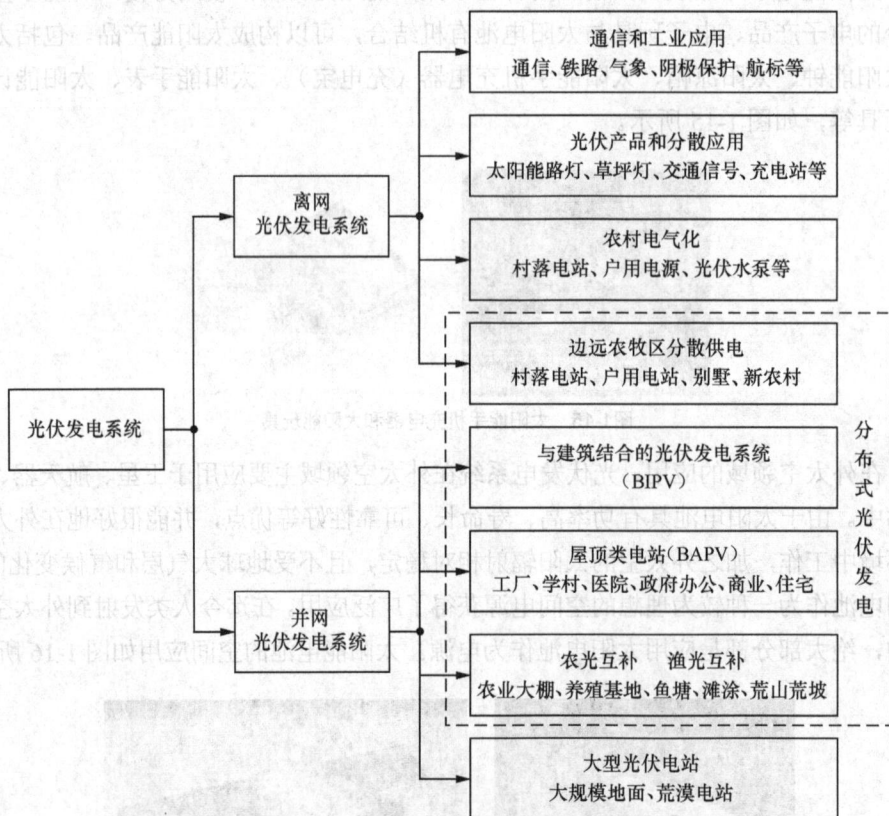

图1-17　太阳能光伏发电系统的分类

表 1-2 太阳能光伏发电系统的分类及用途

类型	分类	具体应用实例
离网光伏发电系统	无蓄电池的直流光伏发电系统	直流光伏水泵、充电器、太阳能风扇帽
	有蓄电池的直流光伏发电系统	太阳能手电，太阳能手机充电器；太阳能草坪灯、庭院灯、路灯、交通标志灯、杀虫灯、航标灯；直流户用系统；高速公路、森林防火、湖河水位监控；无电地区微波中继站、移动通信基站、农村小型发电站；石油管道阴极保护等
	交流及交、直流混合光伏发电系统	交流太阳能户用系统，无电地区小型发电站，有交流设备的微波中继站、移动通信基站，气象、水文、环境检测站等
	市电互补型光伏发电系统	城市太阳能路灯改造、电网覆盖地区的一般住宅光伏电站等
	风光互补、风光油互补发电系统	太阳能路灯、交流太阳能户用系统、无电地区中小型发电站等
并网光伏发电系统	有逆流并网光伏发电系统	一般住宅、建筑物、光伏建筑一体化、大型电站
	无逆流并网光伏发电系统	太阳能空调器、一般住宅、建筑物、光伏建筑一体化、中小型电站
	切换型并网光伏发电系统	一般住宅、重要及应急负载、建筑物、光伏建筑一体化
	有储能装置的并网光伏发电系统	一般住宅、重要及应急负载、光伏建筑一体化、自然灾害避难所、高层建筑应急照明、微电网应用

离网光伏发电系统主要是指逆变器输出端不与市电网连接的，分散式的独立发电供电系统，其主要有两种运行方式：① 系统独立运行向附近用户的供电；② 系统独立运行，但在光伏发电系统与当地电网之间有保障供电的自动切换装置。

并网光伏发电系统是指逆变器交流输出端直接与电网连接的光伏发电系统。并网光伏发电系统按运行方式又可分为 3 种：① 系统与电网系统并联运行，但光伏发电系统对当地电网无电能输出（无逆流）；② 系统与电网系统并联运行，且能向当地电网输出电能（有逆流）；③ 系统与电网系统并联运行，并带有储能装置，可根据需要切换成局部用户独立供电系统，也可以构成局部区域或用户的“微电网”运行方式。

并网光伏发电系统按接入并网点的不同可分为用户侧并网和电网侧并网两种模式。

按发电利用形式不同可分为完全自发自用、自发自用+余电上网和全额上网 3 种模式。

根据《光伏系统并网技术要求》（GB/T 19939-2005）相关要求，光伏系统按接入电压等级不同可分为：小型光伏发电系统（并网容量小于 1MW，并网电压为 0.4kV）；中型光伏发电系统（并网容量为 1MW～30MW，并网电压为 10～35kV）；大型光伏发电系统（并网容量大于 30MW，并网电压大于等于 66kV）。

另外，光伏发电系统按照项目类别不同，可分为普通（地面）光伏电站、工商业分布式光伏发电项目、户用光伏系统、光伏扶贫项目等。其中普通（地面）光伏电站按总装机容量可分为小型光伏电站（并网容量小于 50MW）；中型光伏电站（并网容量大于等于 50MW 但小于等于 500MW）和大型光伏电站（并网容量大于 500MW）。工商业分布式光伏系统的并网容量原则上大于 50kW 但小于等于 6MW，户用光伏系统的用户侧单点并网容量小于等于 50kW。

1.2.2 光伏发电系统的构成

通过太阳电池将太阳辐射能转换为电能的发电系统称为太阳能光伏发电系统，简称光伏发电系统。尽管太阳能光伏发电系统的应用形式多种多样，应用规模也跨度很大，例如从小到不足 1W 的太阳能草坪灯应用，到几百千瓦甚至几百兆瓦的大型光伏电站应用，但系统的组成结构和工作原理却基本相同，主要由太阳电池组件（或方阵）、储能蓄电池（组）、光伏控制器、光伏逆变器（在有需要输出交流电的情况下使用）等，还有直流汇流箱、直流配电柜、交流汇流箱或配电柜、升压变压器、光伏支架以及一些测试、监控、防护等附属设施构成。

1. 太阳电池组件

太阳电池组件也叫光伏组件或俗称电池板（本书以下内容中均称光伏组件），是光伏发电系统中实现光电转换的核心部件，也是光伏发电系统中价值最高的部分。其作用是将太阳的辐射能量转换为直流电能，或送往蓄电池中存储起来，或直接推动直流负载工作。也可以通过光伏逆变器将太阳的辐射能量转换为交流电为用户供电或并网发电。当发电容量较大时，就需要用多块光伏组件串、并联后构成光伏方阵。目前应用的光伏组件主要分为晶硅组件和非晶硅、化合物薄膜组件（简称薄膜组件）。晶硅组件分为单晶硅组件、多晶硅组件；薄膜组件包括非晶硅组件，砷化镓（GaAs）、铜铟镓硒（CIGS）、碲化镉（CdTe）和钙钛矿等化合物组件等。

2. 储能蓄电池

储能蓄电池主要用于离网光伏发电系统和带储能装置的并网光伏发电系统中，其作用主要是存储太阳电池发出的电能，并可随时向负载供电。光伏发电系统对蓄电池的基本要求是：自放电率低，使用寿命长，充电效率高，深放电能力强，工作温度范围宽，少维护或免维护以及价格低廉。目前和光伏发电系统配套使用的主要是铅酸电池、铅碳电池和磷酸铁锂电池、三元锂电池等，在微型、小型系统中，也可用镍氢电池、镍镉电池、锂电池或超级电容器等。当有大容量电能存储时，就需要将多块蓄电池串、并联起来构成蓄电池组，或由多组蓄电池组构成蓄电池柜。

3. 光伏控制器

光伏控制器是离网光伏发电系统的主要部件，其作用是控制整个系统的充放电工作状态，实现蓄电池的充电、放电管理，维持光伏发电系统的供电平衡，最大化地将光伏发电的能量提供给蓄电池或负载，同时保护蓄电池，防止蓄电池过充电、过放电、系统短路、系统极性反接和夜间防反充等。有些控制器还具有温度补偿、最大功率点跟踪（MPPT）及防雷击保护等功能。另外，光伏控制器还有光控、时控等工作模式，以及充电状态、用电状态及蓄电池电量等各种工作状态的显示功能。光伏控制器一般分为小功率、中功率、大功率和风光互补控制器等，有些控制器输入电路还具有最大功率点跟踪功能。在离网光伏系统中，控制器和逆变器常合为一体，构成光伏控制逆变一体机。

4. 光伏逆变器

光伏逆变器的主要功能是把光伏组件或者储能蓄电池输出的直流电能尽可能多地转换成交流电能，提供给电网或者用户使用。按运行方式不同，光伏逆变器可分为并网逆变器和离网逆变器。并网逆变器用于并网运行的光伏发电系统。离网逆变器用于独立运行的光伏发电系统。由于在一定的工作条件下，光伏组件的功率输出将随着光伏组件两端输出电压的变化而变化，并且在某个电压值时组件的功率输出最大，因此并网光伏逆变器一般具有 MPPT 功能，即光伏逆变器能够调整光伏组件或光伏组串两端的电压使得光伏组件的功率始终输出最大。光伏逆变器主要分为组串式逆变器、集中式逆变器、微型（组件式）逆变器和储能逆变器等。

5. 直流汇流箱

直流汇流箱主要用在采用集中式逆变器的光伏发电系统中，其用途是把光伏方阵的多路直流输出电缆集中输入、分组连接到直流汇流箱中，并通过直流汇流箱中的光伏专用熔断器、直流断路器、电涌保护器及智能数据监控模块等的控制、保护和数据检测后，汇流输出到光伏逆变器。直流汇流箱的使用，大大简化了光伏组件与逆变器之间的连线，提高了系统的可靠性与实用性，不仅使线路连接井然有序，而且便于分组检查和维护。当光伏方阵局部发生故障时，可以局部分离检修，不影响整体发电系统的连续工作，保证光伏发电系统发挥最大效能。

6. 直流配电柜

在大型的并网光伏发电系统中，除了采用多个直流汇流箱外，还要用若干个直流配电柜，为光伏发电系统中二、三级汇流做准备。直流配电柜主要是将各个直流汇流箱输出的直流电缆接入后再次进行汇流，然后输出再与并网逆变器连接，有利于光伏发电系统的安装、操作和维护。

7. 交流配电柜与汇流箱

交流配电柜是光伏发电系统中连接在逆变器与交流负载或公共电网之间的电力设备，它的主要功能是对电能进行接受、调度、分配和计量，保证供电安全，显示各种电能参数和监测故障。交流汇流箱一般用在组串式逆变器系统中，主要作用是把多个逆变器输出的交流电经过二次集中汇流后送入交流配电柜中。

8. 升压变压器

升压变压器在光伏发电系统中主要用于将逆变器输出的低压交流电升压到与并网电压等级相同的中高压电网（如 10kV、35kV、110kV、220kV 等）中，通过高压并网实现电能的远距离传输。小型并网光伏发电系统基本都是在用户侧直接并网，自发自用，余电直接馈入 0.4kV 低压电网，故不需要升压环节。光伏发电系统用的升压变压器主要分为干式和油浸式两种，按绕组不同分为双绕组变压器和双分裂变压器。

9. 光伏支架

光伏发电系统中使用的光伏支架按照使用场景不同分为地面用支架、屋顶用支架及水面用支架；按照支架结构划分，主要有固定倾角支架、倾角可调支架和自动跟踪支架几种。自动跟踪支架又分为单轴跟踪支架和双轴跟踪支架。其中单轴跟踪支架又可以细分为平单轴跟踪支架和斜单轴跟踪支架。在光伏发电系统中，目前固定倾角支架的应用最为广泛。

10. 光伏发电系统附属设施

光伏发电系统的附属设施包括系统运行的监控和检测系统、防雷接地系统等。监控检测系统全面监控光伏发电系统的运行状况，包括光伏组件串或方阵的运行状况、逆变器的工作状态、光伏方阵的电压及电流数据、发电输出功率、电网电压频率以及太阳辐射数据等，并可以通过有线或无线网络实现远程连接，将数据上传到管理中心进行监控，用户也可以通过计算机、手机等终端设备监控运行状态，获得相关数据。

1.3 光伏发电系统工作原理

1.3.1 离网光伏发电系统

离网光伏发电系统是光伏发电的主要应用系统，其工作原理如图 1-18 所示。离网光伏发电系统交流输出不与电网连接，人们夜晚用电需要利用储存在蓄电池中的能量。离网光伏发电系统的光伏发电容量和储能容量必须满足用户最大用电量需求。

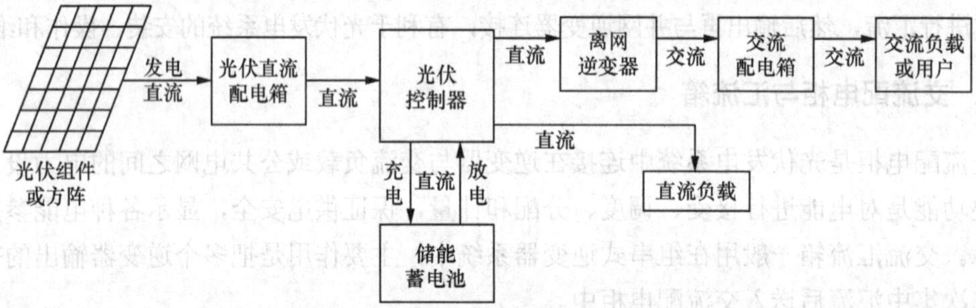

图1-18　离网光伏发电系统的工作原理

光伏组件将太阳的光能直接转换成电能，并通过光伏控制器把电能存储于蓄电池中。当负载用电时，光伏组件转换的电能或蓄电池中的电能，通过光伏控制器送到各个负载。光伏组件所产生的电流为直流电，可以被直接以直流电的形式应用，也可以通过交流逆变器转换成交流电，供交流负载使用。光伏发电的电能可以即发即用，人们也可以用蓄电池等储能装置将电能存储起来，在需要时使用。

离网光伏发电系统适用于下列情况及场合：① 需要移动携带的设备电源；② 远离公共电网覆盖的边远地区、农林牧区、山区、岛屿；③ 不需要并网的场合；④ 优先利用光伏系统供电的场合等。

一般来说，远离电网而又必须进行电力供应的地方以及如柴油发电等需要运输燃料、发电成本较高的场合，使用离网光伏发电系统较经济、环保，可优先考虑。有些场合为了保证离网供电的稳定性、连续性和可靠性，往往还需要采用柴（汽）油发电机、风力发电机、大容量储能装置等与光伏发电系统构成风光油储互补的微电网发电系统。

离网光伏发电系统主要由光伏组件、光伏控制器、储能蓄电池、光伏逆变器、交直流配电箱、光伏支架等构成。根据用电负载的不同特点，可分为直流光伏发电系统和交流光伏发电系统以及交、直流混合光伏发电系统。而直流光伏发电系统又可分为有蓄电池的系统和无蓄电池的系统。

1. 无蓄电池的直流光伏发电系统

无蓄电池的直流光伏发电系统如图 1-19 所示。该系统的特点是用电负载是直流负载，对负载使用时间没有要求，负载主要在白天被使用。太阳电池与用电负载直接连接，有阳光时就发电供负载工作，无阳光时就停止工作。系统不需要使用光伏控制器，也没有蓄电储能装置。该系统的优点是减少了电能通过光伏控制器及在蓄电池的存储和释放过程中造成的损耗，提高了太阳能的利用效率。这种系统最典型的应用是太阳能光伏水泵。人们应用太阳能光伏水泵除了可以在阳光充足的时候直接抽水灌溉外，还可以利用光伏水泵把水抽到蓄水池内储存起来，将太阳能转换为势能，以在夜晚和阴雨天时使用。

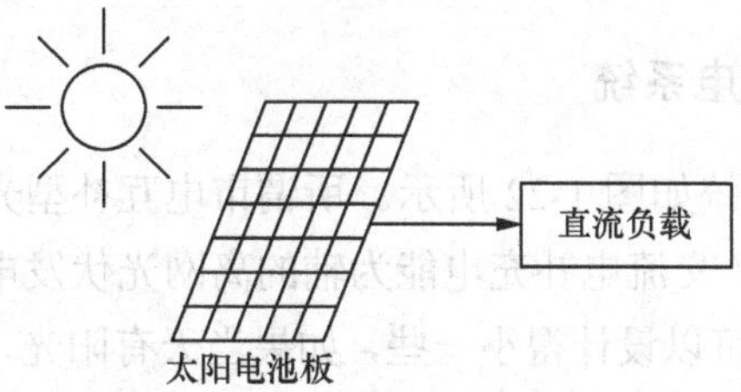

图1-19　无蓄电池的直流光伏发电系统

2. 有蓄电池的直流光伏发电系统

有蓄电池的直流光伏发电系统如图 1-20 所示。该系统由太阳电池、光伏控制器、蓄电池以及直流负载等组成。有阳光时，太阳电池将光能转换为电能供负载使用，并同时向蓄电池存储电能。夜间或阴雨天时，则由蓄电池向负载供电。这种系统应用广泛，小到太阳能草坪灯、庭院灯，大到远离电网的移动通信基站、微波中转站，边远地区农村供电等。当系统容量和负载功率较大时，就需要配备光伏方阵和蓄电池组了。

3. 交流及交、直流混合光伏发电系统

交流及交、直流混合光伏发电系统如图 1-21 所示。与直流光伏发电系统相比，交流光伏发电系统多了一个光伏逆变器，用以把直流电转换成交流电，为交流负载提供电能。有阳光时，光伏电池将光能转换为直流电能向储能蓄电池充电，并同时通过光伏逆变器把直流电转换成交流电，为交流用户或负载提供电能。夜间或阴雨天时，则由储能蓄电池存储的直流电能通过光伏逆变器转换为交流电向负载供电。交、直流混合系统则既能为直流负载供电，也能为交流负载供电。

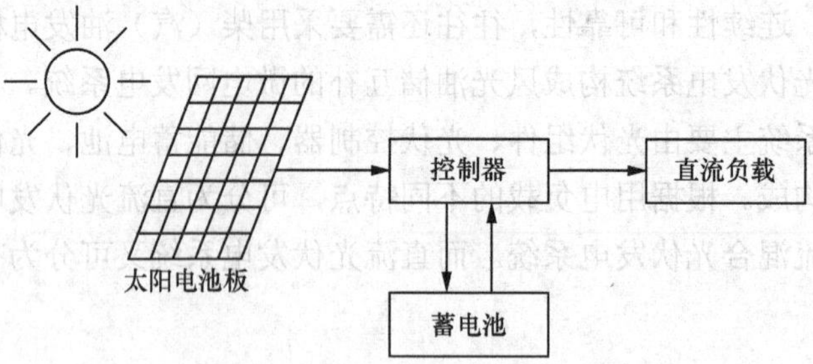

图1-20　有蓄电池的直流光伏发电系统

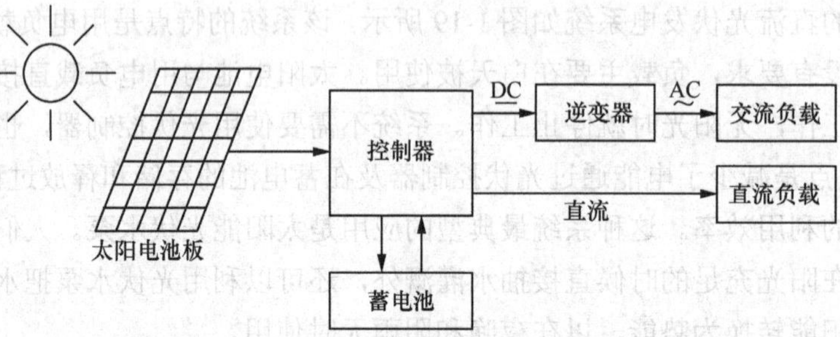

图1-21　交流和交、直流混合光伏发电系统

4. 市电互补型光伏发电系统

市电互补型光伏发电系统如图 1-22 所示。所谓市电互补型光伏发电系统，就是以太阳能光伏发电为主，以普通 220V 交流电补充电能为辅的离网光伏发电系统。这样光伏发电系统中电池组件和蓄电池的容量都可以设计得小一些，如果当天有阳光，用户当天就可以用太阳能发的电，遇到阴雨天时市电能量作为补充。在我国大部分地区全年基本上都有 2/3 以上的晴朗天气，这样系统全年就有 2/3 以上时间用太阳能发电，剩余时间用市电补充能量。这种形式既减少了太阳能光伏发电系统的一次性投资，又有显著的节能减排效果，是太阳能光伏发电在几年前推广和普及过程中的一种过渡性办法。这种形式在原理上与下面将要介绍的无逆流并网型光伏发电系统有相似之处，但二者不能等同。

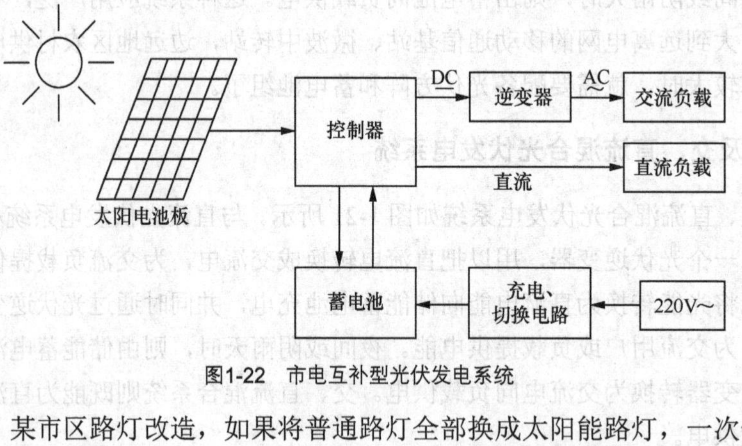

图1-22　市电互补型光伏发电系统

应用举例：某市区路灯改造，如果将普通路灯全部换成太阳能路灯，一次性投资很大，无法实现。而如果将普通路灯加以改造，保持原市电供电线路和灯杆不动，更换节能型光源

灯具，采用市电互补光伏发电的形式，采用小容量的电池组件和蓄电池（仅够当天使用，也不考虑连续阴雨天数），就构成了市电互补型太阳能路灯，投资减少一半以上，节能效果显著。

5. 能自动切换的光伏发电系统

能自动切换的光伏发电系统如图 1-23 所示。所谓自动切换就是离网系统具有与公共电网自动双向切换的功能。一是当光伏发电系统因多云、阴雨天及自身故障等而发电量不足时，切换器能自动切换到公共电网供电一侧，由电网向负载供电；二是当电网因为某种原因突然停电时，光伏发电系统可以自动切换使电网与光伏系统分离，达到独立光伏发电系统工作状态。有些带切换装置的光伏发电系统，还可以在需要时断开为一般负载的供电，接通对应急负载的供电。

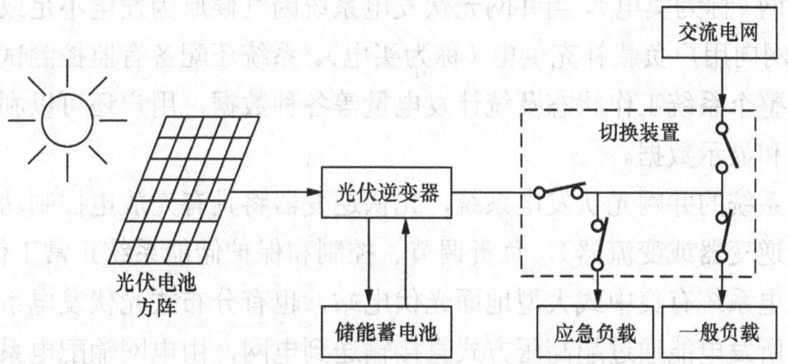

图1-23　能自动切换的光伏发电系统

6. 风光互补及风光油互补型发电系统

风光互补及风光油互补型发电系统如图 1-24 所示。所谓风光互补是指在光伏发电系统中并入风力发电系统，使太阳能和风能根据各自的气象特征形成互补。一般来说，白天只要天气晴朗，光伏发电系统就能正常运行，而夜晚无阳光时往往风力又比较大，风力发电系统恰好弥补光伏发电系统的不足。风光互补发电系统同时利用太阳能和风能发电，对气象资源的利用更加充分，可实现昼夜发电，提高了系统供电的连续性和稳定性，但在风力资源欠佳的地区不宜使用。另外在比较重要的或供电稳定性要求较高的场合，还需要采用柴（汽）油发电机与光伏发电系统、风力发电机构成的风光油互补发电系统。其中柴（汽）油发电机一般处于备用状态或小功率运行待机状态，当风光发电不足和蓄电池储能不足时，由柴（汽）油发电机补充供电。

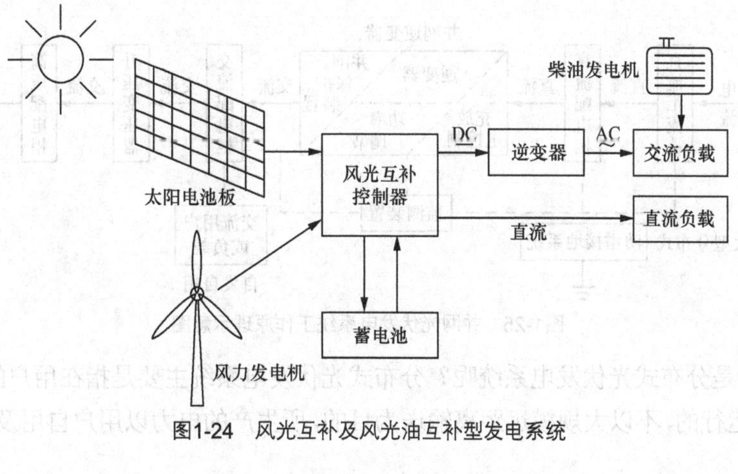

图1-24　风光互补及风光油互补型发电系统

1.3.2 并网光伏发电系统

并网光伏发电系统适用于当地有公共电网的区域，并网光伏发电系统可将发出的电力直接送入公共电网，也可以就近送入用户的供用电系统，由用户部分或全部直接消纳，用电不足部分可由公共电网输入补充。图1-25所示为并网光伏发电系统的工作原理示意图。并网光伏发电系统由光伏方阵将光能转变成电能，直接送入逆变器或经直流汇流箱和直流配电柜进入并网逆变器，有些类型的并网光伏发电系统还要配置储能系统储存电能。并网光伏逆变器由功率调节、交流逆变、并网保护切换等部分构成。经逆变器输出的交流电通过交流配电柜后供用户或负载使用，多余的电能可直接并入低压交流电网或通过电力变压器等设备升压后并入高压交流电网（称为卖电）。当并网光伏发电系统因气候原因发电不足或自身用电量偏大时，可由交流电网向用户负载补充供电（称为买电）。系统还配备有监控测试装置及防雷接地系统，用于监测整个系统工作状态及统计发电量等各种数据，用户还可以利用计算机网络系统远程传输控制和显示数据。

对于有储能系统的并网光伏发电系统，光伏逆变器将具有充放电控制功能和双向充放电功能（对应双向逆变器或变流器），负责调节、控制和保护储能系统正常工作。

并网光伏发电系统有集中式大型地面光伏电站，也有分布式光伏发电系统。大型地面光伏电站主要是将所发电能通过超高压方式直接输送到电网，由电网输配电系统调配供电。这类电站投资大，建设周期长，占地面积大，需要复杂的控制设备和远距离高压输配电系统，目前已在我国西部地区实现了广泛开发与建设。而分布式光伏发电系统，特别是与建筑物相结合的屋顶光伏发电系统、光伏建筑一体化发电系统等，由于投资小，建设快，占地面积小甚至不占用土地，可以就近消纳，避免远距离传输，是目前和未来并网光伏发电应用的主流。

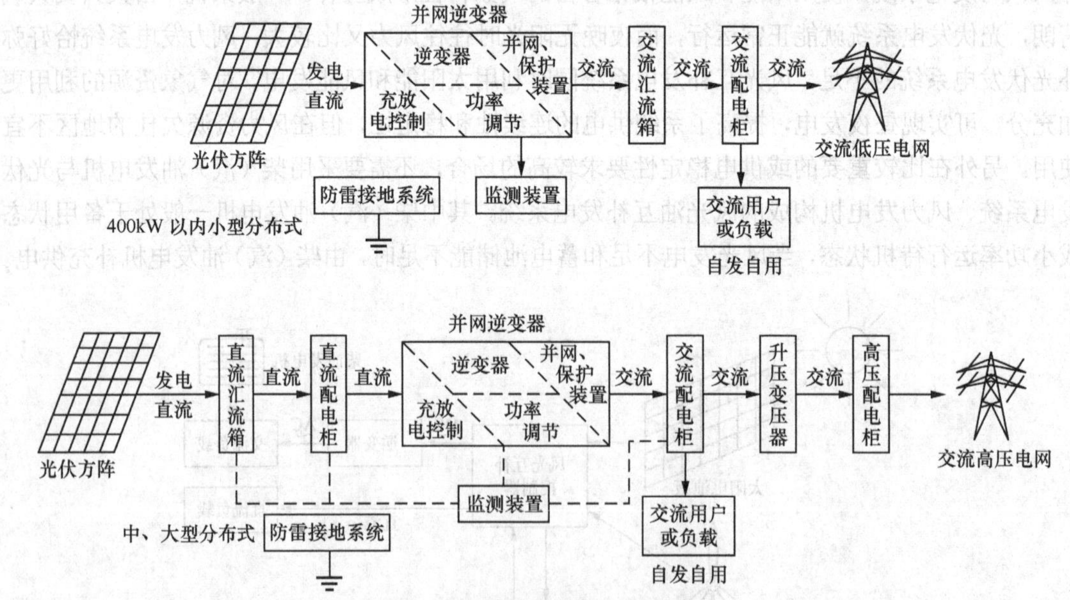

图1-25 并网光伏发电系统工作原理示意图

那么，什么是分布式光伏发电系统呢？分布式光伏发电系统主要是指在用户的场地或场地附近建设和并网运行的，不以大规模远距离输送为目的，所生产的电力以用户自用及就近利用为主，多余电量上网，支持现有电网运行，且在配电网系统中以平衡调节为特征的光伏发电设施。

分布式光伏发电系统一般接入 10kV 以下电网，单个并网点总装机容量不超过 6MW。以 220V 电压等级接入的系统，单个并网点总装机容量不超过 8kW。

《国家能源局关于进一步落实分布式光伏发电有关政策的通知》中，又将分布式光伏发电的定义扩展为：利用建筑屋顶及附属场地建设的分布式光伏发电项目，在项目备案时可选择“自发自用、余电上网”或“全额上网”中的一种模式。在地面或利用农业大棚等无电力消费设施建设、以 35kV 及以下电压等级接入电网（东北地区 66kV 及以下）、单个项目容量不超过 2 万 kW 且所发电量主要在并网点变电台区消纳的光伏电站项目，纳入分布式光伏发电规模指标管理。

文件指出，国家鼓励开展多种形式的分布式光伏发电应用。充分利用具备条件的建筑屋顶（含附属空闲场地）资源，鼓励屋顶面积大、用电负荷大、电网供电价格高的开发区和大型工商企业率先开展光伏发电应用。鼓励各级地方政府制定配套财政补贴政策，并且对公共机构、保障性住房和农村适当加大支持力度。鼓励在火车站（含高铁站）、高速公路服务区、飞机场航站楼、大型综合交通枢纽建筑、大型体育场馆和停车场等公共设施系统推广光伏发电，在相关建筑等设施的规划和设计中将光伏发电应用作为重要元素，鼓励大型企业集团对下属企业统一组织建设分布式光伏发电工程。因地制宜利用废弃土地、荒山荒坡、农业大棚、滩涂、鱼塘、湖泊等建设就地消纳的分布式光伏电站。鼓励将分布式光伏发电与农户扶贫、新农村建设、乡村振兴、农业设施相结合，修复生态，改善农村人居环境，促进农业发展、清洁生产。

分布式光伏发电倡导就近发电，就近并网，就近转换，就近使用的原则，不仅能够有效提高同等规模光伏电站的发电量，同时还有效解决了电力在升压及长途运输中的损耗问题。其能源利用率高，建设方式灵活，将成为我国光伏应用的主要方向。

并网光伏发电系统可分为有逆流光伏发电系统和无逆流并网光伏发电系统，并根据用途也可分为有储能系统和无储能系统等。常见的并网光伏发电系统一般有下列几种形式。

1. 有逆流并网光伏发电系统

有逆流并网光伏发电系统如图 1-26 所示。当光伏发电系统发出的电能充裕时，可将剩余电能馈入公共电网，向电网送电（卖电）；当光伏发电系统提供的电力不足时，由电网向负载供电（买电）。由于该系统向电网送电时与由电网供电的方向相反，所以被称为有逆流并网光伏发电系统。这类光伏发电系统根据并网方式的不同还分为“自发自用，余电上网”和“全额上网”两种模式。

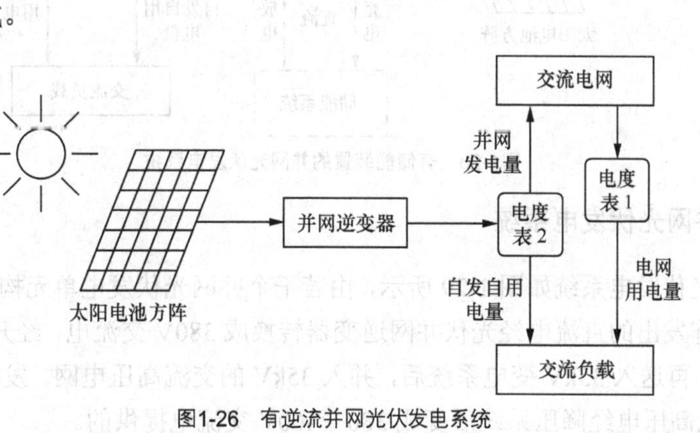

图1-26　有逆流并网光伏发电系统

2. 无逆流并网光伏发电系统

无逆流并网光伏发电系统也叫全部自发自用并网光伏系统，如图 1-27 所示。无逆流并网光伏发电系统即使发电充裕时也不能向公共电网供电，但当光伏系统供电不足时，可由公共电网向负载提供部分或全部用电。

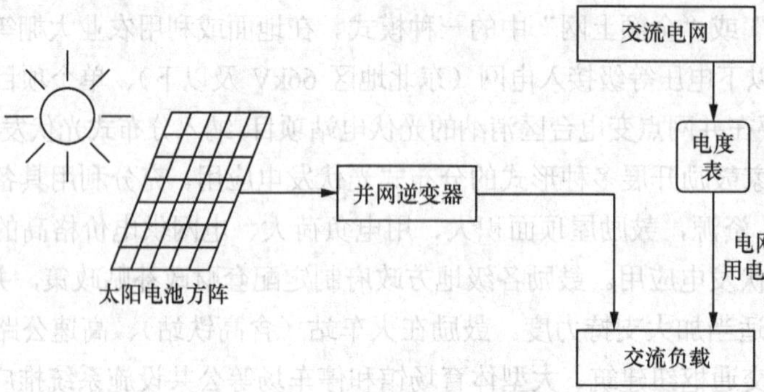

图1-27 无逆流并网光伏发电系统

3. 有储能装置的并网光伏发电系统

有储能装置的并网光伏发电系统如图 1-28 所示，即在上述两种并网光伏发电系统中根据需要配置储能装置的发电系统。带有储能装置的并网光伏发电系统主动性较强，当电网出现停电、限电情况及其他故障时，可独立运行并正常向负载供电。因此，带有储能装置的并网光伏发电系统可作为紧急通信电源、医疗设备、加油站、避难场所指示及照明等重要场所或应急负载的供电系统。同时，带储能系统的并网光伏发电对减少电网冲击、削峰填谷、提高用户光伏电力利用率、建立智能微电网等都具有非常重要的意义。光伏＋储能也会成为今后扩大光伏发电应用的必由之路。

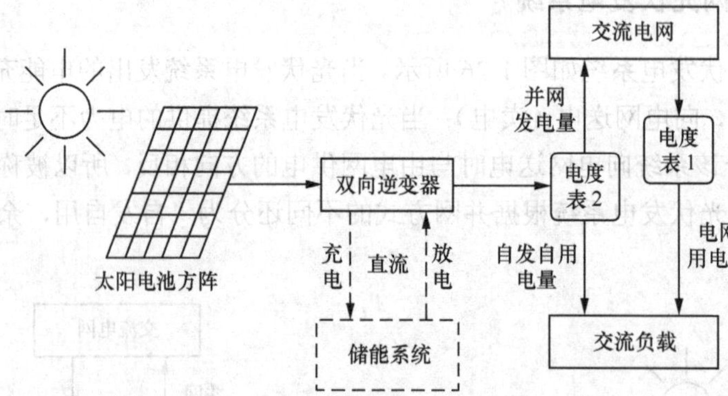

图1-28 有储能装置的并网光伏发电系统

4. 大型并网光伏发电系统

大型并网光伏发电系统如图 1-29 所示，由若干个并网光伏发电单元构成。每个光伏发电单元将光伏方阵发出的直流电经光伏并网逆变器转换成 380V 交流电，经升压系统变成 10kV 的交流高压电，再送入 35kV 变电系统后，并入 35kV 的交流高压电网。发电站的备用电源是通过 35kV 交流高压电经降压系统后变成 380～400V 交流电提供的。

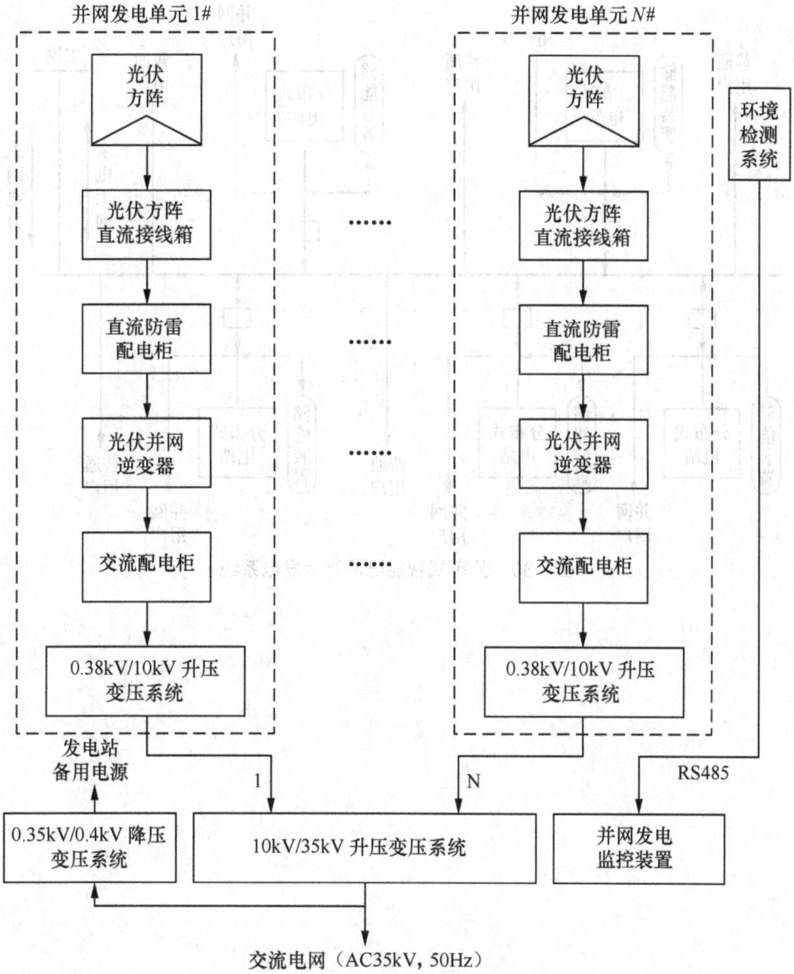

图1-29　大型并网光伏发电系统

5. 分布式智能电网光伏发电系统

分布式智能电网光伏发电系统如图 1-30 所示。该发电系统利用离网光伏发电系统中的充放电控制技术和电能存储技术，克服了单纯并网光伏发电系统受自然环境条件影响使输出电压不稳、对电网冲击严重等弊端，同时能部分增加光伏发电用户的自发自用量和上网卖电量。另外，各自系统储能电量和用电量的不同以及时间差异，可以使用户在不同的时间段并入电网，进一步减少对电网的冲击。

该系统中每个单元都是一个带储能装置的并网光伏发电系统，都能实现光伏并网发电和离网发电的自动切换，保证了光伏并网发电和供电的可靠性，缓解了并网光伏发电系统启停运行对公共电网的冲击，增加了用户用电的自发自用量。

分布式智能电网光伏发电系统是今后并网光伏发电应用的趋势和方向，其主要优点有如下几条：① 减少对电网的冲击，稳定电网电压，抵消高峰时段的用电量；② 增加用户的自发自用量或卖电量；③ 在电网发生故障时能独立运行，实现覆盖范围的正常供电；④ 确保和增加光伏发电在整个能源系统中的占比和地位。

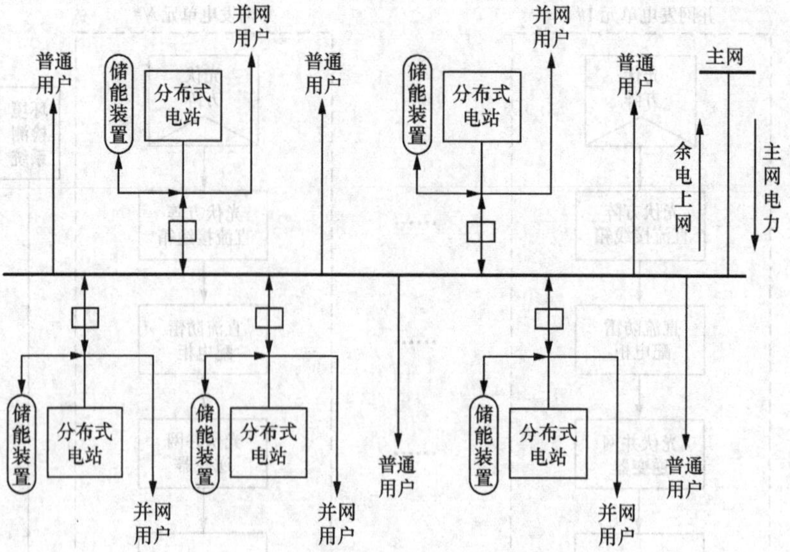

图1-30　分布式智能电网光伏发电系统

第2章 太阳能光伏发电系统组件与方阵

太阳能光伏组件也叫太阳电池组件，通常还简称为光伏组件或电池组件，英文名称为“Solar Module”或“PV Module”。光伏组件是根据用户需要把多个单体的太阳电池片串、并联，并通过专用封装材料和专门生产工艺进行封装后形成的产品。

为什么单体的太阳电池不能直接用于光伏发电系统呢？这是因为：① 单体太阳电池机械强度差，厚度只有150～180μm，薄而易碎；② 太阳电池易腐蚀，若直接暴露在大气中，电池的转换效率会因潮湿、灰尘、酸碱物质、空气氧化等因素的影响而下降，电池的电极也会氧化、锈蚀脱落，甚至会导致电池失效；③ 单体太阳电池的输出电压、电流和功率都很小，工作电压只有0.5～0.55V，由于受硅片材料尺寸限制，目前单体电池片输出功率最大也只有10W左右，远不能满足光伏发电实际应用的需要。

目前光伏发电系统采用的光伏组件主要以晶体硅材料为主（包括单晶硅和多晶硅），因此本章将主要介绍晶体硅光伏组件的原理、构造和性能参数，光伏方阵的组合、连接以及光伏组件的设计选型等内容。

|2.1 光伏组件的基本要求与分类|

2.1.1 光伏组件的基本要求

光伏组件在应用中要满足以下要求：① 能够提供足够的机械强度，使光伏组件能经受运输、安装和使用过程中，由于冲击、震动等而产生的应力，能经受冰雹的冲击力；② 具有良好的密封性，能够防风、防水、抗老化，隔绝大气条件下对电池片的腐蚀；③ 具有良好的电绝缘性能；④ 抗紫外线辐射能力强；⑤ 工作电压和输出功率可以按不同的要求进行设计，可以提供多种连接方式，满足不同的电压、电流和功率输出的要求；⑥ 因电池片串、并联组合引起的效率损失小；⑦ 电池片间连接可靠；⑧ 工作寿命长，要求光伏组件在自然条件下能够使用25年甚至30年以上；⑨ 在满足前述条件下，封装成本尽可能低。

2.1.2 光伏组件的分类

光伏组件的种类较多，根据太阳电池的类型可分为晶体硅（单、多晶硅）光伏组件、非晶硅薄膜光伏组件及化合物薄膜光伏组件等；按照封装材料和工艺可分为单玻光伏组件和双玻光伏组件；按照用途可分为普通型光伏组件和建材型光伏组件，普通型光伏组件包括常规光伏组件及近几年开发生产的半片光伏组件、叠瓦光伏组件、双面发电光伏组件和柔性光伏组件等。建材型光伏组件分为单玻透光型光伏组件、双玻光伏组件和中空玻璃光伏组件等。由于用晶体硅电池片制作的光伏组件应用占到市场份额的90%以上，在此就主要介绍用晶体硅电池片制作的各种光伏组件。

2.2 光伏组件的构成与工作原理

2.2.1 普通型光伏组件

1. 常规光伏组件

目前常规光伏组件的外形如图2-1所示。单块最大功率已经可以超过500W，该类组件主要由面板玻璃、硅电池片、两层EVA胶膜、光伏背板、铝合金边框和接线盒等组成，结构如图2-2所示。面板玻璃覆盖在光伏组件的正面，构成组件的最外层，它既要透光率高，又要坚固耐用，起到长期保护电池片的作用。两层EVA胶膜夹在面板玻璃、电池片和光伏背板之间，通过熔融和凝固的工艺过程，玻璃与电池片及背板凝接成一体。光伏背板要具有良好的耐候性能，并能与EVA胶膜牢固结合。镶嵌在电池组件四周的铝合金边框既对组件起保护作用，又方便组件的安装固定及光伏组件方阵间的组合连接。用硅胶将接线盒黏结固定在背板上，将其作为光伏组件引出线与外引线之间的连接部件。

图2-1 常规光伏组件的外形

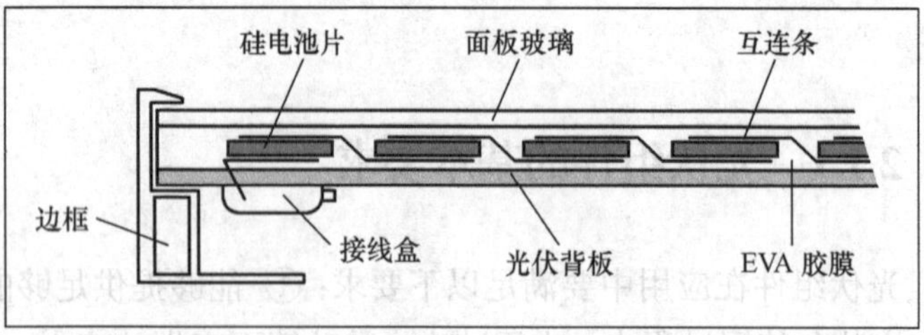

图2-2 常规光伏组件的结构

2. 半片光伏组件

半片光伏组件是目前许多厂家研发、生产和应用的主流产品，厂家使用成熟的红外激光切割技术将整片的电池片切成半片后一分为二串焊成两个部分，然后在组件中间并联连接输出就形成了半片光伏组件，其外形如图 2-3 所示，其结构与常规光伏组件的结构一样。

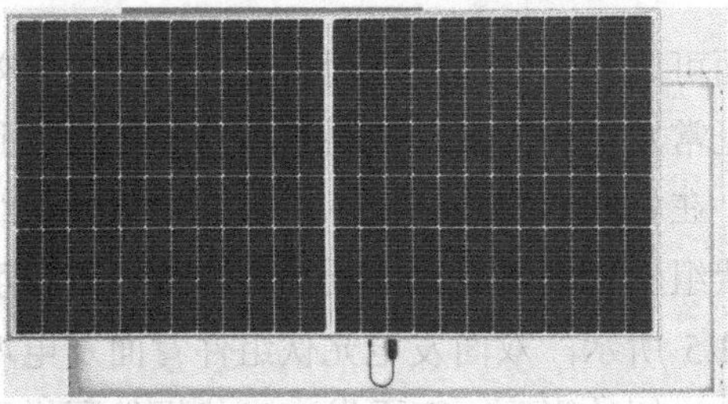

图2-3　半片光伏组件外形

当采用同一转换效率和尺寸的电池片时，使用半片光伏组件与使用整片电池片的常规组件相比，输出电压基本保持不变，但由于组件内部电池片的工作电流降低了一半（电池片的输出电流与其面积成正比），电池片间连接焊带上的热损耗也显著降低，输出功率会因为各种损耗的减少有 2%以上的提升。半片光伏组件在实际应用中还能有效降低组件工作温度以及因热斑效应造成局部温升，降低阴影遮挡造成的功率损失，具有更好的发电性能及可靠性。

3. 叠瓦光伏组件

叠瓦光伏组件的结构与外形如图 2-4 所示，其基本形成过程是：人们把单片电池片沿着主电极栅线以更小尺寸标准切割成 4～6 片，然后通过导电胶等特殊材料把电池片边缘栅线正负极叠加黏结串联在一起，如同铺设瓦片一样，电池片一片压一片分布，由此形成了叠瓦光伏组件。我们在组件面板上看不到主栅线，组件电池片受光面没有焊带遮挡，也不需要互连条焊带。这种技术使同样的组件面积内可以多放置 13%的电池片，提高了组件的发电效率。叠瓦光伏组件目前有一定的量产和应用，但由于专利、成本等问题，其还无法大规模生产和应用。

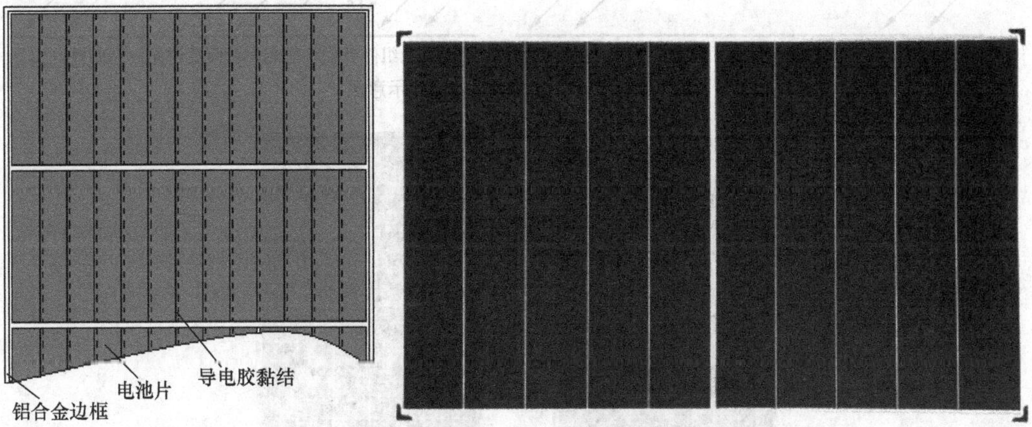

图2-4　叠瓦光伏组件的结构与外形

4. 双面发电光伏组件

在光伏组件先进技术的应用中，除半片光伏组件及叠瓦光伏组件外，双面发电光伏组件通过合适的系统优化设计，有效提升了系统发电性能。目前双面太阳电池、组件、系统相关技术发展迅速，利用双面发电光伏组件技术提高发电效益，是今后光伏发电系统的主要应用产品。

双面发电光伏组件两面可以同时发电，从而可有效提高发电效率。按照光伏组件常规的倾斜角安装，在组件正面正常发电的同时，只要组件背面能接收到光线，就可以贡献额外的发电量。与常规组件相比，在相同的安装环境下，双面发电光伏组件的背面发电量增益可提高 5%～30%。双面发电光伏组件背面发电主要利用的是被周围环境反射到组件背面的地面反射光和空间散射光，如图 2-5 所示，双面发电光伏组件背面发电增益主要受地表反射率、离地高度、方阵间距、散射光比例的影响。双面发电光伏组件同样采用了半片光伏组件的技术优势，其外形如图 2-6 所示。

由于双面发电光伏组件正面和背面都可以发电，所以安装方向任意选择，安装倾角也可以任意设置，更适合应用于如农光互补电站、地面电站、水面电站、光伏大棚、公路铁路隔音墙、隔音屏障、光伏车棚及 BIPV 等场合。双面发电光伏组件在倾斜安装时，与普通光伏组件相比，组件背面环境场景的差异，会导致组件背面受光强度的不同，使组件背面发电功率也会随之变化。通过实验，当地面为白颜色背景时，反射效果最好，背面发电增益最高，依次是铝箔、水泥面、黄沙、草地和水面等。

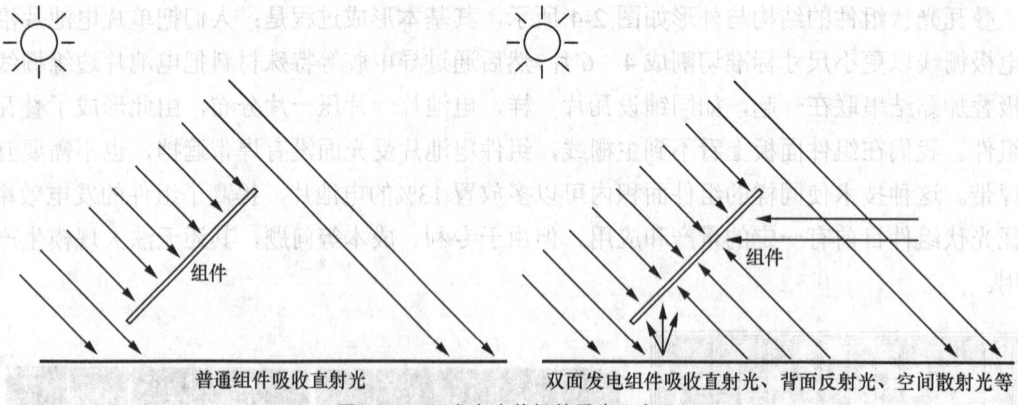
组件
普通组件吸收直射光
组件
双面发电组件吸收直射光、背面反射光、空间散射光等

图2-5 双面发电光伏组件受光示意图

图2-6 双面发电光伏组件外形

由于双面发电光伏组件采用双面玻璃结构，所以其可有效克服积雪、灰尘等对光线的阻挡，而且比常规组件有着更强的可靠性、耐候性、透光性和抗 PID 能力。同时在光伏方阵前期设计时，需要充分考虑方阵背面的光通量，尽量避免光伏支架导轨等结构件及附属设备对双面组件背面的遮挡。

5. 柔性（轻质）光伏组件

柔性（轻质）光伏组件被誉为“不挑屋顶的光伏组件”这类组件一般采用 POE 有机高分子材料作为封装材料，具有轻质、超薄、柔韧性好的特点，如图 2-7 所示。这类组件重量轻（正常尺寸下重量在 6kg 左右），厚度在 3mm 以内，非常适合荷载不够的屋顶项目选用。柔性（轻质）光伏组件安装方式简单，一般是用工程耐候硅胶直接粘在建筑屋顶表面。由于有较强的柔韧性，可弯曲度大，也非常适合各种弧形屋面安装。

柔性光伏组件的不足是表面不能负重，同尺寸下与其他晶硅光伏组件相比，转换效率相对低些，占用面积相对大些。

图2-7 柔性（轻质）光伏组件外形

2.2.2 建材型光伏组件

人们将光伏组件融入建筑材料中，或者与建筑材料紧密结合，将光伏组件作为建筑材料的一部分进行使用时就可以称其中的光伏组件为建材型光伏组件。该类光伏组件可以在新建建筑物或改造建筑物的过程中一次性安装。建材型组件的应用降低了组件安装的施工费用，使光伏发电系统成本降低。建材型组件要具有良好的耐久性和透光性，符合建筑要求，可以与建筑完美结合，可广泛用于建筑物透光屋顶，建筑物光伏幕墙，建筑护栏、遮雨棚，农业光伏大棚，光伏车棚，公交站台和阳光房等设施中。

常见的建材型光伏组件有双玻光伏组件和中空玻璃光伏组件等几种。它们的共同特点是可作为建筑材料直接使用，如窗户、玻璃幕墙和玻璃屋顶材料等，既可以采光，又可以发电。设计时设计师通过调整组件上电池片与电池片之间的间隙，就可以调整室内需要的采光量。

1. 双玻光伏组件

双玻光伏组件的电池片夹在两层玻璃之间，通过调整电池片之间的间隙，可以改变光伏组件的透光率。组件的受光面采用低铁超白钢化玻璃，背面采用普通钢化玻璃，其用作窗户玻璃时玻璃厚度可选择 2.5mm+2.5mm、3.2mm+3.2mm 等；用作玻璃幕墙时根据单块玻璃尺寸大小，选择 3.2mm+5mm、4mm+5mm、5mm+5mm 等玻璃组合厚度；用作玻璃屋顶时也要根据单块玻璃尺寸大小，选择 5mm+5mm、5mm+8mm、8mm+8mm 等玻璃组合厚度。双玻光伏组件的外形和结构分别如图 2-8 和图 2-9 所示，其在光伏屋顶的应用如图 2-10 所示。图 2-11 所示为一种应用于光伏屋顶的双玻光伏组件的结构。

图2-8　双玻光伏组件的外形

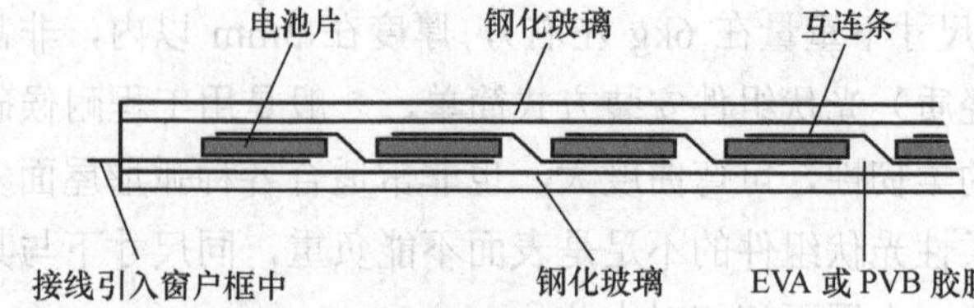

图2-9　双玻光伏组件的结构

图2-10　双玻光伏组件在屋顶的应用

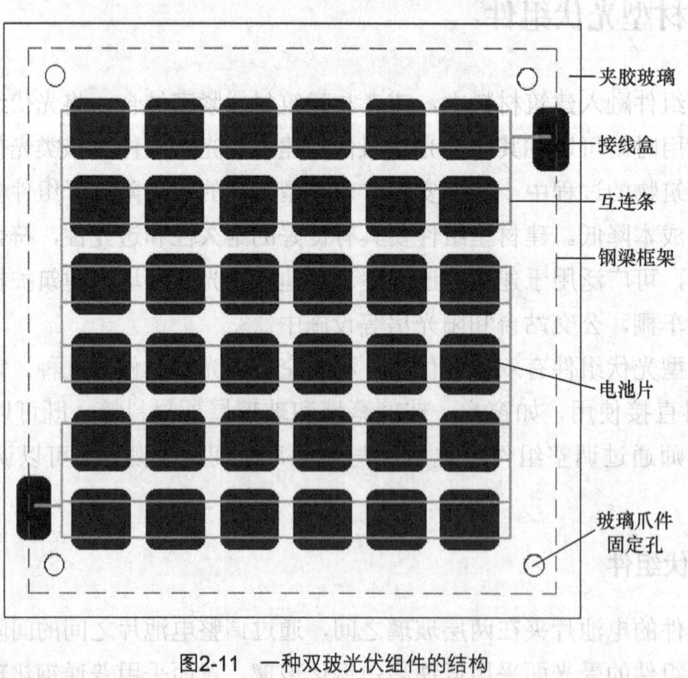

图2-11　一种双玻光伏组件的结构

2. 中空玻璃光伏组件

中空玻璃光伏组件除了具有采光和发电功能外，还具有隔音、隔热、保温功能，常作为各种光伏建筑一体化发电系统的玻璃幕墙组件，其外形如图 2-12 所示。中空玻璃光伏组件是在双玻光伏组件的基础上，再与一片玻璃组合而构成的。通常人们在组件与玻璃间用内部装有干燥剂的空心铝隔条隔离，并用丁基胶、结构胶等进行密封处理，把接线盒及正负极引线等也都用密封胶密封在前后玻璃的边缘夹层中，使其与组件形成一体，使组件安装和组件间线路连接都非常方便。中空玻璃光伏组件同目前广泛使用的普通中空玻璃一样，能够达到建筑安全玻璃要求，中空玻璃光伏组件的结构如图 2-13 所示。中空玻璃光伏组件在光伏幕墙上的应用如图 2-14 所示。

图2-12　中空玻璃光伏组件的外形

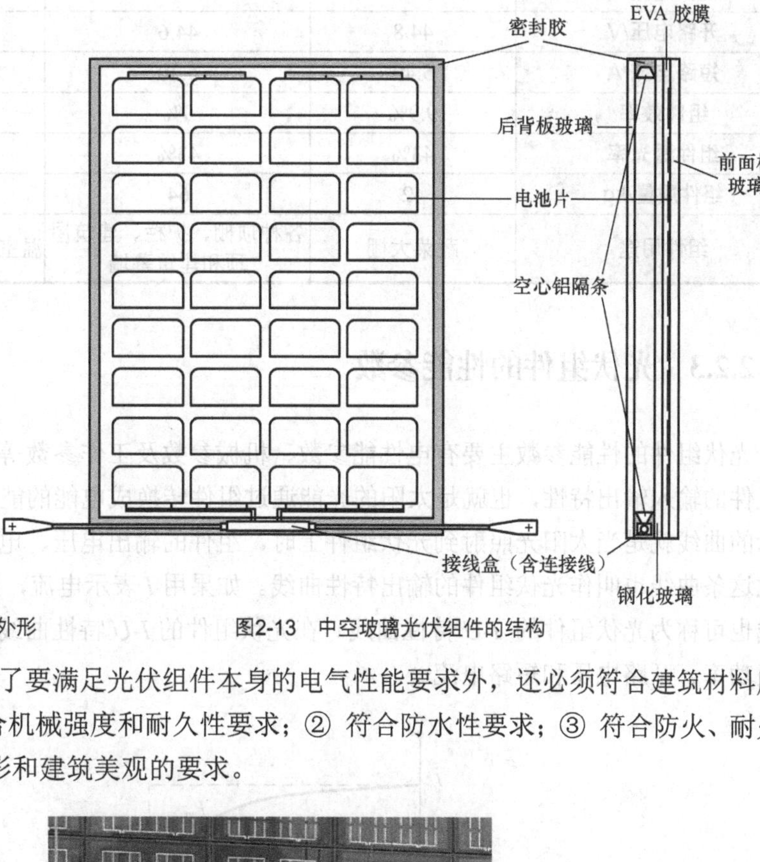

图2-13　中空玻璃光伏组件的结构

建材型光伏组件除了要满足光伏组件本身的电气性能要求外，还必须符合建筑材料所要求的各种性能：① 符合机械强度和耐久性要求；② 符合防水性要求；③ 符合防火、耐火的要求；④ 符合建筑色彩和建筑美观的要求。

图2-14　中空玻璃光伏组件在光伏幕墙上的应用

表 2-1 是几款建材型光伏组件规格尺寸与技术参数，供设计选型参考。

表 2-1　　几款建材型光伏组件规格尺寸与技术参数

组件类型	双玻光伏组件		中空玻璃光伏组件
组件尺寸/mm × mm × mm	1330×1495×8.5	1330×1495×13.5	1100×1100×28
电池片及排布	单晶 125　8×9		单晶 125　6×6
受光面玻璃	3.2mm 超白钢化	6mm 超白钢化	
背光面玻璃	4mm 钢化	6mm 钢化	
中空层玻璃	—		6mm 钢化
层压胶膜	EVA	PVB	
额定功率/W	195	180	90
工作电压/V	37.6	36.8	18.5
工作电流/A	5.19	4.89	4.86
开路电压/V	44.8	44.6	22.2
短路电流/A	5.49	5.30	5.33
组件效率	9.9%	9%	7.4%
组件透光率	43%	43%	53%
组件质量/kg	42	64	60
组件用途	蔬菜大棚	各种顶棚、护栏、建筑屋顶和建筑幕墙	温室大棚、建筑屋顶、建筑幕墙

2.2.3　光伏组件的性能参数

光伏组件的性能参数主要有电性能参数、机械参数及工作参数等，电性能参数主要指光伏组件的输入输出特性，也就是太阳的光能通过组件转换成电能的能力到底有多大。图 2-15 所示的曲线就是当太阳光照射到光伏组件上时，组件的输出电压、电流及输出功率的关系，因此这条曲线也叫作光伏组件的输出特性曲线。如果用 I 表示电流，用 U 表示电压，则这条曲线也可称为光伏组件的 I-U 特性曲线。在光伏组件的 I-U 特性曲线上有 3 个重要的点，即峰值功率、开路电压和短路电流。

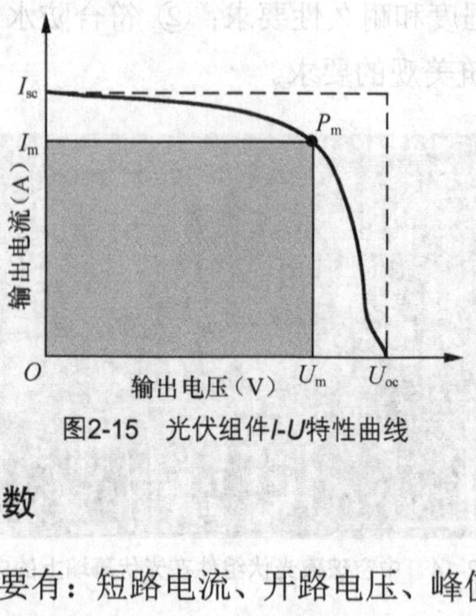

图2-15　光伏组件 I-U 特性曲线

1. 光伏组件的电性能参数

光伏组件的电性能参数主要有：短路电流、开路电压、峰值电流、峰值电压、峰值功率、填充因子和转换效率等。

（1）短路电流（I_{sc}）：当将光伏组件的正负极短路，使 $U=0$ 时，此时的电流就是光伏组件的短路电流，短路电流的单位是 A（安培），短路电流随着光强的变化而变化。

（2）开路电压（U_{oc}）：当光伏组件的正负极不接负载时，组件正负极间的电压就是开路电压，开路电压的单位是 V（伏特），光伏组件的开路电压随电池片串联数量的增减而变化，一般 60 片电池片串联的组件开路电压为 40V 左右。

（3）峰值电流（I_m）：峰值电流也叫最大功率电流或最佳工作电流。峰值电流是指光伏组件输出最大功率时的工作电流，峰值电流的单位是 A（安培）。

（4）峰值电压（U_m）：峰值电压也叫最大功率电压或最佳工作电压。峰值电压是指光伏组件输出最大功率时的工作电压，峰值电压的单位是 V。组件的峰值电压随电池片串联数量的增减而变化，一般 60 片电池片串联的组件峰值电压为 30V 左右。

（5）峰值功率（P_m）：峰值功率也叫最大输出功率或最佳输出功率。峰值功率是指光伏组件在正常工作或测试条件下的最大输出功率，也就是峰值电流与峰值电压的乘积：$P_m=I_m\times U_m$。峰值功率的单位是 Wp（峰瓦）。光伏组件的峰值功率取决于太阳辐照度、太阳光谱分布和组件的工作温度，因此光伏组件的测量要在标准条件下进行，测量标准用 STC 表示，即辐照度（光照强度）1000W/ m^2；光谱（大气质量）AM1.5；测试温度 25℃。

另外，在光伏组件电性能参数中，还有一个 NOCT 状态下的测试数据，它与 STC 的区别是：STC 是一个组件输出性能的测试条件，NOCT 是一个温度值。NOTC 是指在光照强度为 800W/ m^2、大气质量 1.5、环境温度为 20℃、风速为 1m/s 的环境下，被测试光伏组件处于开路状态，组件与水平面夹角呈 45°，组件背面完全敞开状态下，组件（电池片）所达到的工作温度。此温度一般为（45±2）℃，是反映光伏组件温度特性的参考数据，此温度值越低说明组件的温度特性越好。

（6）填充因子（FF）：填充因子也叫曲线因子，是指光伏组件的最大功率与开路电压和短路电流乘积的比值：$FF=P_m/I_{sc}\times U_{oc}$。填充因子是评价光伏组件所用电池片输出特性好坏的一个重要参数，它的值越高，表明所用电池片输出特性越趋于矩形，电池的光电转换效率越高。光伏组件的填充因子系数一般在 0.5～0.8，也可以用百分数表示。

（7）转换效率（η）：转换效率是指光伏组件受光照时的最大输出功率与照射到组件上的太阳能量功率的比值。即：

$\eta=P_m$（光伏组件的峰值功率）/[A（光伏组件的有效面积）$\times P_{in}$（单位面积的入射光功率）]，其中 $P_{in}=1000\text{W/ m}^2=100\text{mW/cm}^2$。

2. 影响光伏组件输出特性的主要因素

（1）负载阻抗。当负载阻抗与光伏组件的输出特性（I-U 曲线）匹配得好时，光伏组件就可以输出最大功率，产生最高效率。当负载阻抗较大或者因为某种因素增大时，光伏组件将运行在高于最大功率点的电压上，这时组件效率和输出电流都会减少。当负载阻抗较小或者因为某种因素变小时，光伏组件的输出电流将增大，组件将运行在低于最大功率点的电压上，组件的运行效率同样会降低。

（2）日照强度。光伏组件的输出功率与太阳辐射强度成正比，日照增强时组件输出功率也随之增强。日照强度的变化对组件 *I-U* 曲线的影响如图 2-16 所示。从图中可以看出，当环境温度相同时，随着日照强度的变化，光伏组件的输出电流始终随着日照强度的增长而线性增长，同时最大功率点也上升；而光伏组件的输出电压变化不大，说明日照强度对光伏组件的输出电压影响很小。

在实际应用中，受地域和天气的影响，光伏组件在很多时候都是在辐照度小于标准辐照度的情况下工作。因此，评价光伏组件的辐照度性能时，除了评估组件在标准辐照度条件下的工作效率，还要评估其在低于标准辐照度（低辐照度）下的工作效率。

（3）组件温度。光伏组件的温度越高时，组件的工作效率越低。因为光伏组件具有负温度系数特性，随着组件温度上升，其输出电压下降，输出功率也随之降低。光伏组件温度每升高 1℃，组件的输出电压下降 0.27%～0.34%。同时，随着组件温度上升，组件工作电流略有上升，组件温度每升高 1℃，工作电流增加约 0.05%。综合来说，组件温度每升高 1℃，其总的输出功率会减少 0.3%～0.5%。对于采用不同电池片生产的组件，其温度系数略有差异，因此温度系数也是评判电池片及组件性能的参数之一。光伏组件的温度系数包括电流温度系数、电压温度系数和输出功率温度系数。光伏组件温度变化与输出电压、电流的关系曲线如图 2-17 所示。

（4）热斑效应。在光伏组件或方阵中，如果相对固定的阴影（例如树叶、鸟粪等）遮挡了光伏组件的某一部分，或光伏组件内部某一电池片损坏时，局部被遮挡或损坏的电池片将被当作负载（在组件中相当于一个反向工作的二极管），其电阻和电压降都很大，不仅不再参与发电，还会消耗其他正常工作的电池片或光伏组件所产生的能量，既消耗功率，还产生高温发热，这种现象就叫热斑效应。热斑效应将严重破坏光伏组件，特别是在高电压大电流的光伏方阵中，热斑效应能够造成电池片及局部材料发黑、焊带脱落、封装材料被烧坏、面板玻璃碎裂，甚至会引发火灾。

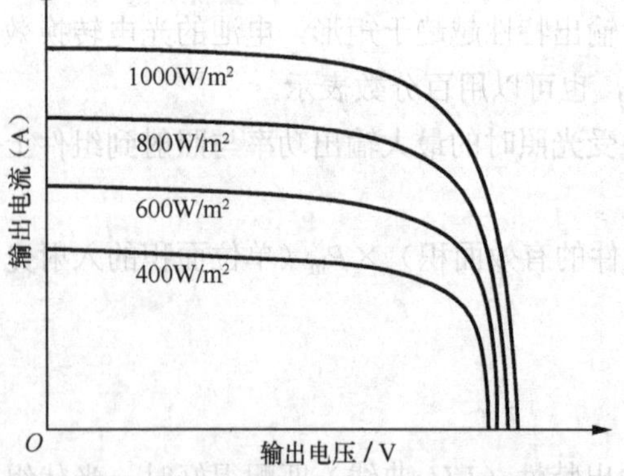

图2-16　日照强度变化对组件I-U曲线的影响

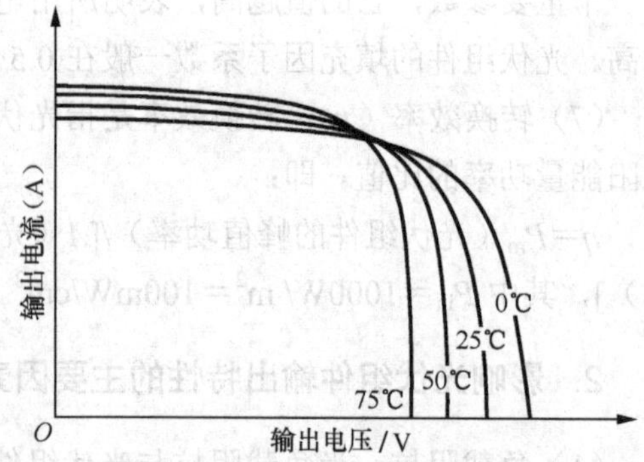

图2-17　光伏组件温度变化与输出电压、电流的关系曲线

3. 光伏组件的其他技术参数

光伏组件除了电性能参数外，还有机械参数和工作参数等。光伏组件的机械参数主要体现了光伏组件的结构、材料和尺寸等参数，具体内容如表 2-2 所示。

表 2-2　　光伏组件机械参数具体内容

电池排列	组件使用电池片的尺寸及排布方式，一般用电池片尺寸、总片数（每列片数×每串片数）表示，如：166×166，72（6×12）或 182×91，144（6×24）等
接线盒	组件使用的接线盒的形式、防护等级及接线盒内旁路二极管数量。如：分体式接线盒，IP68，3 个二极管
输出线	组件输出线的截面积，正负极长度。如：4mm²，＋400mm/-200mm
玻璃	组件使用的玻璃厚度。如：单玻，3.2mm 钢化玻璃；双玻，2.0mm 钢化玻璃
边框	组件使用边框的材质。如：阳极氧化铝合金
组件重量	组件的重量，单位一般用 kg 表示。如：23.5kg
组件尺寸	组件的外形尺寸，长×宽×厚，单位为 mm。如：2049mm×1038mm×35mm
包装信息	一般内容是每 1 个包装（托盘）包装几块组件，集装箱及货车可运输的数量等

光伏组件的工作参数主要是指光伏组件的运行其他性能指标，包括工作温度、功率偏差、防火等级以及负载能力、温度系数等，具体内容如表 2-3 所示。

表 2-3　　光伏组件工作参数

工作温度	组件正常工作温度范围，一般为－40℃～＋85℃
功率偏差	组件输出功率偏差，一般为 0～＋5W
开路电压和短路电流偏差	组件输出开路电压和短路电流偏差，一般为±3%
最大系统电压	组件能承受的最大电压，一般为 1000V、1100V、1500V 等
最大保险丝额定电流	串接在组件串中的保险丝最大额定电流，根据组件工作电流选择
标称工作温度	组件在 NOCT 测试条件下的温度，一般为（45±2）℃
安全防护等级	组件达到的防触电安全等级，等级一般为 Class Ⅱ
组件防火等级	组件达到的防火测试等级，一般为 UL Type1 或 2
负载能力	组件正面和背面能承受的最大静态载荷和抗冰雹能力，一般为正面 5400Pa；背面 2400Pa；冰雹直径 25mm，冲击速度 23m/s
温度系数	组件的主要电气参数与温度的关系，一般短路电流温度系数为（0.048%～0.055%）/℃；开路电压温度系数为（-0.34%～-0.27%）/℃；峰值功率温度系数为（-0.38%～0.35%）/℃

2.2.4　光伏组件的选型

光伏组件是光伏发电系统最重要的组成部件，在整个系统中的成本，占到光伏发电系统建设总成本的 50%左右，而且光伏组件的质量好坏，直接关系到整个光伏发电系统的质量、发电效率、发电量、使用寿命和收益率等。因此光伏组件的正确选型非常重要。

1. 光伏组件形状尺寸的确定

在光伏发电系统组件或方阵的设计计算中，虽然可以根据用电量或计划发电量计算出光伏组件或整个方阵的总容量和功率，确定了光伏组件的串并联数量，但是还需要根据光伏组件的具体安装位置来确定组件的形状及外形尺寸，以及整个方阵的整体排列等。有些异型和特殊尺寸的组件还需要与生产厂商定制。

例如，从尺寸和形状上讲，同一功率的光伏组件可以做成长方形，也可以做成正方形或圆形、梯形等其他形状；从电池片的用料上讲，同一功率的光伏组件可以是单晶硅或多晶硅组件，也可以是非晶硅组件等，这就需要我们选择和确定。光伏组件的外形和尺寸确定后，才能进行组件的组合、固定方式和支架、基础等内容的设计。目前应用在屋顶和地面电站等光伏发电系统的主流光伏组件主要有下列几种规格（如表 2-4 所示），在对这几种规格的组件进行选择时，不能错误地认为单晶组件就一定比多晶组件的效率高，或者大尺寸电池片构成的组件就一定比小尺寸电池片构成的组件效率高，其实同样输出功率的单晶组件和多晶组件的转换效率是一样的。采用 166mm×166mm 电池片，最大输出功率为 450W 的单晶组件，与采用 182mm×182mm 电池片最大输出功率为 530W 的单晶组件，以及采用 210mm×210mm 电池片，最大输出功率为 585W 的单晶组件，转换效率都是 20.7%。

表 2-4 常用光伏组件规格

电池片尺寸（mm×mm）	158.75×158.75	166×166	182×182	210×210
组件功率（W）	390～410	425～455	530～550	580～600＋
组件尺寸（mm×mm）	2008×1002	2094×1038	2256×1133	2385×1303
组件面积（m^2）	2.01	2.18	2.56	3.11

光伏组件选型既要结合市场流行趋势，选择主流产品，以便于批量采购，同时还要结合项目现场的安装面积及搬运安装条件等选择合适的尺寸。安装条件允许的情况下，尽量选择大尺寸和高效率的产品。效率相近而规格尺寸不同的组件单瓦价格也基本相同，只是选择大尺寸组件时，在组件安装费用、组件间的连接线缆数量和线路损耗等方面比小尺寸组件有所降低；同时在相同的排列方式下，选择大尺寸组件，支架和基础成本也会略有降低。

2. 多晶、单晶组件的选择

过去，单晶和多晶光伏组件的发电性能、制造成本，转换效率都比较接近，由于多晶材料在生产过程中的耗能比单晶低一些，多晶组件的单瓦平均价格要比单晶组件稍低，因此从控制工程造价、降低初始投资方面考虑，选用多晶组件有一定优势，也更环保。

在晶硅电池制造技术的发展和转换效率技术的提升过程中，单晶硅电池的最高转换效率已经达到 24%，并还有很大的上升空间，而多晶硅电池的最高转换效率在达到 22%后已没有太大上升空间。随着单多晶硅电池转换效率差异的拉大，单晶硅材料拉晶和切片成本的快速下降，单晶硅电池和多晶硅电池成本将基本趋于一致，单晶硅电池的综合优势逐渐显现。

通常在有效的面积上安装更多容量的场合要选用单晶硅电池。另外当侧重考虑光伏发电系统的长期发电量和投资收益率时，也应该选用转换效率较高的单晶硅电池，因为单晶硅电池更具有度电成本方面的优势。

度电成本是指光伏发电项目单位上网电量所发生的综合成本，主要包括光伏项目的投资成本、运行维护成本和财务费用。根据测算，按照目前行业普遍承诺的 25 年的使用年限计算，一个相同规模的电站，使用高效率单晶硅电池要比使用多晶硅电池多出 13%左右的收益。虽然高效率单晶硅电池比多晶硅电池每瓦成本高出 5%左右，但同样的装机容量占地面积更小，连同节省的光伏支架、光伏线缆等系统周边成本，综合投入与使用多晶硅电池相差不多，即光伏组件以外的投资基本能抵消单晶硅电池 5%的成本差距，因此，从度电成本的角度看，选择单晶硅电池将更具优势。

目前，光伏组件产品正朝着高效、高可靠性、智能化、高发电量方向发展，高效组件具有更大功率、更低衰减、更具可靠性等优势。在光伏组件单位价格相近的情况下，应优先采用新工艺、新材料、新技术、高转换效率、单片峰值功率较大的组件，以提高单位发电效率，减少辅材的使用量。

3. 选择耐压高、衰减小的光伏组件

目前部分单玻光伏组件的耐压为 1000V 和 1100V；还有部分单玻光伏组件及所有双玻光伏组件耐压都可以达到 1500V。选择耐压更高的组件可以提高光伏组串的串联数量，与 1500V 耐压逆变器配合，相比 1000V 系统，可减少逆变器的数量和相应的线缆、开关设备用量等，降低整个系统的成本，提高收益效果明显，平均每瓦可降低初始成本 0.03～0.05 元。

光伏组件的衰减主要是由光致衰减、老化衰减和电致衰减（PID）等几个方面造成的，随着光伏组件制造技术的提高，光伏组件发电量的衰减已经由 10 年不高于 10%、20 年不高于 20%提高到 12 年不高于 10%、25 年不高于 20%甚至更低。因此在光伏组件选型时，要优先选择 25 年衰减比例更小的产品。

另外用 P 型电池片生产的组件一般首年衰减发电量 2%，以后每年衰减发电量 0.55%；用 N 型电池片生产的组件首年衰减发电量 1%，以后每年衰减发电量 0.4%。对初始投资不敏感，而重点考虑全寿命周期发电量及收益最大化的项目，可优先选用 N 型组件。

2.3 光伏方阵

光伏方阵也称光伏阵列，英文 Solar Array 或 PV Array。

2.3.1 光伏方阵的组成

光伏方阵是为满足高电压、大功率的发电要求，由若干个光伏组件通过串并联连接，并通过一定的机械方式固定组合在一起的。除光伏组件的串并联组合外，光伏方阵还需要通过防反充 （防逆流）二极管、电缆等对光伏组件进行电气连接，有些场合还需要配专用的、带避雷器的直流汇流箱及直流防雷配电箱等。有时为了防止鸟粪等沾污光伏方阵表面而产生“热斑效应”，还要在方阵顶端安装驱鸟器。另外整个光伏方阵还要通过光伏支架来组合固定，因此光伏支架要有足够的强度和刚度，整个支架要牢固安装在支架基础上。

1. 光伏组件的热斑效应

当光伏组件或某一部分表面不清洁、有划痕或者被鸟粪、树叶、建筑物阴影、云层阴影覆盖或遮挡时，被覆盖或遮挡部分所获得的太阳辐射会减少，其相应电池片输出功率（发电量）自然随之降低，相应组件的输出功率也随之降低。由于整个组件的输出功率与被遮挡面

积不是线性关系，所以即使一个组件中只有一片电池片被覆盖，整个组件的输出功率也会大幅度降低。如果被遮挡部分只是方阵组件串的并联部分，那么问题还较为简单，只是该部分输出的发电电流将减小，如果被遮挡的是方阵组件串的串联部分，则问题较为严重，一方面会使整个组件串的输出电流减少为该被遮挡部分的电流，另一方面被遮挡的电池片不仅不能发电，还会被当作耗能器件以发热的方式消耗其他有光照的光伏组件的能量，长期遮挡就会引起光伏组件局部反复过热，产生热斑，这就是热斑效应。这种效应能严重地破坏电池片及组件，可能会使组件焊点熔化、封装材料破坏，甚至会使整个组件失效。产生热斑效应的原因除了以上情况外，还有个别质量不好的电池片混入组件，电极焊片虚焊、电池片隐裂或破损、电池片性能变坏等。

2. 光伏组件的串、并联组合

光伏方阵的连接有串联、并联和串并联混合几种方式。当每个单体的光伏组件性能一致时，多个光伏组件的串联连接，可在不改变输出电流的情况下，使整个方阵输出电压成比例增加；而组件并联时，则可在不改变输出电压的情况下，使整个方阵的输出电流成比例增加；串、并联混合连接时，即可增加方阵的输出电压，又可增加方阵的输出电流。但是，组成方阵的所有光伏组件性能参数不可能完全一致，所有的连接电缆、连接器插头、插座接触电阻也不相同，于是会造成各串联光伏组件的工作电流受限于其中电流最小的组件；而各并联光伏组件的输出电压又会被其中电压最低的光伏组件钳制。因此方阵组合会产生组合连接损失，使方阵的总效率总是低于所有单个组件的效率之和。组合连接损失的大小取决于光伏组件性能参数的离散性，因此除了在光伏组件的生产工艺过程中尽量提高组件性能参数的一致性外，还可以对光伏组件进行测试、筛选、组合，把特性相近的光伏组件组合在一起。例如，串联组合的各组件工作电流要尽量相近，每串与每串的总工作电压也要因搭配性而尽量相近，最大幅度减少组合连接损失。因此，方阵组合连接要遵循下列几条原则。

（1）串联时需要工作电流相同的组件，每块组件接线盒内并接若干个旁路二极管。

（2）并联时需要工作电压相同的组件或组串，并在每一条并联线路中串联防逆流二极管。

（3）尽量考虑组件连接线路最短，并用符合载流量的导线。

（4）严格防止个别性能变坏的光伏组件混入光伏方阵。

3. 防逆流（防反充）和旁路二极管

在光伏方阵中，二极管是很重要的元件，常用的二极管基本都是硅整流二极管，在选用时要注意规格参数留有余量，防止二极管被击穿损坏。一般反向峰值击穿电压和最大工作电流都要取最大运行工作电压和工作电流的 2 倍以上。光伏组件及方阵连接中应用的二极管主要有两类。

（1）防逆流（防反充）二极管

防逆流二极管的作用之一是当光伏组件或方阵不发电时，在离网系统中防止蓄电池的电流反过来向组件或方阵倒送（因为这样不仅消耗能量，而且会使组件或方阵发热甚至损坏）；作用之二是在组合的光伏方阵中，防止方阵各支路之间的电流倒送。这是因为串联时各支路的输出电压不可能绝对相等，或者某一支路因为故障、阴影遮蔽等输出电压降低，高电压支路的电流就会流向低电压支路，甚至会使方阵总体输出电压降低。在各支路中串联接入防逆流二极管就避免了这一现象的发生。

在离网光伏发电系统中，一般光伏控制器的电路上已经接入了防反充二极管，即控制器带有防反充功能时，组件输出就不需要再接二极管。同理，在并网光伏发电系统中，一般直流汇流箱或逆变器输入电路中也都接入了防逆流二极管，组件输出也就不需要再接二极管。

（2）旁路二极管

当有较多的光伏组件串联组成光伏方阵或光伏方阵的一个支路时，需要在每块组件的正负极输出端反向并联一个（或几个）二极管，这个并联在组件两端的二极管就叫旁路二极管。

旁路二极管的作用是防止方阵串中的某个组件或组件中的某一部分电池片被阴影遮挡或出现故障停止发电时，在该组件旁路二极管两端会形成正向偏压使二极管导通，组件串工作电流通过旁路二极管绕过故障组件或组件工作电流通过旁路二极管绕过故障电池片，这样不影响其他组件或电池片的正常发电，同时也保护被旁路组件避免受到较高的正向偏压或由于“热斑效应”发热而损坏。

旁路二极管一般直接安装在组件接线盒内，根据组件功率大小和电池片串的多少，一般安装 1～3 个二极管，旁路二极管接法示意图如图 2-18 所示。其中图 2-18（a）采用一个旁路二极管，当该组件被遮挡或有故障时，组件将被全部旁路；图 2-18（b）和图 2-18（c）分别采用 2 个和 3 个二极管将光伏组件分段旁路，则当该组件的某一部分有故障时，可以实现只旁路组件的一半或 1/3，其余部分仍可正常发电。

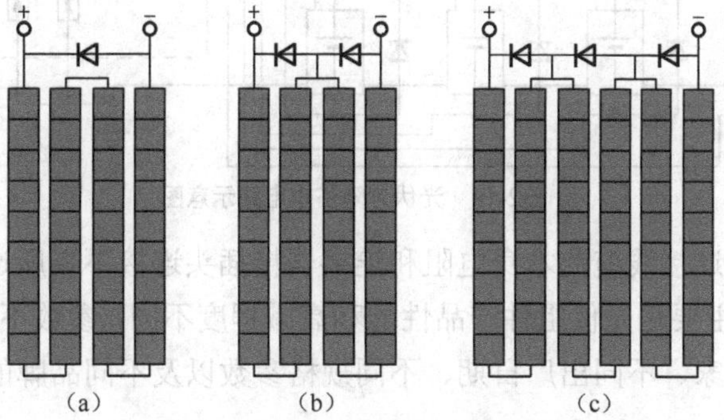

图2-18 旁路二极管接法示意图

4. 光伏方阵的电路

光伏方阵的基本电路由光伏组件串、旁路二极管、防反充二极管和直流汇流箱等构成，常见电路形式有并联方阵电路、串联方阵电路和串、并联混合方阵电路，如图 2-19 所示。

5. 光伏方阵的能量损失

光伏方阵由若干的光伏组件及成千上万的太阳电池片组合而成，这种组合不可避免地存在各种能量损失，归纳起来大致有以下几类。

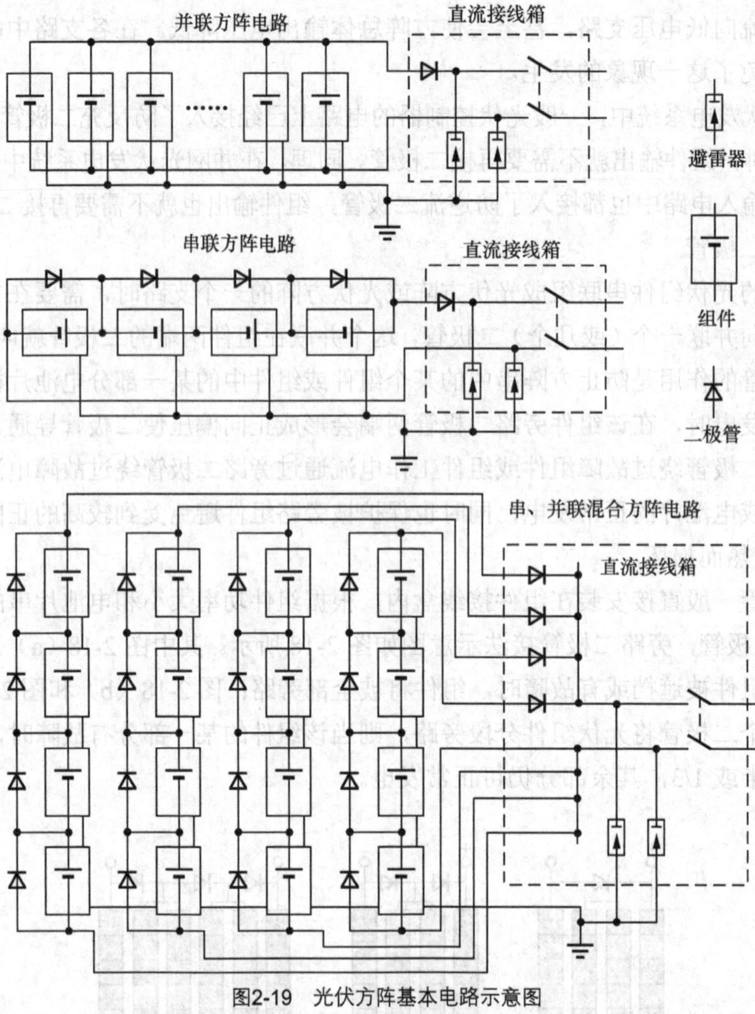

图2-19　光伏方阵基本电路示意图

（1）连接损失。连接线缆的本身电阻和连接器接插头连接不良所造成的损失。

（2）离散损失。主要是光伏组件产品性能和衰减程度不同，参数不一致造成的功率损失。方阵组合选用不同厂家、不同出厂日期、不同规格参数以及不同品牌的电池片等，都会造成光伏方阵的离散损失。

（3）串联压降损失。电池片及光伏组件本身的内电阻不可能为零，即构成电池片的 P-N 结有一定的内电阻，这造成组件串联后的压降损失。

（4）并联电流损失。电池片及光伏组件本身的反向电阻不可能为无穷大，即构成电池片的 P-N 结有一定的反向漏电流，这造成组件并联后的漏电流损失。

2.3.2　光伏方阵的计算

光伏方阵是人们根据负载需要将若干个组件通过串联和并联进行组合连接实现的、以得到设计需要的输出电流和电压、为负载提供电力的电路设施。方阵的输出功率与组件串、并联的数量有关，串联是为了获得所需要的工作电压，并联是为了获得所需要的工作电流。

一般离网光伏系统电压往往被设计成与蓄电池的标称电压相对应或者是它的整数倍，而且在直流供电时要与用电器的电压等级一致，如 192V、96V、48V、36V、24V、12V 等。在并网光伏发电系统中，方阵的电压等级往往要与所对应的光伏逆变器最大输入电压相匹配，如 600V、800V、1000V、1100V、1500V 等，通过逆变器逆变后的交流电直接与公共电网连接，或通过升压变压器后与 10kV、35kV、110kV、220kV 等高压输变电线路连接。

方阵所需要串联的组件数量主要由系统工作电压或逆变器的额定输入电压来确定。设计离网系统还要考虑蓄电池的充电电压、线路损耗以及温度变化等因素，所以光伏组件或方阵的输出电压一般取蓄电池组标称电压的 1.4～1.43 倍。对于并网光伏发电系统，在计算方阵组串的串联输出电压时，一般要根据光伏逆变器的最大直流输入电压，再结合所选组件的开路电压和工作电压以及组件使用地的最低环境温度等因素。光伏方阵组合的具体设计和计算将在相关章节中详细介绍。

第3章 太阳能光伏发电系统控制器和逆变器

3.1 太阳能光伏控制器

太阳能光伏控制器是离网光伏发电系统的核心部件，也是平衡系统的主要组成部分，在有些带储能装置的并网系统中，有时也会用光伏控制器来对储能系统进行充放电管理。小型系统中的控制器主要用来保护蓄电池，对蓄电池实施充放电管理，通过电子开关控制蓄电池的过度充电与过度放电，实现光伏系统的供放电平衡。大中型系统中的控制器则在保护蓄电池的基础上，还发挥了平衡光伏系统能量，充分利用太阳能资源，按照不同蓄电池的充放电特性控制蓄电池分阶段均衡充电，为蓄电池提供最佳的充电电压，快速、平稳、高效地为蓄电池充电、为整个系统供电，保证整个系统正常工作的作用。控制器可以单独使用，也可以和逆变器等合为一体，称为逆变控制一体机。常见的光伏控制器外形如图 3-1 所示。

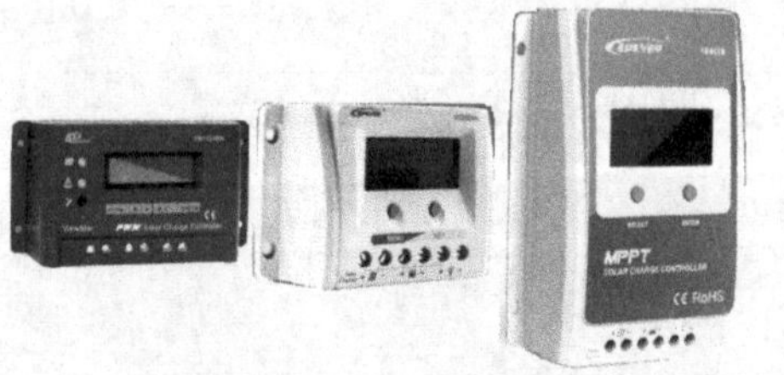

图3-1 常见光伏控制器外形

光伏控制器应具有以下基本功能：①防止蓄电池过充电和过放电，延长蓄电池寿命；②防止光伏组件或光伏方阵、蓄电池极性接反；③防止负载、控制器、逆变器和其他设备内部短路；④具有防雷击引起的击穿保护；⑤具有温度补偿的功能；⑥具有最大功率点跟踪（MPPT）功能；⑦显示光伏发电系统的各种工作状态，包括：蓄电池（组）电压、负载状态、光伏方阵工作状态、辅助电源状态、环境温度状态、故障报警等。

3.1.1 光伏控制器的分类及电路原理

光伏控制器按电路形式的不同分为并联型、串联型、脉宽调制型、智能控制型和最大功率跟踪型；按光伏组件输入功率和负载功率的不同可分为小功率型、中功率型、大功率型及专用控制器（如路灯控制器、草坪灯控制器）等；按放电过程控制方式的不同，可分为常规过放电控制型和剩余电量（SOC）放电全过程控制型。对于应用了微处理器的电路，实现了软件编程和智能控制，并附带有自动数据采集、数据显示和远程通信功能的控制器，叫作智能控制器。常用光伏控制器的类型和技术特点如表 3-1 所示。

表 3-1　常用光伏控制器的类型和技术特点

控制器类型	技术特点	应用场合
小型控制器	两点式（过充和过放）控制，也有充电过程采用 PWM 控制技术； 继电器或 MOSFET 作为开关器件； 防反充电； 有过充电和过放电 LED 指示； 一般不带温度补偿功能	主要用于太阳能户用电源系统（1kW 以下）
智能控制器	采用单片机（微处理器）控制； 充电过程采用 PWM 控制技术； 或具有自动 MPPT 功能； 一点式过放电控制、防反充电； 继电器、MOSFET、IGBT、晶闸管等作为开关器件； LED、LCD 和数字仪表显示工作状态和储存的数据； 有温度补偿功能； 有运行数据采集和存储功能； 有远程通信和控制功能； 有交流市电互补功能	用于较大型的离网光伏发电系统和光伏电站

虽然控制器的控制电路根据光伏系统的不同其复杂程度有所差异，但其基本原理是一样的。图 3-2 所示为最基本的光伏控制器电路的工作原理框图。该电路由光伏组件、控制器、蓄电池和负载组成。开关 1 和开关 2 分别为充电控制开关和放电控制开关。开关 1 闭合时，由光伏组件通过控制器给蓄电池充电，当蓄电池出现过充电现象时，开关 1 能及时切断充电回路，使光伏组件停止向蓄电池供电，开关 1 还能按预先设定的保护模式自动恢复对蓄电池的充电。当开关 2 闭合时，由蓄电池给负载供电，当蓄电池出现过放电现象时，开关 2 能及时切断放电回路，蓄电池停止向负载供电，当蓄电池再次充电并达到预先设定的恢复充电点时，开关 2 又能自动恢复供电，开关 1 和开关 2 可以由各种开关元件构成，如各种晶体管、可控硅、固态继电器、功率开关器件等电子式开关和普通继电器等机械式开关。下面就从电路方式的角度出发分别对各类常用控制器的电路原理和特点进行介绍。

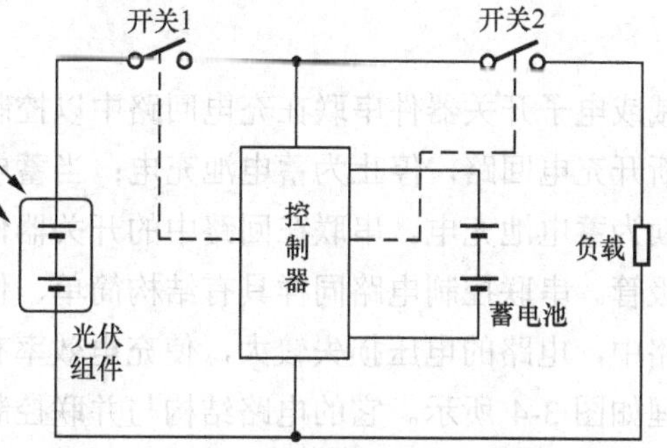

图3-2　最基本的光伏控制器工作原理框图

1. 并联控制电路

并联控制电路也叫旁路控制电路，它利用并联在光伏组件两端的机械或电子开关器件控制充电过程。当蓄电池充满电时，把光伏组件的输出分流到旁路电阻器或功率模块上去，然后以热的形式消耗掉；当蓄电池电压回落到一定值时，再断开旁路恢复充电。这种电路形式的缺点是有一小部分功率被变成热能消耗掉了，所以一般用于小型、小功率系统。

并联控制电路的原理如图 3-3 所示。并联控制电路中充电回路的开关器件 K_1 并联在光伏组件的输出端，控制器检测电路监控蓄电池的端电压，当充电电压超过蓄电池设定的充满断开电压值时，开关器件 K_1 导通，同时防反充二极管 VD_1 截止，使光伏组件的输出电流直接通过 K_1 旁路泄放，不再对蓄电池进行充电，保证蓄电池不被过充电，起到防止蓄电池过充电的保护作用。

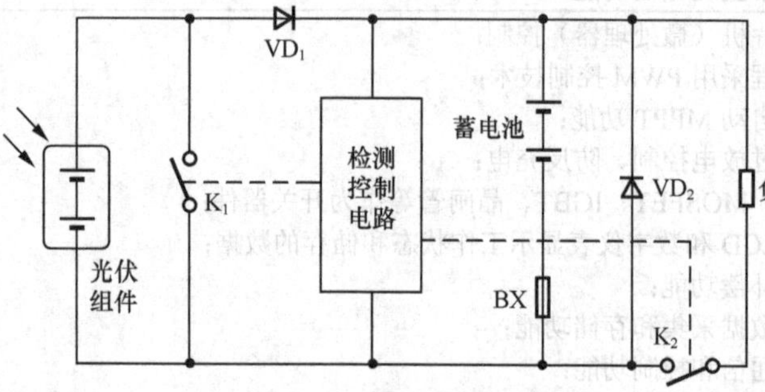

图3-3　并联控制电路原理

开关器件 K_2 为蓄电池放电控制开关，当蓄电池的供电电压低于蓄电池的过放保护电压值时，K_2 关断，对蓄电池进行过放电保护。当负载因过载或短路使电流大于额定工作电流时，控制开关 K_2 也会关断，起到输出过载或短路保护的作用。

检测控制电路随时对蓄电池的电压进行检测，当电压大于充满保护电压时，K_1 导通，电路实行过充电保护；当电压小于过放电电压时，K_2 关断，电路实行过放电保护。

电路中的 VD_2 为蓄电池接反保护二极管，当蓄电池极性接反时，VD_2 导通，蓄电池将通过 VD_2 短路放电，短路电流将保险丝熔断，电路起到防蓄电池接反的保护作用。

开关器件、VD_1、VD_2 及保险丝 BX 等一般和检测控制电路共同组成控制器电路。该电路具有线路简单、价格便宜、充电回路损耗小、控制效率高的特点，当防过充电保护电路动作时，开关器件要承受光伏组件或方阵输出的最大电流，所以要选用功率较大的开关器件。

2. 串联控制电路

串联控制电路是机械或电子开关器件串联在充电回路中以控制充电过程的电路。当蓄电池充满电时，开关器件断开充电回路，停止为蓄电池充电；当蓄电池电压回落到一定值时，充电电路再次接通，继续为蓄电池充电。串联在回路中的开关器件还可以在夜间切断光伏组件供电，取代防反充二极管。串联控制电路同样具有结构简单、价格便宜等特点，但由于控制开关是串联在充电回路中，电路的电压损失较大，使充电效率有所降低。

串联控制电路的原理如图 3-4 所示。它的电路结构与并联控制电路结构相似，区别仅仅是将开关器件 K_1 由并联在光伏组件输出端改为串联在蓄电池充电回路中。控制器检测电路监控蓄电池的端电压，当充电电压超过蓄电池设定的充满断开电压值时，K_1 关断，使光伏组件不再对蓄电池进行充电，从而保证蓄电池不被过充电，起到防止蓄电池过充电的保护作用。其他元件的作用和并联控制电路相同，不再叙述。在此对其中的检测控制电路构成与工作原理作介绍。

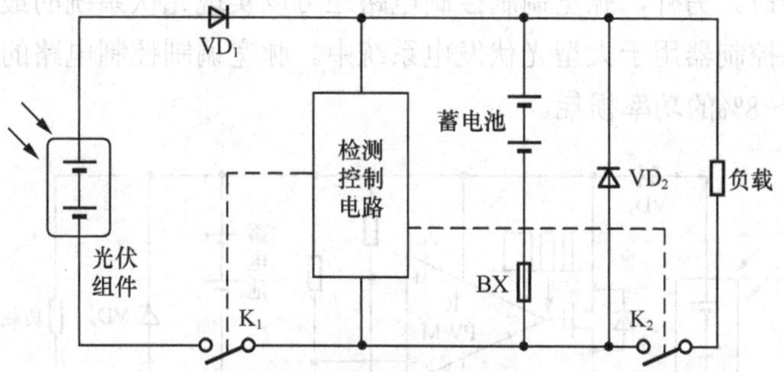

图3-4　串联控制电路原理

串、并联控制器中的检测控制电路实际上就是蓄电池过欠电压的检测控制电路，其主要作用是对蓄电池的电压随时进行取样检测，并根据检测结果向过充电、过放电开关器件发出接通或关断的控制信号。检测控制电路原理如图 3-5 所示。该电路包括过电压检测控制和欠电压检测控制两部分电路，由带回差控制的运算放大器组成。其中 IC_1 等为过电压检测控制电路，IC_1 的同相输入端输入基准电压，反相输入端接被测蓄电池，当蓄电池电压大于过充电电压值时，IC_1 输出端 G_1 输出为低电平，使开关器件 K_1 接通（并联控制电路）或关断（串联控制电路），起到过电压保护的作用。当蓄电池电压下降到小于过充电电压值时，IC_1 的反相输入电位小于同相输入电位，则其输出端 G_1 又从低电平变为高电平，蓄电池恢复正常充电状态。过充电保护与恢复的门限基准电压由 W_1 和 R_1 配合调整确定。IC_2 等构成欠电压检测控制电路，其工作原理与过电压检测控制电路相同。

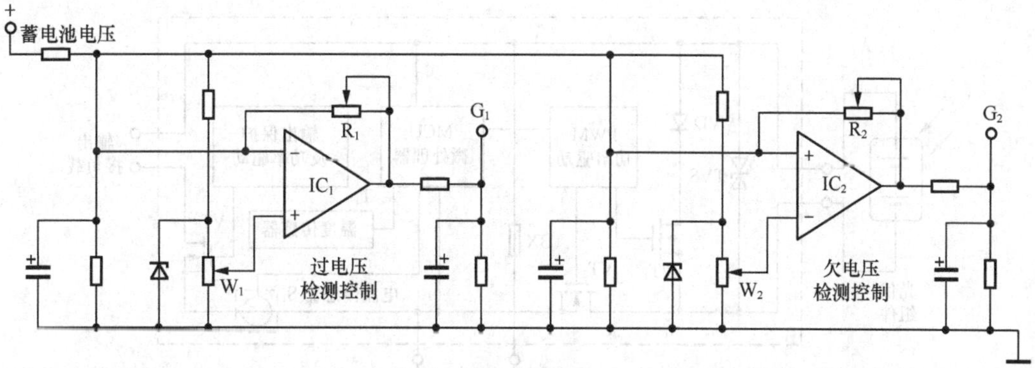

图3-5　检测控制电路原理

3. 脉宽调制控制电路

脉宽调制（PWM）控制电路原理如图 3-6 所示。该控制电路以脉冲方式开关光伏组件的输入，当蓄电池逐渐趋向充满时，随着其端电压的逐渐升高，PWM 控制电路输出脉冲的频率和时间都发生变化，使开关的导通时间延长、间隔缩短，充电电流逐渐趋近于零。当蓄电池电压由充满点向下降低时，充电电流又会逐渐增大。与前两种控制电路相比，脉宽调制充电控制方式虽然没有固定的过充电电压断开点和恢复点，但是电路会在蓄电池端电压达到过充电控制点附近时，使其充电电流趋近于零。这种充电过程能形成较完整的充电状态，其平均充电电流的瞬时变化更符合蓄电池当前的充电状况，能够提高光伏系统的充电效率并延长蓄电池的总循环寿命。另外，脉宽调制控制电路还可以实现光伏系统的最大功率跟踪功能，因此可作为大功率控制器用于大型光伏发电系统中。脉宽调制控制电路的缺点是控制器的自身工作会带来 4%～8%的功率损耗。

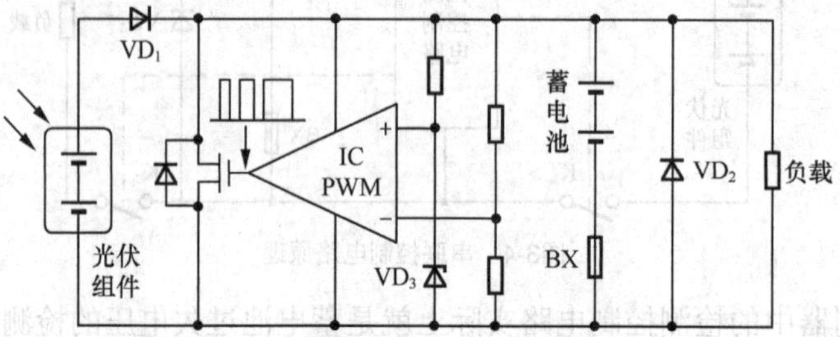

图3-6　脉宽调制（PWM）控制电路原理

4. 智能控制电路

智能控制电路采用 CPU 或 MCU 等微处理器对光伏发电系统的运行参数进行高速实时采集，并按照一定的控制规律通过单片机内程序对单路或多路光伏组件进行切断与接通的智能控制。中、大功率的智能控制器还可利用单片机的 RS232/485 接口连接计算机实现控制和传输数据，并进行远距离通信和控制。

智能控制电路除了具有过充电、过放电、短路、过载、防反接等保护功能外，还利用蓄电池放电率，高准确性地进行放电控制。智能控制电路还具有高精度的温度补偿功能。智能控制电路原理如图 3-7 所示。

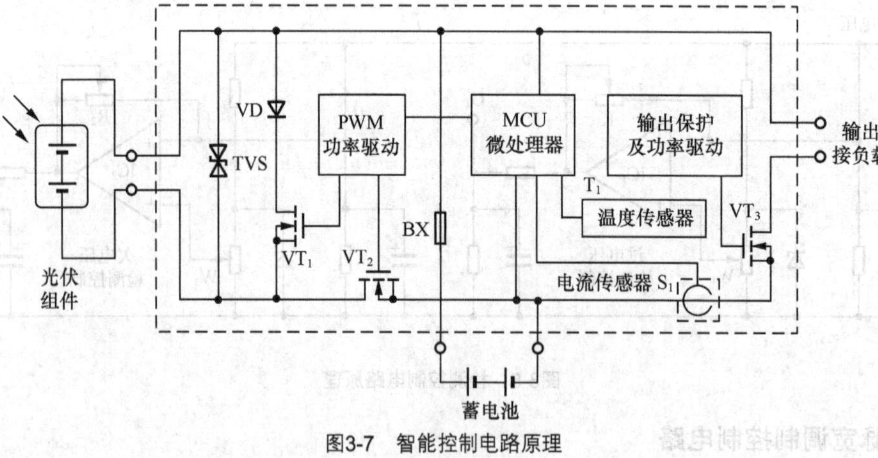

图3-7　智能控制电路原理

5. 最大功率点跟踪（MPPT）控制电路

最大功率点跟踪控制电路能够实时侦测光伏组件或光伏方阵的发电输出电压，并不断追踪最大输出功率，使系统以最高的效率为蓄电池充电。MPPT 控制电路的原理是将检测到的光伏组件或光伏方阵输出的电压和电流数值相乘得到功率，判断光伏组件或方阵此时的输出功率是否达到最大，若不在最大功率点运行，则调整脉冲宽度、调制输出占空比、改变充电电流，再次进行实时采样，并判断是否改变占空比。通过这样的寻优跟踪过程，可以保证光伏组件或光伏方阵始终保持运行在最大功率点，实现光伏组件或光伏方阵输出能量的充分利用。同时，采用 PWM 方式，使充电电流成为脉冲电流，可以减少蓄电池的极化现象，提高充电效率。

使用没有 MPPT 功能的控制器时，必须选择最大输出电压与蓄电池的电压相匹配的光伏组件，例如，为 12V 蓄电池系统充电的光伏组件最大输出电压要求为 16.5～17.5V，为 24V 蓄电池系统充电的光伏组件最大输出电压要求为 33～35V 等。而具有 MPPT 功能的控制器其光伏电压输入范围较宽，MPPT 电路能把从光伏组件获取的较高电压调节到适合蓄电池系统充电电压要求的水平，MPPT 电路可以通过降低电压，加大电流来保持充电功率不变，所以我们可以利用较高的光伏直流电压为电压较低的蓄电池系统充电，这样在系统构成时，光伏组件的选择范围就更宽了。由于带 MPPT 功能的控制器价格较高，所以其一般用在要求较高或较大型的光伏发电系统中。

3.1.2　光伏控制器的主要技术参数

光伏控制器的主要技术参数如下。

1. 系统电压

系统电压也叫额定工作电压，主要指离网光伏发电系统的直流侧工作电压，电压一般为所选蓄电池（组）的标称电压，如 12V 和 24V、48V、96V、192V 等以及磷酸铁锂电池的 12.8V、25.6V 和 51.2V 等。

2. 最大充电电流

最大充电电流是指控制器能承受的光伏组件或方阵输出的最大电流，根据功率大小分为 5A、6A、8A、10A、12A、15A、20A、30A、40A、50A、70A、100A、150A、200A、250A、300A 等多种规格。有些厂家用光伏组件最大功率来表示这一内容，间接体现了最大充电电流这一技术参数。

3. 光伏方阵输入路数

小功率光伏控制器一般是单路输入，而大功率光伏控制器都是由光伏组件方阵多路输入，一般大功率光伏控制器可输入 6 路，最多的可接入 12 路、18 路。

4. 电路自身损耗

控制器的电路自身损耗也是其主要技术参数之一，也叫空载损耗（静态电流）或最大自消耗电流。为了降低控制器的损耗，提高光伏电源的转换效率，控制器的电路自身损耗要尽可能低。控制器的最大自身损耗不得超过其额定充电电流的 1%或 0.4W。电路不同，自身损耗也有所差别，自身损耗一般为5～20mA。

5. 蓄电池的过充电保护电压（HVD）

蓄电池的过充电保护电压也叫充满断开电压或过电压关断电压，一般可根据需要及蓄电池类型的不同，设定在14.1～14.5V（12V系统）、28.2～29V（24V系统）和56.4～58V（48V系统）之间，典型值分别为14.4V、28.8V和57.6V。蓄电池过充电保护的关断恢复电压（HVR）一般设定在13.1～13.4V（12V系统）、26.2～26.8V（24V系统）和52.4～53.6V（48V系统）之间，典型值分别为13.2V、26.4V和52.8V。

6. 蓄电池的过放电保护电压（LVD）

蓄电池的过放电保护电压也叫欠压断开电压或欠压关断电压，一般可根据需要及蓄电池类型的不同，设定在10.8～11.4V（12V系统）、21.6～22.8V（24V系统）和43.2～45.6V（48V系统），典型值分别为11.1V、22.2V和44.4V。蓄电池过防电保护的关断恢复电压（LVR）一般设定在12.1～12.6V（12V系统）、24.2～25.2V（24V系统）和48.4～50.4V（48V系统），典型值分别为12.4V、24.8V和49.6V。

7. 蓄电池充电浮充电压

蓄电池的充电浮充电压一般为13.7V（12V系统）、27.4V（24V系统）和54.8V（48V系统）。

8. 温度补偿

控制器一般具有温度补偿功能，以适应不同的环境工作温度，为蓄电池设置更为合理的充电电压。控制器的温度补偿系数应满足蓄电池的技术要求，其温度补偿值一般为-20～-40mV/℃。

9. 工作环境温度

控制器的使用或工作环境温度范围随厂家不同一般在-20℃～50℃。

10. 其他保护功能

（1）控制器输入、输出短路保护功能。控制器的输入、输出电路都要具有短路保护电路，提供保护功能。

（2）防反充保护功能。控制器要具有防止蓄电池向光伏组件反向充电的保护功能。

（3）极性反接保护功能。光伏组件或蓄电池接入控制器，当极性接反时，控制器要具有保护电路的功能。

（4）防雷击保护功能。控制器输入端应具有防雷击的保护功能，避雷器的类型和额定值应能确保控制器吸收预期的冲击能量。

（5）耐冲击电压和冲击电流保护。在控制器的光伏组件输入端施加1.25倍的标称电压持续1h，控制器不应该损坏。使控制器充电回路电流达到标称电流的1.25倍并持续1h，控制器也不应该损坏。

3.1.3 光伏控制器的配置选型

光伏控制器的配置选型要根据系统功率、系统直流工作电压、光伏方阵输入路数、蓄电池组数、负载状况以及用户的特殊要求等确定其类型。一般要考虑下列几项技术指标。

1. 系统工作电压

这个电压要根据直流负载的工作电压或交流逆变器的配置选型确定，一般有 12V、24V、48V、96V 和 192V 等。组件的最大输出电压要和蓄电池的标称电压相匹配。

2. 额定输入电流和输入路数

控制器的额定输入电流取决于光伏组件或方阵的输入电流，选型时控制器的额定输入电流应等于或大于光伏组件的输入电流。

控制器的输入路数要多于或等于光伏方阵的设计输入路数。小功率控制器一般只有一路光伏方阵输入，大功率控制器通常采用多路输入，每路输入的最大电流＝额定输入电流/输入路数。因此，各路光伏方阵的输出电流值应小于或等于控制器每路允许输入的最大电流值。

3. 控制器的额定负载电流

控制器的额定负载电流也就是控制器输出到直流负载或逆变器的直流输出电流，该数据要满足负载或逆变器的输入要求。选择控制器时，先确定系统蓄电池组的工作电压，再用组件输出功率除以蓄电池组的工作电压，就能确定光伏控制器的工作输出电流。

4. 控制器的额定功率

控制器的额定功率要和组件或方阵的输出功率相接近，例如一个 48V/30A 的控制器，最大输出功率为 1440W，组件的输出功率应为 1500W 左右。

除上述主要技术数据要满足设计要求以外，环境温度、海拔、防护等级和外形尺寸等参数以及生产厂家和品牌也是控制器配置选型时要考虑的因素。

一般小功率光伏发电系统采用单路脉宽调制型控制器，大功率光伏发电系统采用多路输入型控制器或带有通信功能和远程监测控制功能的智能控制器或 MPPT 控制器。

一般脉宽调制（PWM）型控制器的效率约为 85%，输入电压范围比较窄，但价格比较低，MPPT 控制器的效率约 95%，输入电压范围比较大，但价格比较高。

选用 PWM 型控制器时，由于 PWM 型控制器在光伏组件和蓄电池之间通过电子开关连接控制，中间没有电压调整电路，组件或组串的输出电压要和蓄电池的标称电压相对应，一般选蓄电池组标称电压的 1.4～1.43 倍。例如标称电压为 24V 的蓄电池组，组件输出电压可以在 33～35V。

选用带 MPPT 控制器时，由于这类控制器内有电压（功率）调整电路，光伏组件或组串输入控制器的电压范围可以更大一些，可以在蓄电池组标称电压的 1.3～3 倍选择，例如标称电压为 24V 的蓄电池组，组件输出电压可以在 31～72V。增大了配套光伏组件的选择范围。选用 MPPT 控制器的最大优点是可以充分利用光伏方阵的输出功率，而无须过多考虑蓄电池组的充电电压。

为适应将来的系统扩容和保证系统长时期的工作稳定，我们最好选择高一个型号的控制器。例如，设计选择48V/20A的控制器就能满足系统使用时，实际应用可考虑选择48V/25A或30A的控制器。

选型时还要注意，控制器的功能并不是越多越好，注意选择在本系统中适用和有用的功能，抛弃多余的功能，否则不但增加了成本，而且还增大了出现故障的可能性。

3.2 太阳能光伏逆变器

将直流电能变换成为交流电能的过程称为逆变，完成逆变功能的电路称为逆变电路，而实现逆变过程的装置称为逆变器或逆变设备。光伏发电系统中使用的逆变器是一种将光伏组件所产生的将直流电能转换为交流电能的转换装置。在逆变器的转换过程中，追求最小的转换损耗和最佳的电能质量，它使转换后的交流电的电压、频率与电力系统交流电的电压、频率相一致，以满足为各种交流用电负载供电及并网发电的需要，图3-8所示为常见的光伏逆变器。

图3-8 常见的光伏逆变器

光伏发电系统对逆变器的基本要求：①合理的电路结构，严格的元器件筛选，具备各种保护功能；②较大的直流输入电压适应范围；③较少的电能变换中间环节，以节约成本、提高效率；④较高的转换效率；⑤高可靠性，无人值守和维护；⑥输出电压、电流满足电能质量要求，谐波含量小，功率因数高；⑦具有一定的过载能力。

3.2.1 逆变器的分类

逆变器的种类很多，可以按照不同方式进行分类。

按照逆变器输出交流电的相数，可分为单相逆变器、三相逆变器和多相逆变器。

按照逆变器逆变转换电路工作频率的不同，可分为工频逆变器、中频逆变器和高频逆变器。

按照逆变器输出电压的波形不同，可分为方波逆变器、阶梯波逆变器和正弦波逆变器。

按照逆变器线路原理的不同，可分为自激振荡型逆变器、阶梯波叠加型逆变器、脉宽调制型逆变器和谐振型逆变器等。

按照逆变器主电路结构的不同，可分为单端式逆变结构、半桥式逆变结构、全桥式逆变结构、推挽式逆变结构、多电平逆变结构、正激逆变结构和反激逆变结构等。其中，小功率逆变器多采用单端式逆变结构、正激逆变结构和反激逆变结构；中功率逆变器多采用半桥式逆变结构、全桥式逆变结构等；高压大功率逆变器多采用推挽式逆变结构和多电平逆变结构。

按照逆变器输出功率大小的不同，可分为小功率逆变器（小于 10kW）、中功率逆变器（10～300kW）、大功率逆变器（大于 300kW）。

按照逆变器隔离（转换）方式的不同，可分为带工频隔离变压器方式、带高频隔离变压器方式和不带隔离变压器方式等。

按照逆变器输出能量的去向不同，可分为无源逆变器和有源逆变器。对太阳能光伏发电系统来说，逆变电路输出的交流电能直接用于负载的逆变器叫作无源逆变器，多用于离网独立型光伏发电系统中；而输出的交流电能馈向交流电网的逆变器叫作有源逆变器，多用在并网型光伏发电系统中。

在太阳能光伏发电系统中还可将逆变器分为离网型逆变器（应用在独立型光伏系统中的逆变器）和并网型逆变器。

在并网型逆变器中，又可根据光伏组件或方阵接入方式的不同，分为集中式逆变器、组串式逆变器、微型（组件式）逆变器和双向储能逆变器等。

3.2.2　逆变器的电路构成及主要元器件

逆变器主要由半导体功率器件和逆变器驱动、控制电路两大部分组成。随着微电子技术与电力电子技术的迅速发展，新型大功率半导体开关器件和驱动、控制电路的出现促进了逆变器的快速发展和技术完善。目前的逆变器多数采用功率场效应晶体管（VMOSFET）、绝缘栅双极晶体管（IGBT）、门极关断晶体管（GTO）、MOS 栅控晶体管（MGT）、MOS 门控晶闸管（MCT）、静电感应晶体管（SIT）、静电感应晶闸管（SITH）以及智能功率模块（IPM）等多种先进且易于控制的大功率器件。控制逆变驱动电路也从模拟集成电路发展到单片机控制，甚至采用数字信号处理器（DSP）控制，使逆变器向着高频化、节能化、智能化、集成化和多功能化方向发展。

1. 逆变器的电路结构

逆变器根据逆变转换电路工作频率的不同分为工频逆变器和高频逆变器；根据内部有没有隔离变压器，分为隔离型逆变器和非隔离型逆变器。

工频隔离型逆变器（其结构如图 3-9 所示）首先把光伏组件或方阵输出的直流电逆变成工频低压交流电，再通过工频变压器升压成 220V/50Hz 或 380V/50Hz 的交流电供负载使用，工频变压器即可以轻松实现与电网电压的匹配，又可以起到 DC-AC 的隔离作用。工频隔离型逆变器的优点是结构简单，有电气隔离，各种保护功能均可在较低电压下实现，因其逆变电源与负载之间有工频变压器存在，故运行稳定、可靠，过载能力和抗冲击能力强，并能够抑制波形中的高次谐波成分。但是工频变压器存在笨重和价格高的问题，而且其效率也比较低，一般不会超过 90%，同时因为工频变压器在满载和轻载下运行时铁损基本不变，所以在轻载运行时空载损耗较大，效率也较低。

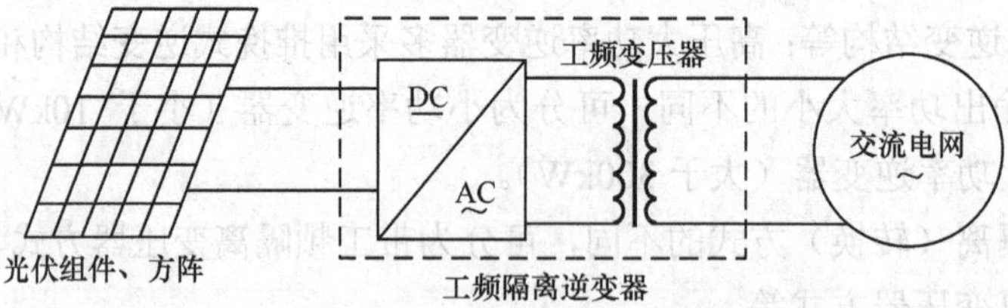

图3-9　工频隔离型逆变器结构

高频隔离型逆变器首先通过高频DC-DC变换技术，将低压直流电逆变为高频低压交流电，交流电经过高频变压器升压，再经过高频整流滤波电路被整流成360V左右的高压直流电，最后通过工频逆变电路变成220V或380V的工频交流电供负载使用。高频隔离型逆变器结构如图3-10所示。高频逆变器使用高频电子开关电路可以显著减小逆变器的体积和重量。这种开关结构由一个将直流电压升压到超过300V的直流变换器和由IGBT构成的桥式逆变电路组成。由于高频逆变器的隔离变压器采用的是体积小、重量轻的高频磁性材料，因而大大提高了电路的功率密度，使逆变电源的空载损耗很小，逆变效率较高。高频变压器与工频变压器相比体积、重量都小许多，如一个2.5kW逆变器的工频变压器重量约为20kg，而相同功率逆变器的高频逆变器的重要只有约0.5kg。这种结构类型的缺点是高频开关电路及部件（如IGBT模块等）的成本较高，甚至还要依赖进口。但总体衡量成本劣势并不明显，特别是大功率应用有较好的经济性。

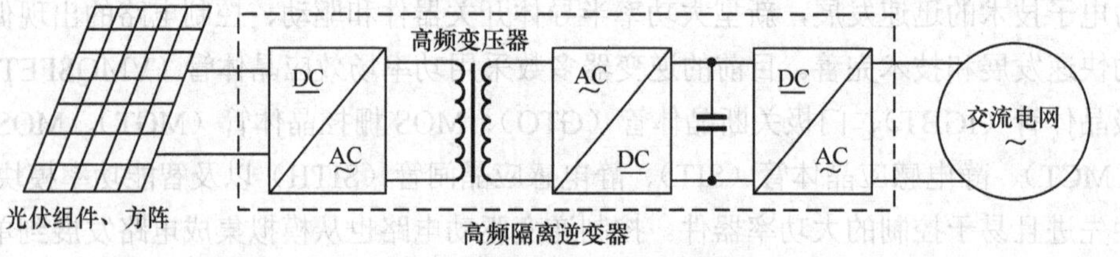

图3-10　高频隔离型逆变器结构

无隔离逆变器分为无隔离工频（直接耦合）逆变器和无隔离高频逆变器。这种开关结构类型因为减少了变压器环节带来的损耗，因而有相对最高的转换效率。无隔离工频逆变器将光伏组件或方阵的直流输出电压直接变换为与电网电压同幅值、同相位、同频率的正弦交流电，其结构如图3-11所示。

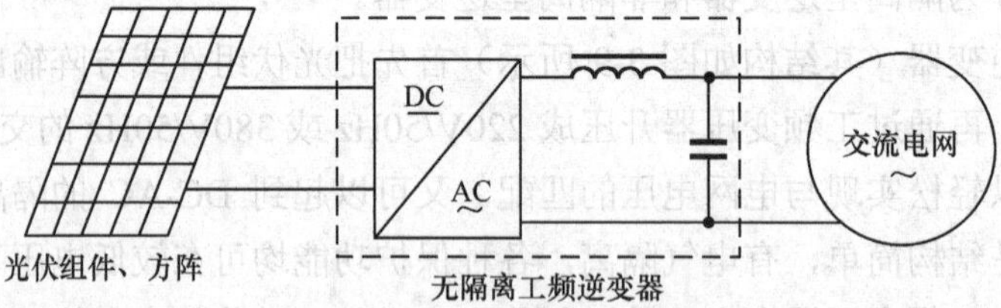

图3-11　无隔离工频逆变器结构

无隔离高频逆变器则是先对光伏组件或方阵输出的直流电进行直流升压，然后将其逆变成交流电并入电网，具体结构如图3-12所示。无隔离逆变器结构简单、质量小、成本低、效率高；但因为没有隔离变压器，电路缺少电气隔离，对系统的抗干扰、绝缘性能和安全性能要求较高。

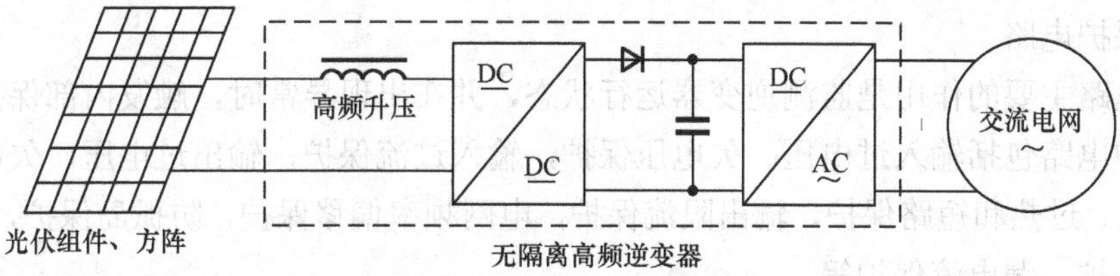

图3-12 无隔离高频逆变器结构

2. 逆变器的基本电路构成

逆变器的基本电路构成如图 3-13 所示。由输入电路（含 MPPT 电路）、输出电路、主逆变开关电路（简称主逆变电路）、控制电路、辅助电路和保护电路等构成。各电路作用如下。

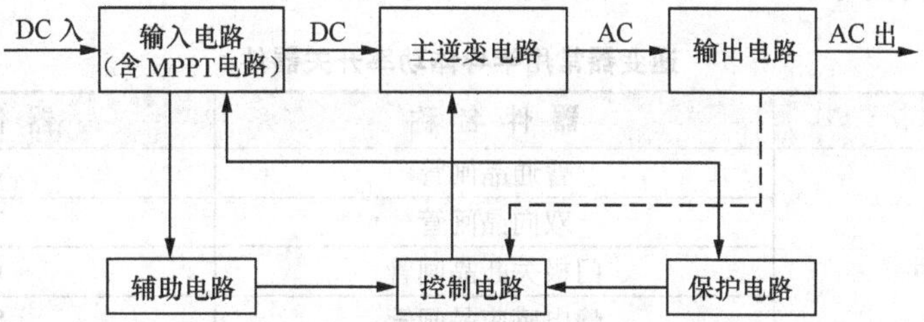

图3-13 逆变器的基本电路构成

（1）输入电路

输入电路的主要作用是为主逆变电路提供可确保其正常工作的直流工作电压。光伏发电的直流电能经过输入电路滤波后进入升压电路，带 MPPT 功能的输入电路将保证光伏组件或方阵产生的直流电能最大程度地被逆变器所使用。输入电路同时为逆变器提供绝缘阻抗、输入电流、输入电压的检测装置。升压电路通过半导体开关器件的导通与关断完成升压过程，由控制电路提供脉冲控制信号。

（2）主逆变电路

主逆变电路是逆变器的核心，它的主要作用是通过半导体开关器件的导通和关断完成逆变功能，把升压后的直流电压转换成交流电压和电流。逆变电路分为隔离式和非隔离式两大类。

（3）输出电路

输出电路的主要作用是对主逆变电路输出的交流电的波形、频率、电压、电流的幅值和相位等进行修正、补偿、调理，再经过滤波后，将符合要求的交流电馈入电网。输出电路同时含有电网电压检测、输出电流检测、接地故障漏电保护和输出隔离继电器等电路装置。

（4）控制电路

控制电路主要是为直流输入电路和主逆变电路提供一系列的控制脉冲来控制逆变开关器件的导通与关断，配合主逆变电路完成逆变功能。控制电路还通过显示电路及显示屏显示逆变器的运行状况来控制逆变器的运行，当设备出现异常时，显示屏显示故障代码，同时根据需要控制保护电路触发输出继电器，使逆变器的交流输出安全脱离电网，保护逆变器内部元器件免受损坏。

（5）辅助电路

辅助电路主要辅助升压电路将输入直流电压变换成适合控制电路工作的直流电压。辅助电路还包含了多种检测电路。

（6）保护电路

保护电路主要的作用是监测逆变器运行状态，并在出现异常时，触发内部保护元件实施保护。保护电路包括输入过电压、欠电压保护，输入过流保护，输出过电压、欠电压保护，过载、过流、过热和短路保护，输出限流保护，电网频率偏移保护，防孤岛保护，防雷保护，对地绝缘保护，漏电流保护等。

3. 逆变器的主要元器件

（1）半导体功率开关器件

表3-2是逆变器常用的半导体功率开关器件，主要有晶闸管、大功率晶体管、功率场效应晶体管及功率模块等。

表3-2　逆变器常用半导体功率开关器件

类　型	器 件 名 称	器 件 符 号
双极型器件	普通晶闸管	SCR
	双向晶闸管	TRIS
	门极关断晶闸管	GTO
	静电感应晶闸管	SITH
	大功率晶体管	GTR
单极型器件	功率场效应晶体管	VMOSFET
	静电感应晶体管	SIT
复合型器件	绝缘栅双极晶体管	IGBT
	MOS栅控晶体管	MGT
	MOS门控晶闸管	MCT
	智能功率模块	IPM

（2）逆变驱动和控制电路

传统的逆变器电路由许多分离元器件和模拟集成电路等构成，这种电路结构元器件数量多，波形质量差，控制电路的过程烦琐复杂。随着逆变技术高效率、大容量的要求和逆变技术复杂程度的提高，需要处理的信息量越来越大，而微处理器和专用电路的发展，满足了逆变器技术发展的要求。

① 逆变驱动电路。光伏系统逆变器的逆变驱动电路主要是针对功率开关器件的驱动，要得到好的PWM脉冲波形，驱动电路的设计很重要。微电子和集成电路技术的发展，许多专用多功能集成电路的陆续推出，给应用电路的设计带来了极大的方便，同时也使逆变器的性能得以极大提高。例如，各种开关驱动电路SG3524、SG3525、TL494、IR2130、TLP250等，在逆变器电路中得到了广泛应用。

② 逆变控制电路。光伏逆变器中常用的控制电路主要用来为驱动电路提供符合要求的逻辑与波形，如PWM、SPWM控制信号等，从8位的带有PWM口的微处理器到16位的单片机，直至32位的数字信号处理器件等，使先进的控制技术如矢量控制技术、多电平变换技术、重复控制技术、模糊逻辑控制技术等在逆变器中得到应用。在逆变器中常用的微处理器电路有MP16、8XC196MC、PIC16C73、68HC16、MB90260、PD78366、SH7034、M37704、M37705等，常用的专用数字信号处理器（DSP）电路有 TMS320F206、TMS320F240、M586XX、

DSPIC30、ADSP-219XX 等。

3.2.3　光伏逆变器电路原理

1. 单相逆变器电路原理

逆变器的工作原理是通过功率半导体开关器件的导通和关断作用，把直流电能变换成交流电能。单相逆变器的基本电路有推挽式、半桥式和全桥式等，虽然电路结构不同，但工作原理类似。电路中都使用具有开关特性的半导体功率器件，由控制电路周期性地对功率器件发出开关脉冲控制信号，控制各个功率器件轮流导通和关断，电流经过变压器耦合升压或降压后，电路整形滤波输出符合要求的交流电。

（1）推挽式逆变电路

推挽式逆变电路原理如图 3-14 所示。该电路由两只共负极连接的功率开关管和一个一侧带有中心抽头的升压变压器组成。升压变压器的中心抽头接直流电源正极，两只功率开关管在控制电路的作用下交替工作，输出方波或三角波的交流电。由于功率开关管的共负极连接，该电路的驱动和控制电路可以较简单，另外由于变压器具有一定的漏感，可限制短路电流，因而提高了电路的可靠性。该电路的缺点是变压器效率低，带感性负载的能力较差，不适合直流电压过高的场合。

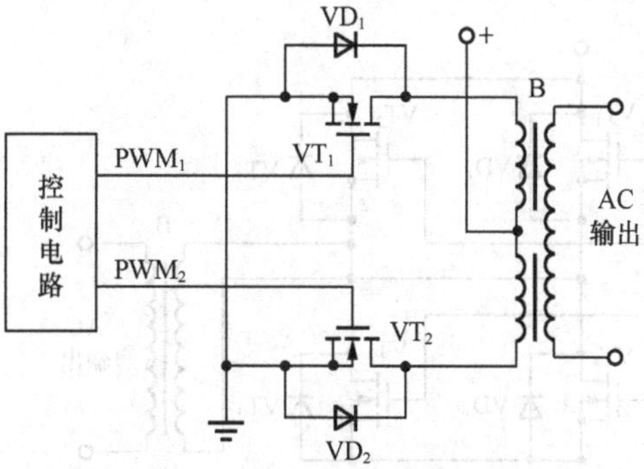

图3-14　推挽式逆变电路原理

（2）半桥式逆变电路

半桥式逆变电路原理如图 3-15 所示。该电路由两只功率开关管、两只储能电容器和耦合变压器等组成。该电路将两只串联电容的中点作为参考点，当功率开关管 VT_1 在控制电路的作用下导通时，电容 C_1 上的能量通过变压器一次侧释放，当功率开关管 VT_2 导通时，电容 C_2 上的能量通过变压器一次侧释放，VT_1 和 VT_2 的轮流导通，在变压器二次侧获得了交流电能。半桥式逆变电路结构简单，由于两只串联电容的作用，不会产生磁偏或直流分量，非常适合后级带动变压器负载。当该电路工作在工频（50Hz 或 60Hz）时，需要较大的电容容量，使电路的成本上升，因此该电路更适合用于高频逆变器电路中。

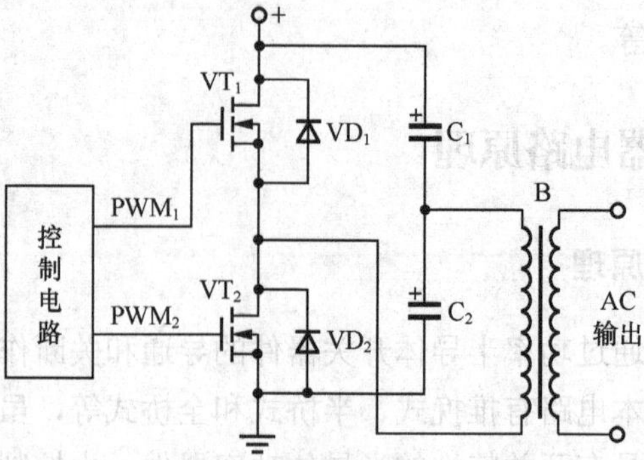

图3-15　半桥式逆变电路原理

（3）全桥式逆变电路

全桥式逆变电路原理如图 3-16 所示。该电路由 4 只功率开关管和变压器等组成。该电路克服了推挽式逆变电路的缺点，功率开关管 VT_1、VT_4 和 VT_2、VT_3 反相，VT_1、VT_3 和 VT_2、VT_4 轮流导通，使负载两端得到交流电能。为便于读者理解，用图 3-16（b）所示等效电路对全桥式逆变电路原理进行介绍。图中 E 为输入的直流电压，R 为逆变器的纯电阻性负载，开关 K_1～K_4 等效于图 3-16（a）中的 VT_1～VT_4。当开关 K_1、K_3 接通时，电流流过 K_1、R、K_3，负载 R 上的电压极性是左正右负；当开关 K_1、K_3 断开，K_2、K_4 接通时，电流流过 K_2、R 和 K_4，负载 R 上的电压极性相反。若两组开关 K_1、K_3 和 K_2、K_4 以某一频率交替切换工作时，负载 R 上便可得到这一频率的交变电压。

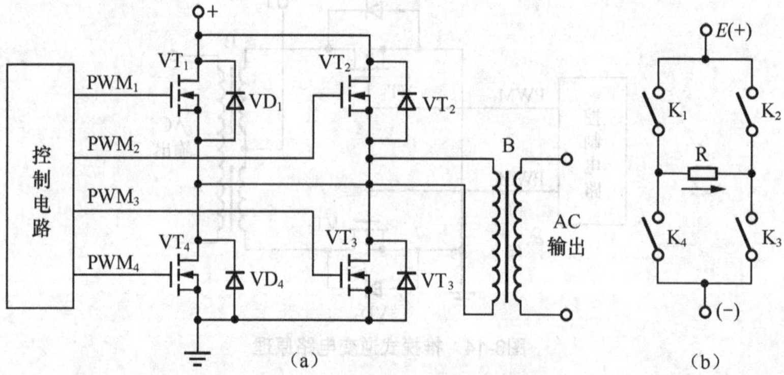

图3-16　全桥式逆变电路原理

上述几种电路都是逆变器的最基本电路，在实际应用中，除了小功率光伏逆变器主电路采用这种单级的（DC-AC）变换电路外，中、大功率逆变器主电路都采用两级（DC-DC-AC）或 3 级（DC-AC-DC-AC）的电路结构形式。一般来说，中、小功率光伏系统的光伏组件或方阵输出的直流电压都不太高，而且功率开关管的额定耐压值也都较低，因此逆变电压也较低，要得到 220V 或者 380V 的交流电，无论是推挽式还是全桥式的逆变电路，都必须添加工频升压变压器，由于工频变压器体积大、效率低、重量大，因此只能在小功率场合应用。

随着电力电子技术的发展，新型光伏逆变器电路都采用高频开关技术和软开关技术实现高功率密度的多级逆变。这种逆变电路的前级升压电路采用推挽逆变电路结构，但工作频率都在 20kHz 以上，升压变压器的铁芯采用高频磁性材料制成，因而体积小、重量轻。低电压直流电经过高频逆变后变成了高频高压交流电，又经过高频整流滤波电路后得到高压直流电

（一般均在 300V 以上），再通过工频逆变电路实现逆变得到 220V 或 380V 的交流电，整个系统的逆变效率可达到 95%以上。目前大多数正弦波光伏逆变器都采用这种 3 级电路结构，如图 3-17 所示。其具体工作过程为：首先将光伏方阵输出的直流电（如 24V、48V、96V 和 192V 甚至 500V、800V、1000V 等）通过高频逆变电路逆变为波形为方波的交流电，逆变频率一般在几千赫兹到几十千赫兹，然后通过高频升压变压器整流滤波后将交流电变为高压直流电，最后经过第 3 级 DC-AC 逆变为所需要的 220V 或 380V 工频交流电。

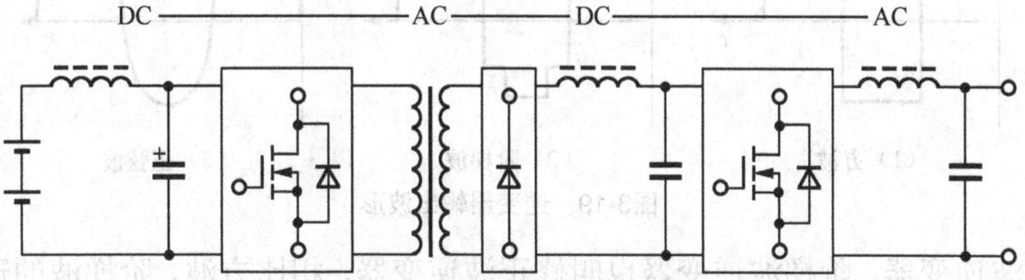
DC
AC
DC
AC
图3-17　逆变器的3级电路结构

图 3-18 是逆变器将直流电转换成交流电的转换过程示意图，借此读者可加深对逆变器工作原理的理解。半导体功率开关器件在控制电路的作用下以 1/100s 的速度开关，将直流切断，并将其中一半的波形反向而得到矩形的交流波形，然后通过整形电路使矩形的交流波形平滑，得到正弦交流波形。

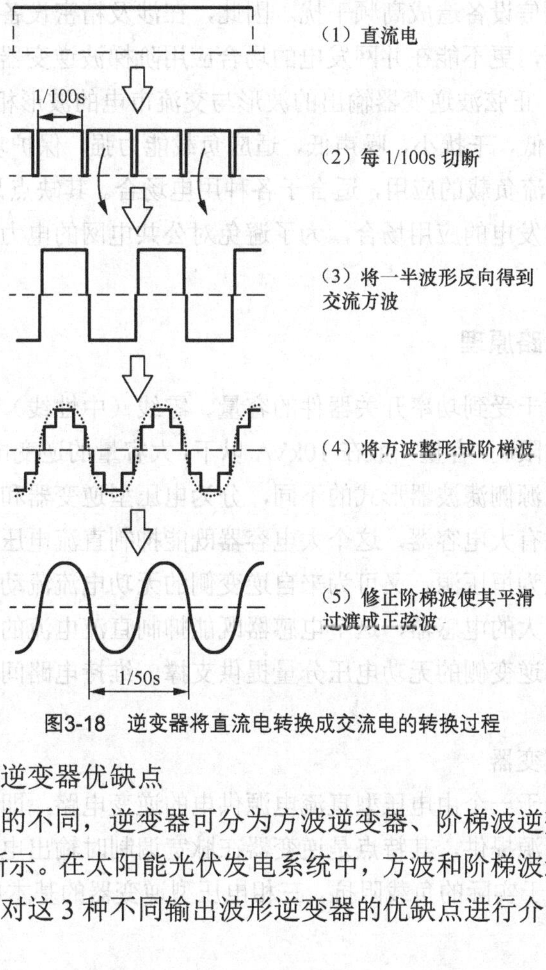
（1）直流电
1/100s
（2）每 1/100s 切断
（3）将一半波形反向得到
交流方波
（4）将方波整形成阶梯波
（5）修正阶梯波使其平滑
过渡成正弦波
1/50s
图3-18　逆变器将直流电转换成交流电的转换过程

（4）不同波形单相逆变器优缺点

按照输出电压波形的不同，逆变器可分为方波逆变器、阶梯波逆变器和正弦波逆变器，其输出波形如图 3-19 所示。在太阳能光伏发电系统中，方波和阶梯波逆变器一般用在离网小功率场合，下面就分别对这 3 种不同输出波形逆变器的优缺点进行介绍。

① 方波逆变器。方波逆变器输出的波形是方波，也叫矩形波。尽管方波逆变器所使用的电路不尽相同，但共同的优点是线路简单（使用的功率开关管数量最少），价格便宜，维修方便，其设计功率一般在数百瓦到几千瓦。缺点是调压范围窄，噪声较大，方波电压中含有大量高次谐波，带感性负载如电动机等用电机器中将产生附加损耗，因此效率低，电磁干扰大。

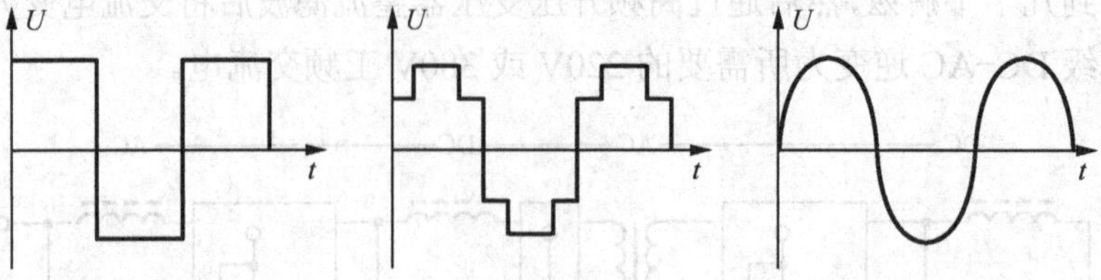

（1）方波　（2）阶梯波　（3）正弦波

图3-19　逆变器输出波形

② 阶梯波逆变器。阶梯波逆变器也叫修正波逆变器，相比方波，阶梯波的形状有明显改善，从波形看类似于正弦波，波形中的高次谐波含量少，故能够满足包括感性负载在内的大部分用电设备的需求。当采用无变压器输出时，整机效率高。因阶梯波逆变器价格适中，在对用电质量要求不是很高的边远地区应用较广泛。阶梯波逆变器的缺点是线路较为复杂。把方波修正成阶梯波，需要多个不同的复杂电路，产生多种波形，叠加修正才可以，这些电路使用的功率开关管也较多，电磁干扰严重，并存在 20%以上的谐波失真，在驱动精密设备时会出现问题，也会对通信设备造成高频干扰。因此，在涉及精密设备驱动和通信设备的场合不宜使用阶梯波逆变器，更不能在并网发电的场合应用阶梯波逆变器。

③ 正弦波逆变器。正弦波逆变器输出的波形与交流市电的波形相同。这种逆变器的优点是输出波形好，失真度低，干扰小，噪声低，适应负载能力强，保护功能齐全，整机性能好，效率高，能满足所有交流负载的应用，适合于各种用电场合。其缺点是线路复杂，维修困难，价格较高。在光伏并网发电的应用场合，为了避免对公共电网的电力污染，必须使用正弦波逆变器。

2. 三相逆变器电路原理

单相逆变器电路由于受到功率开关器件的容量、零线（中性线）电流、电网负载平衡要求和用电负载性质等的限制，容量一般在 10kVA 以下，大容量的逆变电路大多采用三相形式。三相逆变器按照直流电源侧滤波器形式的不同，分为电压型逆变器和电流型逆变器。电压型逆变器在其直流侧并联有大电容器，这个大电容器既能抑制直流电压的波纹，减小直流电源的内阻，使直流侧近似为恒压源，又可为来自逆变侧的无功电流流动提供通路。而电流型逆变器在其直流侧串联了大的电感器，这个电感器既能抑制直流电流的波纹，使直流侧近似一个恒流源，又能为来自逆变侧的无功电压分量提供支撑，维持电路间电压的平衡，保证无功功率的交换。

（1）三相电压型逆变器

电压型逆变器相当于一个由电压型直流电源供电的逆变电路，即逆变电路中的输入直流能量由一个稳定的电压源提供，其特点是逆变器在脉宽调制时输出电压的幅值等于电压源的幅值，而电流波形取决于实际的负载阻抗。三相电压型逆变器的基本电路如图 3-20 所示。该电路主要由 6 个功率开关器件和 6 个续流二极管以及带中性点的直流电源构成。图中负载 L 和 R 表示三相负载的各路相电感和相电阻。

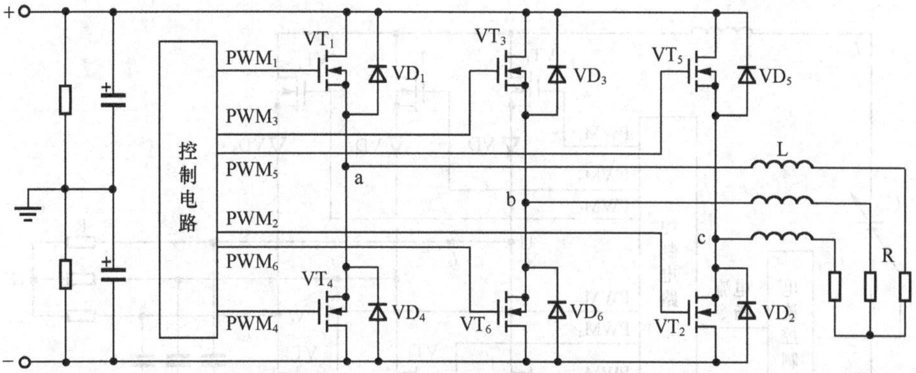

图3-20　三相电压型逆变器基本电路

功率开关器件 VT_1～VT_6 在控制电路的作用下，当控制信号为三相互差 120° 的脉冲信号时，可以控制每个功率开关器件导通 180° 或 120°，相邻两个开关器件的导通时间互差 60°。逆变器 3 个桥臂中上部和下部开关器件以 180° 间隔交替导通和关断，VT_1～VT_6 以 60° 的相位差依次导通和关断，在逆变器输出端形成 a、b、c 三相电压。

控制电路输出的开关控制信号可以是方波、阶梯波、脉宽调制方波、脉宽调制三角波和锯齿波等，其中后 3 种脉宽调制的波形都以基础波作为载波，正弦波作为调制波，最后输出正弦波波形。普通方波和被正弦波调制的方波如图 3-21 所示。与普通方波信号相比，被调制的方波信号是按照正弦波规律变化的系列方波信号，即普通方波信号是连续导通的，而被调制的方波信号要在正弦波调制的周期内导通和关断 *N* 次。

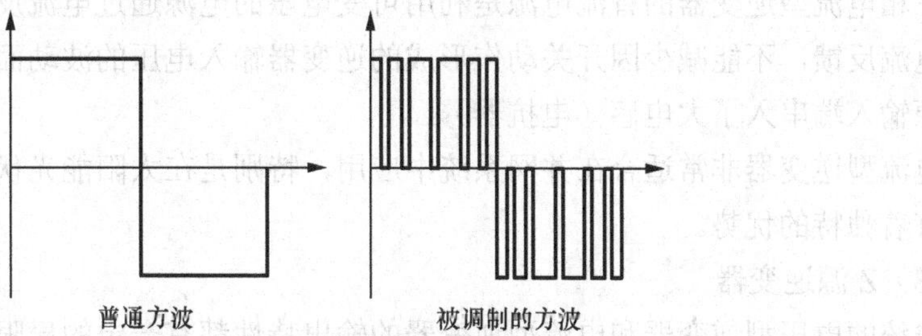

图3-21　普通方波与被调制的方波

（2）三相电流型逆变器

电流型逆变器的直流输入电源是一个恒定的直流电源，需要调制的是电流，若一个矩形电流注入负载，电压波形则是在负载阻抗的作用下生成的。在电流型逆变器中，人们通过两种方法控制基波电流的幅值。一种方法是直流电源的幅值变化法，这种方法使得交流电输出侧的电流控制比较简单；另一种方法是用脉宽调制来控制基波电流。三相电流型逆变器的基本电路如图 3-22 所示。该电路由 6 只功率开关器件和 6 只阻断二极管以及直流恒流电源、浪涌吸收电容等构成，R 为用电负载。

电流型逆变器的特点是在直流电输入侧串接了较大的滤波电感，当负载功率因数变化时，交流输出电流的波形不变，即交流输出电流波形与负载无关。从电路结构上看，电流型逆变器与电压型逆变器的不同是，电压型逆变器在每个功率开关器件上并联了一只续流二极管，而电流型逆变器则是在每个功率开关器件上串联了一只反向阻断二极管。

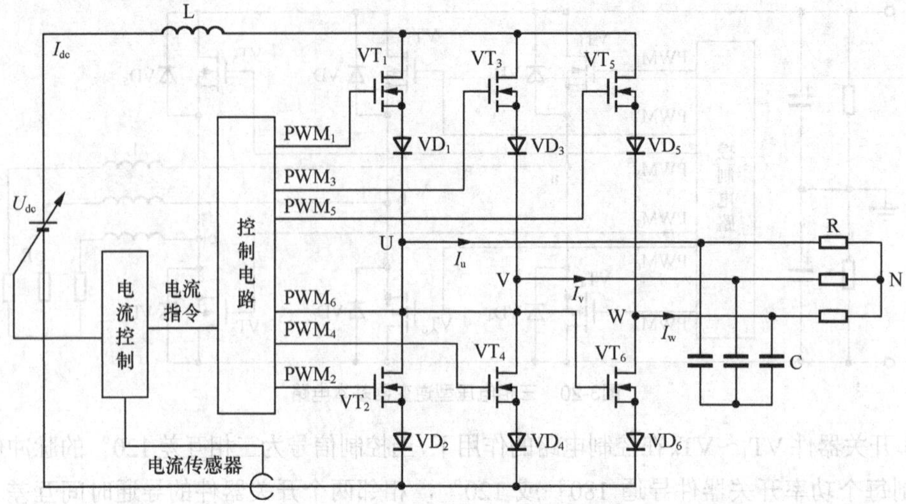

图3-22 三相电流型逆变器基本电路

与三相电压型逆变器电路一样，三相电流型逆变器也是由 3 组上下一对的功率开关器件构成的，但二者开关动作的方法不同。由于在直流输入侧串联了大电感 L，直流电流的波动变化较小，当功率开关器件开关动作和切换时，都能保持电流的稳定性和连续性。因此 3 个桥臂中上方开关器件 VT_1、VT_3、VT_5 中的一个和下方开关器件 VT_2、VT_4、VT_6 中的一个，均可每隔 1/3 周期（间隔 120°）分别流过一定值的电流，并输出方波。另外，为防止连接感性负载时电流急剧变化而产生浪涌电压，在逆变器的输出端并联了浪涌吸收电容 C。

三相电流型逆变器的直流电源是利用可变电压的电源通过电流反馈控制来实现的。但是，仅用电流反馈，不能减少因开关动作形成的逆变器输入电压的波动而使电流随着波动，所以在电源输入端串入了大电感（电抗器）L。

电流型逆变器非常适合在并网系统中应用，特别是在太阳能光伏发电系统中，电流型逆变器有着独特的优势。

（3）Z 源逆变器

传统的电压型逆变器和电流型逆变器的输出特性都有一定的局限性，电压型逆变电路采用降压工作模式，电流型逆变电路采用升压工作模式，当逆变器直流侧电压变化范围大（如光伏方阵输出电压变化）或负载要求输出范围比较大的场合，单一的电压型或电流型逆变电路也许不能满足逆变需要，必须通过增加一级功率变换电路来实现，这样会带来电路复杂、效率降低的问题。Z 源逆变器电路结合了电压型和电流型逆变电路的特点，是一种新型的逆变电路，其典型拓扑结构如图 3-23 所示。Z 源逆变器用独特的包含电感器 L_1、L_2 和电容器 C_1、C_2 的 X 型 L、C 网络代替了传统的电压型逆变器中的电容器和电流型逆变器中的电感器，因而 Z 源逆变器的直流输入端可以采用电压源形式也可以采用电流源形式，并能通过特殊的控制方式使得系统工作在升压或降压模式下，实现逆变器输出电压高于或低于直流输入电压，且不需要中间变换电路。在光伏发电系统中，使用 Z 源逆变器取代传统的电压型逆变器，利用 Z 源逆变器独特的升压、降压功能，可以扩大光伏方阵的电压输入范围，非常适合因光照强度的强烈变化而导致光伏方阵输出电压大范围波动的情况。

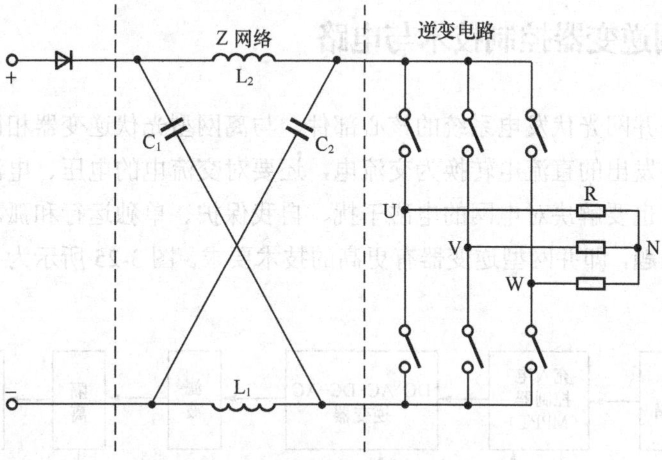

图3-23 Z源逆变器的拓扑结构

3. 双向储能逆变器（变流器）电路原理

双向储能逆变器的基本电路原理如图 3-24 所示，电路中由 L_1、VT_1、VT_2、VD_1、VD_2、C_1 等构成双向升降压电路（Buck/Boost 电路），由 VT_3～VT_6、VD_3～VD_6 及 L_2、C_2 等构成双向全桥 DC/AC 变换电路。该拓扑结构能够实现升压与逆变、降压与整流的解耦控制，电路结构简单，控制容易实现。当储能蓄电池处于放电运行状态时，前级的双向升降压电路将工作于电路升压模式，后级的全桥变换器工作于逆变模式下，其工作原理与普通逆变器一样。当储能蓄电池处于充电运行状态时，前级的双向升降压电路将工作于降压模式，后级的全桥变换器将构成全桥整流电路，通过 PWM 控制将电网交流电整流、降压后为储能蓄电池充电。双向储能逆变系统根据光伏发电系统的运行状况，可分为下列几种充放电模式。

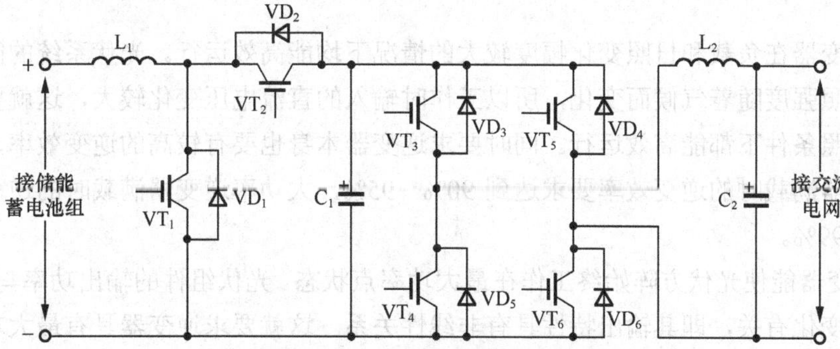

图3-24 双向储能逆变器电路原理

（1）并网充电模式。在并网运行状态下，当蓄电池容量不足时，通过市电为蓄电池充电。

（2）离网充电模式。在离网运行状态下，当蓄电池容量不足时，且光伏发电系统有多余电量时，通过光伏发电多余电量为蓄电池充电。

（3）离网独立放电模式。在离网运行状态下，当光伏发电系统停止发电时，蓄电池放电为负载继续提供所需用电。

（4）离网辅助放电模式。在离网运行状态下，当光伏发电系统的发电量不能满足负载用电需要时，蓄电池同时辅助放电，维持用电负载的正常工作。

3.2.4 并网逆变器控制技术与电路

并网逆变器是并网光伏发电系统的核心部件。与离网型光伏逆变器相比，并网型逆变器不仅要将光伏组件发出的直流电转换为交流电，还要对交流电的电压、电流、频率、相位与同步等进行控制，也要解决对电网的电磁干扰、自我保护、单独运行和孤岛效应以及最大功率点跟踪等技术问题，即并网型逆变器有更高的技术要求。图3-25所示为并网光伏逆变系统结构。

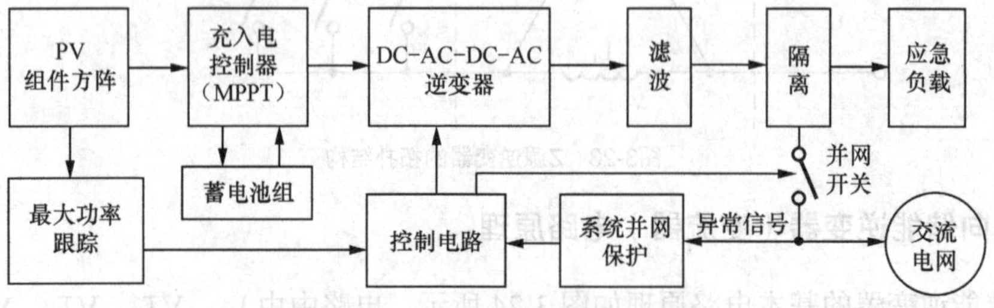

图3-25 并网光伏逆变系统结构

1. 并网逆变器的技术要求

光伏发电系统的并网运行，对逆变器提出了较高的技术要求，具体要求如下。

（1）系统能根据日照情况和规定的日照强度，在光伏方阵发出的电力能有效利用的限制条件下，对系统进行自动启动和关闭。

（2）逆变器必须输出正弦波电流。光伏系统馈入公用电网的电力，必须满足电网规定的指标，如逆变器的输出电流不能含有直流分量，高次谐波必须尽量减少，不能对电网造成谐波污染。

（3）逆变器在负载和日照变化幅度较大的情况下均能高效运行。光伏系统的能量来自太阳能，而日照强度随着气候而变化，所以工作时输入的直流电压变化较大，这就要求逆变器在不同的日照条件下都能高效运行。同时要求逆变器本身也要有较高的逆变效率，一般中、小功率逆变器满载时的逆变效率要求达到90%～95%，大功率逆变器满载时的逆变效率要求达到97%～99%。

（4）逆变器能使光伏方阵始终工作在最大功率点状态。光伏组件的输出功率与日照强度、环境温度的变化有关，即其输出特性具有非线性关系。这就要求逆变器具有最大功率点跟踪控制功能，即无论日照、温度等如何变化，都能通过逆变器的自动调节实现光伏组件方阵的最大功率输出，这是保证太阳能光伏发电系统高效率工作的重要环节。

（5）逆变器具有较高的可靠性。许多光伏发电系统处在边远地区和无人值守与维护的状态，这就要求逆变器具有合理的电路结构和设计，具备一定的抗干扰能力、环境适应能力、瞬时过载保护能力以及各种保护功能，如输入直流极性接反保护、交流输出短路保护、过热保护、过载保护等。

（6）逆变器有较宽的直流电压输入适应范围。光伏组件及方阵的输出电压会随着日照强度、气候条件的变化而变化。对于在直流侧接入储能蓄电池的并网光伏系统，虽然蓄电池对光伏组件输出电压具有一定的钳位作用，但由于蓄电池本身的电压也随着蓄电池的剩余电量和内阻的变化而波动，特别是不接蓄电池的光伏系统或蓄电池老化时的光伏系统，其端电压的变化范围很大。例如，一个接 12V 蓄电池的光伏系统，它的端电压会在 11～17V 变化。这就要求逆变器必须在较宽的直流电压输入范围内都能正常工作，并保证交流输出电压的稳定。

（7）逆变器具有电网检测及自动并网功能。并网逆变器在并网发电之前，需要从电网上取电，检测电网的电压、频率、相序等参数，然后调整自身发电的参数，与电网的参数保持同步、一致，然后进入并网发电状态。

（8）在电力系统发生停电时，为防止孤岛效应，逆变器能快速检测并切断向公用电网的供电，防止触电事故发生。待公用电网恢复供电后，逆变器能自动恢复并网供电。

（9）逆变器具有零（低）电压穿越功能。当电网系统发生事故或扰动现象，引起光伏发电系统并网点电压出现电压暂降时，在一定的电压跌落范围内和时间间隔内，逆变器要能够保证不脱网连续运行，甚至需要逆变器向电网注入适量的无功功率以帮助电网尽快恢复稳定，如图 3-26 所示。根据 GB/T 19964-2012《光伏发电站接入电力系统技术规定》的具体要求为：

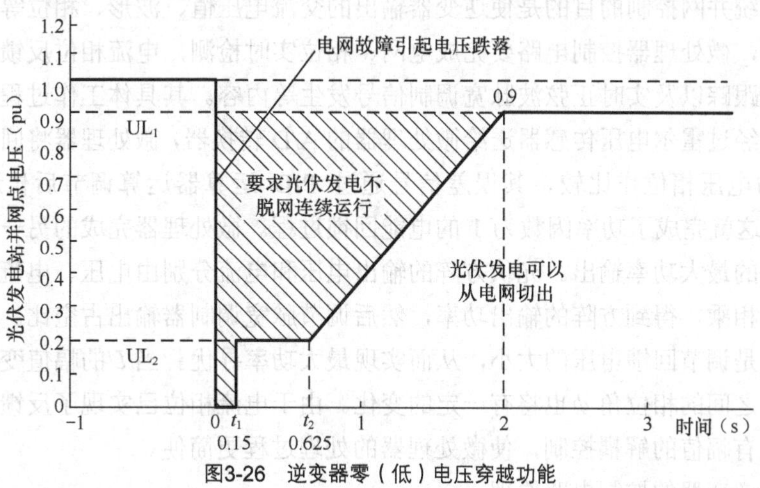

图3-26　逆变器零（低）电压穿越功能

① 当并网点电压在大于等于 0.85 或 0.9 倍小于等于 1.1 倍的曲线区域时，光伏电站应保持并网运行。

② 当并网点运行电压大于 1.1 倍且小于 1.2 倍的电网额定电压时，逆变器应至少持续运行 10s；当并网点运行电压大于等于 1.2 倍且小于等于 1.3 倍的电网额定电压时，逆变器应至少持续运行 0.5s；具体运行状态由逆变器的性能及电站要求确定。

③ UL_1 为正常运行的最低电压限值，一般取 0.85～0.9 倍电网额定电压。

④ UL_2 宜取 0.2 倍额定电压。

⑤ t_1 为电压跌落到 0 时需要保持并网的时间。

⑥ t_2 为电压跌落到 UL_1 时需要保持并网的时间。

（10）逆变器具有数据采集和监测功能。主要采集光伏逆变器和光伏方阵等设备的实时运行数据，并对系统运行状态进行实时记录和监测。数据采集和监测系统一般要求具备以下功能。

① 采集逆变器输出的交流电压、电流、频率、总功率等运行数据，监测三相电压的不平衡度，采集逆变器的各种工作状态及故障信息，监测和采集接入逆变器各光伏方阵的直流输出电压、输出电流。

② 能够执行按指定地址切断逆变器的输出，切断光伏方阵的输出等操作指令。

③ 能够存储采集的系统数据和故障信息，可供人工查阅，并能以数据报表的形式进行打印数据。

2. 并网逆变器的控制电路原理

（1）三相逆变器的控制电路原理

三相逆变器的输出电压一般为交流 380V 或更高电压，频率为 50Hz/60Hz，其中 50Hz 符合中国国家标准和欧洲标准，60Hz 符合美国标准和日本标准。三相逆变器多用于容量较大的光伏发电系统，输出波形为标准正弦波，功率因数接近 1.0。

三相逆变器的控制电路原理如图 3-27 所示，图中所示电路分为主电路和微处理器电路两个部分。主电路主要完成 DC-DC-AC 的变换和逆变过程。微处理器电路主要完成系统并网的控制过程。系统并网控制的目的是使逆变器输出的交流电压值、波形、相位等维持在规定的范围内，因此，微处理器控制电路要完成电网、相位实时检测，电流相位反馈控制，光伏方阵最大功率点跟踪以及实时正弦波脉宽调制信号发生等内容。其具体工作过程为：公用电网的电压和相位经过霍尔电压传感器送给微处理器的 A/D 转换器，微处理器将回馈电流的相位与公用电网的电压相位作比较，其误差信号通过 PID 运算器运算调节后传送给脉宽调制（PWM）器，这就完成了功率因数为 1 的电能回馈过程。微处理器完成的另一项主要工作是实现光伏方阵的最大功率输出。光伏方阵的输出电压和电流分别由电压、电流传感器检测，并将检测结果相乘，得到方阵的输出功率，然后调节脉宽调制器输出占空比。这个占空比的调节实质上就是调节回馈电压的大小，从而实现最大功率寻优。当 U 的幅值变化时，回馈电流与电网电压之间的相位角 ϕ 也将有一定的变化。由于电流相位已实现了反馈控制，因此自然实现了相位有幅值的解耦控制，使微处理器的处理过程更简便。

（2）单相逆变器的控制电路原理

单相逆变器的输出电压为交流 220V 或 110V 等，频率为 50Hz，波形为正弦波，多用于小型的户用系统。单相逆变器的控制电路原理如图 3-28 所示。其逆变和控制过程与三相逆变器基本类似。

（3）并网逆变器孤岛运行的检测与防止

在光伏并网发电过程中，由于光伏发电系统与电力系统并网运行，光伏发电系统不仅向本地负载供电，还要将剩余的电力输送到电网。当电网系统由于电气故障、人为或自然因素等原因发生异常而中断供电时，如果光伏发电系统不能随之停止工作或与电网系统脱开，则会向电网输电线路继续供电，这种运行状态被形象地称为“孤岛运行”。特别是当光伏发电系统的发电功率与负载用电功率平衡时，即使电网系统断电，光伏发电系统输出端的电压和频率等参数也不会快速随之变化，使光伏发电系统无法正确判断电网系统是否发生故障或中断供电，因而极易导致“孤岛运行”现象的发生。

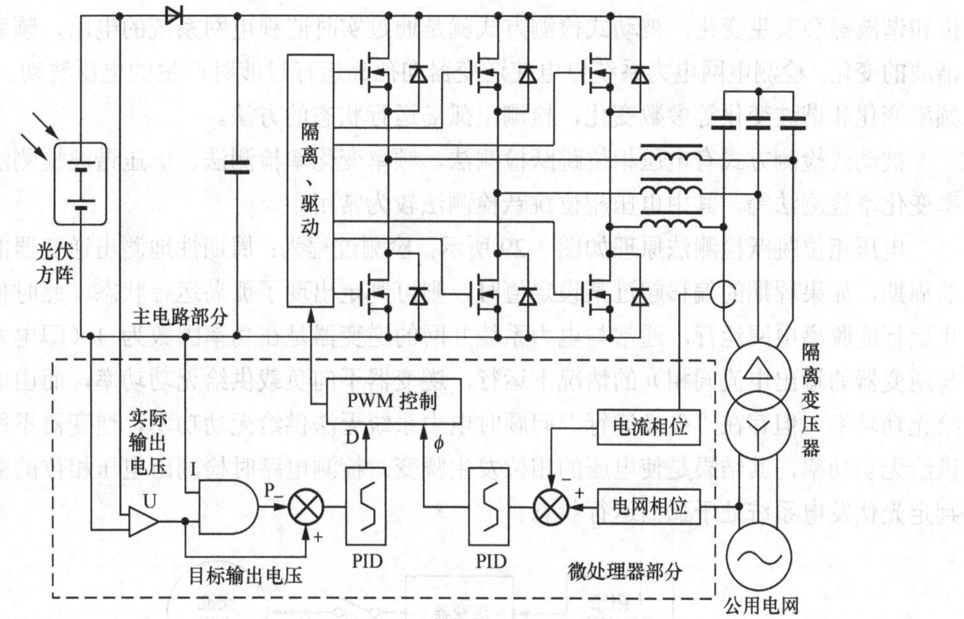

图3-27 三相逆变器控制电路原理

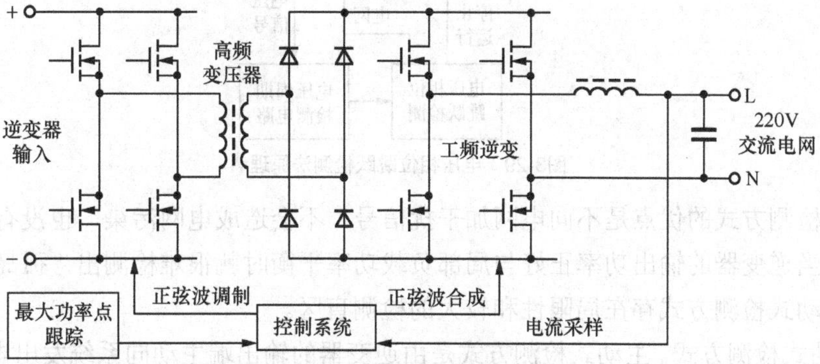

图3-28 单相逆变器控制电路原理

“孤岛运行”会产生严重的后果。当电网发生故障或中断供电后，由于光伏发电系统仍然继续给电网供电，会威胁到电力供电线路的修复及维修作业人员和设备的安全，造成触电事故。这不仅妨碍了停电故障的检修和正常运行的尽快恢复，而且会因为电网不能控制孤岛供电系统的电压和频率，使电压幅值的变化及频率的偏移给配电系统及一些负载设备造成损害。因此，为了确保维修作业人员的安全和电力供电的及时恢复，当电力系统停电时，必须使光伏发电系统停止运行或与电力系统自动分离（某些带储能的光伏发电系统可以自动切换成独立供电系统继续运行，为一些应急负载和必要负载供电）。当越来越多的光伏发电系统并入电网时，发生“孤岛运行”的概率越来越大，所以必须利用相应的对策来解决“孤岛运行”问题。

在逆变器电路中，检测出光伏发电系统孤岛运行状态的功能叫作孤岛运行检测。检测出孤岛运行状态，并使光伏发电系统停止运行或与电力系统自动分离的功能就叫作孤岛运行停止或孤岛运行防止。

孤岛运行检测分为被动式检测和主动式检测两种方式。

① 被动式检测方式。当电网发生故障而断电时，逆变器的输出电压、输出频率、电压相

位和谐波都会发生变化，被动式检测方式就是通过实时监视电网系统的电压、频率、相位和谐波的变化，检测电网电力系统停电使逆变器向孤岛运行过渡时产生的电压波动、相位跳动、频率变化和谐波变化等参数变化，检测出孤岛运行状态的方法。

被动式检测方式有电压相位跳跃检测法、频率变化率检测法、电压谐波检测法、输出功率变化率检测法等，其中电压相位跳跃检测法较为常用。

电压相位跳跃检测法原理如图 3-29 所示，检测过程为：周期性地测出逆变器的交流电压的周期，如果周期的偏移超过某设定值时，则可判定出现了孤岛运行状态。此时使逆变器停止运行或脱离电网运行。通常与电力系统并网的逆变器是在功率因数为 1（即电力系统电压与逆变器的输出电流同相）的情况下运行，逆变器不向负载供给无功功率，而由电力系统供给无功功率。但存在“孤岛运行”问题时电力系统无法供给无功功率，逆变器不得不向负载供给无功功率，其结果是使电压的相位发生骤变。检测电路时检测出电压相位的变化，可以判定光伏发电系统处于孤岛运行状态。

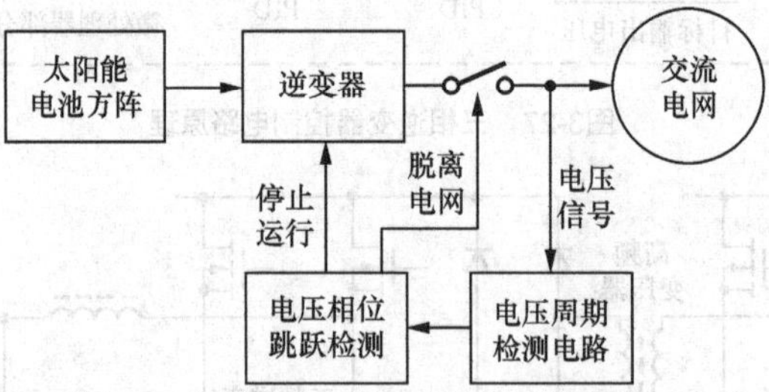

图3-29　电压相位跳跃检测法原理

被动式检测方式的优点是不向电网加干扰信号，不会造成电网污染，也没有能量损耗。不足之处是当逆变器的输出功率正好与局部负载功率平衡时就很难检测出“孤岛运行”的发生，因此被动式检测方式存在局限性和较大的检测盲区。

② 主动式检测方式。主动式检测方式是由逆变器的输出端主动向系统发出电压、频率或输出功率等变化量的扰动信号，并观察电网是否受到影响，根据参数变化检测出光伏发电系统是否处于孤岛运行状态。在电网正常工作时，由于电网是一个很大的电压源，对扰动信号具有平衡和吸收作用，所以检测不到扰动信号，当电网发生故障停电时，逆变器输出的扰动信号就会形成超标的频率和电压信号而被检测到。

主动式检测方式有频率偏移方式、有功功率变动方式、无功功率变动方式以及负载变动方式等，较常用的是频率偏移方式。

根据 GB/T 19939-2005《光伏系统并网技术要求》中的规定，光伏发电系统并网运行时应与电网同步运行，电网额定频率为 50Hz，光伏发电系统并网后的频率允许偏差为±0.5Hz，当超出频率范围时，必须在 0.2s 内动作，将光伏发电系统与电网断开。

频率偏移方式的工作原理如图 3-30 所示，该方式是根据孤岛运行中的负载状况，使光伏发电系统输出的交流电频率在允许的变化范围内变化，再根据系统是否跟随其变化来判断光伏发电系统是否处于孤岛运行状态。例如，使逆变器的输出频率相对于系统频率产生±0.1Hz 的波动，在与系统并网时，此频率的波动会被系统吸收，所以系统的频率不会改变。当系统处于孤岛运行状态时，此频率的波动会引起系统频率的变化，根据检测出的频率可以判断光伏发电系统处于“孤岛运行”状态。一般当频率波动持续 0.2s 以上时，则逆变器会停止运行或与电力电网脱离。

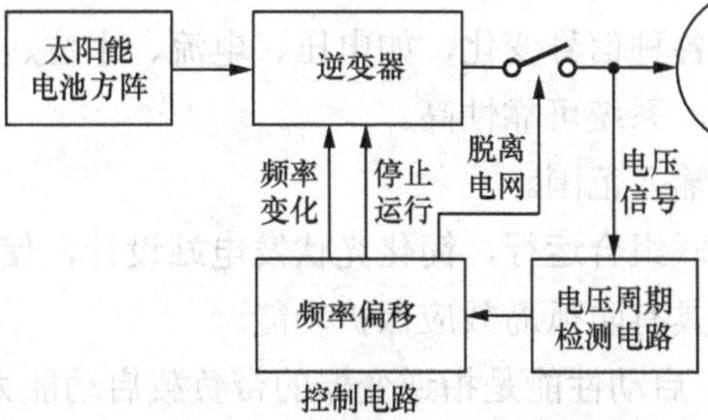

图3-30 频率偏移方式的工作原理

主动式检测方式精度高，检测盲区小，但是控制复杂，而且降低了逆变器输出电能的质量。目前更先进的检测方式是被动式检测方式与一种主动式检测方式相结合的组合检测方式。

3.3 光伏逆变器的性能特点与技术参数

掌握和了解光伏逆变器的性能特点和技术参数，对于考察、评价和选用光伏逆变器有着积极的意义。

3.3.1 光伏逆变器的主要性能特点

1. 离网逆变器的主要性能特点

（1）采用 16 位单片机或 32 位 DSP 微处理器进行控制。
（2）太阳能充电采用 PWM 控制模式，大大提高了充电效率。
（3）采用数码或液晶屏显示各种运行参数，可灵活设置各种定值参数。
（4）方波、修正波、正弦波输出。纯正弦波输出时，波形失真率一般小于 5%。
（5）稳压精度高，额定负载状态下，输出精度一般不大于±3%。
（6）具有缓启动功能，避免对蓄电池和负载的大电流冲击。
（7）高频变压器隔离，体积小、重量轻。
（8）配备标准的 RS232/485 通信接口，便于远程通信和控制。
（9）可在海拔 5500m 以上的环境中使用。适应环境温度范围为-20℃～50℃。
（10）具有输入接反保护、输入欠电压保护、输入过电压保护、输出过电压保护、输出过载保护、输出短路保护、过热保护等多种保护功能。

2. 并网逆变器的主要性能特点

（1）功率开关器件采用新型 IPM，大大提高了系统效率。
（2）采用 MPPT 自寻优技术实现太阳能电池最大功率点跟踪功能，最大限度地提高系统的发电量。

（3）通过液晶屏显示各种运行参数，人性化界面，可通过按键灵活设置各种运行参数。

（4）设置有多种通信接口可以选择，可方便监控上位机（上位机是指人可以直接发出操控命令的计算机，屏幕上显示各种信号变化，如电压、电流、水位、温度、光伏发电量等）。

（5）具有完善的保护电路，系统可靠性高。

（6）具有较宽的直流电压输入范围。

（7）可实现多台逆变器并联组合运行，简化光伏发电站设计，使系统能够平滑扩容。

（8）具有电网保护装置，具有防孤岛效应保护功能。

（9）具有较好的启动性能。启动性能是指逆变器的带负载启动能力和动态工作时的性能。在正常工作条件下，无论逆变器满载还是空载运行，均应能满足连续 5 次以上的正常启动。

3.3.2　光伏逆变器的主要技术参数

在光伏系统中，光伏逆变器的技术指标及参数主要受蓄电池、负载和并网要求的影响，其主要技术参数如下。

1. 直流输入侧技术参数

（1）最大直流输入功率

最大直流输入功率是指允许逆变器接入的所有光伏组串的最大总功率。在设计光伏组串的输入功率时，要根据项目地的光照条件、环境温度和光伏方阵是否为最佳倾斜角等条件，确定光伏组串输入功率与逆变器额定交流输出功率的配比，尽量使逆变器处于满负荷工作状态，容配比的具体设计将在第 8 章中介绍。

（2）最大直流输入电压

最大直流输入电压是指光伏发电系统中逆变器能承受的最大直流电压，也就是逆变器的耐压，并网逆变器的最大输入电压有 600V、800V、1000V、1100 V 和 1500V 等。

离网逆变器的直流输入电压一般是指系统直流工作电压，根据功率大小一般为 12V 、24V、48V、96V 和 192V 等。

（3）启动电压

启动电压是指并网逆变器检测到光伏组串输出电压达到一定值时，能够启动工作时的电压。

（4）直流电压输入范围和 MPPT 控制电路工作电压范围

对于离网光伏逆变器，直流输入电压允许在额定直流输入电压的 90%～120%范围内变化，都应该不影响输出电压的变化。对于并网逆变器来说，直流电压输入范围都比较宽，一般最高不超出最大直流输入电压值，最低不低于逆变器的启动电压，例如 160～800V、200～1000V 等，并网逆变器还有一个 MPPT 控制电路工作电压范围，小于最大直流电压输入范围，一般也在 120～600V、180～800V、200～1000V 等。

（5）额定输入电压

某些品牌逆变器还有额定输入电压这个参数，是指逆变器能够工作在最大效率状态时的电压，该电压值一般在 MPPT 控制电路工作电压范围的中间值附近，例如某品牌逆变器的

MPPT 控制电路工作电压范围为 160～1000V，其额定输入电压为 600V。较宽的 MPPT 控制电路工作电压范围可以使 MPPT 控制电路有较大的调整空间，电路通过不断调整使光伏组串输出电压始终保持在额定输入电压值附近。

（6）组串最大输入电流

组串最大直流输入电流是指逆变器能承受的光伏组串输入的直流工作电流。设计选型时要保证每路光伏组串的工作电流小于逆变器的每路最大直流输入电流。

（7）直流输入路数/MPPT 控制电路数量

直流输入路数是指逆变器有几路直流输入端口，可以接几组光伏组串，而 MPPT 控制电路数量是指逆变器内部具有几组最大功率点跟踪控制电路，如图 3-31 所示。一般每一组 MPPT 控制电路可以接两路直流输入，例如某逆变器有 8 路直流输入端子，每 2 路输入 1 组 MPPT 控制电路中，这个逆变器的 MPPT 控制电路数量是 4 组。

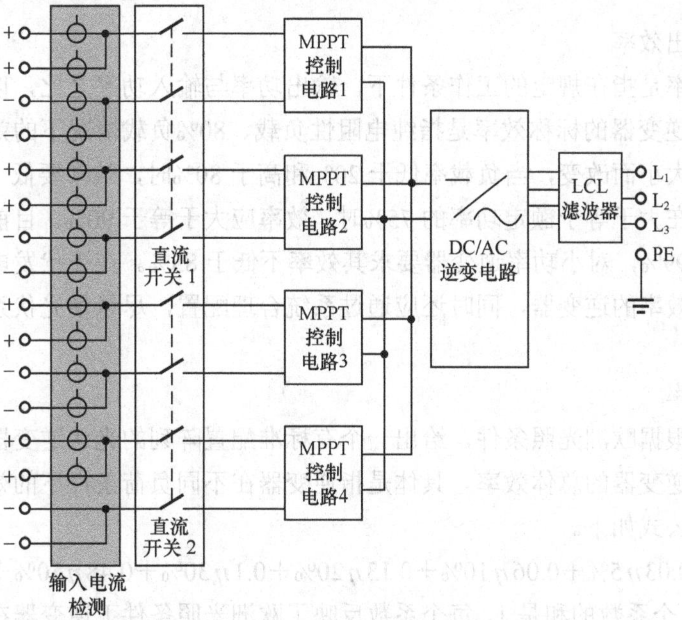

图3-31 直流输入路数与MPPT控制电路数量示意图

2. 交流输出侧技术参数

（1）额定输出电压

光伏逆变器在规定的输入直流电压允许的波动范围内，应能输出额定的电压值，一般在额定输出电压为单相 220V 和三相 380V 时，电压波动偏差有如下规定。

① 在稳定状态运行时，一般要求电压波动偏差不超过额定值的±5%。

② 在负载突变时，电压偏差不超过额定值的±10%。

③ 在正常工作条件下，逆变器输出的三相电压不平衡度不应超过 8%。

④ 三相输出的电压波形（正弦波）失真度一般要求不超过 5%，单相输出不超过 10%。

⑤ 逆变器输出交流电压的频率在正常工作条件下其偏差应在 1%以内。国家标准 GB/T 19064-2003《家用太阳能光伏电源系统技术条件和试验方法》规定的输出电压频率应在 49～

51Hz。

（2）负载功率因数

负载功率因数的大小表示了逆变器带感性负载或容性负载的能力，在正弦波条件下负载功率因数为 0.7～0.9，额定值为 0.9。在负载功率一定的情况下，如果逆变器的功率因数较低，则所需逆变器的容量就要增大，导致成本增加，同时光伏系统交流回路的视在功率增大，回路电流增大，损耗必然增加，系统效率也会降低。

（3）额定输出电流和额定输出功率

额定输出电流是指在规定的负载功率因数范围内逆变器的额定输出电流，单位为 A；额定输出功率是指当输出功率因数为 1（即纯电阻性负载）时，逆变器额定输出电压和额定输出电流的乘积，单位是 kVA 或 kW。

3. 工作效率

（1）额定输出效率

额定输出效率是指在规定的工作条件下，输出功率与输入功率之比，以百分数表示。一般情况下，光伏逆变器的标称效率是指纯电阻性负载、80%负载情况下的效率。逆变器的效率会随着负载的大小而改变，当负载率低于 20%和高于 80%时，效率要低一些。标准规定逆变器的输出功率在大于等于额定功率的 75%时，效率应大于等于 90%。目前主流逆变器的标称效率在 95%～99%，对小功率逆变器要求其效率不低于 85%。在光伏发电系统设计中，我们不但要选择高效率的逆变器，同时还应通过系统合理配置，尽量使光伏系统负载工作在最佳效率点附近。

（2）欧洲效率

欧洲效率是根据欧洲光照条件，给出一个有标准配置阵列的光伏逆变器，不同功率点的权值被用来估算逆变器的总体效率。具体是指逆变器在不同负荷条件下的效率乘以概率加权系数的和，具体公式如下。

欧洲效率$=0.03\eta 5\%+0.06\eta 10\%+0.13\eta 20\%+0.1\eta 30\%+0.48\eta 50\%+0.2\eta 100\%$

可以看到，6 个系数的和是 1，每个系数反映了欧洲光照条件下逆变器在各自功率点工作的概率，总体就反映了逆变器的效率。

（3）中国效率

中国效率是按照划分的太阳能资源 4 类地区，在每一类地区中选取代表性区域，统计逆变器不同功率区间的年累计发电量。参照欧洲效率计算取值原则，可将逆变器负载率分为 7 档，计算出每段功率档上年发电量的权重占比，具体取值如表 3-3 所示。

表 3-3　我国不同太阳能资源地区逆变器加权效率的权重系数

逆变器负载率		5%	10%	20%	30%	50%	75%	100%
加权值	1 类地区	0.01	0.02	0.04	0.12	0.30	0.43	0.08
	2 类地区	0.01	0.03	0.07	0.16	0.35	0.34	0.04
	3 类地区	0.02	0.05	0.09	0.20	0.34	0.28	0.02
	4 类地区	0.03	0.06	0.12	0.22	0.33	0.22	0.02

（4）最大效率

逆变器的最大效率是指逆变器能达到的最大效率。

4. 过载能力

过载能力主要反映于逆变器在特定的输出功率条件下能持续工作的时间，其标准规定如下。

（1）输入电压与输出功率为额定值时，逆变器应连续可靠工作4h以上。

（2）输入电压与输出功率为额定值的125%时，逆变器应连续可靠工作1min以上。

（3）输入电压与输出功率为额定值的150%时，逆变器应连续可靠工作10s以上。

5. 使用环境条件

（1）工作温度。逆变器功率器件的工作温度直接影响到逆变器的输出电压、波形、频率、相位等许多重要特性，而工作温度又与环境温度、海拔、相对湿度以及工作状态有关。

（2）工作环境。对于高频高压型逆变器，其工作特性与工作环境、工作状态有关。在高海拔地区，空气稀薄，容易出现电路极间放电，影响工作。在高湿度地区则容易凝露，造成局部短路。因此逆变器都规定了适用的工作范围。

光伏逆变器的正常使用条件为：环境温度为-20～+50℃，海拔低于 5500m（也可以是5500m），相对湿度小于等于 93%RH，且无凝露。当工作环境和工作温度超出上述范围时，要考虑减小使用的容量或重新设计定制。

6. 电磁干扰和噪声

逆变器中的开关电路极容易产生电磁干扰，容易在铁芯变压器上因振动而产生噪声。因而在设计和制造中都必须控制电磁干扰和噪声指标，使之满足有关标准和用户的要求。其噪声要求为：当输入电压为额定值时，在设备高度的1/2、距正面的距离为3m处用声级计分别测量50%额定负载和满载时的噪声，应小于等于65dB。

7. 保护功能

光伏发电系统应该具有较高的可靠性和安全性，作为光伏发电系统重要组成部分的逆变器应具有如下保护功能。

（1）输入欠电压保护。当输入电压低于规定的欠电压断开值时，即低于额定电压的85%时，逆变器应能自动关机保护和进行相应的显示。

（2）输入过电压保护。当输入电压高于规定的过电压断开值时，即高于额定电压的130%时，逆变器应能自动关机保护和进行相应的显示。

（3）过电流保护。逆变器的过电流保护，应能保证在负载发生短路或电流超过允许值时及时动作，使其免受浪涌电流的损伤。当工作电流超过额定值的150%时，逆变器应能自动保护。当电流恢复正常后，设备又能正常工作。

（4）短路保护。当逆变器输出短路时，应具有短路保护措施。逆变器短路保护动作时间应不超过0.5s。短路故障排除后，设备应能正常工作。

（5）极性反接保护。逆变器的正极输入端与负极输入端反接时，逆变器应能自动保护。

待极性正接后，设备应能正常工作。

（6）防雷保护。逆变器应具有防雷保护功能，其防雷器件的技术指标应能保证吸收预期的冲击能量。

（7）防孤岛效应保护。当电网停电失压时，逆变器因失压而同时停止工作，具有防止孤岛效应出现的功能。

8. 安全性能要求

（1）绝缘电阻。逆变器直流输入与机壳间的绝缘电阻应大于等于 50MΩ，逆变器交流输出与机壳间的绝缘电阻也应大于等于 50MΩ。

（2）绝缘强度。逆变器的直流输入与机壳间应能承受频率为 50Hz、正弦波交流电压为 500V、历时 1min 的绝缘强度试验，无击穿或飞弧现象。逆变器交流输出与机壳间应能承受频率为 50Hz、正弦波交流电压为 1500V，历时 1min 的绝缘强度试验，无击穿或飞弧现象。

3.4 光伏逆变器的选型

3.4.1 离网逆变器的选型

离网逆变器是离网光伏发电系统的主要部件和重要组成部分，为了保证光伏发电系统的长期正常运行，离网逆变器的选型除了要考虑光伏发电系统的各项技术指标并参考生产厂家的产品手册数据外，还要重点考虑下列几项技术指标。

1. 额定输出功率

额定输出功率表示逆变器向负载供电的能力。额定输出功率高的逆变器可以带更多的用电负载。选用逆变器时应首先考虑其是否具有足够的额定输出功率，应满足最大负荷下设备对电功率的要求，以及系统的扩容及一些临时负载的接入。当用电设备以纯电阻性负载为主或功率因数大于 0.9 时，一般逆变器的额定输出功率应比用电设备总功率大 10%～15%。同时逆变器还应具有抗容性和感性负载冲击的能力。一般电感性负载，如电动机、电冰箱、空调器、洗衣机、水泵等，在启动时，其瞬时功率可能是其额定功率的 5～6 倍，此时，逆变器将承受很大的瞬时浪涌电流。针对此类系统，逆变器的额定输出功率要留有充分的余量，以保证负载能可靠启动。

2. 输出电压的调整性能

输出电压的调整性能表示逆变器输出电压的稳压能力。一般逆变器产品都给出了当直流输入电压在允许波动范围内变动时，该逆变器输出电压的波动偏差的百分率，这通常叫作电压调整率。高性能的逆变器应同时给出当负载由 0 向 100%变化时，该逆变器输出电压的偏差百分率，这通常叫作负载调整率。性能优良的逆变器的电压调整率应小于等于±3%，负载调整率应小于等于±6%。

3. 整机效率

整机效率表示逆变器自身功率损耗的大小。容量较大的逆变器还要给出满负荷工作和低负荷工作下的效率值。一般千瓦级以下的逆变器的效率应为85%～90%，10kW级的逆变器效率应为90%～95%，更大功率的逆变器效率必须在95%～97%以上。逆变器的效率高低对光伏发电系统提高有效发电量和降低发电成本有重要影响，因此选用逆变器要尽量选择整机效率高一些的产品。

4. 启动性能

逆变器应保证在额定负载下可靠启动。高性能的逆变器可以做到连续多次满负荷启动而不损坏功率开关器件及其他电路。小型逆变器为了自身安全，有时采用软启动或限流启动措施或电路。

以上几条是离网逆变器设计和选购的主要依据，也是评价离网逆变器技术性能的重要指标。

进行离网逆变器选型时，人们一般根据光伏发电系统设计时确定的直流电压来选择逆变器的直流输入电压，根据负载的类型确定逆变器的功率和相数，根据负载的冲击性决定逆变器的功率余量。逆变器的持续功率应该大于使用负载的功率，负载的启动功率要小于逆变器的最大冲击功率。在选型时还要考虑为光伏发电系统将来的扩容留有一定的余量，并可参考下列公式确定。

逆变器的功率＝阻性负载功率×（1.2～1.5）＋感性负载功率×（5～7）

5. 直流输入电压

离网逆变器的直流输入电压也叫作系统电压，系统电压的选择应根据系统的容量及负载的要求而定。500W以下的逆变器，一般系统电压为12V，500W～1kW的逆变器，系统电压为24V或48V。逆变器容量越大，系统电压越高。逆变器选型时在容量合适的前提下，系统电压应尽量选高电压的，当系统中没有12V、24V直流负载时，系统电压最好选择48V、96V或144V、192V等，这样可以使系统直流电路部分的电流变小。系统电压越高，系统电流就越小，从而可以使系统及线路损耗变小。

光伏发电系统中使用的逆变器性能涉及许多方面。逆变器在将光伏电能从直流转换至交流时需要具有较高的效率，需要具有在不同的环境和工作状态下，都能够准确追踪光伏发电系统的最大功率点，并同时在运行当中能满足不同地区电网规则要求的能力。所有的功能都必须保障长时间的稳定运行，所需维护越少越好。在很多情况下，逆变器需要在极为严酷的环境中运行，如沙漠地区的高温和沙尘环境、大海边的高湿和盐雾环境等。对于逆变器的要求主要是在整个产品生命周期内将能源产出最大化和成本最小化，以获得最大的经济回报。

3.4.2 并网逆变器的选型与应用

1. 并网逆变器的应用特点

在并网光伏发电系统中，根据光伏组件或方阵接入方式的不同，并网逆变器可大致分为集中式逆变器、组串式逆变器（含双向储能逆变器）、多组串式逆变器和微型（组件式）逆变器 4 类。图 3-32 所示为各种并网逆变器的接入方式。

（1）集中式逆变器

顾名思义，集中式逆变器的构成方式就是多路光伏组件串构成的方阵集中被接入到一台大型的逆变器中。一般是先把若干个光伏组件串联在一起构成一个组串，然后再把所有组串通过直流汇流箱汇流，并通过直流汇流箱集中输出一路或几路后输入到集中式逆变器中，如图 3-32（a）所示，当一次汇流达不到逆变器的输入特性和输入路数的要求时，还要通过直流配电柜进行二次汇流。这类并网逆变器容量一般为 500～3125kW。

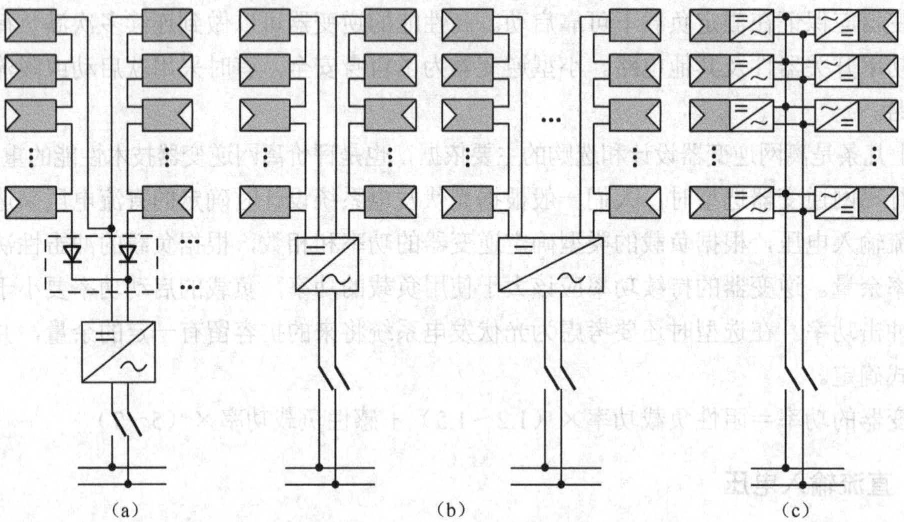

图3-32　各种并网逆变器的接入方式

集中式逆变器的主要特点如下。

① 由于光伏方阵要经过一次或二次汇流后输入到并网逆变器，该逆变器的最大功率点跟踪（MPPT）系统不可能监控到每一路光伏组串的工作状态和运行情况，即不可能使每一组串都同时实现各自的 MPPT 模式，所以当光伏方阵因照射不均匀、部分遮挡等原因使部分组串工作状况不良时，会影响到所有组串及整个系统的逆变效率。

② 集中式逆变器系统无冗余能力，整个系统的可靠性完全受限于逆变器本身，如其出现故障将导致整个系统瘫痪，并且系统修复只能在现场进行，修复时间较长。

③ 集中式逆变器通常为大功率逆变器，其相关安全技术花费较大。

④ 集中式逆变器一般体积都较大，重量较重，安装时需要动用专用工具、专业机械和吊装设备，逆变器也需要安装在专门的配电室内。

⑤ 集中式逆变器直流侧连接需要较多的直流线缆，其线缆成本和线缆电能损耗相对较大。

⑥ 采用集中式逆变器的发电系统可以集中并网，便于管理。在理想状态下，集中式逆变器还能在相对较低的投入成本下提供较高的效率。

（2）组串式逆变器

组串式逆变器最初基于模块化的概念，早期为分布式光伏系统应用而开发。即把光伏方阵中每一组或两组光伏组串输入到一台指定的逆变器中，多个光伏组串和逆变器又模块化地组合在一起，所有逆变器在交流输出端并联并网，如图 3-40（b）所示。这类逆变器的容量一般为 5～20kW。

组串式逆变器的主要特点如下。

① 每路组串的逆变器都有各自的 MPPT 功能，不受组串间光伏组件性能差异和局部遮影的影响，可以处理不同朝向和不同型号的光伏组件，也可以避免部分光伏组件上有阴影时造成巨大的电量损失，提高了发电系统的整体效率，非常适合在分布式光伏发电系统中应用。

② 组串式逆变器系统具有一定的冗余运行功能，即使某个光伏组串或某台逆变器出现故障也只是使系统容量减小，可有效减小局部故障导致的整个系统停止工作所造成的电量损失，提高了系统的稳定性。

③ 组串式逆变器系统可以分散就近并网，减少了直流电缆的使用次数，从而减少了系统线缆成本及线缆电能损耗。

④ 组串式逆变器体积小、重量轻，搬运和安装都非常方便，不需要专业工具和设备，也不需要专门的配电室。直流线路连接也不需要直流汇流箱和直流配电柜等。

⑤ 组串式逆变器分散地分布于光伏系统中，为了便于管理，对通信技术提出了相对较高的要求，但随着通信技术的不断发展，这个问题也已经基本解决。

（3）多组串式逆变器

多组串式逆变器的推出目的是同时发挥组串式逆变器和集中式逆变器的各自优势，在组串式逆变器基础上，增加组串输入路数，增大逆变器输出容量。多组串逆变器借助由多路 DC-DC 变换器构成的 MPPT 控制电路使各输入组串或若干组串具备各自单独的 MPPT 功能，比组串逆变器更节省成本。

多组串式逆变器系统方案不仅使逆变器应用数量减少，还可以使不同额定值的光伏组串（如不同的额定功率、不同的尺寸、不同厂家和每组串不同的组件数量）、不同朝向的组串、不同倾斜角和不同阴影遮挡的组串连接在一个共同的逆变器上，同时每一组串都工作在它们各自的最大功率峰值点上，使组串间的差异引起的发电量损失减到最小，整个系统工作在最佳效率状态。

多组串式逆变器容量一般在 25～300kW。现在无论是组串逆变器还是多组串逆变器，人们都统称其为组串逆变器。

（4）微型逆变器

微型逆变器也叫组件式逆变器，如图 3-33 所示，其接入方式如图 3-32（c）所示。微型逆变器其实就是一台具有独立的 DC-AC 逆变功能和 MPPT 功能的小功率逆变器。微型逆变器可以直接固定在组件背后，一台逆变器根据容量不同可连接 1～6 块光伏组件，并形成多路独立 MPPT 控制电路，最大交流输出功率可达 3.5kW，可输出 220V 或三相 380V 交流电压，可广泛应用在各种分布式光伏发电系统中。用微型逆变器构成的光伏发电系统更为高效、可靠、智能、安全。

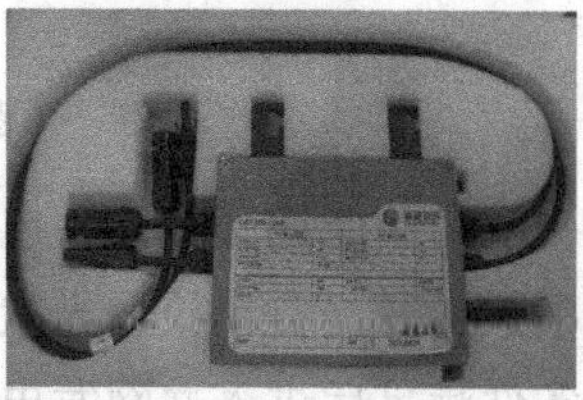

图3-33 微型逆变器

微型逆变器有效地克服了集中式逆变器的缺陷以及组串式逆变器的不足，并具有以下特点。

① 发电量最大化。微型逆变器针对每个单独组件进行 MPPT，可以从各组件分别获得最高功率，发电总量最多可提高 25%。

② 对应用环境适应性强。微型逆变器对光伏组件的一致性要求较低，实际应用中诸如出现阴影遮挡、云雾变化、污垢积累、组件温度不一致、组件安装倾斜角度不一致、组件安装方位不一致、组件细小裂缝和组件效率衰减不均等内外部不理想条件时，问题组件不会影响其他组件，从而不会显著降低整个系统的整体发电效率。

③ 能快速诊断和解决问题。微型逆变器构成的光伏发电系统采用电力载波技术，可以实时监控光伏发电系统中每一块组件的工作状况和发电性能。

④ 几乎不用直流电缆，但交流侧需要较多的布线成本和费用。

⑤ 施工安装快捷、简便、安全。微型逆变器的应用使光伏发电系统摆脱了危险的高压直流电路，安装时组件性能不必完全一致，因而不用对光伏组件挑选匹配，这使安装时间和成本都降低了15%～25%，也使人们可以随时对系统做灵活变更和扩容。

⑥ 微型逆变器内部主电路采用了谐振式软开关技术，开关频率最高达几百千赫，开关损耗小，变换效率高。同时采用体积小、重量轻的高频变压器实现了电气隔离及功率变换，功率密度高。实现了高效率、高功率密度和高可靠性。

（5）双向储能逆变器

双向储能逆变器又叫双向并网逆变器或双模式变流器。既能实现离网和并网发电功能，又能实现电能的双向流动控制，可以将交流电变换成直流电，也可以将直流电变换成交流电。白天光伏组件所发出的电力可通过双向储能逆变器给本地负载供电或并入电网，同时还可以用来给储能系统充电；根据需要在晚上可以把储能系统中的电能释放出来供负载使用。此外电网也可通过逆变器给储能系统充电。双向储能逆变器可以应用到有电能存储要求的并网发电系统中，又可以和组串式逆变器结合构成独立运行的光伏发电系统，基本构成如图3-34所示。

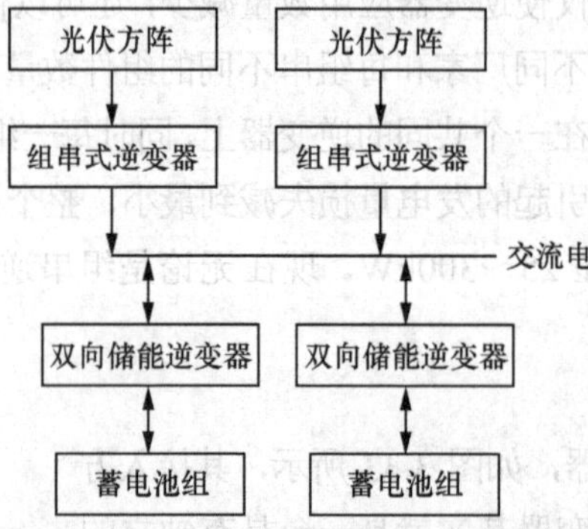

图3-34 双向储能逆变器和组串式逆变器的结合体

双向储能逆变器由蓄电池组供电，将直流电变换为交流电，在交流总线上建立起电网。组串式逆变器自动检测光伏方阵是否有足够的能量，检测交流电网是否满足并网发电条件，当条件满足后进入并网发电模式，向交流总线馈电，系统启动完成。系统正常工作后，双向储能逆变器检测负载用电情况，组串式逆变器馈入电网的电能首先供负载使用。如果有剩余的电能，双向储能逆变器会将其变换为直流电给蓄电池组充电；如果组串式逆变器馈入的电能不够负载使用，双向储能逆变器又会将蓄电池组供给的直流电变换为交流电馈入交流总线供负载使用。以此为基本单元组成的模块化结构的分散式独立供电系统还可与其他电网并网。

在无光伏发电补贴及电网实行峰谷电价的地区，利用双向储能逆变器可以实现把光伏发电的多余电能存储在蓄电系统中，供晚上使用，最大化提高光伏发电系统的自发自用量，也可以实现利用便宜的夜间谷价电力给蓄电系统充电，用光伏发电满足白天的用电，存储的电力在傍晚至夜间用电高峰时使用，从而减少用户电费支出。

双向储能逆变器作为应用于储能、微电网系统的关键设备，将会广泛应用到各种分布式新能源发电系统中，并逐步形成智能微电网的新能源电力结构。

2. 并网光伏逆变器的选型

随着光伏发电应用及光伏发电系统类型的多样化，人们对光伏发电系统的设计选型也提出了更高的要求，光伏逆变器的选型要遵循“因地制宜、科学合理、灵活应用、与时俱进”的基本原则。

从宏观上讲，我们要结合光伏发电工程建设方方面面的实践经验，根据光伏电站建设的实际情况如建设现场的使用环境、电站的分布情况、当地的气候条件等因素来选用不同类型的逆变器。结合工程建设的实际情况选择合适的逆变器，不仅可以节省工程建设成本，简化安装条件，缩短安装时耗，而且可以有效提高系统发电效率。具体而言，对于地面光伏电站、沙漠光伏电站等，集中式并网逆变器一直是主流解决方案。集中式逆变器安装数量少，便于管理，逆变器设备投入也相对较少。因此更低的初始投资，更高的电能质量，更友好的电网接入，较低的后期运行维护成本是选择集中式逆变器的主要依据。组串式逆变器则大多应用在中小型光伏电站中，特别是分布式光伏电站及与建筑结合的光伏建筑一体化类的发电系统。而组件式逆变器则更适用于小型的或分散的光伏发电系统，如光伏建筑、光伏车棚、光伏玻璃幕墙等。

随着并网逆变器种类和应用技术的不断丰富和提高，并网逆变器的选型和应用要与时俱进，灵活应用，例如，在平坦无遮挡的应用场合，集中式逆变器和组串式逆变器的发电量基本持平，所以可以采用集中式逆变器为主，组串式逆变器补充的组合方式；而对于较大规模的分布式屋顶电站、渔光互补、水上漂浮电站等，只要做到安装面平坦、无不同朝向、没有局部遮挡即可，考虑到安装和维护的便利性，可以首选集中式逆变器；而组串式逆变器由于单机容量小，MPPT 控制电路数量多，配置灵活，主要用于地形复杂的小型山丘电站、农业大棚和复杂的屋顶等应用场合。组串式逆变器选型时，还要考虑单机容量不宜过小，单机容量过小时，会造成接线复杂、汇流增多，同时也会造成系统效率降低。同时逆变器容量越大，平均到单瓦的成本越低。总之逆变器的选型要以高效、可靠、低成本为原则。根据逆变器的特点，一般 8kW 以下的系统宜选用单相组串式逆变器，8～500kW 的系统选用三相组串式逆变器，500kW 以上的系统，可以根据实际情况选用组串式逆变器或集中式逆变器，表 3-4 为根据不同容量系统对并网逆变器的选择。

表 3-4　　不同容量系统并网逆变器的选择

系统容量	逆变器选择	选择说明
500kW 以下	组串式逆变器	500kW 以下系统，使用组串式逆变器与使用集中式逆变器成本相差不大，但组串式逆变器能使发电量提高 5%～10%
500kW 到 2MW	组串式逆变器	这个容量区间的系统，选用组串式逆变器比集中式逆变器成本高 5%，但组串式逆变器发电量要高 5%～10%，系统总体收益较好
2MW 到 6MW	组串式或集中式逆变器	屋顶类、山地类等用组串式，日照均匀的地面电站用集中式
6MW 以上	组串式或集中式逆变器	山地选择组串式，平地选择集中式，集中式逆变器能更好地适应电网的要求

图3-35和图3-36所示分别为集中式逆变器光伏发电系统原理和组串式逆变器光伏发电系统原理，从图中可以更直观地看出光伏方阵输入并网逆变器的不同接法。

在此从几个方面对这两类逆变器各自的优缺点进行具体比较，并结合选型实例供读者参考。

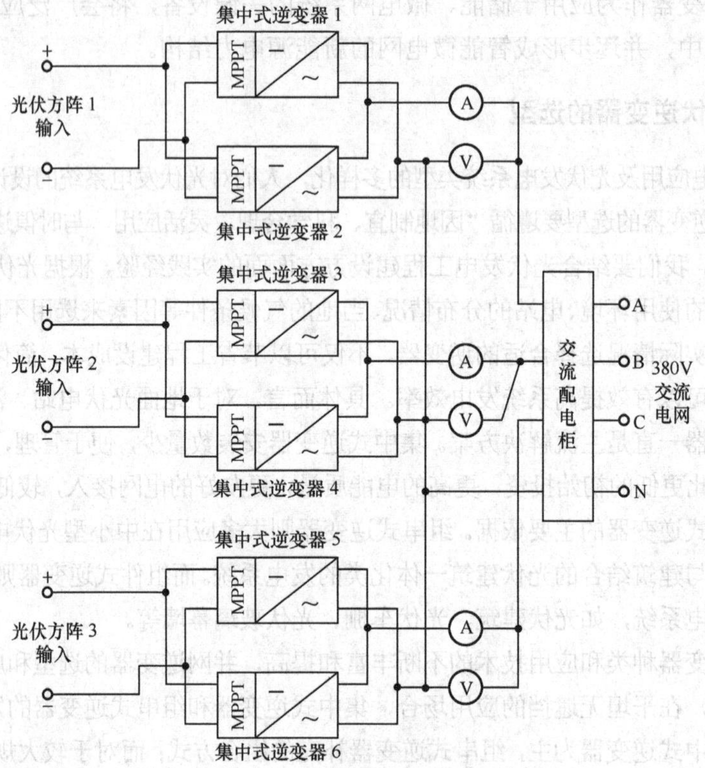

图3-35　集中式逆变器光伏发电系统原理

（1）系统成本方面

组串式逆变器体积小、重量轻，搬运和安装都非常方便，不需要专业工具和设备，也不需要专门的配电室，直流线路连接也不需要直流汇流箱和直流配电柜等。

集中式和组串式逆变器配电方式和设备的不同也导致了整个发电系统铺设线缆数量不同（如图 3-37 和图 3-38 所示）。集中式逆变器要使用直流汇流箱进行一次汇流，而直流汇流箱一般安装在光伏方阵旁边，所以这部分线缆的使用量比组串式逆变器系统相对少很多。但集中式逆变器系统要从直流汇流箱到直流配电柜进行二次汇流，这部分使用的线缆相对较粗，而组串式逆变器系统则不需要这部分线缆，所以组串式逆变器系统这部分成本相对较低。

对于逆变器输出的交流侧线缆来说，集中式逆变器系统交流侧使用线缆相对较少，而组串式逆变器系统使用线缆相对较多。

（2）系统效率方面

目前，并网逆变器本身的效率已经达到了较高的水平，且集中式和组串式并网逆变器的效率基本相当，都可以达到98%以上。系统效率的主要差别还是体现在系统优化和线路损耗等方面。在集中式逆变器系统中，由于光伏方阵的电流经过了两次汇流后才输入到逆变器，所以逆变器的最大功率点跟踪（MPPT）系统无法监控到每一路光伏组串的运行情况，因此也不可能使每一路光伏组串都达到 MPPT 状态，只能对整个光伏方阵进行跟踪调控。而组串式逆变器是每一或几组光伏组串输入到一台逆变器中，并且逆变器对输入的光伏组串都可以单独进行 MPPT，确保每一组串都产生最多的电量，即使某一组串由于太阳辐射不足或故障而断开，其他组串也不受影响继续正常发电，使整个发电系统总的能量输出实现了最大化。

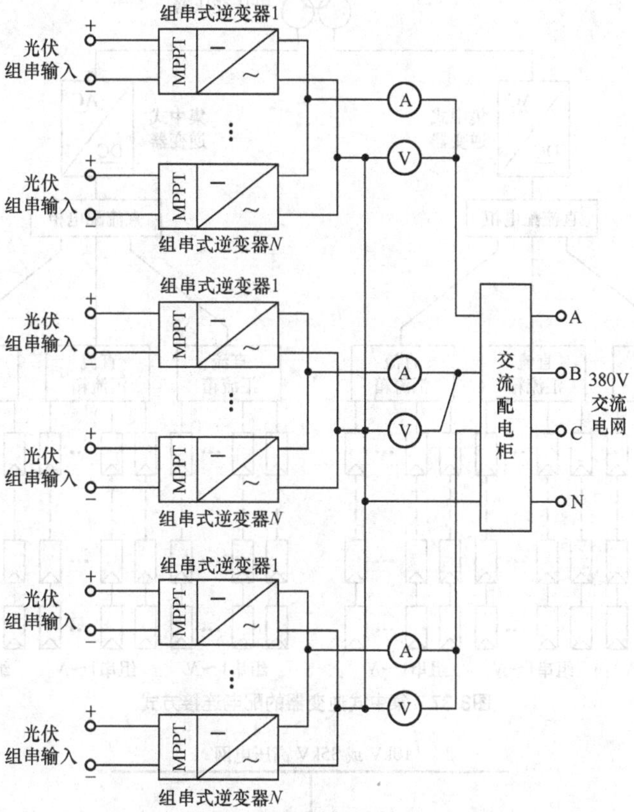

图3-36　组串式逆变器光伏发电系统原理图

（3）系统运行特性方面

采用不同类型的并网逆变器使得系统运行性能方面也产生了不同的效果。除了上面所说的运行效率不同外，集中式逆变器系统无冗余能力，如有任何问题，整个系统将停止发电。而组串式逆变器系统则有冗余运行能力，当有个别逆变器发生故障时，整个系统不受其影响，依然可以正常发电。另外，集中式逆变器系统可集中并网，便于管理，而组串式逆变器系统则可以分散就近并网，系统损耗小。

3. 光伏逆变器与组件及升压变压器的配套

在并网逆变器选型过程中，除了要确定逆变器类型和容量以外，还要考虑逆变器与光伏组件以及逆变器与升压变压器的配套问题，这也是逆变器选型的主要内容之一。

在光伏发电系统的设计选型时，确定了光伏组件的尺寸和功率后，还要看看组件的最大工作电流参数，这个参数与光伏组件使用的电池片尺寸有关。同样，光伏逆变器也有不同等级的最大输入电流参数，参数越大，价格越高。因此在选型时最好选择最大输入电流略大于光伏组件的最大工作电流的逆变器，既满足系统正常工作要求，又不至于使逆变器成本过高。表 3-5 列出了使用不同尺寸电池片生产的光伏组件与逆变器最大输入电流之间的对应关系。

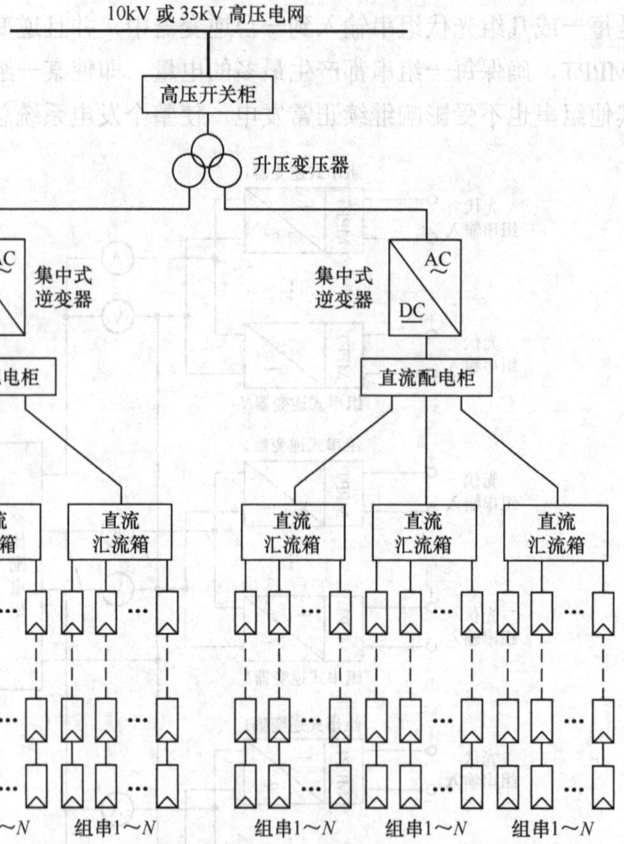

图3-37　集中式逆变器的配电连接方式

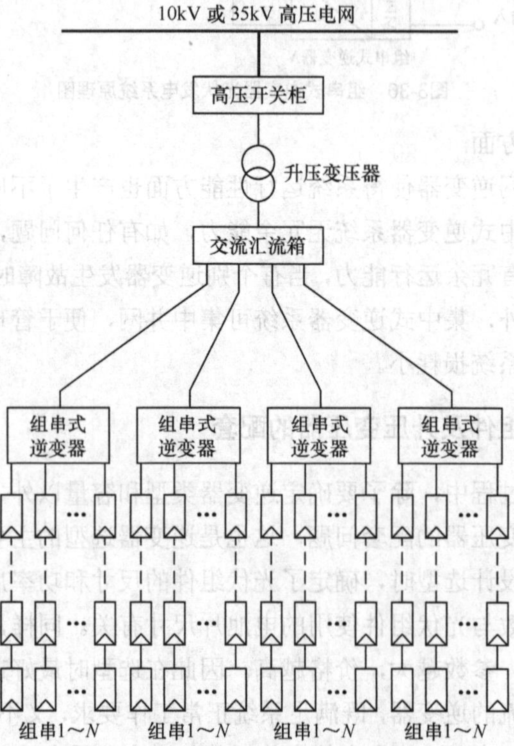

图3-38　组串式逆变器的配电连接方式

表 3-5 光伏组件与逆变器最大输入电流对应表

逆变器最大输入电流	配套组件 （电池片尺寸，组件功率）
10A	156.75mm×156.75mm/158.75mm×158.75mm，小于等于 440W
11A	高效 158.75mm×158.75mm/166mm×166mm，小于等于 445W
12.5A、13A	高效 166mm×166mm/166mm×166mm 双面，小于等于 490W
14.25A、15A	182mm×182mm/182mm×182mm 双面，小于等于 550W
20A、22A	210mm×210mm/210mm×210mm 双面，530～600W＋

在部分大功率组串式和集中式逆变器中，为配合系统升压并网，其交流输出电压参数除了常规的 380V、400V 以外，还有 480V、500V 及 800V 等各种电压等级，具体参数如表 3-6 所示。因此在逆变器选型时，要保证其交流输出电压与现有升压变压器参数一致。针对新购升压变压器，尽量选择交流输出电压高的逆变器，如 630V、800V 等，并配套具有相应电压的变压器，以进一步提高系统和交流升压效率。

表 3-6 逆变器交流输出电压与升压变压器匹配表

逆变器交流输出电压	配套升压变压器
220V、380V	直接并网
400V	直接并网
480V	480V/10kV
500V	500V/10kV
540V（含集中式）	540V/10kV/35kV
630V（含集中式）	630V/10kV/35kV
800V（含集中式）	800V/10kV/35kV

4. 集中式逆变器的并联运行

在大型光伏发电系统中，往往采用低压侧双分裂或双绕组升压变压器来实现两台光伏逆变器的并联运行，如图 3-39 所示。双分裂变压器的两个低压绕组具有相同容量、连接级别和电压等级，在电路上不相连而在磁路上有耦合关系，每个低压绕组可以单独运行，也可以在额定电压相同时并联运行，每个绕组可以接一台逆变器。双分裂变压器虽然成本较高，但由于具有结构优势，可实现两台逆变器之间的电气隔离，减小了两逆变器间的电磁干扰和环流影响，解决了两台并网逆变器直接并联升压而带来的寄生环流问题。逆变器的交流输出分别经变压器滤波，输出电流谐波小，提高了输出的电能质量。

双绕组变压器只有高低压两个绕组，结构简单，同容量下成本低 10%以上。但对逆变器的拓扑结构、开关器件控制及交流输出滤波电路要求较高。一些达到要求的逆变器厂家在产品介绍时会强调“能连接双绕组变压器”。

选择使用双分裂变压器还是双绕组变压器，主要看前级所连接的光伏逆变器的拓扑结构及输出滤波电路设计方案，一般来说，使用 LC 滤波电路方案的逆变器，如果是两台并联，推荐使用双分裂变压器，因为是电容并联，所以在两个支路间容易产生较大的环流，影响逆变器的正常输出；如果使用 LCL 滤波电路方案的逆变器，为了降低成本，可以考虑使用双绕组变压器。

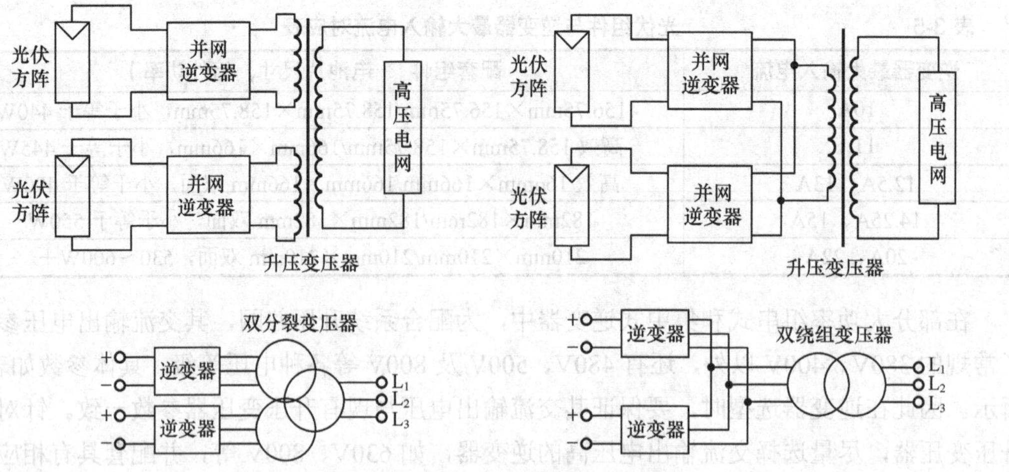

图3-39　集中式逆变器并联升压示意图

3.4.3　并网逆变器选型案例

下面以一个 1MW 的地面光伏发电系统工程为例，对采用两种不同类型并网逆变器的发电系统进行对比设计，并对其基本性能和工程造价进行对比分析。该工程分别采用两台 500kW 的集中式并网逆变器和 10 台 100kW 的组串式并网逆变器进行对比设计，500kW 的逆变器安装在专用配电箱内，100kW 的逆变器安装在光伏方阵支架的后面，具体性能对比如表 3-7 所示。

表 3-7　两种逆变器性能对比表

比较项目	500kW 集中式逆变器	100kW 组串式逆变器
汇流箱	需要直流汇流箱，集中汇流	不需要直流汇流箱，直流输入细分到每 1 组串
直流线缆及布线	直流侧布线相对复杂，距离长，用线多，有时需要二级汇流，成本相对较高	直流侧布线简单，线缆连接距离短，用线少，成本较低
交流线缆	交流输出离变压器近，用线少，损耗小，交流布线简单，成本较低	交流输出线缆连接距离长，可直接就近并网或通过交流汇流后并网
防护等级	防护等级低，IP20，需要专用配电室或室外箱式变电站	防护等级 IP65，可直接在光伏方阵周边就近安装
冷却方式	强制风冷，需要大流量风道	智能风冷或自然散热
输入电压	MPPT 电压范围为 500～820V，工作电压范围相对较小	MPPT 电压范围为 200～1000V，工作电压范围大，在阴雨天等低照度情况下也能发电
输出电压	输出多种三相交流电压，可直接并网或配套相应电压升压变压器	输出三相交流 400V，可以直接低压并网
逆变效率	不带隔离变压器，最高效率 98.0%，综合效率 97.5%，带隔离变压器最高效率 97.0%，综合效率 96.5%	最高效率 99%，中国效率 98.5%
电能质量	单台 *THD* 小于 3%，两台并联时 *THD* 约为 3%，加隔离变压器后没有直流分量	单台 THD 小于 2%，10 台在一起，总 THD 超过 3%，没有隔离变压器，直流分量大
电网调节	有（零）低电压穿越功能，电网可以调节功率因素，有功和无功等功能较弱	没有低电压穿越功能，电网调节功率因素等功能较弱
安全性能	有直流、交流断路器，能根据故障的不同情况同时断开，安全性好	有直流断路器，没有交流断路器，安全性稍差

采用不同类型的并网逆变器，光伏方阵的容量和面积是一样的，只是不同类型并网逆变器系统布线方式和线缆数量的差别造成了系统成本的差异。经过计算，集中式逆变器比组串式逆变器直流侧线缆多投资5万元左右，而交流侧线缆又少投资3万元左右，费用概算对比如表3-8所示。

表3-8　两种并网逆变器费用概算对比表

序号	项目	集中式并网系统	组串式并网系统	增加费用（元）
1	箱式配电房	需要	不需要	约5万
2	直流汇流箱	需要	不需要	约5万
3	直流防雷配电柜	需要	不需要	约2.5万
4	直流侧线缆	多	少	约3.5万
5	交流侧线缆	少	多	约-3万
6	安装过程	工程量大，需专用工具、设备	不需要	约0.2万
7	逆变器成本	低	略高	约-4.5万
8	合计增加	—	—	8.7万

从表3-8中可以看出，同样一个工程，采用组串式逆变器系统要比采用集中式逆变器系统节省8.7万元左右，这还不包括由于组串式逆变器的维护费用低而节省的费用，以及组串式逆变器可以最大效率地跟踪输入的每一路的最大功率而提高的系统发电量。目前组串式逆变器的单机功率逐渐增大，与集中式逆变器的价格也基本相当，选择组串式逆变器的优势越来越明显。在并网逆变器选型时，不仅要考虑降低光伏发电系统建设的一次性投资成本，更要考虑光伏系统在25年生命周期的发电量和投资回报率最大化以及“度电成本”的最小化。

3.4.4 并网逆变器发展趋势

新技术、新产品的应用也不断促进了光伏逆变器技术的进步，使光伏电站的设计更加精细化、系统集成度也进一步提高。光伏逆变器的发展趋势主要体现在大功率、高效率、智能化以及适应性增强等方面，产品形式也更加多样化，以适应不同应用场景的需求。对于大型地面电站，集中式逆变器一直是主流解决方案，更低的初始投资，更友好的电网接入，更低成本的后期运维是选择集中式逆变器的主要依据。多项实际运行数据表明，在平坦无遮挡的应用场合，集中式逆变器与组串式逆变器发电量基本持平。且集中式逆变器的单机容量在不断增大，1MW以上的系统单元会越来越多。组串式逆变器作为分布式光伏系统应用主力，单机容量也越来越大，230kW、315kW等更大功率的组串式逆变器既吸取了集中式逆变器的优点又保留了组串式逆变器的特性，其单机容量小，MPPT控制电路数量多，配置灵活，安装方便，适应各种场景，已经逐步成为市场应用主流。

光伏逆变器的发展趋势，主要表现在以下几个方面。

（1）逆变器硬件技术快速提高

SiC、CAN、性能优异的DSP等新型器件和新型拓扑的应用，促使逆变器的效率不断提高，目前逆变器的最大效率已经达到99%，下一个目标是达到99.5%。

（2）集中式逆变器功率加大，效率提高，电压等级升高目前已经开发出单机容量2.5MW、3.125MW的逆变器，与1MW的单元系统相比，2.5MW的单元系统应用每瓦可降低成本约0.1元，即100MW的电站可降低1000万元的初始投资。同时1500V系统电压也是目前及今后大型电站出于降低成本、提高效率考虑而主要应用的电压。

（3）组串式逆变器单机功率不断提高，功率密度加大

组串式逆变器的功率不断提高，最大功率已经做到315kW，功率密度也在不断提高，重量不断降低，以适应安装维护困难的复杂应用环境。高功率、高效率、高功率密度是组串式逆变器追求和发展的方向，也意味着逆变器单瓦成本的逐步降低。

（4）电网适应性不断增高，各种保护功能更加完善

随着技术的发展，逆变器对电网的适应能力进一步加强，漏电流保护、SVG无功补偿功能、低（零）电压穿越功能、直流分量保护、绝缘电阻检测保护、PID保护、防雷保护、光伏组件正负极接反保护等不断完善的保护功能，使光伏系统的运行更加安全可靠。特别是部分组串式逆变器具有的20%左右的SVG调节能力和集中式逆变器集成的SVG等，减少了SVG等设备的额外投入。

（5）逆变器的环境适应能力不断提高

随着沿海、沙漠、高原等各种恶劣环境下的光伏电站应用的增多，逆变器的抗腐蚀性、抗风沙等环境适应性能不断提高，确保了恶劣环境下的高可靠性。实现恶劣环境下设备故障最少化和平均无故障时间最大化。

（6）“光伏+互联网”实现光伏系统数字化

光伏逆变器的智能化将成为“光伏+互联网”应用的桥梁和纽带。在今后的光伏发电系统中，基于云存储和计算的电站管理平台将广泛应用，成为主流。即通过云计算、大数据平台对光伏电站进行实时全面掌控，自动化运维，持续优化，实现光伏电站的智慧化运营和运维管理，使电站的运营管理更加直观和智能化，电站的资产价值进一步提升。

（7）“光伏+储能”的组合将成为削峰填谷，平滑输出，增加新能源发电占比和构建智慧微电网系统的重要环节

储能逆变器（变流器）把光伏和储能组合了起来。光伏+储能对减小电网冲击、提高电能质量，逐步提高光伏、风电等新能源电力在整个能源结构中的占比，以及能源互联网的建立等都能起到积极的推动作用。储能系统还可以用于电网的调峰调频、微电网的建立以及户用系统余电的存储等，应用前景非常广阔。

第4章 太阳能光伏发电系统储能电池及器件

光伏发电储能电池与储能器件是离网光伏发电系统和带储能的并网光伏发电系统不可缺少的存储电能的部件。其主要功能为：一是存储光伏发电系统的多余或备用电能，并在日照量不足（如夜间）以及应急状态时为负载供电，或在并网系统中利用存储电能避谷调峰等；二是保证系统输出功率的稳定，对光伏组件或系统的输出电压起到钳位和稳压的作用，使光伏组件或系统的输出电压在环境及负载容量变化的过程中不会有太大的波动；三是可以为负载提供较大的启动电流，提高系统的电能质量和供电可靠性。大规模的储能可以把电能像水库里的水一样储存起来，可供用户随时使用。光伏发电储存电能的方式有很多，除了抽水储能、压缩空气储能、飞轮储能等机械储能方式外，主要的电化学储能方式就是利用各类储能电池和器件来完成储能任务。在光伏发电系统中，常用的储能电池及器件有铅酸类蓄电池、锂离子电池、镍氢电池，以及具有前沿性的液流电池、钠硫电池及超级电容器等，它们分别应用于太阳能光伏发电的不同场合或产品中。由于技术、性能及成本的限制，目前在太阳能光伏发电系统中应用最多、最广泛的还是铅酸类蓄电池和锂离子电池。

本章将主要介绍常用的几种储能电池及器件，重点介绍储能型免维护铅酸蓄电池和锂离子电池。

光伏发电系统对储能电池及器件的基本要求是：① 自放电率低；② 使用寿命长；③ 深放电能力强；④ 充电效率高；⑤ 少维护或免维护；⑥ 工作温度范围宽；⑦ 价格低廉。

4.1 铅酸蓄电池

铅酸蓄电池的储能方式是将电能转换为化学能储存，需要电能时再将化学能转换为电能输出。由于组成蓄电池正极的材料是氧化铅，负极材料是铅，而电解液主要是稀硫酸，所以其被称为铅酸蓄电池。铅酸蓄电池具有电能转换效率高、循环寿命长、端电压高、安全性强、性价比高、安装维护简单等特点，是目前在各类储能、应急供电和电力启动装置中应用最多的化学电池。

4.1.1 铅酸蓄电池的分类、结构与原理

1. 铅酸蓄电池的分类

铅酸蓄电池的结构形式不同，可分为开口式、阀控密封免维护式和阀控密封胶体式等几种；按使用环境及场合不同，可分为移动式和固定式两种。在光伏发电系统中应用最多的是固定式阀控式密封免维护铅酸蓄电池、阀控式密封胶体蓄电池以及铅碳蓄电池。光伏发电系统常用储能铅酸蓄电池技术特性如表 4-1 所示。

表 4-1 光伏发电系统常用储能铅酸蓄电池技术特性表

种类	技术特性	设计寿命	应用场合
储能铅酸及胶体蓄电池（2V 系列）	富含纳米级胶体原料电解质； 深度放电恢复能力强，深循环寿命长； 自放电：每月小于 3%； 容量范围：100～3000A・h； 内阻小，有较强的小电流充电能力； 适应环境温度-35℃～60℃； 安装和运输方便	大于等于 12 年	太阳能通信基站，光伏、风能离网电站，无线、微波中继站，偏远无人值守基站，大型 UPS、应急电源
储能铅酸及胶体蓄电池（12V 系列）	加厚型正极板栅，耐腐蚀，浮充电寿命长； 超细玻璃纤维隔膜，内阻低，充电接受能力强； 自放电：每月小于 3%； 容量范围：7A・h～250A・h； 无酸雾溢出，不需要隔离安放； 适应环境温度-20℃～50℃； 安装和运输方便	大于等于 7 年	太阳能路灯及户用离网电源，储能电站，风光互补系统、各种太阳能信号灯，偏远无电地区及无人值守基站
铅碳蓄电池（2V、6V、12V）	正负极采用高碳含量特殊铅膏材料； 低温放电特性好，循环寿命长； 快速充电能力强、倍率高； 适应环境温度-35℃～60℃； 实现 70%放电深度，可达 4000 次； 使用过程中无酸雾溢出，不易失水	大于等于 15 年	光伏等各种新能源发电储能场合，智能微电网发电储能，电网削峰填谷储能

2. 铅酸蓄电池的基本结构

铅酸蓄电池主要由正极板、负极板、电解质（电解液）、隔板、电池底壳、电池盖、桥焊柱、汇流排、极柱、安全阀、接线端子等组成，如图 4-1 所示。电池可组装成 2V、6V、12V，电池每 2V 为一个单位。不同类型的铅酸蓄电池在内部结构及材料使用方面略有不同。

（1）正极板

正极板是铅酸蓄电池的阳极板，是发生氧化反应的电极。它是以结晶紧密、疏松多孔的二氧化铅作为存储电能的活性物质，正常颜色为红褐色，铅酸蓄电池的每个单元也分为正极和负极，阳极是放电时的负极，充电时的正极。

（2）负极板

负极板是铅酸蓄电池的阴极板，是发生还原反应的电极。它以海绵状的金属铅存储电能，正常颜色为深灰色。阴极是放电时的正极，充电时的负极。

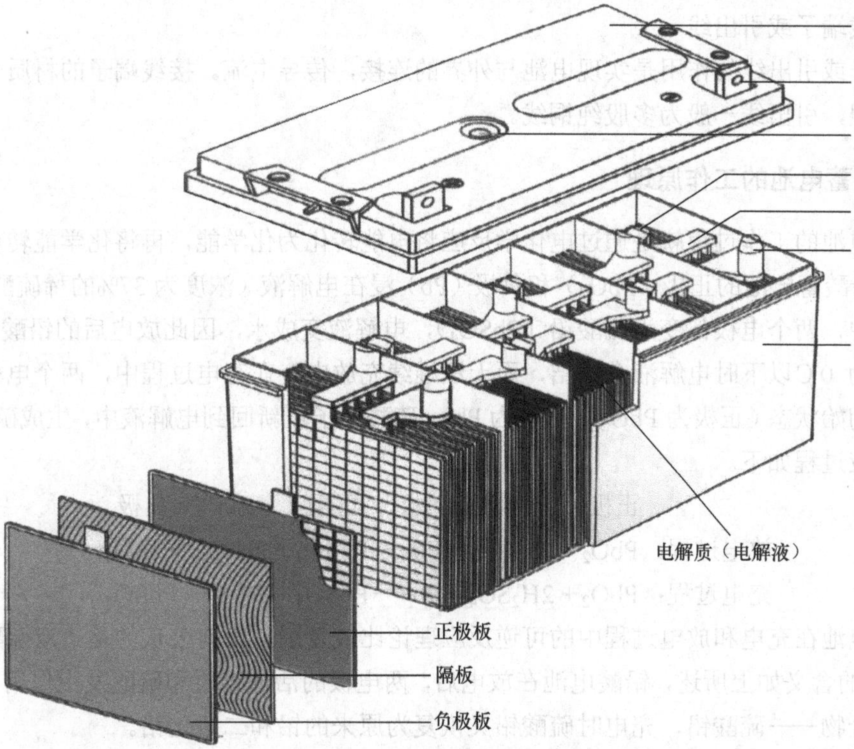

图4-1　铅酸蓄电池的结构示意图

（3）电解质

铅酸蓄电池的电解质是稀硫酸溶液，胶体蓄电池的电解质是一定浓度的硫酸和硅凝胶的胶体电解质。电解质在铅酸蓄电池中的作用是：参加电化学反应，传导溶液的正负离子，扩散极板在反应时产生的热量。电解质是影响电池容量和使用寿命的主要因素。

（4）隔板

隔板有塑料隔板、橡胶隔板、玻璃纤维（AGM）隔板、高分子微孔（PE）隔板等。隔板的作用是吸收电解液，并将正负极板隔开而互不短路。隔板可以防止极板的弯曲和变形，防止活性物质的脱落，降低电池的内阻。因此，隔板材料要有足够的机械强度和多孔性，还要有良好的绝缘性能和耐酸性、亲水性。

（5）电池底壳

电池底壳就是蓄电池的外壳。壳内由隔壁分成 3 个或 6 个互不相通的单格，格子底部有凸起的筋条，用来搁置极板组。筋条间的空隙用来堆放从极板上脱落下来的活性物质，以防止极板短路。外壳材料要保证电池密封，有优良的耐腐蚀、耐热和耐机械力性能。一般选用硬橡胶或 ABS 工程塑料。

（6）汇流排、桥焊柱

汇流排的作用是并联电池单体的所有正负极板，以确保电池的容量并传导电流。汇流排的材料是耐腐蚀铅合金。

（7）安全阀

安全阀的作用是维持电池正常的内部压力，防止外界空气和杂质进入。安全阀一般用三元乙丙橡胶制作。

（8）接线端子或引出线

接线端子或引出线的作用是实现电池与外界的连接，传导电流。接线端子的材质一般是铜，表面镀银，引出线一般为多股纯铜线。

3. 铅酸蓄电池的工作原理

铅酸蓄电池的工作过程就是通过电化学反应将电能转化为化学能，再将化学能转化为电能的过程。铅酸蓄电池的正极（PbO_2）和负极（Pb）浸在电解液（浓度为37%的稀硫酸）中，在放电过程中，两个电极都变为硫酸铅（$PbSO_4$），电解液变成水，因此放电后的铅酸电池，在环境温度为 0℃以下时电解液会冻结，而无法继续充放电。在充电过程中，两个电极上的硫酸铅变回初始状态（正极为 PbO_2，负极为 Pb），硫酸离子重新回到电解液中，生成硫酸液，其电化学反应过程如下。

正极　电解液　负极　正极　水　负极

$$\text{放电过程：}PbO_2 + 2H_2SO_4 + Pb \longrightarrow PbSO_4 + 2H_2O + PbSO_4$$

$$\text{充电过程：}PbO_2 + 2H_2SO_4 + Pb \longleftarrow PbSO_4 + 2H_2O + PbSO_4$$

铅酸蓄电池在充电和放电过程中的可逆反应理论比较复杂，目前公认的是“双硫酸化理论”。该理论的含义如上所述，铅酸电池在放电后，两电极的活性物质和硫酸发生作用，均转变为硫酸化合物——硫酸铅，充电时硫酸铅又恢复为原来的铅和二氧化铅。

铅酸蓄电池在充电过程中会产生气体（氢气和氧气），产生少量气体是正常的，但产生大量气体则说明电池在被过充电，如果此时周围有火花，可能引发气体爆炸，因此要注意保持铅酸蓄电池周围场所空气流通良好。通常在铅酸蓄电池充电容量达到 80%～90%时，铅酸蓄电池就会开始放气，这是正常现象。随着铅酸蓄电池技术的发展，后期有了阀控和密封型铅酸蓄电池，其基本原理与上面的化学反应相同。在铅酸蓄电池充电后期，在正极板上产生氧气，在负极板上产生氢气，为了解决充电后期水的电解，阀控式密封蓄电池将原有的栅板进行了改进，采用了铅钙合金栅板，这样提高了释放氢气的电位，抑制了氢气的产生，从而减少了气体释放量，使自放电率降低。同时，利用负极活性物质海绵状铅的特性，使铅与氧气快速反应，负极吸收氧气，抑制水的减少。在充电最终阶段或在过充电时，充电能量消耗在分解电解液的水上，使正极板上产生氧气，氧气与负极板的海绵状铅以及硫酸起反应，化合为水。同时，一部分负极板进入放电状态，因此也抑制了负极板上氢气的产生。在放电状态下，铅与氧气反应生成的负极物质经过充电又恢复为原来的海绵状铅，由此导致电池在浮充过程中产生的气体 90%以上被消除，少量气体通过可闭的阀控制排放，这就实现了有条件的密封。铅酸蓄电池内部的详细电化学反应原理和过程不再详细叙述。

4. 铅酸蓄电池的充放电特性

铅酸蓄电池在光伏发电系统中充电时，一般处于“半浮充”状态。白天光伏发电系统工作时，同时为铅酸蓄电池充电，一直到其充满后转入浮充状态。晚上，铅酸蓄电池进入放电状态，放电至截止电压或负载不需要用电为止。有些市电互补光伏离网系统和带储能的光伏并网系统会设置有通过市电为蓄电池充电的功能。铅酸蓄电池的充电过程大致可以分为 3 个阶段，其充电特性曲线如图 4-2 所示。第一阶段为曲线 AB 段，铅酸蓄电池从很低的电压开始充电，在这一阶段，随着充电的进行，铅酸蓄电池两端电压随着电量的增加而不断升高；第二阶段为曲线 BC 段，这一阶段，铅酸蓄电池两端的电压随着电量的增加而缓慢升高；第三阶段为 CD 段，在这一阶段，铅酸蓄电池的电压会随着蓄电池电量的增加而急剧升高，此时继续大电流充电就会对铅酸蓄电池造成不可逆的损坏，应该以小电流进行充电，在保护铅酸蓄电池不受损坏的同时又保证铅酸蓄电池电量达到额定容量。因此无论是光伏系统的控制器还是普通充电机，都要按照铅酸蓄电池的充电过程的不同阶段来进行相应充电电流的调整。

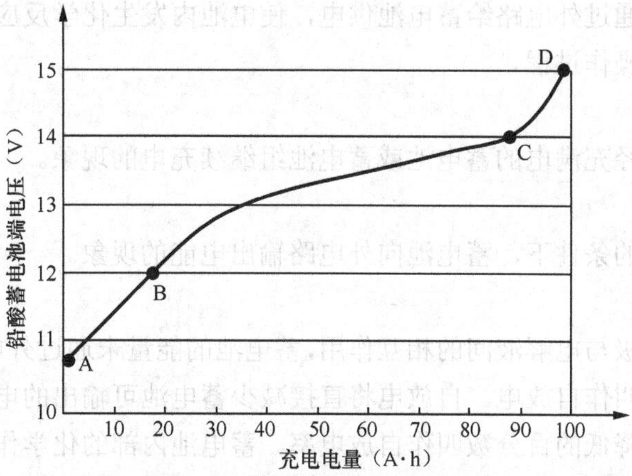

图4-2 铅酸蓄电池充电特性曲线

铅酸蓄电池的放电过程基本上与充电过程相反，放电过程同样分为 3 个阶段，其放电特性曲线如图 4-3 所示。第一阶段为曲线 DC 段，在此阶段，铅酸蓄电池两端的电压随着放电而快速下降，当铅酸蓄电池电量到达 C 处时，第一阶段基本结束；第二阶段为 CB 阶段，在此过程中，随着蓄电池容量的不断下降，蓄电池两端的电压平稳而缓慢地降低，蓄电池放电主要在这一阶段；第三阶段为 BA 阶段，此时铅酸蓄电池两端的电压随着容量的降低而急剧减小，如果不加以控制和保护就会造成蓄电池不可逆损坏。使用铅酸蓄电池的场合，都必须有防止铅酸蓄电池过度放电的保护电路或保护功能。

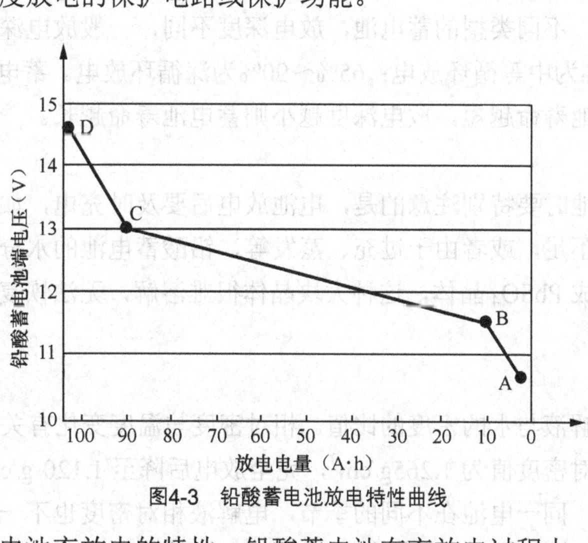

图4-3 铅酸蓄电池放电特性曲线

综合上述铅酸蓄电池充放电的特性，铅酸蓄电池在充放电过程中，要重点在充电过程中的CD阶段和放电过程中的BA阶段对铅酸蓄电池进行防止过充电和过放电保护。

4.1.2 铅酸蓄电池的基本概念与技术参数

1. 铅酸蓄电池的基本概念

（1）蓄电池充电

蓄电池充电是指通过外电路给蓄电池供电，使电池内发生化学反应，从而把电能转化成化学能并存储起来的操作过程。

（2）过充电

过充电是指对已经充满电的蓄电池或蓄电池组继续充电的现象。

（3）放电

放电是指在规定的条件下，蓄电池向外电路输出电能的现象。

（4）自放电

由于蓄电池中电极与电解液间的相互作用，蓄电池的能量未通过外电路放电而自行减少，这种能量损失的现象叫作自放电。自放电将直接减少蓄电池可输出的电量，使蓄电池容量降低。容量每天或每月降低的百分数叫作自放电率。蓄电池内部的化学作用、电化学作用和电作用是引起自放电的主要原因。

（5）活性物质

活性物质是指在蓄电池放电时能够发生化学反应从而产生电能的物质，或者说是在正极和负极上存储电能的物质。

（6）放电深度

放电深度是指蓄电池在某一放电速率下，电池放电到终止电压时实际放出的有效容量与电池的额定容量的百分比（通常用DOD表示）。放电深度和电池循环使用次数相关，放电深度越大，循环使用次数越少；放电深度越小，循环使用次数越多。经常使电池深度放电，会缩短电池的使用寿命。不同类型的蓄电池，放电深度不同，一般放电深度在15%～35%为浅循环放电，40%～60%为中等循环放电；65%～90%为深循环放电。蓄电池长期运行时，每日放电深度越大，蓄电池寿命越短，放电深度越小则蓄电池寿命越长。

（7）极板硫化

在使用铅酸蓄电池时要特别注意的是，电池放电后要及时充电，如果蓄电池长时期处于亏电状态或经常充电不足，或者由于过充、蒸发等，铅酸蓄电池的水分丢失，及电解液浓度异常，极板上就会形成$PbSO_4$晶体，这种大块晶体很难溶解，无法恢复为原来的状态，导致极板硫化无法充电。

（8）相对密度

相对密度是指电解液与水的密度的比值。相对密度与温度变化有关，温度为25℃时，充满电的电池电解液相对密度值为$1.265 g/cm^3$，完全放电后降至$1.120 g/cm^3$。每个电池的电解液相对密度都不相同，同一电池在不同的季节，电解液相对密度也不一样。大部分铅酸蓄电池的电解液相对密度在$1.1～1.3 g/cm^3$，充满电之后一般为$1.23～1.3 g/cm^3$。

2. 铅酸蓄电池的技术参数

（1）蓄电池容量

蓄电池的容量是指电池储存电量的多少，由电池内活性物质的数量决定，通常蓄电池充满电后在一定的放电条件下，放电到规定的终止电压时所放出的总电量称为电池容量，以符号 C 表示，常用单位有安时（A•h）或毫安时（mA•h）。通常在 C 的右下角标明放电时率，如 C_{10} 表示为 10 小时率的额定容量；C_3 表示为 3 小时率的额定容量，数值为 0.75 C_{10}；C_1 表示为 1 小时率的额定容量，数值为 0.55 C_{10}；C_{60} 表示为 60 小时率的额定容量；C_T 表示为环境温度为 t 时蓄电池的实测容量；C_a 表示为在基准温度（25℃）条件下蓄电池的容量。

蓄电池容量分为理论容量、实际容量和额定容量。理论容量是根据活性物质的质量，按照法拉第定律计算而得的最高容量值。

实际容量是指电池在一定放电条件下所能输出的电量，它等于放电电流与放电时间的乘积。由于活性物质的利用率不可能为百分之百，以及存在充放电化学反应及其他各种损耗，蓄电池实际容量将远低于理论容量。

额定容量（标称容量）是按照相关标准，要求电池在一定的放电条件（如在 25℃温度环境下以 10 小时率电流放电到终止电压）下，应该放出的最低限度的电量值。例如，国家标准规定，对于启动型蓄电池，其额定容量以 20 小时率标定，表示为 C_{20}；对于固定型蓄电池，其额定容量以 10 小时率标定，表示为 C_{10}。例如 100A•h 的蓄电池，如果是启动型电池，表示其以 20 小时率放电，可放出 100A•h 的容量。若不是以 20 小时率放电，则放出的容量就不是 100A•h；如果是固定型蓄电池，则表示其以 10 小时率放电，可放出 100A•h 的容量，若不是以 10 小时率放电，则放出的容量就不是 100A•h。额定容量是电池容量选择和计算充放电电流的重要依据。

蓄电池的容量不是固定不变的，它与充电的程度、放电电流大小、放电时间长短、电解液密度、环境温度、蓄电池效率及新旧程度等有关。通常在使用过程中，蓄电池的放电率和电解液温度是影响容量的最主要因素。电解液温度高或浓度高时，容量增大，电解液温度低或浓度低时，容量减小。

（2）额定电压

蓄电池的额定电压是指蓄电池正负极之间的电势差的大小。常见铅酸蓄电池的额定电压有 2V、4V、6V、12V 几种，每个单体铅酸蓄电池额定电压是 2V，12V 的蓄电池是由 6 个单体的电池串联构成的。

蓄电池的实际工作电压并不是一个恒定的值，空载时电压高，有负载时电压会降低，当突然有大电流放电时电压也会突然下降。

（3）放电率

蓄电池放电到终止电压的速率称为放电率。根据蓄电池放电电流的大小，放电率分为放电时率（小时率）和放电倍率（电流率）两种表示方法。放电时率是以放电时间的长短表示的蓄电池放电的速率，是指在某电流放电条件下，蓄电池放电到规定终止电压时所经历的时间长短。根据 IEC 标准，放电时率有 20 小时率、10 小时率、5 小时率、3 小时率、1 小时率、0.5 小时率、分别标示为 20h、10h、5h、3h、1h、0.5h。各时率的放电电流分别用 I_{20}、I_{10}、

I_5、I_3、I_1、$I_{0.5}$ 表示。电池的容量与放电时率有关，例如一个容量 $C=100\text{A}\cdot\text{h}$ 的蓄电池的 20h 放电率，表示电池以 100A・h/20h＝5A 电流放电，放电时间为 20h，简称 20h 率。蓄电池的容量也与放电电流有关，放电电流越大，放电时间就越短，放出的相应容量就越少。

放电倍率是蓄电池放电电流为蓄电池额定容量的倍数，放电倍率=放电电流/额定容量，放电时率与放电倍率之间的关系如表 4-2 所示。

表 4-2　蓄电池放电时率与放电倍率的关系

时率/h	20	10	5	4	3	1	0.5	0.33	0.25	0.2
倍率/A	0.05C	0.1C	0.2C	0.25	0.33	1C	2C	3C	4C	5C

不同放电率对蓄电池容量的影响如表 4-3 所示。

表 4-3　不同放电率对蓄电池容量的影响

电池规格	各时率容量/A・h				
	20h（10.8V）	10h（10.8V）	5h（10.5V）	3h（10.5V）	1h（10.02V）
12V/40A・h	43.4	40	36	32.7	25.6
12V/50A・h	54	50	45	41.1	32
12V/65A・h	70.5	65	58.5	53.3	41.6
12V/75A・h	82	75	67.5	61.5	48.5
12V/90A・h	98	90	80	73.8	57.6
12V/100A・h	108	100	90	83.1	65
12V/150A・h	162	150	135	123	97.5
12V/200A・h	216	200	180	165	130

（4）放电终止电压

放电终止电压是指蓄电池在放电过程中，电压下降到不宜再放电时（非损伤放电）的最低工作电压。为了防止电池过放电而损害极板，在各种标准中都规定了其在不同放电倍率和温度下放电时电池的终止电压。一般 10 小时率和 3 小时率放电的终止电压为每单体 1.8V，1 小时率的终止电压为每单体 1.75V。由于铅酸蓄电池本身的特性，即使放电的终止电压继续降低，电池也不会放出太多的容量，但终止电压过低对电池的损伤极大，尤其当放电达到 0V 而又不能及时充电时蓄电池的寿命将大大缩短。对于光伏发电系统用的蓄电池，针对不同型号和用途，放电终止电压设计也不一样。终止电压视放电速率和需要而规定。通常，小于 10h 的小电流放电，终止电压取值稍高一些；大于 10h 的大电流放电，终止电压取值稍低一些。

（5）电池电动势

蓄电池的电动势在数值上等于蓄电池达到稳定时的开路电压。电池的开路电压是无电流状态时的电池电压。当有电流通过电池时，电池端电压的大小也是变化的，其电压值既与电池的电流有关，又与电池的内阻有关。

（6）浮充寿命

蓄电池的浮充寿命是蓄电池在规定的浮充电压和环境温度下，其寿命终止时浮充运行的总时间。

（7）循环寿命

蓄电池经历一次充电和放电，称为一个循环（一个周期）。在一定的放电条件下，电池使用至某一容量规定值之前，电池所能承受的循环次数称为循环寿命。蓄电池的循环寿命不仅与产品的性能和质量有关，而且与放电倍率、放电深度、使用环境及维护状况等外在因素有关。

（8）过充电寿命

过充电寿命是指采用一定的充电电流对蓄电池进行连续过充电，一直到蓄电池寿命终止时蓄电池所能承受的过充电总时间。其寿命终止条件一般设定为容量低于 10 小时率额定容量的 80%。

（9）自放电率

蓄电池在开路状态下的储存期内，其自放电会引起活性物质损耗。将蓄电池每天或每月容量降低的百分数称为自放电率。利用自放电率指标可衡量蓄电池的储存性能。

（10）电池内阻

电池的内阻不是常数，而是一个变化的量，它在充放电的过程中随着时间变化而不断变化，这是因为活性物质、电解液的浓度和温度都在不断变化。铅酸蓄电池的内阻很小，在小电流放电时可以忽略，但在大电流放电时，蓄电池将会有数百毫伏的电压降损失，必须引起重视。

蓄电池的内阻分为欧姆内阻和极化内阻。欧姆内阻主要由电极材料、隔膜、电解液、接线柱等构成，也与电池尺寸、结构及装配因素有关。极化内阻是由电化学极化和浓差极化引起的，是电池放电或充电过程中两电极进行化学反应时极化产生的内阻。极化电阻除与电池制造工艺、电极结构及活性物质的活性有关外，还与电池工作电流大小和温度等因素有关。电池内阻严重影响电池的工作电压、工作电流和输出能量，因而内阻越小的电池性能越好。

（11）比能量

比能量是指电池单位质量或单位体积所能输出的电能，单位分别是 Wh/kg 或 Wh/L。比能量有理论比能量和实际比能量之分，前者指 1kg 电池反应物质完全放电时理论上所能输出的能量，实际比能量为 1kg 电池反应物质所能输出的实际能量。由于各种因素的影响，电池的实际比能量远小于理论比能量。比能量是综合性指标，它反映了蓄电池的质量水平，也表明生产厂家的技术和管理水平，比能量常被用来比较不同厂家生产的蓄电池。该参数对光伏发电系统的设计而言非常重要。

4.1.3 铅酸蓄电池的型号识别

根据 JB/T 2599-2012《铅酸蓄电池名称、型号编制与命名办法》的有关规定，铅酸蓄电池的名称由单体蓄电池的串联数、型号、额定容量、电池功能和形状等组成。通常分为 3 段表示（见图 4-4）。第 1 段为数字，表示单体电池的串联数。每个单体蓄电池的标称电压为 2V，当单体蓄电池串联数（格数）为 1 时，第 1 段可省略，分别用 3 和 6 表示 6V、12V 蓄电池。第 2 段为 2 至 4 个汉语拼音字母，表示蓄电池的类型、用途和功能等。第 3 段表示电池的额定容量。蓄电池常用汉语拼音字母对应的含义如表 4-4 所示。

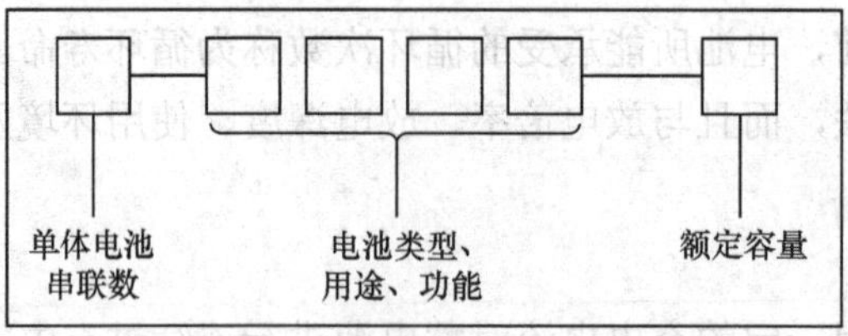

图4-4　铅酸蓄电池的名称组成

表 4-4　　蓄电池常用汉语拼音字母对应的含义

第 1 个字母	含　义	第 2、3、4 个字母	含　义
Q	启动用	A	干荷电式
G	固定用	F	防酸式
D	电瓶车	FM	阀控式密封
N	内燃机车	W	不需要维护
T	铁路客车	J	胶体
M	摩托车用	D	带液式
KS	酸性矿灯	J	激活式
JC	舰船用	Q	气密式
B	航标灯	H	湿荷式
TK	坦克用	B	半密闭式
S	闪光灯	Y	液密式
CN	储能用	—	—

例如，6QA-120 表示有 6 个单体电池串联，标称电压为 12V，启动用蓄电池，装有干荷电式极板，20 小时率额定容量为 120A·h；GFM-800 表示为 1 个单体电池，标称电压为 2V，固定用阀控密封蓄电池，20 小时率额定容量为 800A·h；6-GFMJ-120 表示有 6 个单体电池串联，标称电压为 12V，固定用阀控式密封胶体蓄电池，20 小时率额定容量为 120Ah。

虽然各蓄电池生产厂家的产品型号有不同的解释，但产品型号的基本含义不会改变，通常都是用上述方法表示。

4.1.4　其他类型铅酸蓄电池

1. 铅酸胶体蓄电池

（1）铅酸胶体蓄电池的工作原理

铅酸胶体蓄电池（以下简称胶体电池）是对液体电解质铅酸蓄电池改进后的蓄电池，实际上是将铅酸蓄电池中的硫酸电解液换成胶体电解液，其工作原理仍与铅酸蓄电池相似。胶体电解液由 SiO_2 凝胶和一定浓度的硫酸按照适当的比例混合在一起，形成多孔、多通道的高分子聚合物。胶体电解液进入蓄电池内部或充电若干小时后，会逐渐发生胶凝，使液态电解质转变为胶状物。胶体中添加了多种表面活性剂，有助于蓄电池被灌装前抗胶凝，而且还有助于防止极板硫酸盐化，减轻隔板遭受的腐蚀，提高极板活性物质的反应利用率。通常胶体电池采用富液设计，比普通铅酸蓄电池多加了 20%的酸液。

（2）胶体电池的特点

① 结构密封，电解液为凝胶，无渗漏；充放电过程无酸雾产生、无污染，安全、对环境友好。

② 自放电率低，在 25℃条件下，每月平均自放电率不高于 13%。

③ 使用寿命长。由于凝胶电解液有效地防止了电解液的分层，极板活化反应均匀，增加了极板的活化反应循环次数，提高了电池的使用寿命，正常使用寿命可达 7～12 年。

④ 深度放电循环性能优良，放电至 0V 能正常恢复。

⑤ 优良的抗高低温性能，适用环境范围广，可在−45℃～70℃的极限高、低温环境下使用。

⑥ 容量高，充电接受能力强；浮充电流小，电池发热量少；可任意位置放置。

（3）胶体型铅酸蓄电池与铅酸蓄电池的性能比较

胶体电池与铅酸蓄电池的性能比较如表 4-5 所示。

表 4-5　胶体电池与铅酸蓄电池的性能比较

比较项目	胶体电池	铅酸蓄电池
自放电（正常室内存放时间）	存放 1 年不需要充电可正常使用，存放 2 年后，恒压 14.4V 充电 24h 后，静置 12h，其电池容量可恢复到 95%以上	存放每 3～6 个月须充电一次，容量最多能恢复到 70%
电池在温度为 20℃的条件下正常使用寿命	12V 电池设计寿命 7 年以上，2V 电池设计寿命 12 年以上	3～5 年的寿命
深度放电循环性能（过放电至 0V 后接受充电能力）	容量可恢复至 100%	恢复状态较差
耐过充电能力（充电完毕后继续以 $0.3C_{10}$ 充电）	在过充电 16h 后，没有液体泄漏，外壳没有变形	不允许过充电，否则会引起过热而导致电池损坏
使用温度范围	−45～70℃	−20～50℃
高、低温使用性能	−40℃时电池容量可保持在 60%以上，70℃时仍然可以使用	以 25℃为基准，温度每升高 10℃，寿命缩短一半，温度降低时，容量将减少
外壳损坏后，腐蚀性液体的泄漏情况	不会有液体的泄漏，可继续使用	液体泄漏后不可再使用
制造成本	高	低

2. 铅碳蓄电池

铅碳蓄电池也属于铅酸蓄电池类的改进产品，铅碳蓄电池是将高比表面积碳材料（如活性炭、活性炭纤维、碳气凝胶或碳纳米管等）掺入铅负极中，使高导电性碳材料与活性物质紧密结合，发挥高比表面积碳材料的高导电性和铅活性物质的分散性，提高铅活性物质的利用率。铅碳蓄电池构建了三维导电网络，显著降低了电池内阻，相对于其他电池，功率密度高，恢复性能好。

碳纳米材料能够有效保护负极板，限制硫酸铅结晶的长大和富集，抑制负极硫酸盐化，电池不易失水。铅碳蓄电池具有铅酸蓄电池和超级电容器的优势，是一种新型的超级电池。

铅碳蓄电池具有以下技术特点和优势。

（1）改善了极板导电性，减少了电池内阻，提高了电池大倍率放电性能，有利于电池大电流放电。

（2）对负极来说，碳的加入可抑制负极硫酸铅的产生，电池使用过程中负极无硫酸盐化，大大延长了电池的使用寿命。电池设计使用寿命为 15 年，循环使用寿命大于等于 4000 次（70%DOD）。

（3）降低负极平均孔径，提高活性物质负载量，增加电池能量密度。增加负极比表面积，提高活性物质反应速率。

（4）促使硫酸铅在负极板均匀分布，延长电池使用寿命。

（5）降低极化，提高电池充放电性能，减少析氢。

（6）具备双电层电容效应，兼具铅酸蓄电池和超级电容器的特性。

（7）适合于高功率部分荷电态循环，更适用于储能系统及循环使用系统。

（8）高功率密度，可快速充电。传统铅酸蓄电池最高只能以 0.2*C* 充电，铅碳电池可接受最大 0.6*C* 的充电。

（9）工作温度范围大，可在-40～60℃的环境温度范围内正常运行。铅碳蓄电池中加入了碳元素，由于碳有良好的导热性能，所有铅碳蓄电池适合在高温条件下工作。另外，铅碳蓄电池还有较好的低温放电性能。

4.1.5 影响蓄电池寿命的几个因素

1. 深度放电

放电深度对蓄电池的循环寿命影响很大，蓄电池如果经常深度放电，循环寿命将缩短，同一额定容量的蓄电池深度放电就意味着其经常采用大电流充电和放电，蓄电池在大电流放电时或经常处于欠充状态又不能及时进行再充电时产生的硫酸盐颗粒大，极板活性物质不能被充分利用，因此蓄电池的实际容量将逐渐减小，影响蓄电池正常工作。由于光伏发电系统一般不太容易产生过充电的情况，所以，长期处于欠充状态是光伏发电系统中蓄电池失效和寿命缩短的主要原因。

2. 放电速率

一般规定 20h 放电率的容量为蓄电池的额定容量。若使用低于规定小时的放电率，则可得到高于额定值的电池容量；若使用高于规定小时的放电率，蓄电池放出的容量要比其额定容量小，同时放电速率也影响蓄电池的端电压值。蓄电池在放电时，电化学反应电流优先分布在离主体溶液最近的表面上，导致电极表面形成硫酸铅而堵住多孔电极内部。在大电流放电时，上述问题更加突出，所以放电电流越大，蓄电池给出的容量也就越小，端电压值下降速率加快，即放电终止电压值随放电电流的增大而降低。但另一方面，也并非放电速率越低越好，有研究表明，当放电速率过低时，随着硫酸铅分子生成量显著增加，其产生应力造成蓄电池极板弯曲和活性物质脱落，蓄电池的使用寿命也会缩短。

3. 外界温度过高

蓄电池的额定容量是指蓄电池在 25℃时的容量，一般认为阀控密封铅酸蓄电池的工作温度在 20～30℃内较为理想。当蓄电池温度过低时，蓄电池的容量减小，因为在低温条件下电解液不能很好地与极板的活性物质充分反应。蓄电池容量减少导致其不能达到预期的使用时间且不能维持在规定的放电深度内，很容易造成过放电。从蓄电池的外部参数来看，电压与温度有很大关系，温度每升高 1℃，单格蓄电池的电压将下降 3mV。也就是说，铅酸蓄电池的电压具有负温度系数，其值为-3mV/℃。由此可知，在环境温度为 25℃时，一只工作理想的充电控制器可以使蓄电池充足电，但当环境温度下降到 0℃时，使用同一个控制器给蓄电池充电，结果蓄电池就不能充足电；同样的道理，当环境温度升高时，蓄电池容易过充电，电解液升温，正极板的腐蚀速度加快，蓄电池的工作温度严重升高时，上下翻滚的电解液冲刷极板，使其铅粉脱落，时间久了，脱落的铅粉越积越高，等高到触碰铅板时，可造成极板短路，从而使蓄电池报废。高温还会造成蓄电池失水、热失控现象。所以，温度是影响蓄电池正常工作的一个主要因素。在光伏发电系统中，要求控制器具有相应的温度自动补偿功能，在使用时，也应尽可能保持放置蓄电池组的场所环境温度不要过高或过低。

4. 局部放电

铅酸蓄电池无论是在放电时还是在静止状态下，其内部都有自放电现象，这种现象称为局部放电。产生局部放电的原因主要是电池内部有杂质存在。尽管电解液由纯净浓硫酸和纯水配制而成，但还是含有少量的杂质，而且随着蓄电池使用时间的增长，电解液中的杂质含量缓慢增加。这些杂质在极板上构成无数微型电池，产生局部放电，消耗着蓄电池的电能。局部放电还与蓄电池的使用温度有关，温度越高，局部放电越严重，从这方面来讲，也要尽量避免蓄电池在过高温度下运行。

5. 高温储存

充好电的电池在高温环境下放置时间也是影响蓄电池寿命的重要因素。

综上所述，蓄电池在光伏发电系统中起着非常重要的作用。用于给光伏发电系统储能的蓄电池必须具有良好的循环放电和深度放电性能。在对蓄电池容量的设计和配置中，要重点地综合考虑使用地的辐射条件、适合的备用时间、被选蓄电池的允许放电深度、充放电效率、温度补偿系数等多种因素。

4.1.6　铅酸蓄电池的外观及质量检验

铅酸蓄电池的各项性能检验测试，一般依据 GB/T 19064-2003《家用太阳能光伏电源系统技术条件和试验方法》、YD/T 799-2010《通信用阀控式密封铅酸蓄电池》、YD/T 799-1996《通信用阀控式密封铅酸蓄电池技术要求和检验方法》、YD/T 1360-2005《通信用阀控式密封胶体蓄电池》、GB/T 19638.2-2005《固定型阀控密封式铅酸蓄电池》、GB/T 22473-2008《储能用铅酸蓄电池》和 IEC 61427-2005《太阳能光伏能量系统（PVES）用蓄电池和蓄电池组一般要求和试验方法》等各种相关标准中的要求和方法进行。了解和掌握铅酸蓄电池检验测试的一些内容和方法，将有利于铅酸蓄电池的选型、应用及质量辨别与控制等。铅酸蓄电池的检验项目有外观检验、极性检验、规格尺寸检验、重量检验、气密性检验、容量性能检验、连接电压降检验、再充电性能检验、热失控敏感性检验、低温敏感性检验、大电流耐受能力检验、耐过充电能力检验、荷电保持能力检验、密封反应效率检验、安全阀检验、过充电寿命检验、防爆性能检验、防酸雾性能检验、耐接地短路能力检验、材料的阻燃能力检验、抗机械破损能力检验和端电压的均衡性能检验等20多项，在此主要介绍蓄电池外观检验、文件资料检验及尺寸及质量等项目的检验，这些内容的检验不需要专业测试设备和条件，一般发生在采购和应用场合，是一种现场检验。

1. 外观检验

用目视的方法检查蓄电池外观质量。蓄电池外观不应有裂纹、漏液、明显变形痕迹及污迹，标志应清晰，各部分器件应完好。目测蓄电池的正负极，然后用万用表选择适合的直流电压挡后，将其正负引线与蓄电池对应的正负极相连，万用表显示正数说明蓄电池正负极极性标注正确；万用表显示负数或指针表指针反打则说明蓄电池正负极极性标注错误。

2. 文件资料检验

目测检查蓄电池产品型号或规格、标牌、生产制造日期、产品执行标准，以及产品合格证、质量检验报告、使用说明书等相关文件是否符合要求。

3. 尺寸及重量检验

用符合精度的量具测量蓄电池的外形尺寸和重量。蓄电池的外形尺寸应符合制造厂家的产品图样或文件规定，外形尺寸误差为±2mm以内。蓄电池的重量标称值应符合表4-6中的要求，表中的蓄电池重量为标称值。以1000A·h为界，1000A·h以下的蓄电池重量上偏差不超过标称值的8%，1000A·h以上的（包括1000A·h）蓄电池的重量上偏差不超过标称值的5%，重量下偏差不限。针对未标出重量标称值的蓄电池，采用插入法，其重量取容量相邻的上、下两个蓄电池重量和的1/2。检验外形尺寸的计量尺要求分度值不大于1mm，检验重量的磅秤要求精度在±1%以内。

表4-6　铅酸蓄电池重量标称值表

额定容量/A·h	质量/kg（12V蓄电池）	质量/kg（2V蓄电池）
17	5～6	—
24	7.5～8	—
33	9.5～10	—
38	11.8～12.8	—
50	15.5～17	—
65	19.5～20.5	—
70	21～23	—
80	24～26	—
100	28.8～32	6.0～7.5
120	33.5～36.5	7.8～8.5
150	41.5～46.5	8.3～9
200	56.7～63	12.9～15
250	70.5～73	16～18

续表

额定容量/A·h	质量/kg（12V 蓄电池）	质量/kg（2V 蓄电池）
300	—	18.1～22
400	—	24.5～29
500	—	29.5～35
600	—	36～42
800	—	50～56
900	—	57.9～60.5
1000	—	61～68
1200	—	63～70
1500	—	68～102
2000	—	123～135
3000	—	181～200

4.2　锂离子电池

锂离子电池的正极材料有钴酸锂、锰酸锂、镍钴锰、镍钴铝及磷酸铁锂等，以石墨或钛酸锂等材料为负极，锂离子电池作为优质的储能和动力电池，具有重量轻、储能容量大、放电功率大、无污染、寿命长、可深度放电等特点。其在光伏储能、电网削峰填谷、备用电源、微电网系统及电动汽车、电动自行车等电动动力领域得到广泛应用。不同形式锂离子电池的电压特性如表 4-7 所示。

表 4-7　不同形式锂离子电池的电压特性

锂离子电池形式（缩写）	正极材料	负极材料	标称电压/V
LCO	钴酸锂	石墨	3.6/3.7
LMO	锰酸锂	石墨	3.6
NMC	镍钴锰	石墨	3.7
NCA	镍钴铝	石墨	3.7
LFP	磷酸铁锂	石墨	3.2/3.3

1. 锂离子电池的分类

锂离子电池按照正极材料的不同分为三元锂离子电池和磷酸铁锂离子电池；按照用途不同一般分为储能锂离子电池和动力锂离子电池。储能锂离子电池主要用于光伏、风力等新能源储能、UPS 储能、EPS 储能及电网储能等场合，这类电池内阻比较大，充放电速度较慢，一般为 0.5～1C。动力锂离子电池主要用在新能源电动汽车、电动自行车及各种电动工具中，电池内阻小、充放电速度快，一般能达到 3～5C，同种类价格比储能锂离子电池高 1.5 倍左右。

动力锂离子电池其实也是储能电池，只是动力锂离子电池比普通储能锂离子电池有更高的性能要求，如能量密度高，充电速度快，放电电流大。根据标准要求，动力锂离子电池的容量低于 80%时就要“退役”，但还可以作为储能电池被梯次利用。

2. 锂离子电池的原理与结构

锂离子电池的工作原理如图 4-5 所示。锂离子电池作为一种化学电源，正极材料通常由锂的活性化合物组成，负极材料则是特殊分子结构的石墨，常见的正极材料主要成分为 $LiCoO_2$，电解液为锂盐溶于碳酸乙烯酯或碳酸丙烯酯的混合溶剂。当对电池充电时，加在电池两极的电动势迫使正极的化合物释放出锂离子，锂离子通过电解液穿过隔膜进入负极分子排列呈片层结构的石墨中。片层结构的石墨有很多微孔，到达负极的锂离子就嵌入石墨的微孔中，嵌入石墨层的锂离子越多，充电容量越高。当电池放电时，锂离子则从片层结构的石墨中脱离出来，穿过隔膜重新和正极的化合物结合，回到正极的锂离子越多，放电容量越高。随着充放电的进行，锂离子不断地与正极和负极分离与结合，并在移动中产生电流。

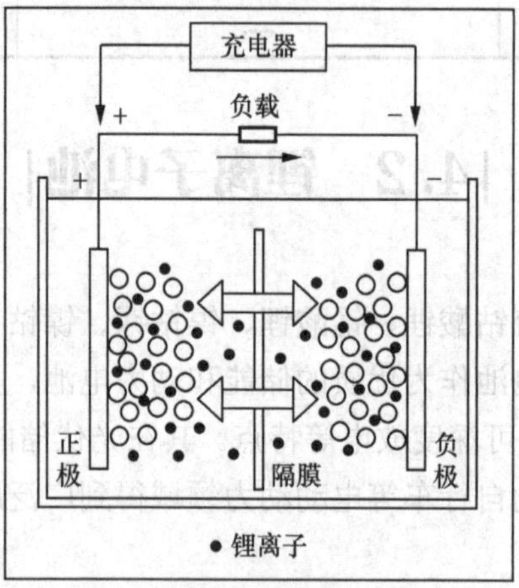

图4-5 锂离子电池的工作原理

锂电池的结构一般包括：正极、负极、电解液、隔膜、正极引线、负极引线、中心端子、绝缘材料、安全阀、正温度控制端子、电池壳等。单体的锂离子电池有圆柱形电池、塑料方壳电池、铝方壳及软包型电池等，如图 4-6 所示。

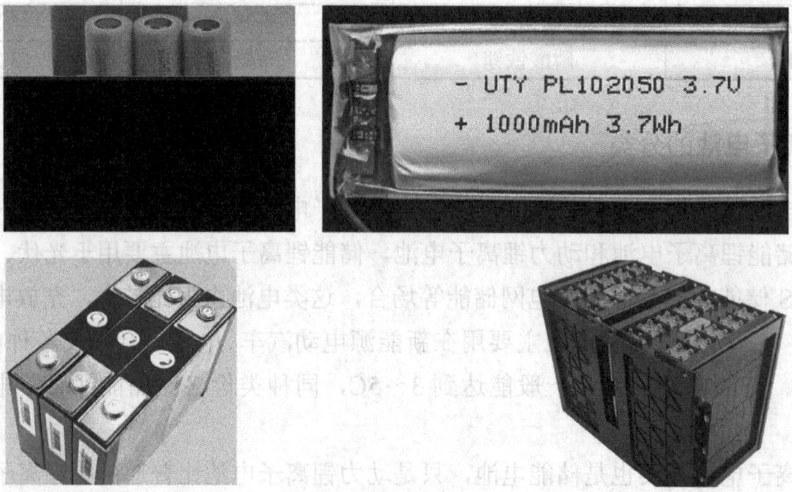

图4-6 单体锂离子电池

3. 锂离子电池的性能特点

锂离子电池具有超长寿命、使用安全、耐高温等特点，完全符合现代动力电池和储能电池发展的需要，目前已经广泛应用于电动汽车、电动工具、UPS（不间断电源）、通信基站、新能源储能、智能微电网等领域。锂离子电池具有良好的电化学性能，稳定的充放电性能，在充放电过程中电池结构稳定、无毒、无污染、安全性能好、材料来源广泛，其主要性能特点如下。

（1）单体工作电压高。锂离子电池单体电压高达 3.6/3.7V（磷酸铁锂蓄电池为 3.2V），是镍镉电池、镍氢电池的 3 倍左右，铅酸蓄电池的近 2 倍，这也是锂离子电池比能量大的一个原因，因此组成相同容量（相同电压）的电池组时，锂离子电池使用的串联数目会大大少于铅酸蓄电池、镍氢电池，保证电池的一致性，寿命更长。例如 36V 的锂电池只需要 10 个电池单体，而 36V 的铅酸蓄电池需要 18 个电池单体，即 3 个 12V 的电池组，每只 12V 的铅酸蓄电池内由 6 个 2V 单格组成。

（2）能量密度大。锂离子电池的能量密度目前最高已经达到 460W・h/kg 以上，是镍氢电池的 3 倍，铅酸蓄电池的 6 倍，因此重量是相同能量的铅酸蓄电池的 1/5。

（3）体积小。锂离子电池的体积比高达 500W・h/L，体积是铅酸蓄电池的 1/3。

（4）锂离子电池的循环使用寿命长，循环次数可达 2000～10 000 次，作为动力电池使用时寿命一般能达到 6 年以上，作为储能电池使用时寿命则更长。

（5）具备高功率承受能力，能快速充放电，便于复杂工况的供电。自放电率低，每月小于 3%。

（6）锂离子电池高低温适应性强，工作温度范围大。可在-20℃～60℃工作，在较低温度下仍可保证满容量的输出。

（7）无记忆效应。锂离子电池因为没有记忆效应，所以不像镍镉电池一样需要在充电前放电，它可以随时随地进行充电，而且充放电深度不影响电池的容量和寿命。

（8）保护功能完善。锂电池组的保护电路能够对单体电池进行高精度的监测，低功耗智能管理，具有完善的过充电、过放电、温度、过电流、短路保护及可靠的均衡充电功能。

（9）相对于铅酸蓄电池，锂离子电池不含铅，更为环保。

（10）锂离子电池也有不足之处，特别是三元锂离了电池，相对于铅酸蓄电池，受到撞击和遇到高温时起火点较低，容易有爆炸的危险；大功率充放电性能稍差；必须有特殊的保护电路，防止过充电；目前阶段锂离子电池的价格相对较高，项目前期投资成本相对较大。

常用锂离子电池性能参数对比如表 4-8 所示。

表 4-8　常用锂离子电池性能参数对比

性能参数	磷酸铁锂离子电池	三元锂离子电池	锰酸锂离子电池
标称电压/V	3.2	3.6	3.7
充放电电压范围/V	2.5～3.6	3.0～4.2	2.5～4.2
功率密度/mA・hg^{-1}	130	160～190	110
能量密度/W・hL^{-1}	140～160	330～380	210～250
比能量密度/W・hkg^{-1}	150	198	160
循环性能（80%）	大于 2000 次	大于 2000 次	大于 800 次

续表

性能参数	磷酸铁锂离子电池	三元锂离子电池	锰酸锂离子电池
工作温度/℃	−30～+60	−30～+65	−20～+60
价格	一般	较高	低廉
大功率能力	一般	较低	很好
材料来源	锂、氧化铁磷酸盐储量丰富	钴元素缺乏	—

磷酸铁锂离子电池与铅酸蓄电池的性能对比如表4-9所示。

表4-9　磷酸铁锂离子电池与铅酸蓄电池的性能对比

项目	磷酸铁锂离子电池	铅酸蓄电池
寿命（循环次数）	10C充放电80%DOD循环2000次	80%DOD放电300次，100%DOD放电150次，需经常维护
温度耐受性	正常工作温度为−20～75℃	正常工作温度为25℃，0℃以下容量锐减
自放电率	每3个月小于2%	高
充放电性能	支持大倍率充放电，无记忆效应	大倍率充放电性能差，有记忆效应
安全性	不爆炸、不起火、不冒烟	高温会变形胀裂
体积	同容量磷酸铁锂离子电池的体积是铅酸蓄电池体积的65%	
重量	同容量磷酸铁锂离子电池的重量是铅酸蓄电池重量的1/3	
长期使用成本	完全免维护，最经济	需维护，全寿命使用成本高于磷酸铁锂离子电池
环保	绝对无污染，不含重金属和稀有金属	严重污染

4. 锂离子电池组的管理系统

在实际应用中，为保证蓄电池的使用安全，锂离子电池组必须配置BMS（电池管理系统），BMS是利用微处理器技术、检测技术和控制技术对蓄电池进行管理的装置，可以智能化地管理和维护各个电池单元，实时监控锂电池的工作状态，对电池进行过充电和过放电保护，对单体电池及蓄电池组的电压、电流、温度等信号进行高精度的测量及采集，对电池组进行均衡管理，对单体电池进行均衡充电，避免电池单体或电池组受损伤，延长电池的使用寿命。锂离子电池管理系统的功能要求如表4-10所示，该系统的主要功能如下。

（1）对电池参数进行实时监测，保护电池组的安全。在蓄电池充放电过程中，BMS实时监测蓄电池组总电压、充放电总电流、单体电池的端电压及电池温度等，并进行盐雾探测、绝缘检测，防止电池发生过充电和过放电现象。

（2）显示锂离子电池的工作状态，包括充电状态（SOC）、放电深度（DOD）、健康状态（SOH）、功能状态（SOF）、故障及安全状态（SOS）和寿命终止（EOL）。

表4-10　锂离子电池管理系统功能要求

检测参数	显　示	报　警	保　护	相应保护动作
单体电压	√	√	—	进行均衡控制
电池串联回路电流	√	√	—	—
单体温度	√	√	√	—
环境温度	√	√	—	—
电气绝缘电阻	√	√	—	—

续表

检测参数	显示	报警	保护	相应保护动作
剩余电池电量	√	√	—	—
电池能量流动检测	√	—	—	—
过流保护	—	√	√	降功率/停机
过充过放保护	—	√	√	断开充放电装置
过温保护（环境温度和单体温度）	√	√	√	通风/降功率/停机
保护功能故障		√	√	停机
温度检测故障	—	√	√	停机
蓄电池箱、柜通风故障	—	√	—	—
充电故障	—	√	√	停机充电
电池单元间的电压不平衡	—	√	√	停机
电池因故障停止运行	√	√	—	—

（3）对电池进行安全控制及故障报警，当 BMS 诊断到故障时，通过控制器进行有效处理，以防止高温、低温、过充、过放、过流等对电池和人身造成伤害。

（4）准确估测电池组的剩余电量，随时预报电池组的剩余能量和荷电状态。蓄电池组的电量和端电压有一定关系，但不是线性关系，不能依靠检测端电压来估算剩余电量，需要通过 BMS 来检测和报告。

（5）当电池单体容量不一致时，锂离子电池组的容量将小于组中最小单体电池的容量。为保证单体电池的容量均衡，BMS 采用主动或被动、耗散或非耗散等均衡方式检测和控制单体电池，使其均衡充电。

（6）根据锂离子电池的系统温度及充放电需求，BMS 将对电池组的加热或散热进行控制，使锂离子电池工作在最佳状态，充分发挥电池的性能。

5. 锂离子电池的应用及注意事项

目前，以磷酸铁锂离子电池为基础构成的模块化家庭光伏储能系统和高压直流储能系统，已经逐步应用在有储能需求的并网光伏发电系统及智能微电网系统中。这种储能系统以磷酸铁锂离子电池构成的 48V/50A・h 模块化电池组为基本单元，配置定制化电池管理系统，通过可靠的电池管理技术和高性能的电池充放电均衡技术，使整个系统具有配置灵活、操作简单和可靠性高的特点，既可以代替利用传统蓄电池的储能系统，也可以通过电池组模块的串联，用于 150～800V 的并网光伏发电系统中。这种储能系统的外形如图 4-7 所示，技术参数与特性如表 4-11 所示。

在锂离子电池的安装应用中，蓄电池组要安装在一个环境可控、相对独立的蓄电池间（包括电池舱/室、电池箱、电池柜等）中，并要配备机械通风或温度调节装置。不能将锂离子电池安装在过热、过冷、潮湿或其他损害其性能或加速其老化的环境中。蓄电池组的布置要便于检查、测试、清洁及检修更换。锂离子电池组适合在-20℃～55℃的温度范围内长期工作。

图4-7 磷酸铁锂离子电池储能系统的外形

表 4-11 磷酸铁锂离子电池储能系统技术参数与特性

家庭光伏储能系统	高压直流储能系统
标称电压/V：48	系统电压/V：384
标称容量/A·h：50	系统容量/A·h：50
外形尺寸/mm×mm×mm：440×410×89	系统能量/kW·h：19
重量/kg：24	外形尺寸（mm×mm×mm）：600×600×1600
放电电压/V：45～54	重量/kg：280
充电电压/V：52.5～54	放电电压/V：420～432
最大放电电流/A：100（2C）@ 1min	充电电压/V：432～360
最大充电电流/A：100（2C）@ 1min	额定放电电流/A：25
通信接口：RS232、RS485、CAN	额定充电电流/A：25
工作温度/℃：0～50	最大放电电流/A：100（2C）@ 1min
储存温度/℃：−40～80	最大充电电流/A：100（2C）@ 1min
使用寿命：大于10年	通信接口：RS232，RS485，CAN
循环次数：6000	工作温度/℃：0～50
—	储存温度/℃：−40～80
—	使用寿命：大于10年
—	循环次数：3500
产品特性： （1）多台电池可并联，扩大储能容量，最大可支持1000A·h，自动获取多台并联机地址。 （2）电池组可安装在配套的机柜内，落地或挂墙安装，比铅酸蓄电池节省50%空间。 （3）采用多级能耗管理系统，电池充放电管理、保护、告警等均为自动实现，无须人工操作。 （4）高兼容性，能与主流储能逆变器友好对接	产品特性： （1）系统由1个主控模块和多个电池模块组成，通过48V 电池模块串联组成 150～800V 不同电压等级系统，系统适应电压范围大。 （2）通过多个机柜并联，可以在同一电压平台上扩展容量，可以通过串并联机柜组成MW级的储能系统。 （3）可定制化产品，系统电压、容量按需配置

光伏发电＋储能系统的应用有利于电网调节负荷、削峰填谷、弥补线路损失、提高电能质量、实现局部区域独立供电运行等。储能系统就像一个储电的“水库”，可以把用电低谷期富余的电能存储起来，在用电高峰时拿出来使用，减少了电能的浪费，改善了电能质量，使电网系统布局得到优化。

第5章 太阳能光伏系统配电、升压与监测装置

太阳能光伏发电系统的配电、升压与监测装置主要有直流汇流箱、直流配电柜、交流汇流箱、交流配电柜、并网配电箱、升压变压器、箱式变电站、光伏线缆及交直流输配电线路及系统监测装置等。

5.1 直流汇流箱与直流配电柜

5.1.1 直流汇流箱

直流汇流箱也叫作直流防雷汇流箱或光伏防雷汇流箱。小型光伏发电系统一般不用直流汇流箱，光伏组件的输出线就直接接到了控制器或者逆变器的输入端子上。直流汇流箱主要用在采用集中式逆变方式的中、大型光伏发电系统中，用于把光伏方阵的多路组串输出电缆集中输入、分组连接，不仅使连线井然有序，而且便于分组检查、维护。当光伏组件方阵局部发生故障时，可以局部分离检修，不影响整体发电系统的连续工作。大型的光伏发电系统，除了采用许多个直流汇流箱外，还要用若干个直流配电柜，用于光伏发电系统中二、三级直流汇流。直流配电柜用于将各个直流汇流箱输出的直流电缆接入配电柜中再次进行汇流，然后再与集中式并网逆变器连接，方便安装、操作和维护。

图 5-1 所示为直流汇流箱电路原理，直流汇流箱由熔断器、断路器、防雷器等构成，有些直流汇流箱还把防反充二极管、智能监测模块、数据有线、无线传输扩展模块等也放在其中，形成了“汇流+防雷”“汇流+防雷+监控”“汇流+防雷+监控+数据采集传输”功能的系列产品供用户选择。另外，根据输入直流汇流箱的光伏组串的路数不同，可以将直流汇流箱分为 4 路、8 路、10 路、12 路、16 路等几种类型。根据直流汇流箱是否带监控功能可以将直流汇流箱分为普通汇流箱和智能汇流箱两种类型。普通汇流箱一般只具有“汇流+防雷”的功能，智能汇流箱则还能监测光伏组串的运行状态，检测光伏组串汇流后的电流、电压、防雷器状态，以及箱体内温度状态等信息。另外，直流汇流箱一般标配有 RS485 通信接口，可以把测量和采集的数据上传监控系统。图 5-2 所示为一款智能 16 路直流汇流箱内部结构和元器件排列图，供读者选型和自行设计时参考。

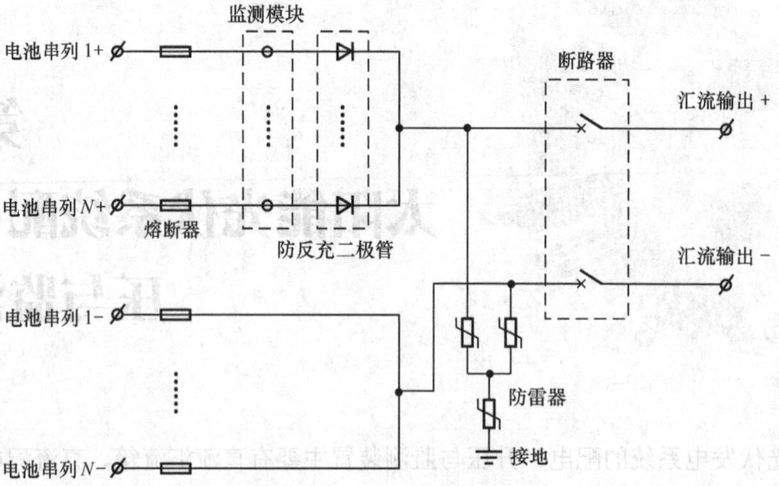

图5-1　直流汇流箱电路原理

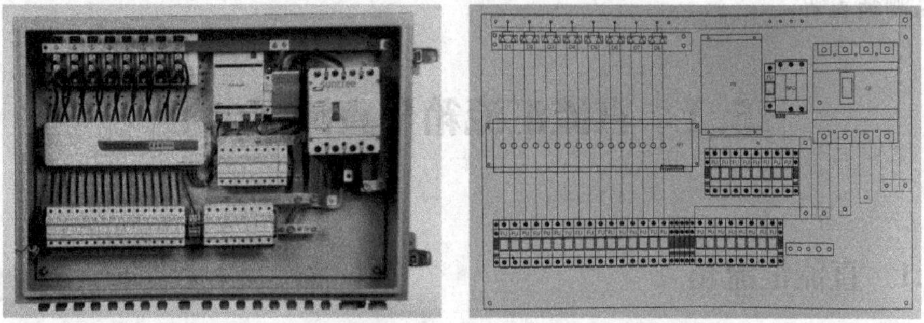

图5-2　一款智能16路直流汇流箱内部结构和元器件排列图

5.1.2　直流配电柜

直流配电柜主要用来连接直流汇流箱与光伏逆变器，将直流汇流箱输出的直流电流进行二次汇流并输入光伏逆变器，并提供防雷及过电流保护、监测光伏方阵的电流和电压，以及防雷器状态等功能，具有 RS485 等通信接口。直流配电柜与直流汇流箱一样，也要配备分路断路器、主断路器、避雷防雷器件、接线端子、熔断器等，面板上还要有显示各直流回路的直流电压、直流电流的指示表、显示屏等，其电路原理如图 5-3 所示，图 5-4 所示为直流配电柜局部连接实体图，供读者参考。

直流配电柜可在每个输入端或输出端配置直流电流传感器，用于监视和测量输入输出端电流；输出端配置电压变送器，可监测光伏输出电压，还能监视输入输出断路器的工作状况；配置绝缘监视模块，监测输入输出回路的绝缘情况，确保系统安全稳定运行。上述所有监视和测量的数据可通过 RS485 通信接口传至后台监控系统。

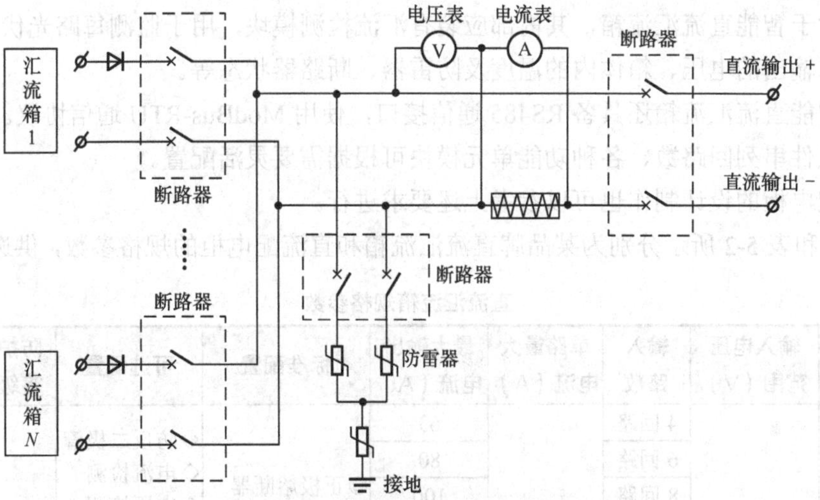

图5-3　直流配电柜电路原理

图5-4　直流配电柜局部连接实体图

5.1.3　直流汇流箱和直流配电柜的选型

直流汇流箱和直流配电柜一般由专业厂家生产，成型产品也由专业厂家提供，选用时主要考虑光伏方阵的输出路数、最大工作电流和最大输出功率等参数以及所需要的配置。当没有成型产品或成品不符合系统要求时，还可以根据实际需要自己设计制作。无论是现有设备选型还是自己设计制作，直流汇流箱的主要技术参数和性能要求如下。

（1）箱体的防护等级要达到 IP65，要具有防水、防灰、防锈、防晒、防盐雾性能，满足室外安装使用的要求。

（2）可同时接入 4～24 路的光伏组串，每路光伏组串允许的输入最大电流不小于 20A，且在回路中应接有满足系统耐压和最大输入电流的防反充二极管。

（3）每路接入光伏组串的最大开路电压要根据系统设计要求达到 1000V、1100V 或 1500V。

（4）每路光伏组串的正负极都配有光伏专用熔断器，防止出现过流、短路等故障，熔断器配有底座，方便维修人员检修更换，有效保护维修人员的人身安全。

（5）直流输出端要配置直流输出断路器。直流配电柜输入端要配置直流输入断路器。

（6）采用光伏专用直流防雷器对汇流后的母线正极和负极对地进行保护，持续工作电压（U_c）要达到 DC1000V、1100V 或 1500V 或实现 U_c 大于 1.3 倍的组串开路电压。

（7）对于智能直流汇流箱，其内部应装有汇流检测模块，用于监测每路光伏组串输入的电流、汇总输出的电压、箱体内的温度及防雷器、断路器状态等。

（8）智能直流汇流箱还具备 RS485 通信接口，使用 ModBus-RTU 通信协议。

（9）组件串列回路数、各种功能单元模块可根据需要灵活配置。

直流配电柜的设计制作也可以参考上述要求进行。

表 5-1 和表 5-2 所示分别为某品牌直流汇流箱和直流配电柜的规格参数，供选型时参考。

表 5-1　　直流汇流箱规格参数

规格型号	输入电压范围（V）	输入路数	单路最大电流（A）	最大输出电流（A）	标准配置	可选配置	防护等级	环境条件
KBT-PVX4	DC 24～1000	4 回路	1～20	63	◎正极熔断器 ◎负极熔断器 ◎输出断路器 ◎防雷模块 ◎电缆防水锁头	◇防反二极管 ◇电流检测 ◇电压检测 ◇断路器状态检测 ◇防雷器状态检测 ◇无线路由扩展	IP65	温度：−25～+70℃；湿度：0～99%RH
KBT-PVX6		6 回路		80				
KBT-PVX8		8 回路		100				
KBT-PVX10		10 回路		125				
KBT-PVX12		12 回路		160				
KBT-PVX16		16 回路		200				
KBT-PVX18		18 回路		250				
KBT-PVX20		20 回路		250				
KBT-PVX24		24 回路		250				

表 5-2　　直流配电柜规格参数

型号	规格	额定电压（V）	额定电流（A）	防护等级	环境温度	空气湿度	防反装置	智能监控	绝缘监测
KBT-PVG	Z63	DC 250/500/750/1000	DC63	IP30	−25～45℃	小于95%RH	选配	选配	选配
	Z100		DC100						
	Z250		DC250						
	Z400		DC400						
	Z630		DC630						
	Z1000		DC1000						
	Z1250		DC1250						
	Z1600		DC1600						
	Z2000		DC2000						

5.2　交流汇流箱、交流配电柜与并网配电箱

5.2.1　交流汇流箱

交流汇流箱一般用于采用组串式逆变器的光伏发电系统中，它是承接组串逆变器与交流配电柜或升压变压器的重要部分，可以把多路逆变器输出的交流电汇集后再输出，大大减少组串式逆变器与交流配电柜或升压变压器之间的连接线，同时还可以保护逆变器免受来自交流电网的危害，提高系统的安全性，保护安装维护人员的安全。

交流汇流箱有常规交流汇流箱和智能交流汇流箱两类，常规交流汇流箱的电路原理及内部结构如图 5-5 所示。交流汇流箱一般为 4～8 路输入，每路输入都通过断路器控制，经母线汇流和二级防雷保护后，通过断路器或隔离开关输出。系统额定电压最高为 AC690V，防护等级为 IP65，可满足防水、防尘、防紫外线、防盐雾腐蚀的室外安装要求。

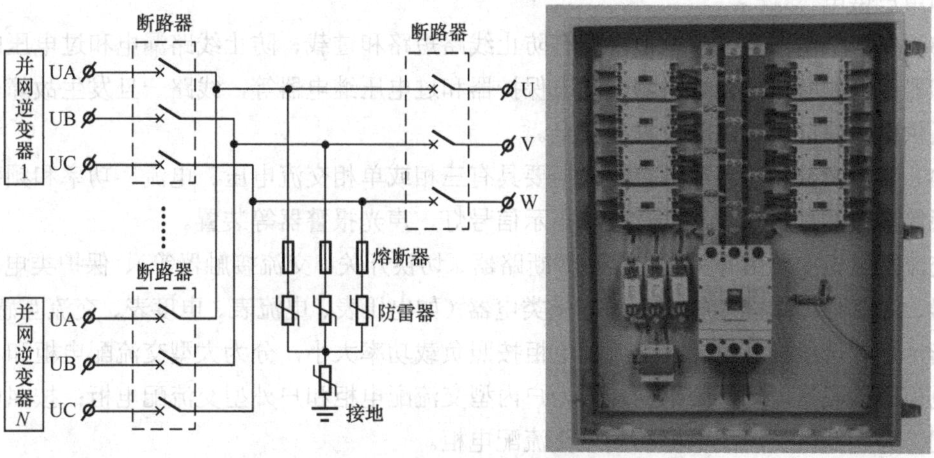

图5-5　常规交流汇流箱的电路原理及内部结构

智能交流汇流箱在常规交流汇流箱的基础上，增加了电压、电流、功率、频率等电气参数的检测装置，和可以监测箱体内温度、烟雾、断路器通短状态等，并可以通过 RS485 通信接口输出检测数据。

在此以图 5-5 中的“8 汇 1”交流汇流箱（接 25kW/380V 逆变器 8 台）为例介绍各部件的作用。

（1）输入断路器。断路器可以迅速切断故障电流。8 台逆变器的输出端直接与断路器的输入端连接，该逆变器的最大输出电流为 40A，断路器选用规格按照逆变器最大输出电流的 1.25 倍确定，选用 50A 的塑壳断路器。

（2）汇流输出断路器。选用额定电流为 400A 的塑壳断路器用于汇流输出，输入断路器与输出断路器之间通过汇流铜排连接，输出线缆截面积为 $3\times185mm^2$。

（3）在防雷器前端接有熔断器，熔断器选用 100A 的电流。当防雷浪涌保护器被击穿失效时，熔断器熔丝熔断，起到过流保护作用。

（4）防雷器用于抑制瞬态冲击过压，泻放电涌能量，从而保护系统电路及设备。此处选用最大持续工作电压（U_c）为 750V，最大放电电流（I_{max}）为 40kA，标称放电电流（I_n）为 20kA，耐受电压（U_p）小于等于 2.6kV 的产品，安装时防雷器下端要可靠接地。

5.2.2　交流配电柜

交流配电柜是光伏发电系统中连接在逆变器与交流负载或升压变压器之间用于调度和分配电能的电力设备，它的主要功能如下。

（1）电能调度。在离网光伏发电系统中，往往在光伏发电系统发电量不足或者应急场景下还要采用光伏/市电互补、光伏/风力互补和光伏/柴油机互补等发电形式，因此交流配电柜需要具有适时根据需要对各种电力资源进行调度的功能。

（2）电能分配。在离网光伏发电系统中，配电柜通过控制不同负载线路的专用开关调整不同负载和用户的用电量和用电时间。例如，当日照很充足，蓄电池组充满电时，可以向全部用户供电，当阴雨天或蓄电池未充满电时，可以切断部分次要负载和用户供电，仅向重要负载和用户供电。

（3）保证供电安全。配电柜内设有防止线路短路和过载、防止线路漏电和过电压的保护开关和器件，如断路器、熔断器、漏电保护器和过电压继电器等，线路一旦发生故障，能立即切断供电，保证供电线路及人身安全。

（4）显示参数和监测故障。配电柜要具有三相或单相交流电压、电流、功率和频率及电能消耗等参数的显示功能，以及故障指示信号灯、声光报警器等装置。

交流配电柜主要由开关类电器（如断路器、切换开关、交流接触器等）、保护类电器（如熔断器、防雷器、漏电保护器等）、测量类电器（如电压表、电流表、电度表、交流互感器等）以及指示灯、母线排等组成。交流配电柜按照负载功率大小，分为大型交流配电柜和小型交流配电柜；按照使用场所的不同，分为户内型交流配电柜和户外型交流配电柜；按照电压等级不同，分为低压交流配电柜和高压交流配电柜。

中小型光伏发电系统一般采用低压供电和输送方式，选用低压交流配电柜就可以满足输送和电力分配的需要。大型光伏发电系统多数采用高压交流配电装置和设施输送电力，因此要选用符合大型发电系统需要的高压交流配电柜和升压变压器等配电设施。

交流配电柜一般由专业生产厂家设计生产。当没有成型产品或成品不符合系统要求时，还可以根据实际需要自己设计制作。

5.2.3 并网配电箱

并网配电箱也是一种小型的交流配电箱，主要用于400kW以下的分布式光伏发电系统与交流电网的并网连接和控制，最大限度地保护系统安全运行，确保逆变器与市电电网的安全，提高系统可靠性，满足电能计量的需要。并网配电箱一般应具有隔离保护、过载保护、短路保护、浪涌接地保护、过欠压保护及恢复后自动重合闸及发电用电电能计量等功能。光伏发电系统对并网断路点有如下要求。

（1）分布式电源并网点应安装易操作、具有明显开断指示、具备开断故障电流能力的断路器。可选用微型断路器、塑壳型断路器或万能断路器，要根据短路电流水平选择设备开断能力，并应留有一定余量。

（2）分布式电源以380V/220V电压等级接入电网时，并网点和公共连接点的断路器应具备短路速断、延时保护功能和分励脱扣、失压跳闸及低压闭锁合闸等功能，同时应配置剩余电流保护功能。

并网配电箱实体构造图如图5-6所示，一类并网配电箱是带电能表位置的配电箱，电力公司人员直接将电能表安装在已有的配电箱内进行并网连接；另一类并网配电箱是没有电能计量表的，电力公司人员在并网时还要安装计量电能表及必要的互感器、断路器等装置的配电箱与现有配电箱连接并网。并网配电箱的主要功能如下。

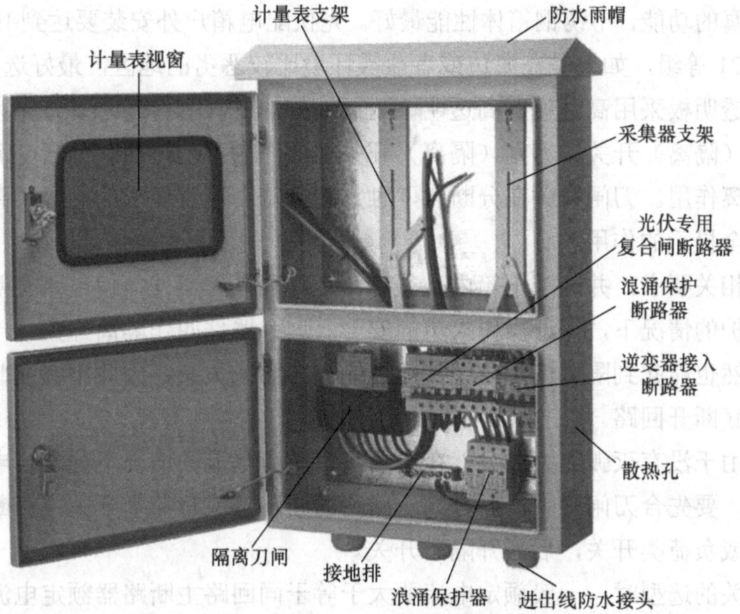

(a)

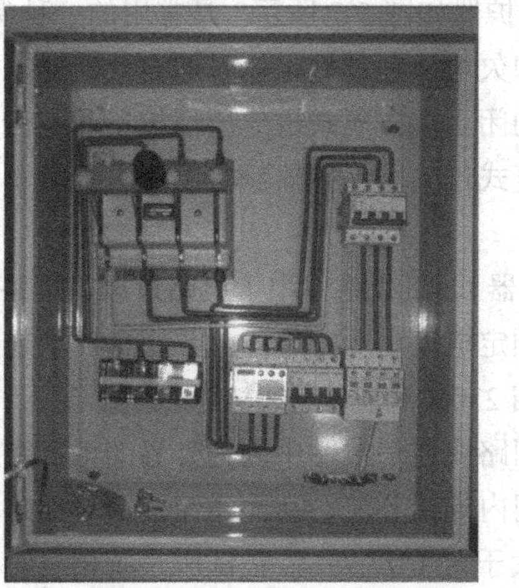
(b)

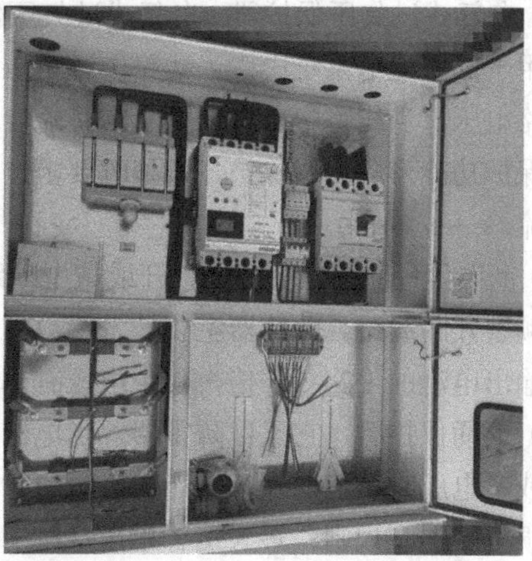
(c)

图5-6　并网配电箱实体构造图

（1）计量功能。并网配电箱为电能计量表提供一个或两个标准安装位置，它用于对光伏发电系统的发电量、上网量和用电量进行计量，支持具备 RS485 抄表方式的计量表。

（2）分合闸功能。用于电网电源与光伏系统电源之间的连通与断开，并可根据并网要求配置过欠电压脱扣保护器以满足电力公司的并网要求。

（3）浪涌保护。在交流输出端口安装浪涌保护器，防止雷电及过电压对光伏发电系统和家用电器等家庭电器造成损害。

（4）接地保护。并网配电箱具备有效接地位置，提高系统的可靠性和安全性。

并网配电箱主要由配电箱箱体、刀闸（隔离）开关、自复式过欠压保护器、断路器、浪涌保护器后备断路器、浪涌保护器和接地端子等组成。

（1）配电箱箱体。尽量选用金属箱体。在金属箱体中，镀锌板喷塑箱体的性价比较高，喷塑有二次防腐的功能，不锈钢箱体性能最好。光伏配电箱户外安装要达到IP65等级，室内安装要达到IP21等级，如果是在海边或者盐雾环境比较恶劣的地区，最好选用不锈钢箱体。计量表视窗的透明板采用高强度、高透明、耐候性好的PVC材料。

（2）刀闸（隔离）开关。刀闸（隔离）开关主要作为手动接通和分断交流电路的工具，在电路中起隔离作用。刀闸开关在分断时，触头间有符合规定要求的绝缘距离和明显的断开点，能起到安全提示的作用。

根据并网相关要求，并网配电箱内必须有一个物理隔离器件，使电路有明显断开点，以便在检修和维护的情况下，保证操作人员的安全。这个器件叫作隔离开关，一般选用刀闸开关。断路器虽然也能起到隔离作用，但其有可能被击穿或失灵，因此不宜在此使用。只有刀闸开关才能彻底断开回路。

刀闸开关由于没有灭弧能力，只能在电路没有负荷电流的情况下分、合电路，所以在执行送电操作时，要先合刀闸开关，后合同一回路的断路器或负荷类开关；在断电操作时，要先断开断路器或负荷类开关，后断开隔离开关。

在刀闸开关的选型时，一般额定电流要大于等于同回路主断路器额定电流或大于回路最大负载电流的150%。额定电压要大于回路标称电压的1.1倍。

（3）自复式过欠压保护器。自复式过欠压保护器如图5-7所示，是常用的一种保护开关，主要应用于低压配电系统中，当线路中过电压和欠电压超过规定值时能自动断开，并能自动检测线路电压，当线路中电压恢复正常时能自动闭合。自复式过欠压保护器和逆变器自动过欠电压保护功能形成双层保护，选型时要求自复式过欠压保护器额定电流大于等于主断路器额定电流。

（4）断路器。断路器（俗称空开或微型断路器），在线路中用于电路过载、短路保护，同时限制频繁开断线路。断路器主要技术参数有额定电流和额定电压，额定电流取逆变器交流侧最大输出电流的1.2～1.5倍，额定电压有单相230V和三相400V等。

（5）浪涌保护器。它又称防雷器，当电气回路或通信线路中因为外界的干扰突然产生尖峰电流或者电压时，浪涌保护器能在极短的时间内导通分流，从而避免浪涌对回路中其他设备造成损害。选型规则：最大运行电压（U_c）大于 $1.15U_0$，U_0 是低压系统相线对中性线的标称电压，即相电压为220V；单相一般选择275V，三相一般选择440V，标称放电电流选择20kA（I_{max}为40kA）。

（6）浪涌保护器后备断路器。当通过浪涌保护器的涌流大于 I_{max} 时，浪涌保护器将被击穿失效，从而造成回路的短路故障，为切断短路故障，需要在浪涌保护器上端加装断路器或熔断器。断路器或熔断器的电流根据浪涌保护器的最大电流选择，一般浪涌保护器 I_{max} 小于40kA的后备断路器电流宜选20～32A，浪涌保护器 I_{max} 大于40kA的后备断路器电流宜选40～63A。

浪涌保护器上端的保护器件可选用熔断器和断路器。熔断器的特点是有反时限特性的长延时和瞬时电流保护功能，用于过载和短路防护，因雷击保护熔断后必须更换熔断体。断路器可提供瞬时电流保护和过载热保护，因雷击保护断开后，可以手动复位，不必更换器件。

常用并网配电箱电路原理如图5-8所示。

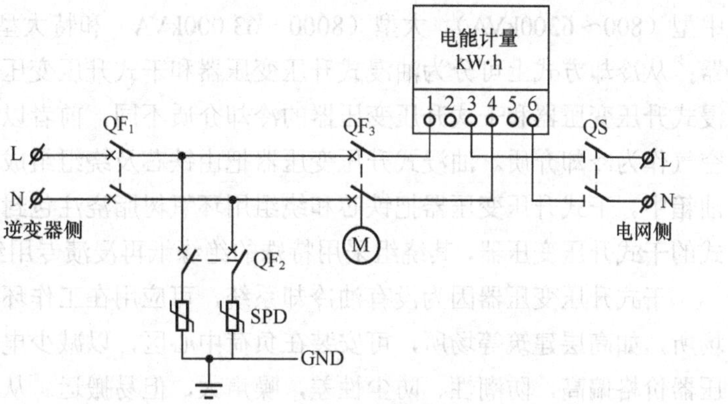

单相并网配电箱电路原理

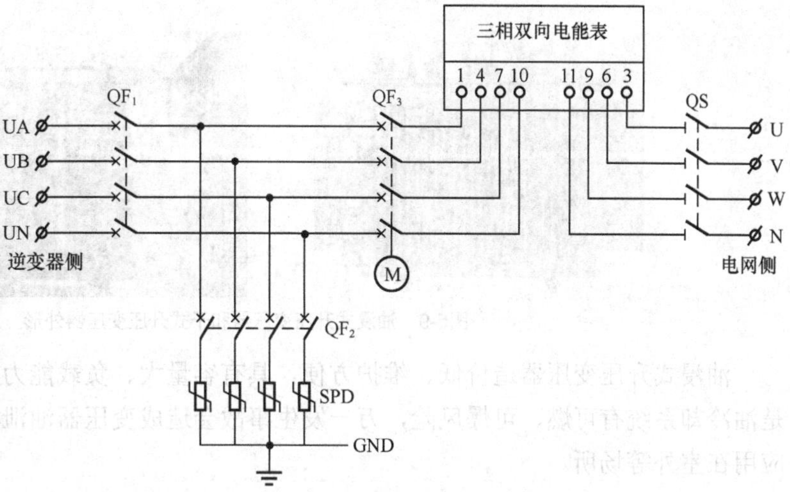

三相并网配电箱电路原理

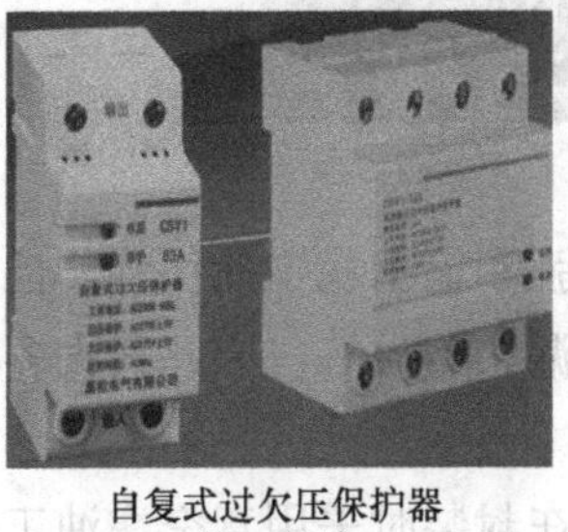

自复式过欠压保护器
（25~63A）

图5-7　自复式过欠压保护器

图5-8　常用并网配电箱电路原理

5.3　升压变压器与箱式变电站

小容量的并网光伏发电系统一般采用用户侧直接并网的方式，接入电压等级为 0.4kV 的低压电网，以自发自用为主，不向中高压电网馈电。容量 400kW 以上的并网光伏系统往往需要并入中高压电网，光伏逆变器输出的电压必须升高到与所并电网的电压一致，才能实现并网和电能的远距离传输。实现这一功能的升压设备主要是升压变压器以及由升压变压器和高低压配电系统组合而成的箱式变电站。

5.3.1　升压变压器

光伏发电升压站使用的升压变压器是将逆变器输出的低压交流电升压为并网点处高压交流电的升压设备。升压变压器从相数上可分为单相升压变压器和三相升压变压器；从结构上可分为双绕组、三绕组和多绕组升压变压器；从容量大小上可分为小型（630kVA 及以下）、中型（800～6300kVA）、大型（8000～63 000kVA）和特大型（90 000kVA 及以上）升压变压器；从冷却方式上可分为油浸式升压变压器和干式升压变压器，二者外形如图 5-9 所示。油浸式升压变压器和干式升压变压器的冷却介质不同，前者以油作为冷却及绝缘介质，后者以空气作为冷却介质。油浸式升压变压器把由铁芯及绕组组成的器身置于一个盛满变压器油的油箱中。干式升压变压器把铁芯和绕组用环氧树脂浇注包封起来，也有一种常用的、非包封式的干式升压变压器，其绕组采用特殊的绝缘纸再浸渍专用绝缘漆等，防止绕组或铁芯受潮。

干式升压变压器因为没有油冷却系统，可应用在工作环境干净，以及需要防火、防爆的场所，如高层建筑等场所，可安装在负荷中心区，以减少电压损失和电能损耗。干式升压变压器价格偏高，防潮性、防尘性差，噪声大，但易搬运。从节能、防火、维护管理及寿命等性能上考虑，应优先考虑选用干式升压变压器。

图5-9　油浸式升压变压器和干式升压变压器外形

油浸式升压变压器造价低、维护方便，具有容量大、负载能力强和输出稳定的优势，但是油冷却系统有可燃、可爆风险，万一发生事故会造成变压器油泄漏、着火等，因此其大多应用在室外等场所。

油浸式升压变压器一般为整体密封结构，没有储油柜。变压器在封装时采用真空注油工艺，运行时变压器油不与大气接触，有效地防止了空气和水分浸入变压器而使变压器绝缘性能下降或变压器油老化，变压器箱体要具有良好的防腐能力，要能有效地防止风沙和沿海盐雾的侵蚀。

变压器器身与冷却油箱紧密配合，并有固定装置。高低压引线全部采用软连接，分接引线与无载分接开关之间采用冷压焊接并用螺栓紧固，其他所有连接（线圈与后备熔断器、插入式熔断器、负荷开关等）都采用冷压焊接，紧固部分带有自锁防松措施，变压器能够承受长途运输带来的震动和颠簸，到用户安装现场后无须进行常规的吊芯检查。

光伏发电升压站主升压变压器选型时要优先选用能够自然冷却的干式、低损耗、无励磁调压型电力变压器，当无励磁调压电力变压器不能满足电力系统调压要求时，要选用有载调压电力的变压器。主变压器容量要根据光伏电站的最大连续输出容量确定，就近选用标准容量产品。

就地升压变压器也要优先选用自然冷却、低损耗的无励磁调压型电力变压器，容量要根据光伏方阵单元接入的最大输出功率确定。可根据需要选择双绕组或双分裂变压器作为就地升压变压器。

升压变压器低压侧一般采用断路器自带保护，高压侧一般采用负荷开关加熔断器，用于过载及短路保护。图 5-10 所示为一台将电压由 35kV 变 110kV 的升压变压器外形。

图5-10　35kV变110kV升压变压器外形

5.3.2　高压配电系统与箱式变电站

高压配电系统是指在高压电网中，用来接受电力和分配电力的电气设备的总称，是变电站电气主线路中的开关电器、保护电器、测量电器、母线装置和辅助设备按主线路要求构成的配电总体。其作用一是在正常情况下交换功率和接受、分配电能；发生事故时迅速切除故障部分，恢复系统正常运行；二是在个别设备检修时隔离检修设备，不影响其他设备的运行。其中开关电器包括断路器、负荷开关、隔离开关等；保护电器包括熔断器、继电器、防雷器等；测量电器包括互感器、电压表、电流表等。

箱式变电站也叫作组合式变电站、预装式变电站和落地式变电站等，主要由高压配电室、升压变压器室和操作室（低压配电室）3 部分组成，是一种把高压开关设备、配电变压器、低压开关设备、电能计量设备和无功补偿装置等按一定的接线方案组合在一个或几个箱体内的紧凑型成套配电装置，其结构如图 5-11 所示。箱式变电站通常分为欧式箱式变电站和美式箱式变电站，一些欧式箱式变电站的外观和结构改进后也被称为中式箱式变电站。欧式箱式变电站一般从外表看不到设备或部件，造价也较高，一般用在人员较多或考虑美观性和安全性的场合；美式箱式变电站结构紧凑、成本较低，往往会有部分变压器设备露在外面，一般适合用在环境偏僻、人员稀少的场合。图 5-12 所示为一款 10kV 美式箱式变电站实体。

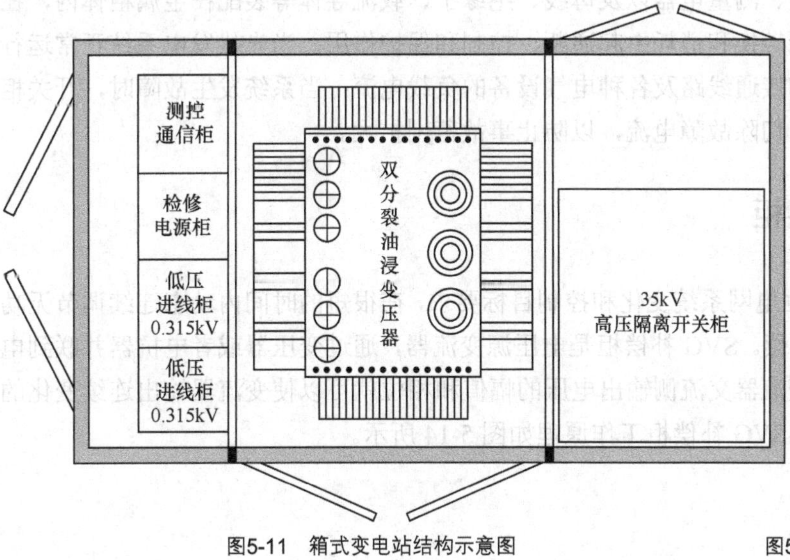

图5-11　箱式变电站结构示意图

图5-12　10kV美式箱式变电站实体

箱式变电站是一个防潮、防锈、防尘、防鼠、防火、防盗、保温、隔热、全封闭、可移动的箱式电力设备，具有低压配电、变压器升压、高压输出的功能，一般可安装2000kVA及以下容量的变压器。箱式变电站有无焊接拼装式、集装箱式和框架焊接式等结构，具有占地面积小、选址灵活、施工周期短、能深入场站中心等优点。

图5-13所示为一款逆变升压一体箱式变电站结构示意图，供选型或设计时参考。这种逆变升压一体变电站方式，将逆变升压、中压配电及监控系统高度集成，采用集装箱形式设计，方便运输安装和维护，可缩短施工周期，降低施工费用，提高系统效率，单台系统容量最大可达2.5MW。

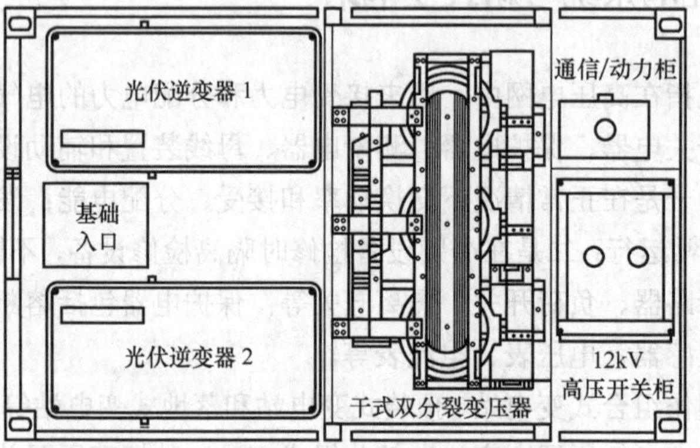

图5-13　逆变升压一体箱式变电站结构示意图

5.3.3　开关柜

开关柜又叫成套开关或成套配电装置，是高低压电力系统的主要电力控制设备，也是箱式变电站中的主要配套设备。开关柜根据工作电压等级分为低压开关柜（3kV以下）、中压开关柜（3～35kV）和高压开关柜（35kV以上），开关柜将光伏发电系统有关的高低压电器，包括控制电器、保护电器、测量电器以及母线、绝缘子、载流导体等装配在金属柜体内，在发电、输电、配电、电能转换和消耗中起通断、控制和保护作用。当光伏发电系统正常运行时，通过开关柜能切断和接通线路及各种电气设备的负载电流；当系统发生故障时，开关柜能和继电保护配合，迅速切除故障电流，以防止事故范围扩大。

5.3.4　SVG补偿柜

SVG补偿柜可以根据电网系统变化和控制目标要求，在很短的时间内动态连续调节无功输出，对电网系统进行补偿。SVG补偿柜是电压源变流器，通过变压器或者电抗器并联到电网上，通过调节电压源变流器交流侧输出电压的幅值和相位就可以使变流器输出连续变化的容性或者感性无功电流。SVG补偿柜工作原理如图5-14所示。

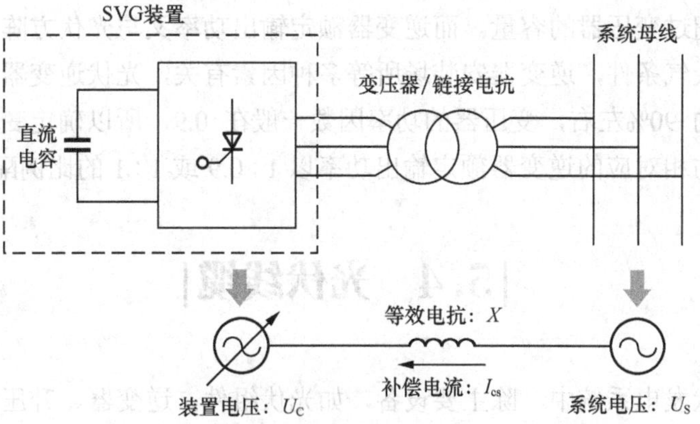

图5-14　SVG补偿柜工作原理

5.3.5　配电室的结构设计

光伏电站的配电室要合理布局，安排好控制器和逆变器及交、直流配电柜的位置，做到布局合理、接线可靠、测量方便。如果是并网系统，还要考虑电网连接位置及进出线方式等。

有储能蓄电池的光伏发电系统还要考虑使控制器、逆变器尽量与蓄电池靠近，又要与蓄电池相互隔离，蓄电池组根据容量大小在配电室或储能集装箱单独隔离安装，根据蓄电池的数量和尺寸大小，设计蓄电池的支架和结构，要做到连接线路尽量短，电池排列整齐，环境干燥通风，维护操作方便。

对于重要的、比较复杂的光伏发电系统，应当画出系统结构的平面或立体布置图。MW 级以上的分布式发电系统一般采用分单元、模块化的布置方式，单元模块的容量需结合逆变器和升压变压器的配置选取，一般选择 1MW（2 个 500kW 逆变器+1 个分裂升压变压器）或 2MW 为一个模块单元，一般不超过 3MW。逆变升压配电室一般就地布置在整个光伏方阵单元模块的中部，并且靠近主要通道。逆变升压配电室布置在光伏方阵单元模块中部是为了尽量缩短光伏方阵汇流直流线缆的敷设长度，进而降低直流线损、减少投资；靠近主要通道是为了方便设备安装及检修。

5.3.6　并网变压器的容量确定

光伏发电并网有通过现有公共变压器并网和使用专用变压器并网两种方案，如果通过现有公共变压器并网，根据国家电网公司《光伏电站接入电网技术规定》的相关要求，光伏电站总容量不宜超过上一级变压器供电区域内的最大负荷容量的 25%，这主要是从电网安全角度考虑的，但比较保守。在 2018 年 3 月实施的国家标准 GB/T 33342-2016《户用分布式光伏发电并网接口技术规范》中，取消了光伏电站总容量不高于接入变压器容量 25%的规定。新标准虽然放宽了对接入变压器容量的限制，但不等于可以无限制地接入，为保证电网安全稳定运行，建议不超过变压器容量的 80%。另外在农村地区，光伏发电系统采用单相并网方式的用户比较多，要尽量均衡每一相的并网功率容量，保持三相平衡。

如果通过光伏专用变压器并网，变压器没有其他负载，主要考虑的因素就是逆变器的额定输出功率不能超过变压器的容量。而逆变器额定输出功率又与光伏方阵的容量、安装倾角和方位角，以及天气条件，逆变器安装场所等多种因素有关，光伏逆变器额定输出功率一般是光伏方阵容量的 90%左右，变压器的功率因数一般在 0.9，所以确定变压器容量时，一般要求变压器容量与相对应的逆变器额定输出功率以 1 : 0.9 或 1 : 1 的比例配置。

5.4 光伏线缆

在太阳能光伏发电系统中，除主要设备，如光伏组件、逆变器、升压变压器等外，配套连接的光伏线缆材料对保障光伏发电系统运行的安全性、高效性及整体盈利的能力，同样起着至关重要的作用。光伏线缆是连接系统设备、进行电力传输和保障系统安全运行的主要部件，所以人们形象地把光伏线缆比喻为输送能量的管路。

5.4.1 光伏线缆的分类及电气连接要点

1. 光伏线缆的分类

光伏线缆按照在光伏发电系统中的不同部位及用途可分为直流线缆和交流线缆。

直流线缆主要用于：组件与组件之间的串联连接；组串的连接及组串与直流配电箱（汇流箱）的并联连接；直流配电箱与逆变器的连接。直流线缆基本都在户外使用，需要具有防潮、防曝晒、耐热、耐寒、抗紫外线功能，某些特殊的环境下还需要具有防酸碱等化学物质的功能。

交流线缆主要用于：逆变器与升压变压器的连接；升压变压器与配电装置的连接；配电装置与电网或用户的连接。交流线缆与一般电力线缆的使用要求基本一致。

2. 光伏线缆电气连接要点

在光伏发电系统的设计、施工中，光伏线缆的电气连接要根据光伏方阵中组件的串并联要求，确定组件的连接方式，合理安排组件连接线路的走向，确定直流汇流箱各分箱和总箱的位置及连接方式，尽量采用最经济、最合理的连接途径。

在光伏线缆选型上，要根据光伏发电系统各部分的工作电压和工作电流，选择合适的连接电缆及附件。

对于比较重要的或大型的工程，要画出电气连接原理与结构示意图，以便在安装施工及以后的运行维护和故障检修时参考。

5.4.2 光伏线缆和连接器的选型

1. 认识直流线缆

直流线缆是专为光伏发电直流配电系统设计的多股软电缆。由于光伏发电系统的发电效率不是很高，在实际应用时又会有不少的电能损耗在输电线路上，不能最大化利用光伏发电，因此，直流线缆的选用对提高光伏发电利用率，减少线路损耗至关重要。直流线缆使用双层绝缘外皮，其绝缘层及护套均使用辐照交联聚烯烃材料，导体采用多股绞合镀锡软铜线，其耐压等级为 1000V，最高允许电压为 1800V，常规截面积有 1.5mm^2、2.5mm^2、4.0mm^2、6.0mm^2、10mm^2、16mm^2、25mm^2、35mm^2、50mm^2、70mm^2、2×35mm^2、2×50mm^2、2×70mm^2、2×95mm^2 等，直流线缆外形如图 5-15 所示。直流线缆应能够承载超强的机械负荷，具有良好的耐磨、耐高温、耐候特征，具有超常的使用寿命。其基本特性有：①使用温度为-40℃～＋90℃；②参考短路允许温度可达 200℃（5s）；③绝缘及护套交联材料在高温下不融化、不流动；④耐热、耐寒、耐磨、抗紫外线、耐臭氧、耐水解；⑤有较高的机械强度，防水、耐油、耐化学药品；⑥柔软易脱皮、高阻燃。此外，选用的光伏线缆还应通过 TUV、UL 等的产品质量认证。

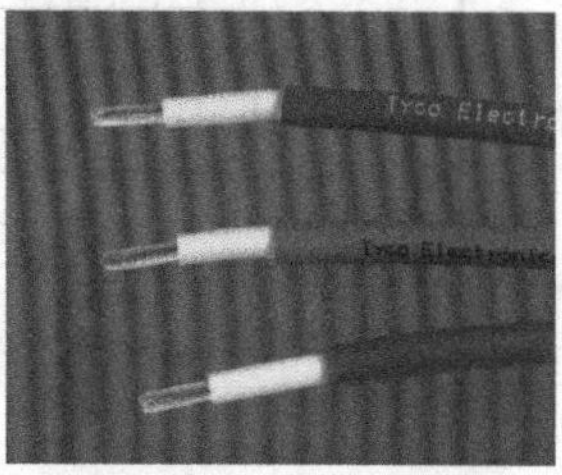

图5-15　直流线缆外形

2. 光伏线缆的选型

光伏发电系统中使用的线缆，因为使用环境和技术要求的不同，对不同部件的连接有不同的要求，总体要考虑的因素有线缆的导电性能、绝缘性能、耐热阻燃性能、抗老化抗辐射性能及线径规格（截面积）、线路损耗及敷设方式等。同时在系统设计安装过程中，还应优化设计，采用合理的电路分布结构，使线缆走向尽量短且直，最大限度地降低线路损耗电压，实现光伏发电电能高效利用，具体要求如下。

（1）首先线缆的耐压值选择要大于系统的最高电压。如 380V 输出的交流线缆，就要选择 450/750V 耐压值的线缆。直流系统一般要选择耐压 1000V 的线缆。

（2）组件与组件之间一般使用组件接线盒附带的连接线缆直接连接，长度不够时还可以使用延长线缆连接，如图 5-16 所示，延长线缆的截面积一般与组件自带线缆的截面积相同，如果涉及两串及多串光伏组串的并联后延长，则线缆截面积要根据实际载流量相应加大。依据组件功率大小（最大短路电流）的不同，该类连接线缆截面积可选用 2.5mm^2、4.0 mm^2、6.0 mm^2 这 3 种规格。

（3）光伏组串或方阵与控制器或直流汇流箱之间的连接线缆，也应是通过 UL 测试或 TUV 认证的光伏线缆，截面积将根据方阵输出的最大短路电流而定。

（4）在有二次汇流的光伏发电系统中，直流汇流箱到直流配电柜之间的光伏线缆，其截面积一般根据直流汇流箱的汇集路数和每一路的最大短路电流乘积的 1.25 倍确定。

（5）在有储能蓄电池的系统中，蓄电池与控制器或逆变器之间的连接线缆，要求是通过 UL 测试或 TUV 认证的多股软线，尽量就近连接。选择短而粗的线缆可使系统减小损耗，提高效率，增强可靠性。

（6）交流线缆可按照一般交流电力线缆的选型要求选择。在光伏发电系统中存在不同的电压接入等级，一般有 0.4kV、0.5kV、10kV、35kV、110kV 等，须根据不同的电压接入等级，选择相应的线缆。对同一电压等级，应根据流过电流的大小选择不同载流量的电缆。另外在线缆选型时，还要依据线缆的敷设方式进行选择。例如在 10kV 及以上电压等级中，依据线缆是否架空、是否地埋、是否走桥架、敷设距离远近等具体情况，考虑选择铜芯还是铝芯线缆，选择带铠甲还是不带铠甲的线缆等。

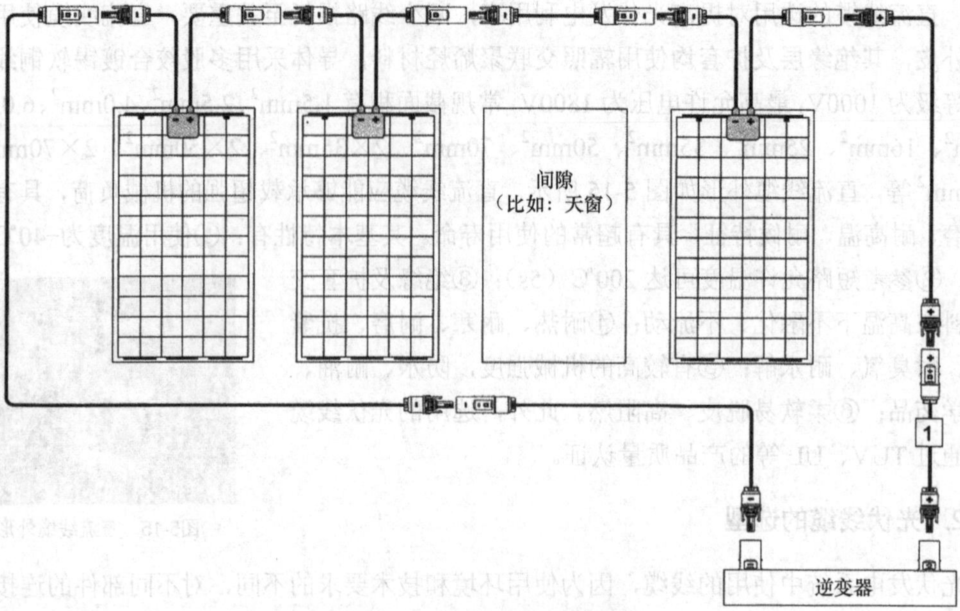

图5-16　组件延长线缆使用示意图

另外，市场上有一种采用铝合金材料的新型电力线缆，这种线缆具有良好的机械性能、电性能和经济性，是高电压、大截面、大跨度架空输电的必选材料，这种线缆的截面积提高到铜线缆截面积的 1.5 倍时，其电气性能与铜线缆的电气性能基本一致，而且在相同载流量情况下，铝合金线缆的成本比铜线缆的节省约 2/3。因此可以考虑在光伏发电系统交流线缆选型时使用。表 5-3 所示为铜线缆、铝合金线缆和铝线缆接入不同功率逆变器时的推荐线径，供读者交流线缆选型时参考。

表 5-3　　铜线缆、铝合金线缆和铝线缆的推荐线径

逆变器功率	铜线缆（3 芯或 3+1 芯）		铝合金线缆（3 芯或 3+1 芯）		铝线缆（3 芯或 3+1 芯）	
	长度 0～100m	长度 100～200m	长度 0～100m	长度 100～200m	长度 0～100m	长度 100～200m
20kW	$10mm^2$	$16mm^2$	$16mm^2$	$16mm^2$	$16mm^2$	$25mm^2$
25kW	$16mm^2$	$25mm^2$	$16mm^2$	$25mm^2$	$25mm^2$	$35mm^2$
30kW	$16mm^2$	$25mm^2$	$16mm^2$	$25mm^2$	$25mm^2$	$35mm^2$
36kW	$16mm^2$	$25mm^2$	$16mm^2$	$25mm^2$	$25mm^2$	$35～50mm^2$
50kW	$35mm^2$	$50mm^2$	$35mm^2$	$50mm^2$	$50mm^2$	$70mm^2$
60kW	$35mm^2$	$50mm^2$	$50mm^2$	$70mm^2$	$70mm^2$	$95mm^2$
70kW	$35mm^2$	$50mm^2$	$50mm^2$	$70mm^2$	$70mm^2$	$95mm^2$
80kW	$35mm^2$	$50mm^2$	$50mm^2$	$70mm^2$	$70mm^2$	$95mm^2$
100kW	$95mm^2$	$120mm^2$	$120mm^2$	$150mm^2$	$150mm^2$	$185～240mm^2$

注：线缆选型还要结合现场敷设方式、敷设距离、是否汇流等实际情况综合考虑。

选择光伏线缆既要考虑经济性，又要考虑安全性。主要考虑线缆的载流量和传输距离对压降、线损的要求。线缆截面积偏大，线损就偏小，但线路投资会增加；线缆截面积偏小，线损就偏大，满足不了载流需要，而且安全系数也小。在光伏线缆的选型中，最佳办法就是

按照线缆的经济电流密度来选择线缆的截面积。

各部位光伏线缆截面积依据下列原则和计算方法确定。

组件与组件之间的连接线缆、蓄电池与蓄电池之间的连接线缆、交流负载的连接线缆，一般选取的最大额定电流为各线缆中最大连续工作电流的 1.25 倍；光伏方阵与方阵之间的连接线缆、蓄电池（组）与逆变器之间的连接线缆，一般选取的额定电流为各线缆中最大连续工作电流的 1.5 倍。另外，考虑温度对线缆性能的影响，线缆工作温度不宜超过 30℃，线路的电压降不宜超过 2%。线缆的截面积一般可用以下方法计算。

$$S=\rho LI/0.02U$$

其中，S 为线缆截面积，单位是 m^2；ρ 为电阻率，铜的电阻率为 $1.76\times10^{-8}\Omega\cdot m$（20℃）、铝的电阻率为 $2.83\times10^{-8}\Omega\cdot m$（20℃）；$L$ 为线缆的长度，单位是 m；I 为通过线缆的最大额定电流，单位是 A；$0.02U$ 为线缆的电压降，U 为额定工作电压。

为方便线缆截面积的选取，表 5-4 列出了额定电压为 12V 的光伏发电系统线缆选取计算值，供读者选型时参考。

表 5-4　　额定电压 12V 的光伏发电系统线缆选取计算值

最大额定电流/A	线缆长度/m							
	1	2	5	10	20	50	100	200
0.1	0.1	0.1	0.1	0.1	0.1	0.24	0.49	0.98
0.2	0.1	0.1	0.1	0.1	0.2	0.49	0.98	1.96
0.5	0.25	0.25	0.25	0.25	0.49	1.22	2.44	4.89
1	0.25	0.25	0.25	0.49	0.98	2.44	4.89	—
2	0.5	0.5	0.5	0.98	1.96	4.89	—	—
5	1.25	1.25	1.25	2.44	4.89	—	—	—
8	2.0	2.0	2.0	3.91	—	—	—	—
10	2.5	2.5	2.5	4.89	—	—	—	—
20	5.0	5.0	5.0	—	—	—	—	—
50	5.0	—				—		

注：截面积超过 5 mm^2 的数据未列出。

通过表 5-4 可知，当最大额定电流为 10A、线缆长度为 10m 时，导线的截面积为 $4.89mm^2$。如果线缆长度超过 10m，则要选用截面积为 $10mm^2$ 的线缆。

表 5-5 所示为符合 TUV 和 UL 认证要求的光伏线缆性能参数。

表 5-5　　符合 TUV 和 UL 认证要求的光伏线缆性能参数

性能参数	TUV	UL
额定电压	U_0/U＝AC 600/1000V，DC 1800V	U 为 AC 600/1000/2000V
成品电压测试	AC 6.5kV，DC 15kV，5min	U=600V 18～10 AWG　U_0=3000V（50Hz,1min） 8～2 AWG　U_0=3500V（50Hz,1min） 1～4/0 AWG　U_0=4000V（50Hz,1min） U=1000V，2000V 18～10 AWG　U_0=6000V（50Hz,1min） 8～2 AWG　U_0=7500V（50Hz,1min） 1～4/0 AWG　U_0=9000V（50Hz,1min）

续表

性能参数	TUV	UL
环境温度	-40℃～+90℃	-40℃～+90℃
导体最高温度	+120℃	—
使用寿命	大于等于25年（-40℃～90℃）	—
参考短路允许温度	200℃（5s）	—
耐酸碱测试	EN60811-2-1	UL854
冷弯实验	EN60811-1-4	UL854
耐日光测试	HD605/A1	UL2556
成品耐臭氧测试	EN50396	—
阻燃测试	EN60332-1-2	UL1581VW-1

表5-6所示为某品牌光伏线缆产品的技术参数与规格尺寸。

表5-6　某品牌光伏线缆产品的技术参数与规格尺寸

TUV 认证产品						
产品编号	导线截面积/mm^2	线芯根数与直径比/mm^{-1}	导体绞合外径/mm	成品外径/mm	导体直流电阻AT20℃/Ω·km^{-1}	载流量AT60℃/A
TUV150	1.5	30/0.25	1.58	4.90	13.7	30
TUV250	2.5	49/0.25	2.02	5.45	8.21	41
TUV400	4.0	56/0.30	2.60	6.10	5.09	55
TUA400	4.0	52/0.30	2.50	4.60	5.09	55
TUV600	6.0	84/0.30	3.20	7.20	3.39	70
TUVA10	10	84/0.40	4.60	9.00	1.95	98
TUVA16	16	128/0.40	5.60	10.20	1.24	132
TUVA25	25	192/0.40	6.95	12.00	0.795	176
TUVA35	35	276/0.40	8.30	13.80	0.565	218

UL 认证产品					
线规AWG	标称截面/mm^2	线芯根数与直径比/mm^{-1}	600V成品线缆外径/mm	1000V及2000V线缆外径/mm	导体直流电阻AT20℃/Ω·km^{-1}
18	0.823	16/0.254	4.25	5.00	23.2
16	1.31	26/0.254	4.55	5.30	14.6
14	2.08	41/0.254	4.95	5.70	8.96
12	3.31	65/0.254	5.40	6.20	5.64
10	5.261	105/0.254	6.20	6.90	3.546
8	8.367	168/0.254	7.90	8.40	2.23
6	13.3	266/0.254	9.80	10.30	1.403
4	21.15	420/0.254	11.70	11.70	0.882
2	33.62	665/0.254	13.30	13.40	0.5548
1	42.41	836/0.254	15.20	16.10	0.4398
1/0	53.49	1045/0.254	17.00	17.10	0.3487
2/0	67.43	1330/0.254	18.30	18.80	0.2766
3/0	85.01	1672/0.254	19.80	20.40	0.2194
4/0	107.20	2109/0.254	21.50	22.10	0.1722

表5-7所示为光伏系统接地专用线的技术参数与规格尺寸。

表 5-7 光伏系统接地专用线技术参数与规格尺寸

导线截面积/mm²	外皮颜色	线芯根数与直径比/mm⁻¹	成品外径/mm	导体直流电阻 AT20℃/Ω · km⁻¹	载流量 AT60℃/A	重量/kg · km⁻¹
0.5	黄绿	1/0.8	2.0	36.0	12	8.3
0.75	黄绿	1/0.97	2.17	24.5	15	10.87
1.0	黄绿	1/1.13	2.53	18.1	19	14.76
1.5	黄绿	1/1.38	2.78	12.1	22	19.94
2.5	黄绿	1/1.78	3.38	7.41	30	31.55
4.0	黄绿	1/2.25	3.85	4.61	39	46.50
6.0	黄绿	1/2.75	4.35	3.08	50	65.80
10	黄绿	7/1.34	6.05	1.83	70	116.77
16	黄绿	7/1.68	7.10	1.15	94	175.77
25	黄绿	7/2.14	8.85	0.727	124	281.25
35	黄绿	7/2.52	9.96	0.524	154	379.29

另外，线缆外皮的颜色表明了它的不同功能。设计施工时要了解和遵守常规线缆的色彩标记规则，确保安装使用正确，同时便于以后的运行维护和故障排除。常用线缆的色彩标记规则如表 5-8 所示。

表 5-8 常用线缆色彩标记规则

直流线缆		交流线缆	
颜色	用途	颜色	用途
红色（棕色）	正极	黄、绿、红色（棕色）	相线 A、B、C（火线）
黑色（蓝色）	负极	淡蓝色	中性线（零线）
黄绿色	安全接地	黄绿色	安全接地
—	—	黑色	设备内部布线

3. 光伏连接器

光伏连接器是光伏方阵线路连接中一个十分重要的部件，这种连接器不仅应用在接线盒上，在光伏电站中很多需要接口的地方会大量使用，如组件接线盒输出引线接口、延长电缆接口、部分汇流箱输入输出接口、逆变器直流输入接口等，光伏连接器外形如图 5-17 所示。每个接线盒用一对光伏连接器，每个汇流箱根据设计一般用 8～24 对光伏连接器，而逆变器的每一个 MPPT 输入端口也会用到 2～4 对或者更多，组件方阵组合用延长电缆时也会用到一定数量的光伏连接器，一般 1MW 的光伏发电系统，会用到 3000 套左右。

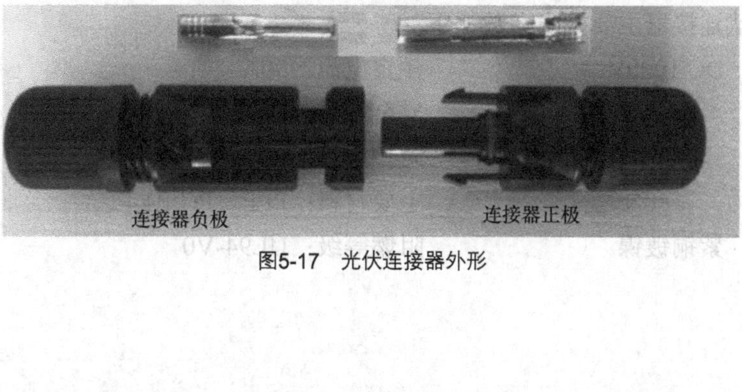

图5-17 光伏连接器外形

光伏连接器的主要特性有：①安装方式简单、安全；②抗机械冲击性能良好；③具有大电流、高电压承载能力；④接触电阻较低；⑤具有卓越的高低温、防火、防紫外线等性能；⑥具有强力的自锁功能，满足拔脱力的要求；⑦密封设计优异，防尘防水等级达到 IP67；⑧选用优良的树脂材料，能满足 UL94-V0 阻燃等级。

在光伏组件生产和光伏发电系统安装过程中，连接器是一个很小的部件，成本占比也很小，特别是在整个光伏电站建设中，连接器更是一个不引人关注的小细节，甚至很多人认为，连接器就是一对插头插座，能通电即可。但在近几年的电站建设中却因为连接器的不良选择出现了很多问题，如接触电阻变大、连接器发热、寿命缩短、接头起火、连接器烧断、组件串断电、接线盒失效、组件漏电等，轻则影响发电效率，增加维护工作量，重则造成工程返工、组件更换，甚至酿成火灾。

为此，在光伏组件的制造过程中和光伏电站的设计施工过程中，要重视接线盒及连接器的选择，优先选用国内外知名品牌和有各种检测认证的产品，并要考虑和其他设备连接器的兼容问题，最好使用同一品牌型号的连接器产品。不同品牌连接器的互插，会因为不同厂家的连接器生产技术和产品材料的差异、生产过程控制和质量标准的差异、公差配合和原材料的差异等造成温度升高、接触电阻变化、接触不良、密封不严、拉拔力不够及 IP 防护等级无法保证等潜在隐患，严重时可能会导致起火，直接影响光伏系统的安全和发电效率，甚至影响投资回报率。因此，UL 1703 和 IEC 62548 标准都明确规定，不同厂商的连接器不允许互插。

评价连接器好坏的核心指标是公母连接器对插之后的接触电阻，一个高质量的连接器必须具有很低的接触电阻，同时能够长期保持接触电阻性能稳定不变。根据光伏连接器国际标准 IEC 62852 要求，公母对插后的接触电阻不能大于 5mΩ，这个数据为最低标准，不同品牌连接器的接触电阻值取决于厂商的生产技术水平。瑞士公司 Multi-Contact 是光伏连接器的开拓者之一，其产品 MC3 和 MC4 光伏连接器几乎成为国内企业模仿的样板。而该公司连接器真正的核心技术是使用 Multilam 技术对连接器中的公针和母针进行气密性连接。铜合金接触带由无数个 Multilam 叶片组成，导电触点的多点接触使每个 Multilam 叶片形成一个独立、弹簧式功率桥，以改善电连接和能量传输质量，使连接器具备持续低的接触电阻，确保光伏发电系统安全和长期稳定运行。

劣质的连接器往往用回收材料制作，其缺点一是缺乏抗紫外线和环境气候变化能力，使用寿命不能和光伏组件相辅相成；二是接触电阻大，会降低发电效率，消耗电能。过高的接触电阻可能导致连接器过热而融化、燃烧甚至引发火灾。另外在施工现场进行线缆压接时，一定要使用连接器专用压接钳，并且规范化操作，保证线缆压接牢固可靠、接触良好。

典型的光伏连接器主要技术参数如下。

额定电压：DC 1000V	额定电流：30A
接触电阻：≤1mΩ	安全等级：class Ⅱ
温度范围：-40℃～+85℃	防护等级：IP67
连接插拔力：≥80N	主要材料：PPE、PC/PA
导体材料：紫铜镀镍	阻燃等级：UL94-V0

5.5　光伏发电系统的监测装置

光伏发电系统的监控测量系统是各相关企业针对光伏发电系统开发的管理服务平台，可对光伏组件方阵、直流/交流汇流箱、逆变器、直流/交流配电柜、升压变压器等各种设备及电站周边环境、气象状况等进行实时监测和控制。系统监测装置通过各种样式的图表及数据快速掌握光伏发电系统的运行情况，用友好的用户界面、强大的分析功能、完善的故障报警确保光伏发电系统的安全可靠和稳定运行。小型并网光伏发电系统可配合逆变器对系统进行实时、持续监视记录和控制、系统故障记录与报警以及各种参数的设置，还可通过有线或无线网络进行远程监控和数据传输。中大型并网光伏发电系统的管理平台物联网技术、人工智能及云端大数据分析技术等实现光伏发电系统的智能化数据监测和运维管理。

5.5.1　监测装置的主要功能

光伏发电系统监测装置一般具有下列功能。

（1）实时监测

① 可实时采集、监测并显示光伏发电系统的当前发电总功率、日总发电量、累计发电量、累计 CO_2 减排量等数据。

② 可实时采集、查看并显示每台逆变器的运行参数，如逆变器直流侧的直流电压、电流和功率；交流侧的交流电压、电流、功率和频率；交流侧的有功功率、无功功率、视在功率及功率因素的大小；单台逆变器的日发电量、累计发电量、累计 CO_2 减排量、日运行时间、总运行时间、每日发电功率曲线等。

③ 通过光伏电站配备的环境检测系统，可实时采集和显示环境温度、环境湿度、超声波风向风速、组件温度、太阳辐射强度等参数。

④ 可实时采集并显示智能直流汇流箱工作状态及输入该汇流箱的各光伏组串支路的输入电流。

⑤ 可对箱式变压器及电能质量监测仪的运行数据进行查询和显示。

（2）故障信息的存储和查看

当光伏发电系统出现故障时，监控测量系统可存储和查看发生故障的相关信息、发生故障的原因及发生故障的时间。可存储和查看的故障信息主要有：电网电压过高或过低；电网频率过高或过低；直流侧电压过高或过低；逆变器过载、过温或短路；逆变器风扇故障及散热器过热、逆变器孤岛运行、逆变器软启动故障等；系统紧急停机、通信失败、环境温度过高等。

（3）历史数据查询

如气象仪数据查询、逆变器数据查询、汇流箱数据查询、箱式变压器数据查询、开关柜数据查询、电能质量监测仪数据查询、智能电表数据查询等。

（4）日常报表的统计

通过监控测量系统可以获得发电量报表、逆变器运行日报表、周报表、月报表等。

（5）运行图表分析

通过监控测量系统可以获得发电量与辐射量对比分析图表、光伏方阵输出功率与太阳辐射强度对比图表、日负荷曲线图表等。

光伏发电系统的监控测量系统运行显示界面如图 5-18 所示，管理或运维中心的大屏幕显示界面如图 5-19 所示。光伏发电系统的各种运行数据通过 RS485 通信接口等与监控测量系统主机中的数据采集器（如图 5-20 所示）连接。

图5-18　常见的光伏发电系统监控测量系统运行显示界面

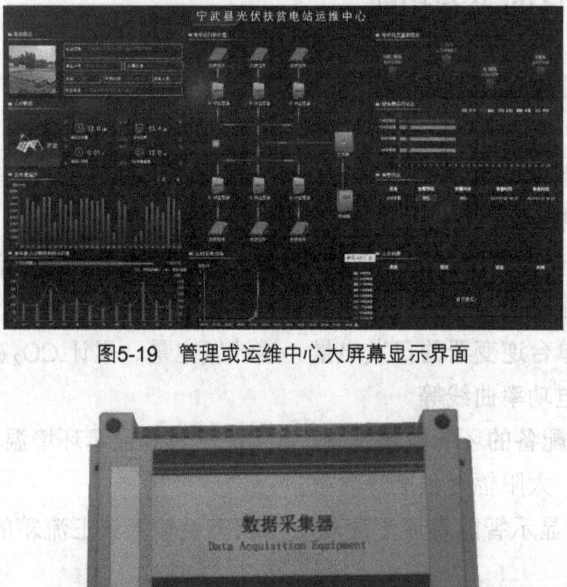

图5-19　管理或运维中心大屏幕显示界面

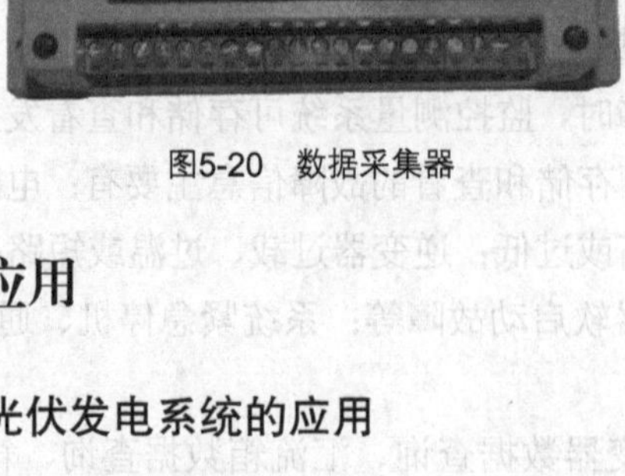

图5-20　数据采集器

5.5.2　监测装置的应用

1. 户用及小型工商业光伏发电系统的应用

目前，光伏发电系统的组串式并网逆变器自带了监控测量系统，以监控棒或监控盒的形式直接连接到逆变器主机上，并通过 CAN、RS485、Wi-Fi 及 GPRS 等多种通信方式进行数据传输，其中可在计算机或手机上下载安装 Wi-Fi 及 GPRS 监控软件，用户通过计算机或手机就可以随时、随地查看光伏发电系统的发电状况，进行实时监控。

图 5-21 所示为一种能直接插接到逆变器的 Wi-Fi 或 GPRS 系统的数据采集及无线通信模块外形。

图5-21　数据采集及无线通信模块外形

图 5-22 所示为分布式光伏电站的几种监控方式示意图。其中以太网监控方式通过网线将逆变器和路由器连接起来，逆变器通过路由器所连接的互联网将数据上传到服务器，然后用户通过计算机或手机查看逆变器的运行状态，读取发电数据。Wi-Fi 监控方式通过无线网络将逆变器和无线路由器连接起来，逆变器通过路由器所连接的互联网将数据上传到服务器。GPRS 监控方式通过 GPRS 模块内置的 GSM 卡，连接通信基站，通过基站网络将数据上传到服务器，实时监控逆变器运行状态。

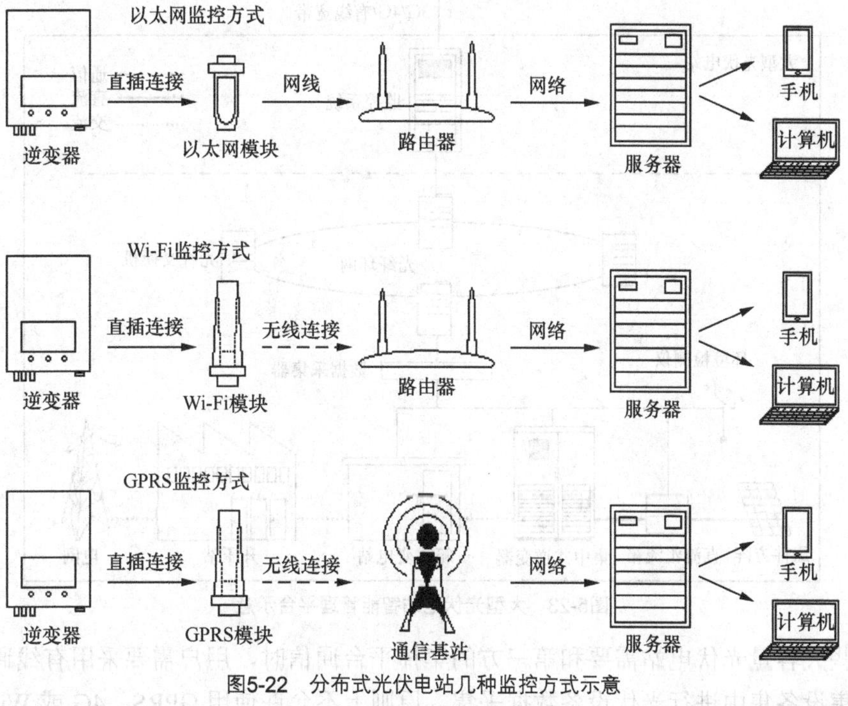

图5-22　分布式光伏电站几种监控方式示意

在这几种监控方式中，采用以太网监控方式需要铺设网线，增加施工内容；采用 Wi-Fi 监控方式，虽然设备采用无线连接，但距离较远或者隔墙时网络信号会不稳定甚至短时间中断，不仅影响监测，还会造成一些虚假故障，给经销商的售后带来麻烦。GPRS 监控方式的优点是在只要有 2G 网络覆盖的地方，GPRS 模块就能上传逆变器数据，应用场合基本不受限制，但采用 GPRS 监控方式，用户每个月会产生少量的流量费用。在实际使用中，究竟采用哪一种监控方式，还是要根据现场实际环境和设施合理选择。

2. 大容量光伏电站的应用

针对一些较大容量的分布式光伏电站、农村乡镇光伏电站及大型地面电站等，采用如图5-23和图5-24所示的智能管理平台进行系统的监测和运维管理。在智能管理平台中，数据采集主要通过逆变器、直流汇流箱、直流/交流配电柜、计量电表、环境检测仪等，通过数据通信协议，以有线或无线的方式将数据传输到数据采集器，然后通过网络接口将数据存入大数据平台。数据存储服务器通过实时计算和离线计算，实时发出异常告警信息和分析历史数据，统一监控、管理电站和设备的运行状态和指标。异常告警信息通过Web系统、邮件、短信等方式实时提醒；指标分析和图文报表都可以在计算机、手机等终端被及时查看。用户在运营管理中心还可以通过大屏幕实时监控电站运营情况。

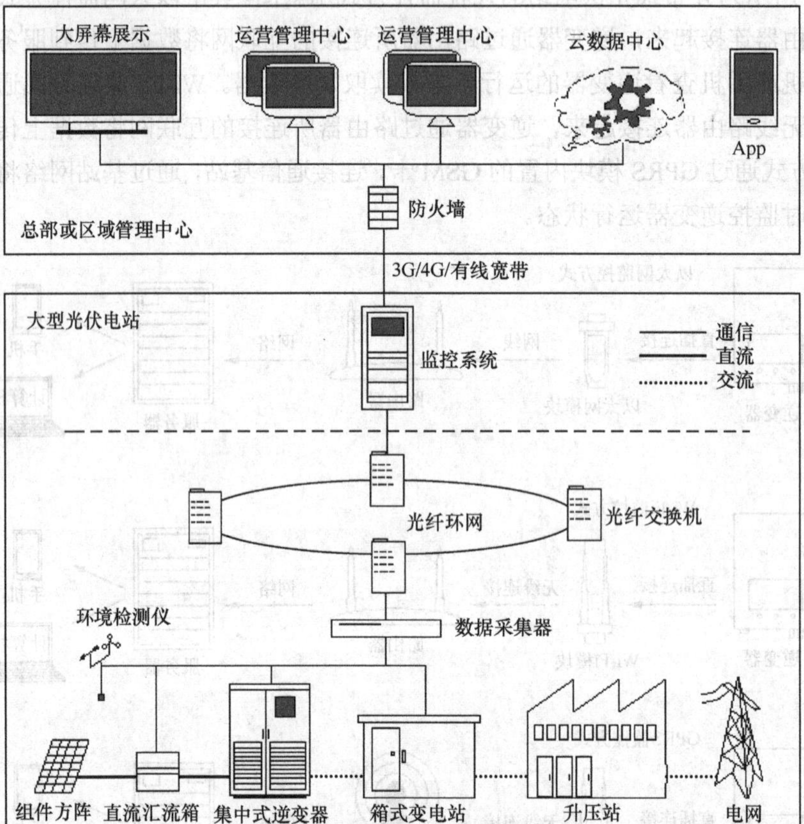

图5-23　大型光伏电站智能管理平台示意

当这些大容量光伏电站需要和第三方的集控平台通信时，用户需要采用有线通信方式通过数据采集设备集中进行光伏设备数据采集，原则上不允许使用GPRS、4G或Wi-Fi等无线传输方式传输数据。光伏设备可以通过串口或以太网采用通用通信协议和数据采集设备通信。其中逆变器不仅可以使用RS485串口通信，也可以使用电力线通信（PLC通信），目前PLC通信已经成为光伏电站的主流通信方式。经过数据采集设备的数据通过光纤被上传至变电站或升压站的光纤环网总交换机，并通过通信管理机等网络设备被送至监控系统。当数据需要被上传至集控中心时，一般系统通过远传通信管理机将数据送至集控中心前端数据接入服务器，前端数据接入服务器经过横向隔离、防火墙等网络安全设置后将数据传输至后端数据发布服务器，最后数据经公网被传输至集控中心服务器。

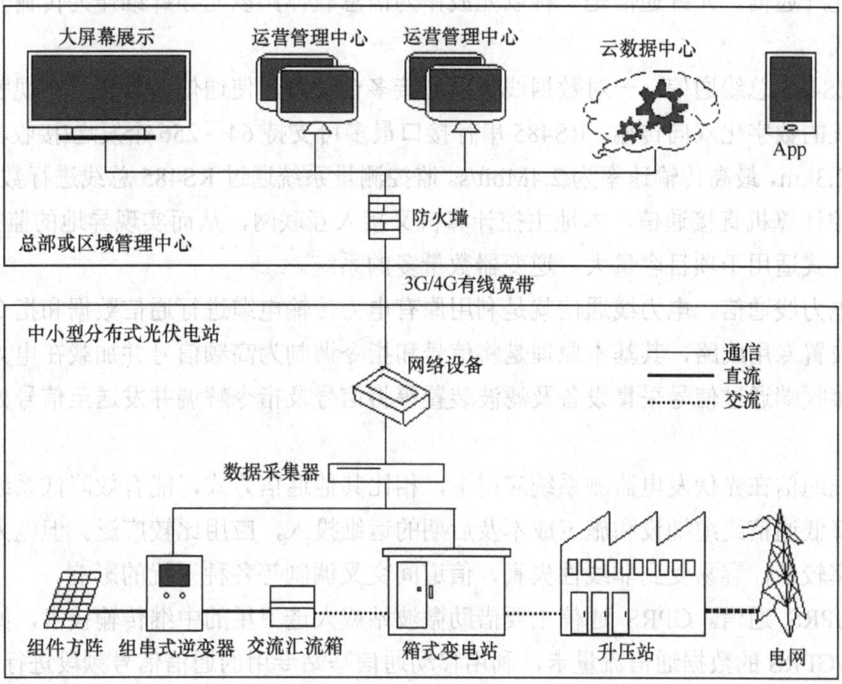

图5-24 中小型分布式光伏电站智能管理平台示意

3. 监测装置的组网与通信方式

在光伏发电监测装置中，根据不同的应用场合，通信组网方案可以分为有线通信组网方案、无线通信组网方案和综合通信组网方案。

其中，有线通信组网方案主要是将光伏电站相关设备的运行状态信息和测试数据信息通过 RS485 串口通信的方式传送到本地的数据采集器（或通信管理机），由数据采集器和环网交换机系统构成的网络通信系统通过有线网络将数据传入本地监控测量系统计算机及服务器，进行数据信息的存储、处理和显示，并下发控制命令。同时本地监控测量系统服务器通过有线网络将汇总信息上传至远程的总部或区域管理中心的监控测量系统中。有线通信组网方案一般用在较大型的地面光伏电站中。

无线通信组网方案同有线通信组网方案的不同主要体现在无线通信组网方案中，本地监控测量系统服务器汇总的信息通过 3G/4G/GPRS 等无线通信网，传输至远程的总部或区域管理中心监控测量系统中。无线通信组网方案一般用在中小型分布式光伏电站中，尤其在一些光纤安装较困难的、分布比较分散的山地、屋顶类光伏电站中。

综合通信组网方案根据光伏电站现场情况，因地制宜地将有线通信组网方案和无线通信组网方案相结合，使得光伏发电系统的监测装置既可以利用有线光纤传输数据信息，也可以利用 GPRS、Wi-Fi 等无线传输方式传输数据信息。

目前常用的通信传输方式主要分为有线通信传输方式和无线通信传输方式两类。用电线或者光缆作为通信传导的通信方式叫作有线通信，如光纤通信、RS485 总线通信、电力线通信等。利用无线电波进行通信传导的通信方式叫作无线通信，如 Wi-Fi 通信、3G/4G 移动通信、GPRS、蓝牙等，具体如下。

（1）光纤通信。光纤通信是一种以光波作为信息载体，以光导纤维作为传输介质的先进的通信方式。

（2）RS485 总线通信。一对数据线可以连接多台设备，使通信简单化，实现智能设备和自动化系统的数字化双向传输。RS485 串行接口最多可支持 64～256 个发送/接收器，最远传输距离为 2.3km，最高传输速率为 2.4Mbit/s。监控测量系统通过 RS485 总线进行数据采集后，与本地主控计算机直接通信，本地主控计算机又接入互联网，从而实现异地的监控。RS485 总线传输方式适用于项目容量大，逆变器数量多的系统。

（3）电力线通信。电力线通信就是利用原有电力传输电缆进行通信数据和指令的传输，不用另外设置专用线路，其基本原理是将信号和指令调制为高频信号并加载在电力传输路线中。而在接收端通过信号采集设备及滤波装置等将信号及指令解调并发送至信号处理或指令执行单元。

电力线通信在光伏发电监测系统应用中，相比其他通信方式，能有效降低系统通信的复杂程度、降低通信线缆铺设和施工成本及后期的运维投入，应用比较广泛。但电力线通信数据传输速率较低，容易受到非线性失真、信道间交叉调制等各种干扰的影响。

（4）GPRS 通信。GPRS 通信主要借助微波站或人造卫星的中继传输技术，如申请移动通信 GSM/GPRS 的数据通信流量卡，利用移动通信基站专用的通信信号频段进行信号传输。利用 3G 以上的移动通信技术，实现无线远程监控，不仅传输稳定，还可以实现音频和视频数据的海量传输。

（5）Wi-Fi 通信。在小型光伏发电系统中，逆变器数量较少，逆变器可以通过 Wi-Fi 模块进行数据传输，目前 Wi-Fi 已经走进千家万户，利用场区或客户已有的 Wi-Fi 完成通信，快捷方便，没有流量费用。

表 5-9 所示为各种通信方式的优点及适用场景对比。

表 5-9　各种通信方式的优点及适用场景对比

序号	通信方式	配件或设备	优点	适用场景	成本
1	Wi-Fi	Wi-Fi 模块	无须布线	逆变器数量较少的有网络场区	没有其他费用
2	蓝牙	蓝牙模块	无须布线；无须搭建网络	可以实现无显示屏逆变器查看（通过手机本地查看）	没有其他费用
3	GPRS/4G	GPRS 模块	无须布线；无须搭建网络	场区位置偏远或布线不方便	后期 GPRS 流量费用
		4G 模块	无须布线；信号稳定	场区位置偏远或布线不方便	后期 4G 流量费用
4	RS485	数据采集器	信号稳定；配置简单	逆变器数量多，易于布线的项目	数据采集器和 RS485 线缆
		网络交换机	信号稳定；配置简单；无信号串扰	逆变器数量多，易于布线的项目	网络交换机和 RS485 线缆

续表

序号	通信方式	配件或设备	优点	适用场景	成本
5	PLC	PLC 通信机+光纤通信机	无须布 RS-485 线缆，配置简单	适用于升压并网的地面电站和工商业电站	PLC 通信机+光纤通信机
6	PLC+4G LTE	PCL 通信机	无须布 RS-485 线缆和光纤环网	适用于升压并网的地面电站和工商业电站	PLC 通信机+4G CPE

第6章 太阳能光伏发电系统基础、支架与防雷接地

光伏发电系统的基础、支架及防雷接地装置是光伏发电系统的主要附属设施，认识和了解这些附属设施并正确选择、设计和使用，对保证光伏发电系统的大收益、长寿命和高性价比都有着积极的作用。

|6.1 光伏方阵基础|

6.1.1 方阵基础类型

光伏方阵基础主要有混凝土浇筑独立基础、混凝土浇筑条形基础、混凝土浇筑配重块基础、金属螺旋桩基础、微孔灌注基础、灌注桩基础及混凝土预制桩基础等几类，如图 6-1 所示。这几种基础都具有稳固、可靠的优点，可以根据电站设计安装要求、建设场地地质情况及房屋顶结构类型等选择应用，图 6-2 所示为几种光伏方阵基础的实体应用。

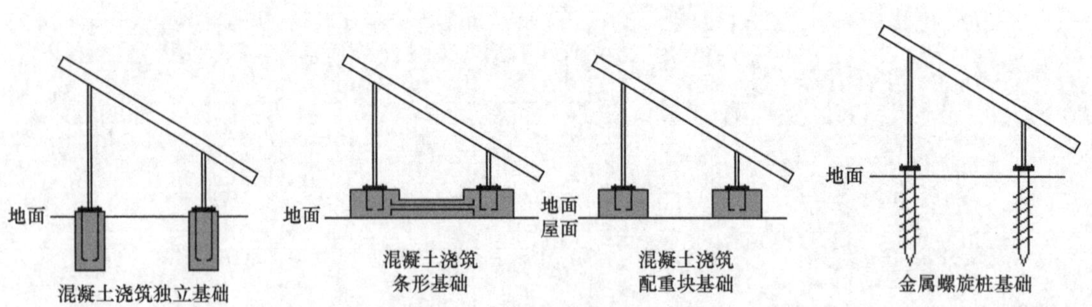

图6-1 光伏方阵基础类型

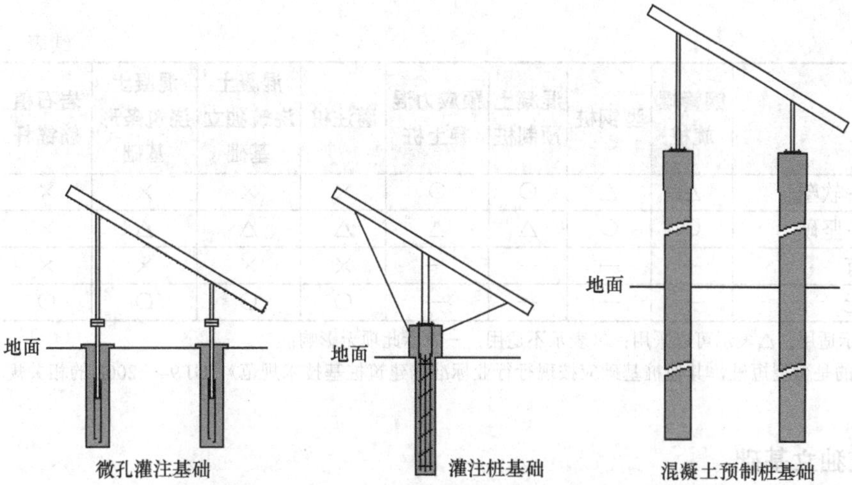

图6-1 光伏方阵基础类型（续）

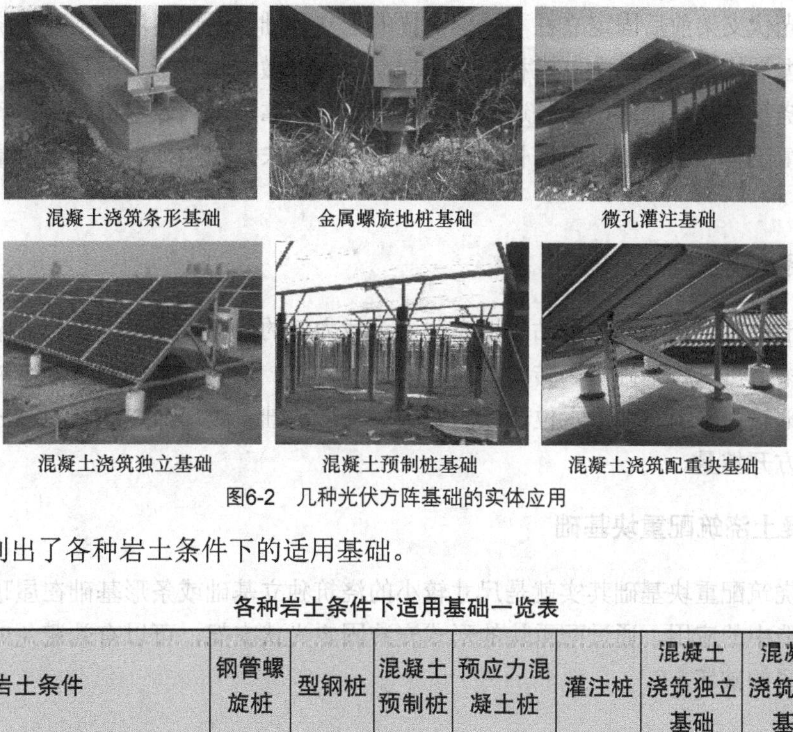

图6-2 几种光伏方阵基础的实体应用

表 6-1 列出了各种岩土条件下的适用基础。

表 6-1　　各种岩土条件下适用基础一览表

岩土条件			钢管螺旋桩	型钢桩	混凝土预制桩	预应力混凝土桩	灌注桩	混凝土浇筑独立基础	混凝土浇筑条形基础	岩石植筋锚杆
岩石	残积土		○	○	△	△	△	△	△	×
	全风化		○	○	△	△	△	△	△	×
	强风化		×	×	×	×	○	△	△	×
	中等风化～未风化		×	×	×	×	○	×	×	○
碎石土	漂石、块石		×	×	×	×	○	△	△	×
	卵石、碎石		△	△	×	×	○	△	△	×
	圆砾、角砾		○	○	△	△	△	△	△	×
砂土	密实程度	松散～稍密	○	○	△	○	×	△	△	×
		中密～密实	○	○	×	△	△	△	△	×
粉土	稍密～密实		○	○	△	△	△	△	△	×

续表

岩土条件		钢管螺旋桩	型钢桩	混凝土预制桩	预应力混凝土桩	灌注桩	混凝土浇筑独立基础	混凝土浇筑条形基础	岩石植筋锚杆
黏土	流塑～软塑	△	△	○	○	×	×	×	×
	可塑～坚硬	○	○	△	△	△	△	△	×
地下水	有	—	—	—	—	×	×	×	×
	无	—	—	—	—	○	○	○	○

注：1. 表中符号○表示适用；△表示可以采用；×表示不适用；—表示此项无影响；

2. 表中桩基础指的是微型短桩，其他桩基础应按现行行业标准《建筑桩基技术规范》JGJ 94—2008 的相关规定进行选择；

1. 混凝土浇筑独立基础

混凝土浇筑独立基础是适用范围较广的一种基础形式，也是光伏方阵最早采用的基础形式，它是在光伏支架前后固定立柱下分别设置的独立基础，通过用混凝土现场浇筑，将预埋件钢板或预埋螺栓浇筑在其中。这种基础的横断面可以做成正方形、圆形等。

混凝土浇筑独立基础的优点是适用范围广，受力可靠，无须专用机械施工等，缺点是土方开挖和回填工程量大，施工周期长，破坏周围环境，未来在土地中会留下大量的废弃物和建筑垃圾。

2. 混凝土浇筑条形基础

采用条形基础是为了解决电站场地表层土承载力低的问题。通过在光伏支架前后立柱之间设置基础梁，可以将基础重心转移至前、后立柱之间，增大了基础的抗倾覆能力。条形基础适用于场地较为平坦、地下水位较低的地区。条形基础一般埋深 200～300mm 即可，可以大大减少土方开挖量。

3. 混凝土浇筑配重块基础

混凝土浇筑配重块基础其实就是尺寸较小的浇筑独立基础或条形基础在屋顶光伏发电系统建设或改造中的应用，通过配重块的形式安装固定光伏支架，可以有效避免或减少对屋顶结构或防水层的破坏。

4. 金属螺旋桩基础

金属螺旋桩基础是近年来应用日益广泛的光伏支架基础形式，金属螺旋桩采用带有螺旋状叶片的热镀锌钢管造成，其叶片可大可小，可连续可间断，螺旋叶片与钢管之间连续焊接。常见的金属螺旋桩如图 6-3 所示，其长度有 0.55m、0.7m、1.0m、1.2m、1.6m、1.8m、2.0m、2.7m 等多种规格，直径有 60mm、65mm、76mm、89mm、114mm、168mm、219mm 等规格，顶部有管状、法兰盘状、U 形叉状、方筒状、圆筒状等，可根据需要选择。螺旋桩基础上部露出地面，可随地势调节支架高度，与支架立柱之间通过螺栓连接。螺旋桩的施工工具有手持电动打桩机，施工机械有螺旋桩钻机等，螺旋桩钻机如图 6-4 所示。

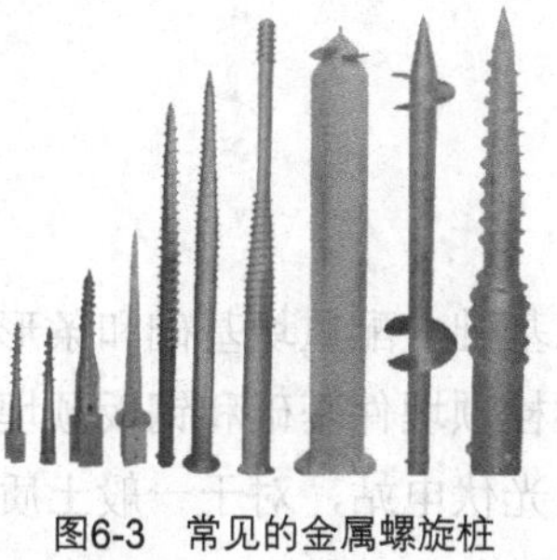

图6-3　常见的金属螺旋桩

图6-4　螺旋桩钻机

设置金属螺旋桩基础是一种新型的基础施工方法。该方法无须挖掘土地和预制灌注混凝土，只需要用专用工具或专用机械将金属螺旋桩直接夯入或钻入地下，相比传统的混凝土基础，具有安装简单、方便快捷，省时省力省料的特点，使基础安装时间缩短、施工费用降低，并且可以随时随地移动和循环使用，能最大限度保护场地植被，对土地和环境无污染，系统寿命期满拆除后，基础可一并快速拆除，土地中无弃留物，场地易恢复原貌。

5. 微孔灌注基础

微孔灌注基础施工是通过现场挖孔然后浇筑施工。施工时需要使用开孔机在现场开孔并灌注混凝土，在灌注混凝土的同时将预制件直接插入孔中。在夯实混凝土的同时，根据需要调整基础预制件端面的高度及其在孔中心的位置，确保预埋件中心与孔中心重合，同时所有基础端面距地面高度一致。微孔灌注基础虽然施工过程简单，但与金属螺旋桩相比有施工速度慢，施工周期较长的不足，由于微孔灌注基础对混凝土强度等级要求不高，所以造价较低。

微孔灌注基础桩柱对周边土壤无挤压作用，对现场土壤的自立性要求较高，所以决定是否采用微孔灌注基础前需要进行前期的地质勘测试验，松散的沙性土层和土质坚硬的碎石、卵石土层都不适用于微孔灌注基础施工。松散的沙性土层容易造成塌孔，土质坚硬的碎石、卵石土层会造成开孔困难。

6. 灌注桩基础

灌注桩基础主要用于单立柱光伏方阵场合，其结构及施工与微孔灌注基础类似。灌注桩基础与微孔灌注基础相比，孔径更大，孔深度更深，露出地面部分的基础更高，基础预埋件的结构更复杂，更牢固。

7. 混凝土预制桩基础

混凝土预制桩基础一般由专业厂家制作，其截面尺寸一般为 200mm×200mm（方形）或 ϕ300mm（圆形），长度有 3m、4m、6m 等，顶部预留了钢板或螺栓，方便与支架立柱连接，基础整体有时做成锥形或底部做成尖形，方便施工时打入或压入土层中。混凝土预制桩具有桩体规整，桩身质量好，抗腐蚀能力强，施工简单、快捷的优点，主要用于农光互补、牧光互补、渔光互补等需要光伏方阵离地面更高的场合。

混凝土预制桩基础由于底面积与侧面积相对较大，在相同的地质条件下容易获得较大的结构抗力，且成本也略低于金属螺旋桩基础，只是在施工过程中，桩顶标高不容易控制，对施工技术要求较高。

6.1.2 方阵基础相关设计

1. 混凝土浇筑基础的设计

混凝土浇筑基础一般包括，混凝土浇筑独立基础、配重块基础和条形基础。常见的混凝土浇筑独立基础的尺寸如图 6-5 所示，分为单螺栓预埋件基础和钢板预埋件基础两类。单螺栓预埋件基础一般用于几千瓦到几百千瓦的小型光伏电站，对于一般土质，每个基础地面以下部分根据方阵大小一般选择 200mm×200mm、250mm×250 mm、300mm×300mm、350mm×350mm（长×宽）等几种规格的方形基础或 ϕ200～350mm 的圆形基础，高度根据方阵大小及土质情况在 400～900 mm 间选择。对于钢板预埋件基础尺寸可根据方阵大小及土质情况在表 6-2 中选择。

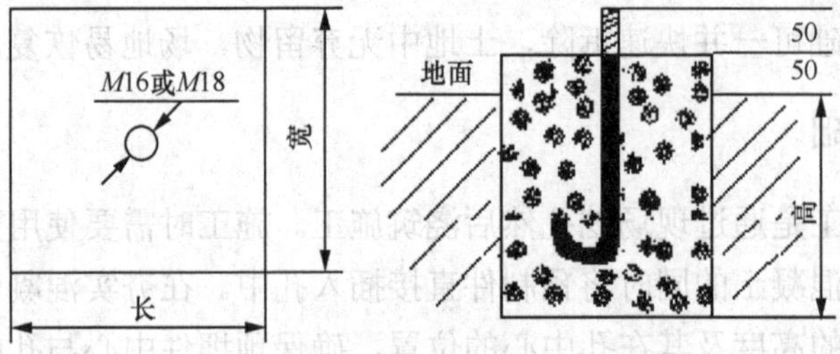

（a）单累栓预埋件基础

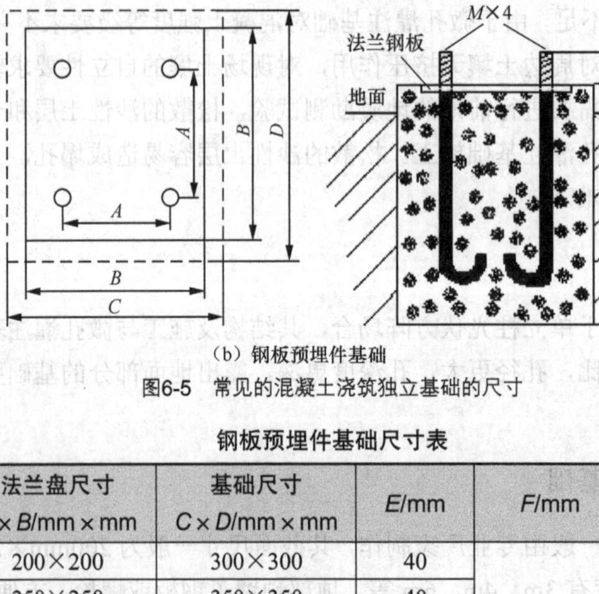

（b）钢板预埋件基础

图6-5 常见的混凝土浇筑独立基础的尺寸

表 6-2 钢板预埋件基础尺寸表

螺距尺寸 A×A/mm×mm	法兰盘尺寸 B×B/mm×mm	基础尺寸 C×D/mm×mm	E/mm	F/mm	H/mm	M/mm
160×160	200×200	300×300	40	50~400	大于等于 400	14
180×180	250×250	350×350	40		大于等于 600	16
210×210	300×300	400×400	50		大于等于 700	18
250×250	350×350	450×450	60		大于等于 800	20
300×300	400×400	500×500	80		大于等于 1000	22

注：A 为预埋件螺杆中心距离；B 为法兰盘边缘尺寸；C、D 为基础平面尺寸；E 为露出基础面的螺纹高度；F 为基础高出地面高度；H 为基础深度；M 为螺纹直径。

在比较松散的土质地面做基础时，基础部分的长宽尺寸要适当放大，高度要加高，或者制作成混凝土浇筑条形基础，由于条形基础可以通过较大的基础底面积获得足够的抗水平载荷能力，一般选择埋深度为 200～300mm，不需要埋得太深。对于大型分布式光伏发电系统的混凝土浇筑基础要根据 GB 5007-2011《建筑地基基础设计规范》中的相关要求进行勘察设计。

对于用于屋顶类光伏发电系统的混凝土浇筑配重块基础，也可以按照表 6-2 中的尺寸设计制作，基础高度和基础长宽尺寸相等即可。

2. 混凝土浇筑基础制作的基本技术要求

（1）基础混凝土、砂石混合比例一般为 1 : 2。

（2）基础上表面要平整光滑，同一支架的所有基础上表面要在同一水平面上。

（3）基础预埋螺杆要保证垂直并在正确位置，单螺杆或预埋件要位于基础中央，不要倾斜或偏离中心位置。

（4）基础预埋件螺杆高出混凝土基础表面部分的螺纹在施工时要被保护，防止受损。施工后要保持螺纹部分干净，如黏有混凝土要及时擦干净。

（5）在土质松散的沙土、软土等位置做基础时，要适当加大基础尺寸。对于太松软的土质，要先进行土质处理或重新选择位置。

3. 金属螺旋桩基础的应用设计要求

金属螺旋桩基础可根据施工现场地质条件选用图 6-3 中的多种形式，其应用设计应满足下列要求。

（1）依据 GB 50797-2012《光伏发电站设计规范》的要求，金属螺旋桩基础应满足光伏发电站 25 年的设计使用年限要求。

（2）螺旋桩钢管壁厚不应小于 4mm；螺旋叶片外伸宽度大于等于 20mm 时，叶片厚度应大于 5mm；螺旋叶片外伸宽度小于 20mm 时，叶片厚度应大于 2mm；螺旋叶片与钢管之间应连续焊接，焊接高度不应小于焊接工件的最小壁厚。

（3）螺旋叶片的外伸宽度与叶片厚度之比不应大于 30。

（4）螺旋桩基础与支架连接节点在保证满足设计要求的承载力基础上，在高度方向上应具有可调节功能。

（5）螺旋桩的防腐设计应满足电站使用年限的要求。由于螺旋桩埋入地下，腐蚀性相对较大，而且在打桩过程中，热镀锌层会有一定的破坏，因此要求螺旋桩的外表热镀锌层厚度应大于等于 100μm。

（6）带法兰盘的螺旋桩可用于单柱安装或双柱安装，而不带法兰盘的螺旋桩一般只用于双柱安装。

（7）宽叶片间隔型螺旋桩的抗拉拔性要好于连续窄叶片型螺旋桩，在风力较大的地区应优先考虑选用宽叶片间隔型螺旋桩。

不同的土壤级别对金属螺旋桩施工的要求如表 6-3 所示。

表 6-3　不同的土壤级别对金属螺旋桩施工的要求

土壤等级	土壤性质	土壤成分	螺旋桩施工
1 等	表层土壤	砂土、沙砾、泥沙	可行
2 等	流质土壤	液体和糊状地下水	可行，但土壤缺乏强度
3 等	松散土壤	松散砂土、沙砾，或者二者混合物	可行，有少许阻力
4 等	有黏度的松散土壤	砂土、沙砾、泥沙和黏土，至少有 15%的土壤粒度小于 0.06mm；直径小于 63mm（2.5in）、体积小于 0.01m^3 的岩石少于 30%	可行，有少许阻力
5 等	有石块的土壤	直径大于 63mm（2.5in）、体积为 0.01m^3 的岩石多于 30%	可行，阻力大
6 等	可移动的石质土	带岩石、紧密连接、易碎、板岩、经风化的土壤	需要预先钻锤螺旋洞
7 等	可移动的硬质岩石	具有结构强度的小岩石、风化泥岩、矿渣、铁矿石等	需要预先钻锤螺旋洞

6.2 光伏支架

6.2.1 光伏支架分类

光伏支架是指根据光伏发电系统建设的具体地理位置、气候及太阳能资源条件，将光伏组件以一定的朝向和角度排列并固定间距的支撑结构。光伏支架作为光伏发电系统重要的组成部分，直接影响着光伏组件的运行安全、破损率及建设投资。选择合适的光伏支架不但能降低工程造价，还能降低后期养护成本。光伏支架可分为固定式、倾角可调式和自动跟踪式3 类，其连接方式一般有焊接和组装两种形式。其中固定式支架又可分为屋顶类支架、地面类支架和水面类支架。自动跟踪式支架分为单轴跟踪支架和双轴跟踪支架。光伏支架的具体分类如图 6-6 所示。

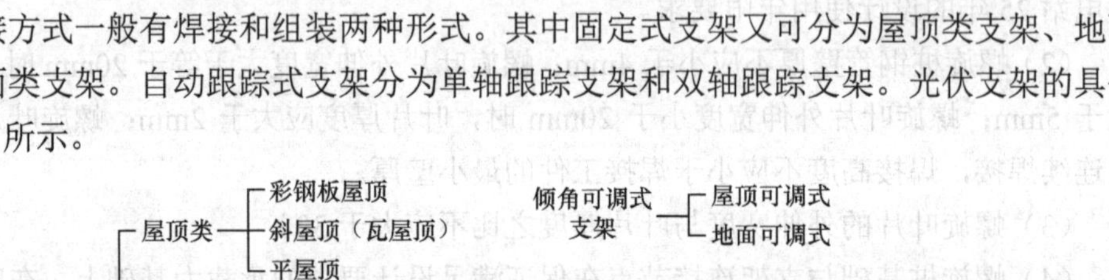

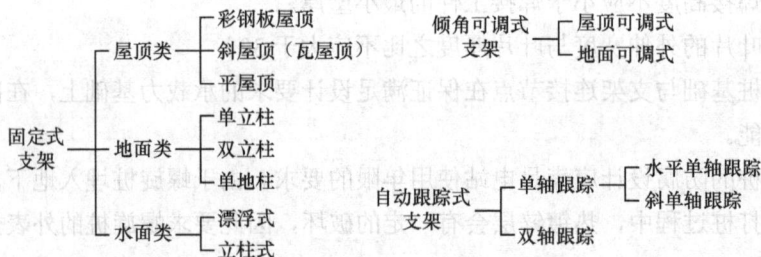

图6-6　光伏支架的具体分类

1. 固定式支架

固定式支架也叫作固定倾角支架，支架安装完成后组件倾角和方位都不能调整。固定式支架分为屋顶类、地面类、水面类等几种。

（1）屋顶类支架。屋顶类支架一般分为彩钢板屋顶支架、斜屋顶（瓦屋顶）支架和平屋顶支架 3 类。

彩钢板屋顶一般有角驰型、明钉型（梯形）、直立锁边型、波浪形等几种形式，常见彩钢屋顶形式如图 6-7 所示。彩钢屋顶支架主要由彩钢板夹具或固定件、铝合金导轨（横梁）、中压块、边压块、螺栓、垫圈（平垫、弹垫）、塑翼螺母等组成，彩钢板屋顶支架主要配件如图 6-8 所示。

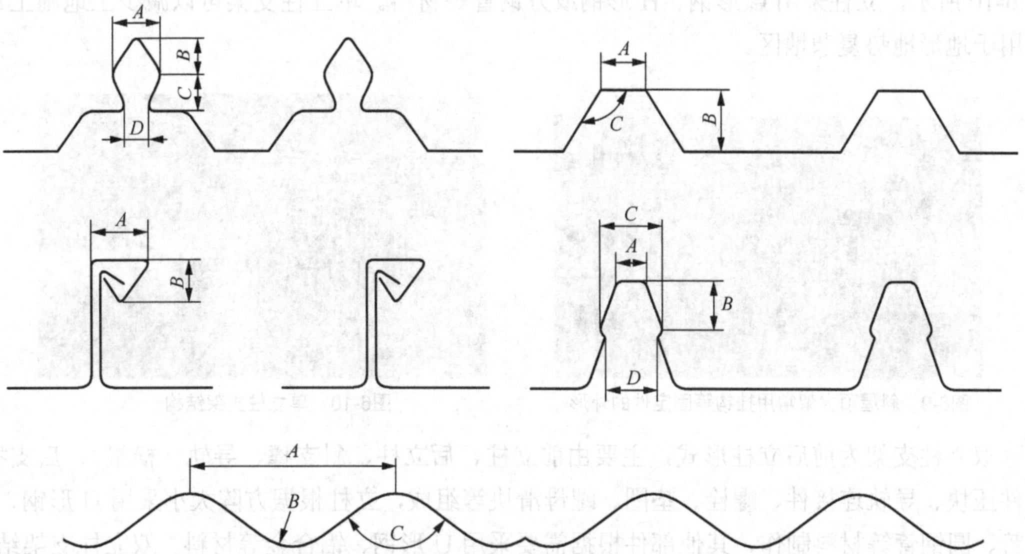

图6-7　常见彩钢屋顶形式

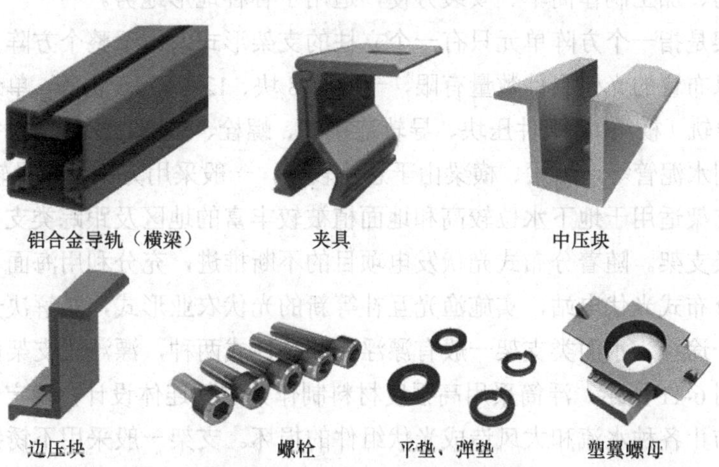

图6-8　彩钢板屋顶支架主要配件

斜屋顶支架主要由屋顶固定挂钩、导轨（横梁）、组件压块、导轨连接件、螺栓垫圈、塑翼螺母等组成。图 6-9 所示是斜屋顶支架常用的挂钩等固定件的外形。

上述两种支架一般以成品 U 形钢或铝合金作为主要支撑横梁，夹具为铝合金材质，固定挂钩大都为不锈钢材质，具有安装、拆卸速度快，无须焊接，防腐涂层均匀，安装牢固、耐久性好等优点。

平屋顶支架与地面类支架结构类似，一般以混凝土浇筑基础或混凝土配重块作为支架基础，根据屋顶结构不同可采用独立基础或条形基础。基础与支架立柱的连接可通过地脚螺栓预埋件或直接将立柱嵌入混凝土基础中。平屋顶支架不破坏屋顶面防水层，具有结构灵活，安装便捷、可靠性强的特点。

（2）地面类支架。地面类支架分为单立柱支架、双立柱支架和单地柱支架3类。

单立柱支架也就是支架靠单排立柱支撑，每个单元只有单排支架基础。单立柱支架主要由立柱、斜支撑、导轨（横梁）、组件压块、导轨连接件、螺栓、垫圈、螺母滑块等组成，如图6-10所示，立柱采用C形钢、H形钢或方钢管等材料。单立柱支架可以减少土地施工量，适用于地形地势复杂地区。

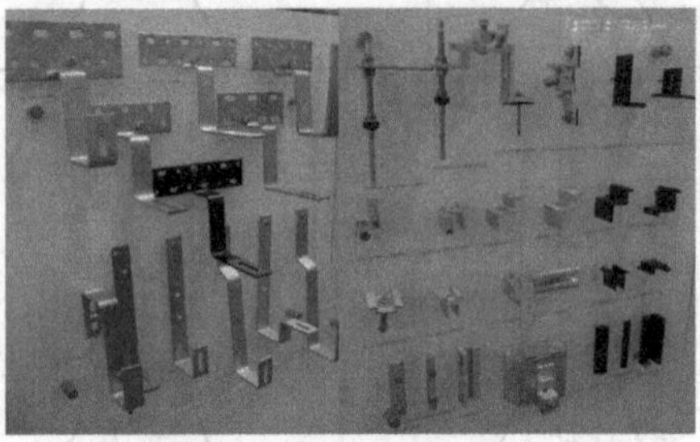

图6-9 斜屋顶支架常用挂钩等固定件的外形

图6-10 单立柱支架结构

双立柱支架为前后立柱形式，主要由前立柱、后立柱、斜支撑、导轨（横梁）、后支撑、组件压块、导轨连接件、螺栓、垫圈、螺母滑块等组成，立柱根据方阵大小采用U形钢、方钢管、圆钢管等材料制作，其他部件根据需要采用U形钢、铝合金等材料。双立柱支架结构牢固、受力均匀、加工制作简单、安装方便，适用于各种地形地势。

单地柱支架是指一个方阵单元只有一个立柱的支架形式。由于整个方阵只有一个立柱，单套支架上可以布置的光伏组件数量有限，一般有8块、12块、16块等。单地柱支架主要由立柱、纵梁、导轨（横梁）、组件压块、导轨连接件、螺栓、垫圈、螺母滑块等组成，立柱可采用钢管、预制水泥管等，纵梁、横梁由于悬挑较多，一般采用方钢管，导轨采用U形钢或铝合金。这种支架适用于地下水位较高和地面植被较丰富的地区及跟踪类支架场合。

（3）水面类支架。随着分布式光伏发电项目的不断推进，充分利用海面、湖泊、河流等水面资源安装分布式光伏电站，实施渔光互补等新的光伏农业形式，是解决光伏发电受限于土地资源的又一途径。水面类支架一般有漂浮式和立柱式两种，漂浮式支架由浮筒和支架两部分组成，如图6-11所示，浮筒采用高强度材料制作并进行连体设计，稳定性好，抗冲击能力强，可有效防止各种水流和大风造成光伏组件的损坏。支架一般采用不锈钢、铝合金等抗腐蚀能力强的材料制作。

图6-11 漂浮式支架

立柱式支架和地面类支架的结构大同小异，只是立柱通常是用更长的预制桩等基础打入水下，保证支架露出水面，同时立柱材料要选择能承受长期在水中浸泡的抗腐蚀能力。

（4）杆柱类支架。在太阳能光伏发电系统中，监控系统、太阳能道路灯等需要用金属杆柱或灯杆进行安装和固定，安装和固定要符合国家标准的相关要求。太阳能光伏发电系统常用钢质锥形灯杆，其特点是美观、坚固、耐用，且便于做成各种造型，加工工艺简单、机械强度高。常用锥形灯杆的截面形状有圆形、六边形、八边形等，锥度多为 1：90、1：100，壁厚根据灯杆的受力情况一般选在 3～5mm。

由于灯杆的工作环境一般是室外，所以为了防止灯杆生锈腐蚀而降低结构强度，必须对灯杆进行防腐蚀处理。防腐蚀的方法主要是针对锈蚀原因采取预防措施。防腐蚀能避免或减缓潮湿、高温、氧化、氯化物等因素的影响，常用的方法是热镀锌和喷塑。灯杆类的主要技术要求如下。

① 主体杆要一次成型，钢杆（Q235 钢材）焊缝须平整光滑，整根杆体焊缝凸起的部分与本杆体平整部分的误差在-1～1mm。灯杆焊接方式为自动氩弧焊接，着色探伤检验达到焊接 GB/T 3323-2005《金属熔化焊焊接接头射线照相》标准要求。灯杆套接采用穿钉加顶丝固定方式。

② 灯杆防腐处理为热镀锌。热镀锌是将经过前期处理的制件浸入熔融的锌液中，在其表面形成锌和锌铁合金镀层的工艺过程和方法，锌层厚度一般在 65～90um。镀锌件的锌层表面应美观、均匀、光滑、光泽一致，不剥离、不凸起、无毛刺、无皱皮、无斑点、无流坠及锌瘤。锌层应与钢杆结合牢固，镀锌层附着力应符合 GB/T 2694-2010《输电线路铁塔制造技术条件》要求，保证 8 年不褪色。灯杆的抗风能力按 36.9m/s 的标准设计。灯杆防腐寿命长于 20 年。

③ 喷塑处理。热镀锌后再进行喷塑处理，喷塑粉末应选用室外专用全聚酯塑粉粉末，涂层不得有剥落、龟裂现象。喷塑处理可以提高钢杆的防腐性能，且大大提高灯杆的美观装饰性，也有多种颜色选择。灯杆表面喷塑厚度大于等于 100um，附着力达到 GB/T 9286-1998《色漆和清漆 漆膜的划格试验》标准要求等级，表面光滑，硬度大于等于 2H。

④ 灯杆设计应便于导线穿接，手孔门采用背包门形式。杆门必须平整光滑，与本杆平整部分的误差在-1～1mm，相同灯杆门与门互换性要好，达到防盗、防雨要求，防止雨水进入灯杆内造成电气故障；维护门避免采用常规的工具就能打开（如内六角螺栓、钳子等），防止人为进行破坏或盗窃。杆门切割后局部做加强处理，基本达到原整体杆的强度。

灯杆类的主要技术参数是，① 锥度：12：1000。② 直线度偏差：小于 0.2%。③ 长度偏差：小于+5mm。④ 对边距偏差：+2mm。⑤ 灯体扭曲度：小于 5°。⑥ 杆体直线度：小于 1mm。⑦ 弯臂扭曲度：小于 2°。⑧ 弯臂部分对边距偏差：小于 15°。⑨ 法兰盘与杆体垂直度偏差：小于 1°。⑩ 法兰焊接位置偏差：小于 2mm。

表 6-4 所示为常用的 6～12m 灯杆尺寸参数表，供设计和选型时参考。

表 6-4　　6～12m 灯杆尺寸参数表

灯杆长度 /m	上、下口直径 /mm	材料厚度 /mm	圆锥杆锥度比	法兰盘尺寸及孔距/mm	基础架尺寸 /mm
6	ϕ60/ ϕ126	2．75	11‰	250×250×10-180（孔距）	180×180－ϕ12
7	ϕ60/ ϕ137	3．0		300×300×12-210（孔距）	210×210－ϕ16
8	ϕ60/ ϕ148	3．0		300×300×14-210（孔距）	210×210－ϕ16
10	ϕ70/ ϕ180	3．75		350×350×16-250（孔距）	250×250－ϕ18
12	ϕ70/ ϕ202	3．75		400×400×18-300（孔距）	300×300－ϕ18

2. 倾角可调式支架

倾角可调式支架的结构与固定式支架类似，比固定式支架多了一个调节机构，使支架的倾角可以通过手动进行调节，可调节机构有分档式和连续可调式，分档式一般设为 2～3 挡，一年按季节调整 2～3 次；连续可调式则可以根据需要经常调整。为了便于倾角调整，单个支架上安装的组件不宜太多，通常安装的组件要正好构成一个或两个组串。倾角可调式支架有推拉杆式、圆弧式、千斤顶式和液压杆式等，图 6-12 所示为几种倾角可调式支架调节机构实体图。

图6-12　几种倾角可调式支架调节机构实体图

3. 自动跟踪式支架

光伏方阵采用固定式支架安装时，光伏方阵不能随着太阳位置的变化而移动，无法提高光伏发电系统的发电效率。为提高光伏发电系统的发电效率和光伏方阵的有效发电量，过去几年自动跟踪式支架在国内外光伏发电系统中应用较多。

自动跟踪式支架可以使光伏组件始终保持与太阳光线垂直，消除固定式支架电站的余弦损失，使光伏组件接受更多的光能量，从而提高发电量。自动跟踪式支架分为单轴跟踪式支架和双轴跟踪式支架，其共同点是使光伏方阵表面法线依照太阳的运动规律做相应的运动，使太阳光的入射角减小。通过自动跟踪，一方面可以提高太阳辐射能的利用率，使光伏发电系统转换效率提高；另一方面在获取相同的发电量时可以减少光伏组件的使用量，使系统的建造成本降低。同等条件下，采用自动跟踪式支架的发电量要比用固定式支架的发电量提高 15%～30%（单轴跟踪式支架）和 25%～40%（双轴跟踪式支架），这是经过多次工程验证得出的结论，也是被光伏业界普遍认可的数据。当然，近几年来，随着光伏组件发电效率的不断提高和组件价格的不断下降，自动跟踪式支架的使用范围也在不断缩小。

如前之所述，自动跟踪式支架一般分为单轴跟踪式支架和双轴跟踪式支架两大类。其中，单轴跟踪式支架又分为水平单轴和斜单轴跟踪式支架，水平单轴跟踪式支架适用于小于 30° 的低纬度地区，斜单轴跟踪式支架适用于 30° 以上的中、高纬度地区；双轴跟踪式支架适用于任何纬度地区和聚光光伏系统。

水平单轴跟踪就是让支架围绕一根水平方向的轴跟踪太阳进行旋转，通过跟踪太阳的高度角来提高太阳光线在光伏组件面板的垂直分量，提高发电量，水平单轴跟踪式支架如图 6-13 所示。

斜单轴跟踪就是让支架围绕一根南北方向倾斜的轴跟踪太阳进行旋转，通过转轴的倾斜角补偿纬度角，然后在转轴方向跟踪太阳高度角，增大光伏发电量，斜单轴跟踪式支架如图 6-14 所示。

图6-13　水平单轴跟踪式支架

图6-14　斜单轴跟踪式支架

双轴跟踪式支架可以使支架同时沿两个独立的轴进行旋转，一个轴可以使支架沿方位角方向自由旋转，另一个轴可以使支架沿倾角方向自由旋转，使光伏方阵平面始终与太阳光线保持垂直，以获得最大的发电量。

6.2.2　光伏支架的选型

光伏支架成本虽然在整个光伏发电系统总成本中占比不大，只有百分之几，但选型却很重要，主要考虑因素之一就是耐候性。光伏支架在25年的生命周期内必须保证结构牢固可靠，能承受环境侵蚀和风、雪载荷。还要考虑安装的安全可靠，能以最小的安装成本达到最大的使用效果。另外，后期是否能够免维护，有没有可靠的维修保证以及支架生命周期结束以后是否可回收等都是需要考虑的重要因素。在设计和建设光伏电站时，选择固定式支架、倾角可调式支架还是自动跟踪式支架，需要因地制宜综合考虑，因为各种方式都有利有弊，不同类型光伏支架的特点如表6-5所示。

表6-5　不同类型光伏支架的特点

项目＼类型	固定式	倾角可调式	水平单轴跟踪	斜单轴跟踪	双轴跟踪
适用纬度	任何纬度		低纬度	中高纬度	任何纬度
发电量增益	无	固定式的1.1～1.15倍	固定式的1.1～1.2倍	固定式的1.2～1.25倍	固定式的1.3～1.4倍
占地面积	最少	固定式的1～1.05倍	固定式的1.1～1.2倍	固定式的1.4～1.5倍	固定式的1.8～2.5倍
太阳能资源条件	无限制		更适合直接辐射较强地区		
参考成本（元/瓦）	0.2～0.3	0.25～0.35	0.5～0.8	1.4～1.7	2.6～3.2
可靠性	好		较好	较差	差

固定式支架是在大多数场合下使用的结构，安装简单，成本低，安全性较高，可以应对高风速和地震状况。支架在整个生命周期内几乎无须维护，运维费用低，唯一的不足是在高纬度地区使用时功率输出偏低。

倾角可调式支架与固定式支架相比，将全年分成几个时间段，使方阵在每个时间段都能获得平均最佳倾角条件，以此来获得优于固定式支架的全年太阳能辐射量，其发电量可比固定式支架提高 5%左右。与自动跟踪式支架的技术不完善，投资成本高，故障率高，运维费用高等缺点相比，优势也很明显，是一种具有实际应用意义和经济价值的方式。

单轴跟踪式支架具有更好的产能表现，与固定式支架相比，水平单轴跟踪式支架在低纬度地区使用可提高发电量20%～25%，在其他地区使用也可提高发电量12%～15%。斜单轴跟踪式支架在不同地区使用则可提高发电量20%～30%。

双轴跟踪式支架理论上具有最高的产能率，凭借双轴跟踪来调整支架倾角和方位，可以准确捕捉光照方向，比固定式支架可提高发电量30%～40%。但是复杂的跟踪控制和伺服系统，较高的基础设施成本，以及频繁的维护工作和较高的故障率，往往使发电量的提高不尽如人意，甚至得不偿失。所以，在支架选型时首先要考虑电站的地理位置、气候条件、当地日照时间、建设成本、工程质量和提高发电效率等。例如，在我国的西北沙漠地区，由于光照充足、地域宽广，就比较适合应用自动跟踪式支架，可以有效地提高发电效率。原则上讲，在高纬度地区和光照较强的地区，自动跟踪式支架带来的收益会比较大。

表 6-6 介绍了自动跟踪支架的优缺点。当确定使用自动跟踪式支架时，选择高质量的产品和供应商很重要，不仅要考虑自动跟踪式支架的硬件参数和价格，还要考察软件结构和可靠性等因素。尽管双轴跟踪系统比单轴跟踪系统具有性能上的优势，但如果选择不好，较高的故障风险足以抵消其所带来的额外收益。就长期来看，简单的支架结构或许才是更

佳的选择。

表 6-6　　　　自动跟踪式支架的优缺点

<table>
<tr><th>优点</th><th>缺点</th></tr>
<tr><td>（1）可以大幅提高光伏组件的发电效率，采用双轴跟踪式支架的光伏发电站相对于同等规模的光伏电站，年平均发电量最大可以提高 35%～40%，甚至更高（纬度较高地区）</td><td>（1）电站建设投入成本更高。相对于固定安装的支架，跟踪由于需要传动、驱动和控制系统，单轴跟踪其成本要高出 2～3 倍，双轴跟踪要高达 5 倍以上。另外电缆需要量更大，线路布置更复杂，基础投入也更高</td></tr>
<tr><td>（2）减小对电网的冲击。跟踪技术的采用，可以使日发电高峰值的曲线更宽平，峰值时间段更长，减小了对电网的冲击</td><td>（2）电站运行风险加大。跟踪系统的结构，使得其抗风性能降低；驱动电机和控制系统的采用，增加了机械和电子系统的故障风险</td></tr>
<tr><td>（3）地形适应性更强。由于跟踪系统采用的是独立支撑，无须对地面进行平整，无论是山地、洼地，都可以直接安装</td><td>（3）电站维护费用增加，需要增加专业技术人员进行管理维护</td></tr>
<tr><td>（4）具有更强的抗震性。独立支撑，对强烈地震产生的纵波和横波的抵抗性较好，保证跟踪支架不产生扭曲，电池组件不受损坏</td><td rowspan="4">（4）绝对意义上土地的占有量增加。跟踪由于要适时进行角度调整，在东西方向会产生巨大的阴影遮挡，需留有更大的间隔空间。一般情况下，在低纬度地区，如果从太阳高度角 30°时开始跟踪，电站的土地占有量约是固定电站的 2 倍以上；纬度越高，采用自动跟踪式支架可使南北方向的阴影区得到充分利用，节省土地占有量。通过菱形布阵，综合土地占有量也会逐渐减少。该问题需要结合采用自动跟踪式支架后提高的发电量综合计算</td></tr>
<tr><td>（5）更好的防雪功能。暴雪时支架可以直立放置，避免光伏组件表面积雪，晴天后可及时跟踪发电，避免了光伏组件被积雪压损，减少了清除积雪的人工投入，延长了发电时间</td></tr>
<tr><td>（6）减少光伏组件表面灰尘。因为支架始终处于动态运行状态，并有大角度倾斜角，在西北沙漠地区，可以有效减少组件表面沙尘积累，减少清洁频率，间接提高光伏组件发电效率</td></tr>
<tr><td>（7）能更充分利用电站现有资源。跟踪技术的采用，峰值时间段的延长，使得汇流箱和逆变器的最大功率得到更充分的利用，基建投入也无须增加</td></tr>
</table>

另外，要优先选择使用具有高耐磨、强载荷、抗腐蚀、抗 UV 老化性能的阳极氧化铝合金、超厚热镀锌以及不锈钢等材料生产的支架。

铝合金支架一般用在民用建筑屋顶上，铝合金支架具有耐腐蚀、质量轻、美观耐用的特点，但其承载力低，无法应用在大型光伏电站上，且价格稍高于热镀锌钢材。

热镀锌钢材支架具有性能稳定，制造工艺成熟，承载力强，安装简便的特点，可广泛应用于各类光伏电站。

铝合金支架与热镀锌钢材支架的性能对比如表 6-7 所示。

表 6-7　　　　铝合金支架与热镀锌钢材支架性能对比

支架性能	铝合金支架	热镀锌钢支架
防腐性能	一般采用阳极氧化（大于 15μm），后期使用中不需要防腐维护，防腐性能好	一般采用热浸镀锌（大于 65μm），后期使用中需要防腐维护，防腐性能较差
机械强度	铝合金型材的变形量约是钢材的 2.9 倍	钢材强度约是铝合金的 1.5 倍
材料重量	2.7～2.72t/m³	7.8～7.85t/m³
材料价格	约为热镀锌钢材价格的 3 倍	—
适用项目	对承重有要求的家庭屋顶电站；对抗腐蚀性有要求的工业厂房屋顶电站	强风地区，跨度比较大等对强度有要求的电站

6.2.3 光伏支架及方阵的设计

我们应根据光伏组件数量和尺寸大小以及方阵最佳倾角，光伏组件安装位置、安装方式等内容，进行光伏支架的选择和设计。光伏支架的设计要尽量结构简单、受力合理、牢固可靠、结实耐用，造价经济且便于施工，充分考虑承重、抗风、抗震、抗腐蚀等因素。光伏支架设计还应考虑尽量减少焊接，优先采用铰接或螺丝固定组合连接，方便安装调节和移装拆除。无论哪种安装结构，都要确保支架的支撑牢固及对光伏组件的良好固定，目标是能够使光伏方阵在25年以上生命周期内稳固工作，能抵受住各种恶劣气象条件的侵袭。

1. 屋顶类光伏支架的设计

根据不同的屋顶结构分别进行屋顶类光伏支架的设计，对于斜面屋顶可设计与屋顶斜面平行的支架，支架的高度离屋顶面10cm左右，以利于光伏组件的通风散热。也可以根据最佳倾斜角设计成前低后高的屋顶倾角支架，以满足光伏组件的太阳能最大接收量。平面屋顶的光伏支架一般要设计成三角形，支架倾斜面角度为光伏组件的最佳接收倾斜角，屋顶支架设计示意如图6-15所示。

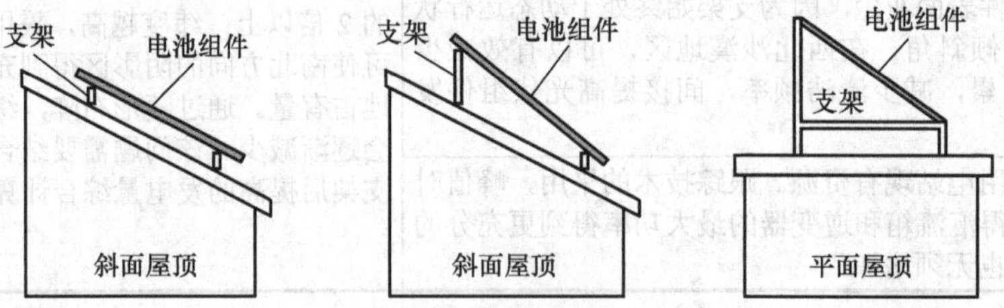

图6-15 屋顶支架设计示意

屋顶类光伏支架必须与建筑物的主体结构相连接，而不能连接在屋顶材料上。如果在屋顶采用混凝土基础固定支架的方式，需要将屋顶的防水层揭开一部分，抠开混凝土表面，最好找到屋顶混凝土中的钢筋，然后将支架和基础中的预埋件螺栓焊接在一起。不能焊接钢筋时，要在屋顶打眼预埋钢筋或采用植筋方式，也可将做基础部分的屋顶表面处理得凸凹不平，增加屋顶表面与混凝土基础的附着力，然后对屋顶防水层破坏部分做二次防水处理。

对于不能做混凝土基础的屋顶一般直接用角钢支架固定光伏组件，支架的固定就需要采用钢丝绳拉紧法、支架延长固定法等，支架在屋顶的设计方法如图6-16所示。三角形支架的光伏组件的下边缘与屋顶面的间隙要大于15cm以上，以防下雨时屋顶面泥水溅到光伏组件玻璃表面，使组件玻璃脏污。

屋顶光伏支架的制作可以用角钢和槽钢等镀锡钢材加工焊接，也可以直接选择专用U形钢冲压支架或铝合金支架。这些屋顶专用光伏支架包括平屋顶钢支架和铝合金支架、倾角可调式屋顶钢支架和铝合金支架、彩钢瓦屋顶钢支架和铝合金支架、瓦屋顶钢支架和铝合金支架等。设计和选用专业支架时所需要的具体规格尺寸和技术参数可参考各生产厂家提供的技术资料手册。图6-17所示为用角钢制作的三角形组件支架实体。图6-18所示为大型光伏屋顶电站组件支架结构实体。图6-19所示为彩钢板屋顶用铝合金支架固定光伏组件示意。图6-20所示为瓦房屋顶用挂钩支架固定光伏组件的方法案例。图6-21所示为瓦房屋顶支架连接固定示意。

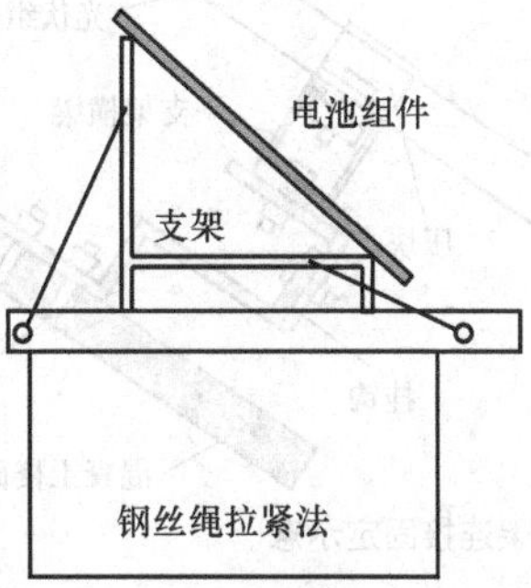

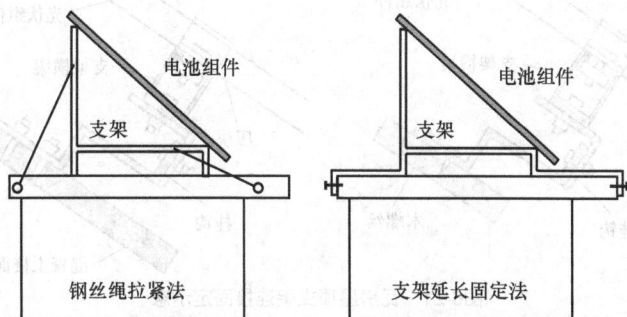

图6-16　支架在屋顶的固定方法

图6-17　用角钢制作的三角形组件支架实体

图6-18　大型光伏屋顶电站组件支架结构实体

图6-19　彩钢板屋顶用铝合金支架固定光伏组件示意

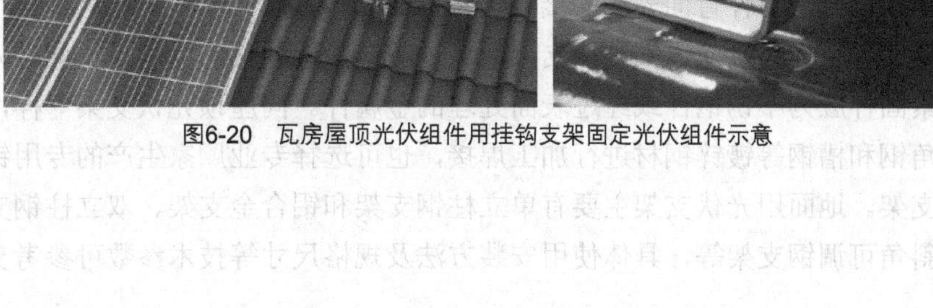

图6-20　瓦房屋顶光伏组件用挂钩支架固定光伏组件示意

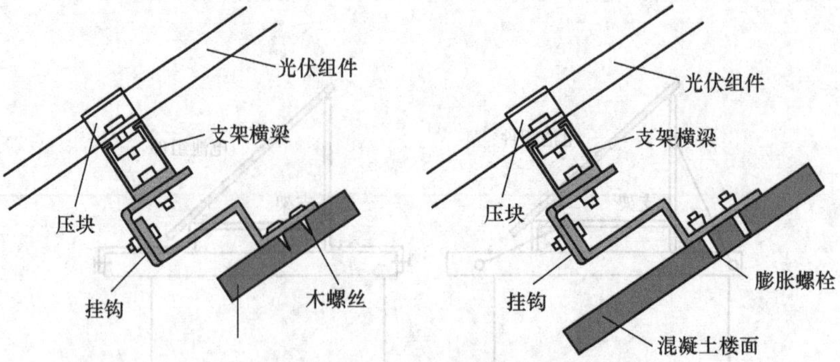

图6-21　瓦房屋顶支架连接固定示意

图 6-22 和图 6-23 所示为太阳能光伏发电系统屋顶工程安装实例。

图6-22　屋顶工程安装实例1

图6-23　屋顶工程安装实例2

2. 地面光伏支架的设计

地面用光伏支架可分为固定式、可调式和自动跟踪式等。地面安装的光伏支架要有足够的强度，满足光伏方阵静载荷（如积雪重量）和动载荷（如台风）的要求，保证方阵安装安全、牢固、可靠。支架应保证组件与支架连接牢固可靠，支架与基础连接牢固，要能抵抗120km/h（33.3m/s）的风力而不被破坏。

设计支架时，为了能接受更多的地面反射辐照并考虑光伏方阵通风散热等因素，对于一般的应用场地，组件方阵下边缘离地面的高度不低于 0.5m，主要考虑下面几个因素：① 要考虑当地最大积雪深度；② 方阵高于当地发生洪水时的水位高度；③ 防止下雨时泥沙溅到光伏组件表面；④ 防止小动物的破坏；⑤ 方阵高度应高于现场植物或荒草的高度。

对双面发电光伏组件而言，光伏方阵的安装高度与方阵背面发电功率有很大关系，其最佳安装高度随着安装地点的不同而各异，一般选择在 0.4～1m。安装高度也不是越高越好，高度过低或过高，都无法发挥双面发电光伏组件的优势，组件背面的发电功率都会减少。另外在设计支架结构时需要考虑背面的遮挡问题，支架构件如斜梁、檩条导轨及连接件等不要横穿组件电池片区域，要尽量沿组件边缘设置。光伏逆变器、汇流箱等设备也要安装在方阵的侧面，避免阻挡光伏组件背面光线的接收。

光伏支架应保证可靠接地，钢结构支架应经过防锈涂镀处理，以满足长期野外使用的要求，使用的紧固件应为不锈钢件或经过表面处理的金属件。同屋顶光伏支架一样，地面光伏支架可以用角钢和槽钢等镀锌钢材进行加工焊接，也可选择专业厂家生产的专用钢制冲压支架或铝合金支架。地面用光伏支架主要有单立柱钢支架和铝合金支架、双立柱钢支架和铝合金支架、倾斜角可调钢支架等，具体使用安装方法及规格尺寸等技术参数可参考支架生产厂家的相关产品手册。

另外，在屋顶和地面支架设计时还要考虑光伏方阵前后排之间阴影的遮挡。当多组光伏方阵需要前后排放置时，如果前后两组方阵之间的距离太小，前排光伏方阵的阴影会遮挡后排部分光伏方阵，从而影响发电量。因此设计时要通过下面几种方法计算光伏方阵前排与后排之间的合理距离。这个距离最好按照冬至日这一天的数据进行计算，因为冬至日这一天前排方阵的阴影最大，要求为在冬至日的 9 点～15 点时间段内，前排方阵对后排方阵没有遮挡。

（1）光伏方阵前后排间距计算

光伏方阵前后排间距计算示意如图 6-24 所示。

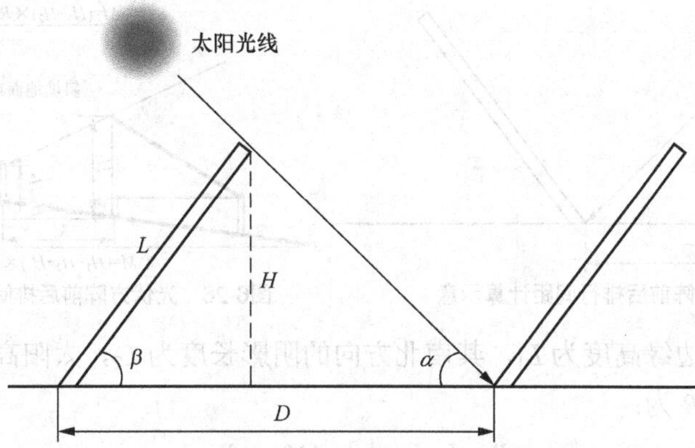

图6-24　光伏方阵前后排间距计算示意

光伏方阵前后排间距可以根据 GB 50797-2012《光伏发电站设计规范》中相关公式计算：

$$D = L\cos\beta + L\sin\beta \frac{0.707\tan\phi + 0.4338}{0.707 - 0.4338\tan\phi}$$

式中：D 为方阵前后排间距（m）；

L 为方阵倾斜面长度（m）；

β 为方阵倾斜角（°）；

ϕ 为当地纬度（°）；

α 为太阳高度角（°）。

（2）光伏方阵前后排间行距计算

光伏方阵前后排行间距计算示意如图 6-25 所示。

此计算公式与上一个计算公式类似。

$$D = \frac{0.707H}{\tan[\arcsin(0.648\cos\beta - 0.399\sin\beta)]}$$

式中：D 为方阵前后排行间距（m）；

β 为方阵倾斜角（°）；

H 为前排方阵最高点与后排方阵最低点的高度差（m）。

（3）光伏方阵前后排间距倍率计算

光伏方阵前后排间距倍率计算示意如图6-26所示。

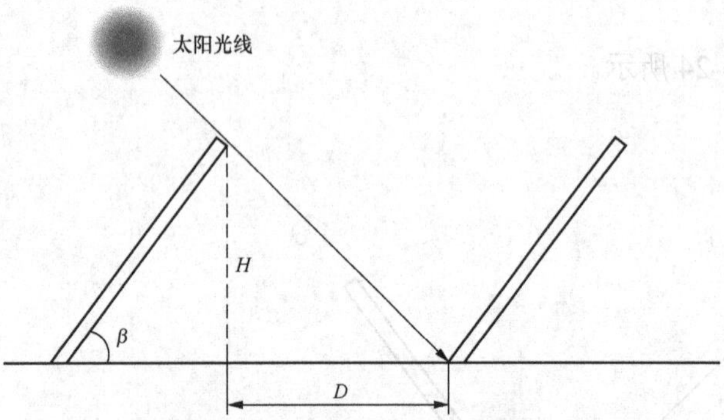

图6-25　光伏方阵前后排行间距计算示意

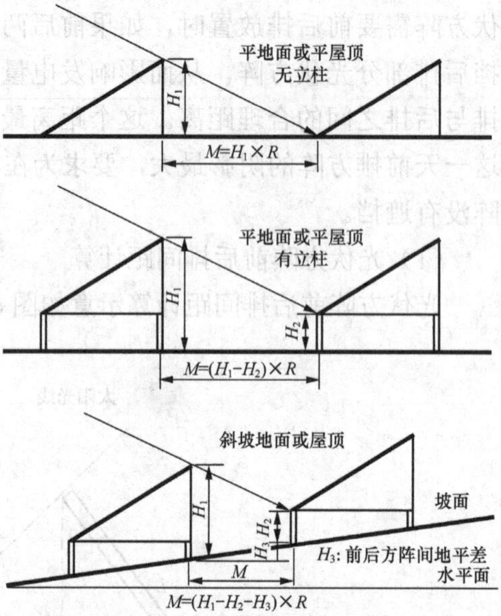

图6-26　光伏方阵前后排间距倍率计算示意

假设光伏方阵的上边缘高度为L_1，其南北方向的阴影长度为L_2，太阳高度角为A，方位角为B，则阴影的倍率R为：

$$R=L_2/L_1=\cot A\times\cos B$$

阴影的倍率也最好按冬至日这一天的数据进行计算。例如，光伏方阵的上边缘的高度为H_1，下边缘的高度为H_2，则方阵之间的距离M为：

$$M=H_1\times R$$

$$M=(H_1-H_2)\times R$$

$$M=(H_1-H_2-H_3)\times R$$

当纬度较高时，光伏方阵之间的距离应加大，相应地，安装场所的面积也会增加。对有防积雪措施的光伏方阵来说，其倾斜角度大，造成光伏方阵的高度增加，为避免阴影的影响，相应地也应增加光伏方阵之间的距离。通常在排布光伏方阵时，为减少光伏方阵占地面积或可用面积有限时，可分别选取每个光伏方阵中光伏组件（电池板）的拼装组合数量使其高度尺寸成阶梯形，也可以考虑将方阵基础制作成阶梯形来安装光伏方阵。光伏方阵阶梯形安装示意如图6-27所示。

方阵中光伏组件排列有横向排列和纵向排列两种方式，如图6-28所示，横向排列一般每列放置3～5块电池组件，纵向排列每列放置2～4块电池组件。支架具体尺寸要根据所选用的光伏组件规格尺寸和排列方式确定。图6-29所示为地面光伏方阵固定安装应用实例。

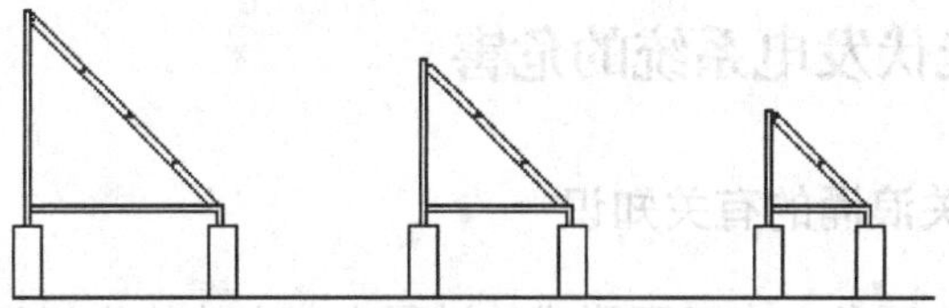

（a）电池板组合成阶梯形

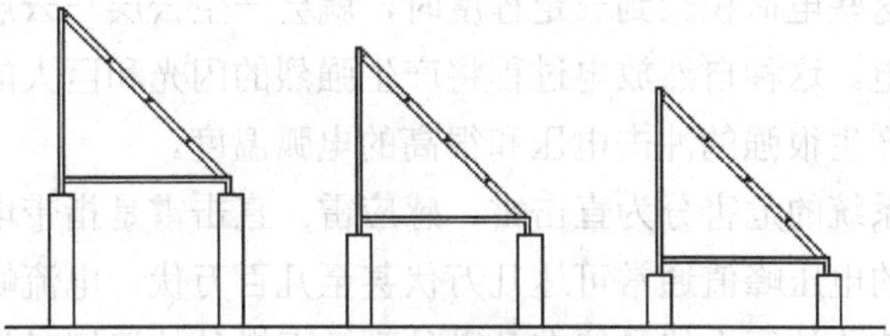

（b）基础制作成阶梯形

图6-27 光伏方阵阶梯形安装示意

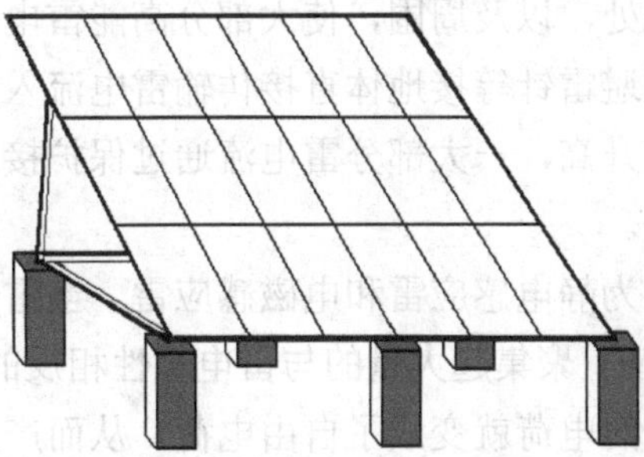

组件纵向排列

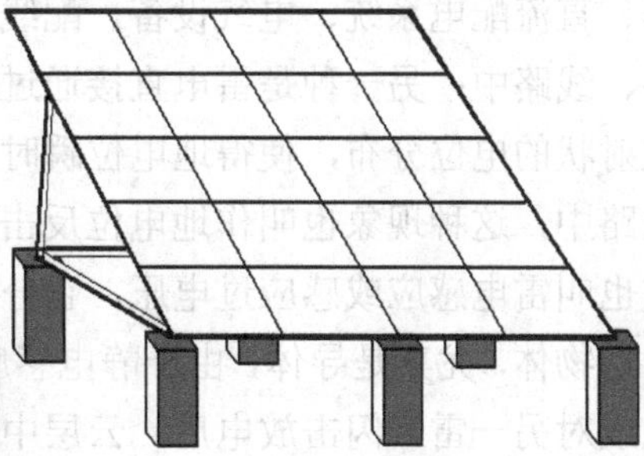

组件横向排列

图6-28 光伏组件排列示意

图6-29 地面光伏方阵固定安装应用实例

6.3 光伏电站的防雷接地系统

由于光伏发电系统的主要部分都安装在露天状态下，且分布的面积较大，因此存在着受直接和间接雷击的危害。同时，光伏发电系统与相关电气设备及建筑物直接连接，因此对光伏发电系统的雷击还会涉及相关的设备和建筑物及用电负载等。为了避免雷击对光伏发电系统的损害，就需要设置防雷与接地系统进行防护。

6.3.1 雷电对光伏发电系统的危害

1. 关于雷电及开关浪涌的有关知识

雷电是一种大气放电现象。在云雨形成的过程中，它的某些部分积聚起正电荷，另一部分积聚起负电荷，当这些电荷积聚到一定程度时，就会产生云层与云层之间或云层与地之间的放电现象，形成雷电。这种自然放电过程将产生强烈的闪光和巨大的声响，能在短时间内释放出大量的电荷并产生很强的冲击电压和很高的电弧温度。

雷电对光伏发电系统的危害分为直击雷、感应雷。直击雷是指带电云层与地面目标之间的强烈放电。直击雷的电压峰值通常可达几万伏甚至几百万伏，电流峰值可达几十千安到几百千安，雷电云层所蕴藏的巨大能量能在几微秒到几百微秒的极短时间内释放，瞬间功率巨大，破坏性很强。在太阳能光伏发电系统中，直击雷的侵入途径有两种：一种是雷电直接落到光伏方阵、直流配电系统、电气设备、配线处，以及周围，使大部分高能雷电流被引入建筑物、设备、线路中；另一种是雷电直接通过避雷针等接地体直接传输雷电流入地的装置放电，产生放射状的电位分布，使得地电位瞬时升高，一大部分雷电流通过保护接地线反串入到设备、线路中，这种现象也叫作地电位反击。

感应雷也叫雷电感应或感应过电压，它分为静电感应雷和电磁感应雷。当雷云来临时，地面上的一切物体，尤其是导体，由于静电感应，聚集起大量的与雷电极性相反的束缚电荷，在雷云对地或对另一雷云闪击放电后，云层中的电荷就变成了自由电荷，从而产生出很高的静电电压（感应电压），其过电压幅度值可达到几万到几十万伏，这种过电压往往会造成建筑物内的导线、接地不良的金属导体和大型的金属设备放电而引起电火花，从而引起火灾、爆炸，危及人身安全或对供电系统造成危害。一般来说，感应雷没有直击雷那么猛烈，但发生的概率比直击雷高得多。在太阳能光伏发电系统中，感应雷会引起相关建筑物、设备和线路的过电压，浪涌过电压通过静电感应或电磁感应的形式串入相关电子设备和线路中，对设备、线路造成危害。

除雷电能够产生浪涌电压和电流外，在大功率电路的闭合与断开的瞬间、感性负载和容性负载的接通或断开的瞬间、大型用电系统或变压器等断开的瞬间也都会产生较大的开关浪涌电压和电流，也会对相关设备、线路等造成危害。在并网系统中，电网的瞬间电压波动也能够在光伏发电系统内部产生过电压，同样会对相关设备、线路等造成危害。

对于较大型的或安装在空旷田野、高山、屋顶上的光伏发电系统，特别是雷电多发地区，必须配备防雷接地装置。

2. 雷击对光伏发电系统的危害

（1）对光伏组件的危害。光伏组件是光伏发电系统中的核心部分，其所在位置极易遭受具有强大的脉冲电流、高温、猛烈的电动力的直击雷的冲击，这会导致光伏组件接线盒内部旁路二极管击穿、电池片击穿、线路烧断等故障，使部分方阵无法发电或整个发电系统瘫痪。

（2）对光伏控制器的危害。当光伏控制器遭受到雷击或是过电压损坏时会出现以下情况。

① 充电系统一直充电，放电系统无放电，导致蓄电池一直处于充电状态，充电过饱轻则使蓄电池使用寿命缩短、容量降低，重则导致蓄电池爆炸，造成整个系统的损坏和人员伤亡。

② 充电系统无充电，放电系统一直处于放电状态，蓄电池无法将电能储存起来，导致设备在有太阳光时可正常工作，无太阳光或光线不强时无法正常工作。

（3）对蓄电池的危害。当系统遭受雷击使过电压入侵到蓄电池时轻则损害蓄电池，缩短电池的使用寿命，重则导致电池爆炸，引起严重的系统故障和人员伤亡。

（4）对逆变器的危害。如果逆变器遭受雷击而损坏将会出现以下情况。

① 用户负载无电压输入，用电设备无法工作。

② 逆变器无法将电压逆变，导致光伏组件产生的直流电压直接供负载使用，如果光伏组件串电压过高将直接烧毁用电设备。

3. 雷电侵入光伏发电系统的途径

（1）地电位反击电压通过接地体入侵。雷电击中避雷针时，在避雷针接地体附近将产生放射状的电位分布，对靠近它的电子设备进行地电位反击，入侵电压可高达数万伏。

（2）由光伏方阵的直流输入线路入侵。这种入侵分为以下两种情况。

① 当光伏方阵遭到直击雷打击时，强雷电电压将邻近土壤击穿或将直流输入线路电缆外皮击穿，使雷电脉冲侵入光伏发电系统。

② 带电荷的云对地面放电时，整个光伏方阵像一个大型环行天线一样感应出上千伏的过电压，通过直流输入线路引入，击坏与线路相连的光伏设备。

（3）由光伏发电系统的输出供电线路入侵。供电设备及供电线路遭受雷击时，在电源线上出现的雷电过电压平均可达上万伏，并且输出线还是引入远处感应雷电的主要因素。雷电脉冲沿电源线侵入光伏微电子设备及系统，可对系统设备造成毁灭性的打击。

6.3.2 防雷接地系统的设计

防雷工程是一个系统工程，一套完整的防雷体系包括直击雷防护、等电位连接措施、屏蔽措施、规范的综合布线、浪涌保护器防护和完善合理的共用接地系统 6 个部分组成，这也被称为“综合防雷”，也反映了现代防雷新理念。在防雷接地系统的设计中，一个环节考虑不周，不但起不到防雷作用，还有可能“引雷入室”而损坏设备。

1. 光伏发电系统的防雷措施和设计要求

光伏发电系统的主要防雷措施如图 6-30 所示。其中外部防雷保护系统由避雷针（接闪器）、引下线和接地体构成，其作用是把雷电流尽快地散泄到大地中。对光伏发电系统接地系统的要求是要有足够小的接地电阻和合理的布局。

光伏发电系统防雷设计的主要要求如下。

（1）选择光伏发电系统或发电站建设地址时，要尽量避免容易遭受雷击的位置和场合。

（2）避雷针的布置既要考虑光伏发电系统设备在保护范围内，又要尽量避免避雷针的投影落在光伏方阵组件上。

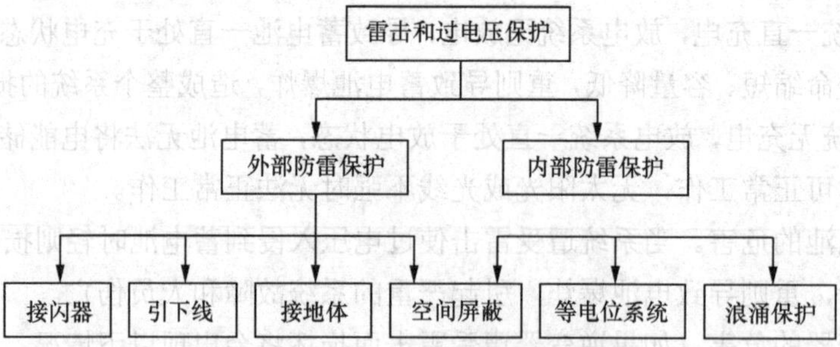

图6-30　光伏发电系统的主要防雷措施

（3）根据现场状况，可采用避雷针、避雷带和避雷网等不同防护措施应对直击雷，降低雷击概率。无论是地面还是屋顶光伏发电系统，系统的组件方阵都要在防雷装置的保护范围之内，一般安装在建筑物屋顶的光伏方阵，可尽量利用原有建筑物的外部防雷系统。如果原建筑物没有接地装置或接地装置不符合光伏发电系统的要求时，就需要重新设置避雷针及接地系统。光伏组件的边框及光伏支架都要与避雷针及接地系统进行可靠的等电位连接，并与原建筑物的接地系统相连。

（4）尽量采用多根均匀布置的引下线将雷击电流引入地下。多根引下线的分流作用可降低引下线的引线压降，减少侧击的危险，并使引下线泄流产生的磁场强度减小。

（5）为防止雷电感应的电磁脉冲使系统不同金属物之间产生电位差和故障电压，从而对系统设备造成危害，要将整个光伏发电系统的所有金属物，包括光伏组件的边框、支架；逆变器、控制器及各种汇流箱、配电柜的金属外壳；金属线管、线槽、桥架；线缆的金属屏蔽层等与联合接地体等电位连接，并且做到各自独立接地。图6-31所示为光伏发电系统等电位连接示意。

（6）在系统回路上逐级加装防雷器（浪涌保护器），实行多级保护，使雷击或开关浪涌电流经过多级防雷器件泄流。一般在光伏发电系统直流线路部分采用直流防雷器，在逆变后的交流线路部分，使用交流防雷器。防雷器在光伏发电系统中的基本应用如图6-32所示。

防雷器与引下线保护距离示意如图6-33所示。当引下线与光伏设备的安全间隔距离 S 大于10m时，在系统的①、②、③位置要安装防雷器；当引下线与光伏设备的安全间隔距离 S 小于等于10m时，在系统的位置④要加装一组直流防雷器。另外注意，雷电引下线和设备接地线虽然最终可能汇总到一个接地点，但两者绝对不能共用导线，特别是设备接地线要单独走线，切忌借助雷电引下线接地。

光伏发电系统接地的主要目的如下。

（1）将低压电气设备的中性点接地，以此来降低电气设备的绝缘水平要求，抑制因系统故障接地而引起的过电压。

（2）防止用电设备由于绝缘老化、损坏引起触电、火灾等事故。

（3）保证防雷器在电气设备遭受雷击时能有效保护设备。

（4）减少系统的电磁干扰。

光伏发电系统的接地类型和要求主要包括以下几个方面。

（1）防雷接地。防雷接地的作用是通过防雷装置把雷电流引入大地，主要由接闪器（避雷针、避雷带、光伏组件边框等）、引下线、接地体组成，要求接地电阻小于10Ω，并最好考虑单独设置接地体。

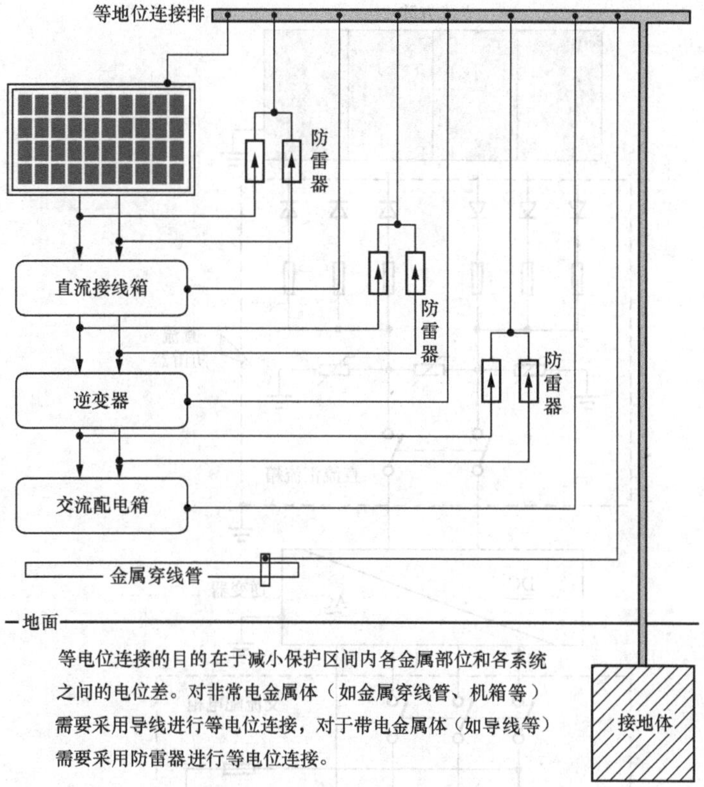
等地位连接排
防雷器
直流接线箱
防雷器
逆变器
防雷器
交流配电箱
金属穿线管
地面
等电位连接的目的在于减小保护区间内各金属部位和各系统之间的电位差。对非常电金属体（如金属穿线管、机箱等）需要采用导线进行等电位连接，对于带电金属体（如导线等）需要采用防雷器进行等电位连接。
接地体

图6-31　光伏发电系统等电位连接示意

（2）工作接地。工作接地是将电路中的某一点与大地进行电气上的连接，以保证电气设备的安全用电。主要涉及逆变器、蓄电池组的中性点、电压互感器和电流互感器的二次线圈等，要求接地电阻小于等于 4Ω。

（3）安全保护接地。安全保护接地是将所有电气设备的金属外壳接地，以防止当电气设备绝缘损坏时，人体接触设备外壳而触电。主要包括光伏组件外框、支架，控制器、逆变器、配电柜外壳，蓄电池支架、电缆铠甲、金属穿线管外皮等，要求接地电阻小于等于 4Ω。

（4）屏蔽接地。是指将某些传输通信数据等的电子设备、通信线缆的金属屏蔽等接入大地，以防止其受到外界周边各种电磁干扰，屏蔽接地也要求接地电阻小于等于 4Ω。

（5）当安全保护接地、工作接地、屏蔽接地和防雷接地 4 种接地共用一组接地装置时，其接地电阻按其中最小值确定；若防雷器已单独设置接地装置时，其余 3 种接地宜共用一组接地装置，其接地电阻不应大于其中最小值。

（6）条件许可时，防雷接地系统应尽量单独设置，不与其他接地系统共用，并保证防雷接地系统的接地体与公用接地体在地下的距离保持在 3m 以上。

光伏发电系统中常用的接地方法如图 6-34 所示。

无接地表示光伏发电系统没有接地装置；设备接地是指将系统所有的金属箱体、盒、支架和设备外壳连接到接地基准点上，如果箱体带电（电路漏电）可以将电流分流到大地。

系统接地是指将光伏发电系统中的一路导线（如光伏组串负极输出引线）连接设备接地端的接地方式。系统接地的重要作用是当系统工作正常时，它能够稳定电气系统对地的电压，还能在发生故障时，使过电流装置更容易运行。

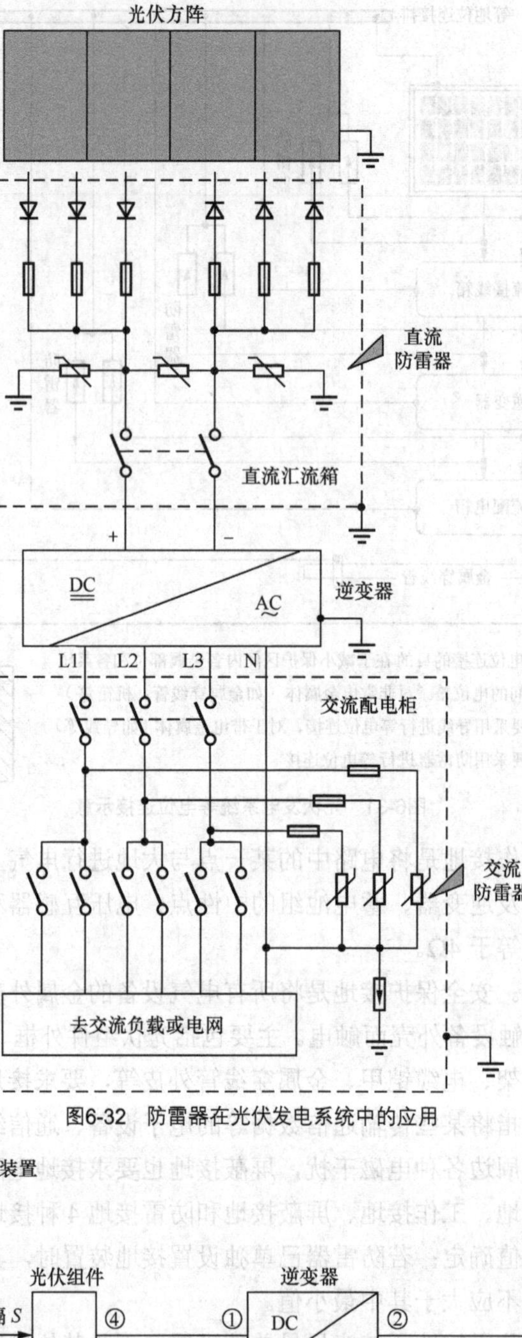

图6-32　防雷器在光伏发电系统中的应用

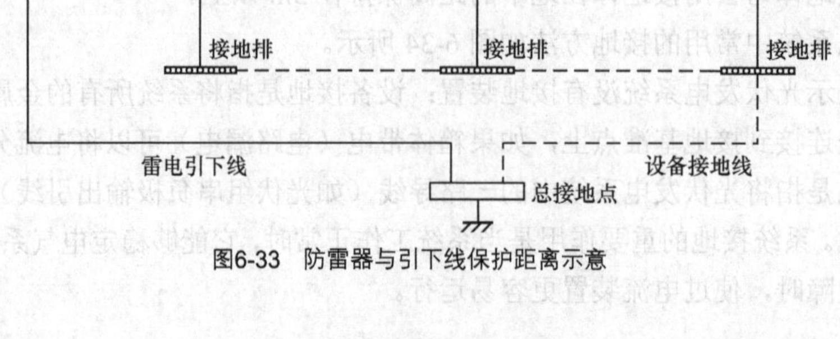

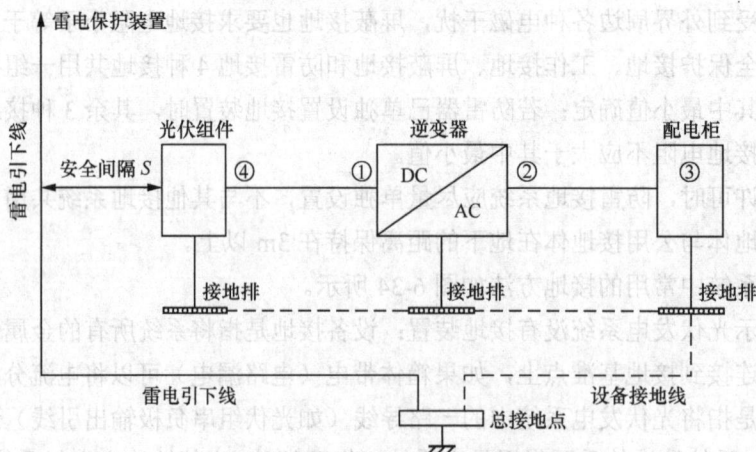

图6-33　防雷器与引下线保护距离示意

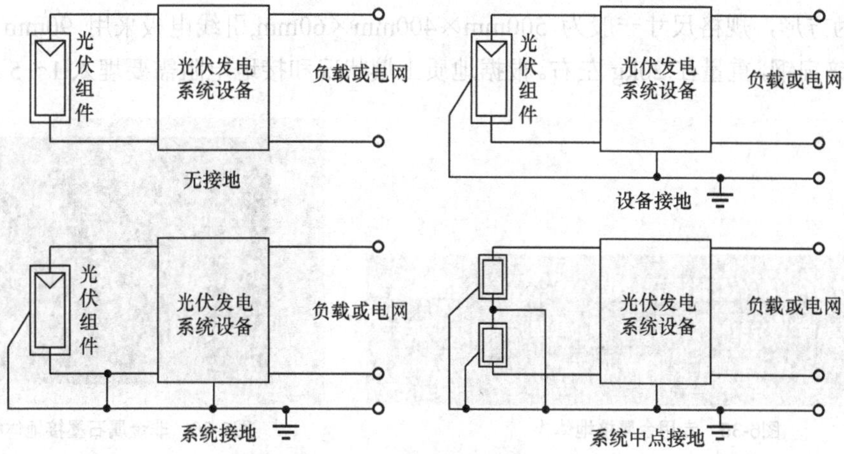

图6-34 光伏发电系统中常用接地方法

系统中点接地是指在直流输出为三线输出时，将中性线或中心抽头接地。

当实际施工中采用系统接地方式时，二线系统中的一根导线，或三线系统中的中性线要按照下列方法牢固接地。

（1）直流电路可以在光伏方阵输出电路的任意一点上接地，但接地点要尽可能靠近光伏组件前端，在开关、熔断器、保护二极管等之前，以更好地保护系统免遭雷击引起的电压冲击。

（2）当从组串或方阵中拆去任何一块组件时，系统接地、设备接地都不应该被切断。

（3）直流电路的地线和设备的地线应共用同一接地电极。如果是中性接地，要把此地线与供电设施干线的中性地线连接。直流系统与交流系统的所有地线应该是共用的。

2. 接地系统的材料选用

（1）避雷针（带）

避雷针和避雷带统称为接闪器。避雷针一般由直径 12～16mm 的圆钢制作，如果采用避雷带，则使用直径为 8mm 的圆钢或厚度为 4mm 的扁钢。避雷针高出被保护物的高度应大于等于避雷针到被保护物的水平距离，避雷针越高保护范围越大。

（2）接地体

接地体宜采用热镀锌钢材，其规格一般为：直径 50mm 的钢管，壁厚不小于 3.5mm 或 50mm×50mm×5mm 的角钢，长度一般为 2～2.5m。接地体的埋设深度标准为上端离地面 0.7m 以上，接地体与引下线的连接可以用螺栓连接也可以焊接，如果是焊接，焊接过的部位要重新做防腐防锈处理。

为提高接地效果，也可以使用专用金属接地体（如图 6-35 所示）或非金属石墨接地体模块（如图 6-36 所示），这种模块是一种以非金属材料为主的接地体，它由导电性、稳定性较好的非金属矿物和电解物质组成，这种接地体克服了金属接地体在酸性和碱性土壤里亲和力差且易发生表面锈蚀而使接地电阻变化，当土壤中有机物质过多时，金属体表面容易覆盖油墨，导致导电性和泄流能力减弱。这种接地体增大了本身的散流面积，降低了接地体与土壤之间的接触电阻，具有强吸湿保湿能力，使其周围附近的土壤电阻率降低，介电常数增大，层间接触电阻降低，耐腐蚀性增强，因而能获得较低的接地电阻和较长的使用寿命。接地体模块外形为方形，规格尺寸一般为 500mm×400mm×60mm,引线电极采用 90mm×40mm×4mm 的镀锌扁钢，重量在 20kg 左右。根据地质土壤状况和接地电阻需要埋入 1～5 块接地体。

图6-35 专用金属接地体

图6-36 非金属石墨接地体模块

（3）引下线

引下线一般使用镀锌圆钢或扁钢，优先选用圆钢，直径不小于 8mm；如用扁钢，截面积应不小于 $40mm^2$；对于要求较高的场合要使用截面积 $35mm^2$ 的双层绝缘多股铜线。

（4）专用降阻剂

接地系统专用的降阻剂属于物理性长效防腐环保降阻剂，是由高分子吸水材料、电子导电材料、碳基复合材料结合而成的树脂类共生物，具有无毒、无异味、无腐蚀、无污染等优点，符合国家优质土壤环境标准的要求。其导电能力不受酸、碱、盐、温度等变化的影响，具有良好的吸湿、保湿、防冻能力，不会因地下水的存在而产生流失，对土壤电阻率有长期改良作用。在接地系统中使用专用降阻剂可节约工程成本，降低土壤电阻率，使接地电阻稳定，接地系统寿命长久。

（5）接地模块与降阻剂的用量计算

根据地网土层的土壤电阻率，采用下列公式计算接地模块用量、接地模块水平埋置。单个模块接地电阻 $R=0.068\rho/\sqrt{a\times b}$，并联后的总接地电阻 $R_n=R/(n\eta)$。

其中，ρ为土壤电阻率，单位是Ω·m；a、b 为接地模块的长、宽，单位是 m；R 为单个模块的接地电阻，单位是Ω；R_n 为总接地电阻，单位是Ω；n 为接地模块个数；η为模块调整系数，一般取 0.6～0.9。

降阻剂的用量根据土壤的不同，在接地体上的敷设厚度应在 5～15cm，接地体水平放置，按 12kg/m 左右的用量使用。

3. 防雷器的选型

光伏发电系统常用防雷器的外形如图 6-37 所示。防雷器内部主要有热感断路器和金属氧化物压敏电阻等，另外还可以根据需要同 NPE 模块火花放电间隙配合使用。防雷器内部结构示意图如图 6-38 所示。

图6-37　光伏发电系统常用防雷器的外形

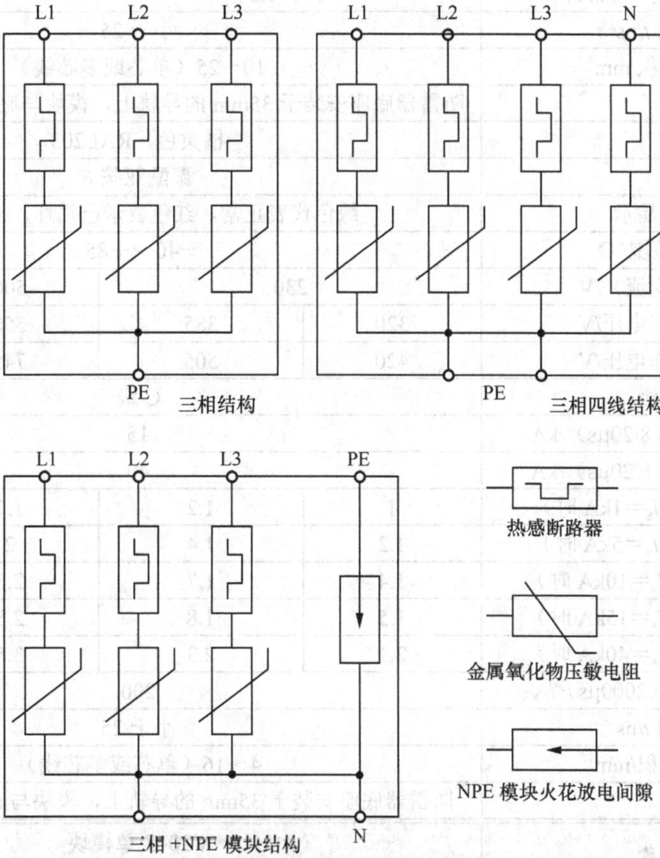

图6-38　防雷器内部结构示意

光伏发电系统常用防雷器品牌有 OBO、德和盛、西岱尔、魏德米勒及国内的环宇电气、新驰电气等。其中常用的型号为 OBO 的 V25-B+C/3、V25-B+C/4、V25-B+C/3+NPE、V20-C/3、V20-C/3+NPE 交流电源防雷器和 V20-C/3-PH 直流电源防雷器；DEHN 的 DLG PV 1000、DG PV 500 SCP、DG PV 500 SCP FM、DG MTN275 和 DV M TNC 255；环宇电气的 HUDY1-PV-40-600DC、HUDY1-PV-40-1000DC；新驰电气的 SUP4-PV 等。表 6-8 是 OBO 的 V25-B+C 和 V20-C 防雷器的技术参数，表 6-9 所示为光伏专用防雷器的主要技术参数，供选型时参考。

表 6-8　　　　OBO 公司 V25-B+C 和 V20-C 防雷器的技术参数

模块名称	V25-B+C 单模块			
	V25-B/0-320		V25-B/0-385	
标称电压（交流）/V	230			
最大交流工作电压/V	320		385	
最大直流工作电压/V	410		505	
防雷等级	B 级			
最大放电电流 I_n（8/20μs）/kA	60			
残压 U_{res}/kV（当 I_s=20kA 时）	小于 1.3		小于 1.4	
残压 U_{res}/kV（当 I_s=60kA 时）	小于 1.6		小于 2.0	
响应时间 t/ns	小于 25			
连接线截面积/mm²	10～25（单芯或多芯线）			
安装	防雷器底座安装于 35mm 的导轨上，模块与底座间可实现热插拔			
颜色	橘黄色，RAL203			
材料	聚酰亚胺 6			
模块窗口显示	绿色代表正常，红色表示已损坏，需要更换			
工作温度范围/℃	-40～+85			
标称电压（交流）/V	230		500	75
最大交流工作电压/V	320	385	550	75
最大直流工作电压/V	420	505	745	100
防雷等级	C 级			
额定放电电流 I_n（8/20μs）/kA	15			
最大放电电流 I_n（8/20μs）/kA	40			
残压 U_{res}/kV（当 I_s=1kA 时）	1	1.2	1.7	0.24
残压 U_{res}/kV（当 I_s=5kA 时）	1.2	1.4	2	0.3
残压 U_{res}/kV（当 I_s=10kA 时）	1.4	1.7	2.3	0.35
残压 U_{res}/kV（当 I_s=15kA 时）	1.5	1.8	2.5	0.4
残压 U_{res}/kV（当 I_s=40kA 时）	2.1	2.3	3.5	0.55
长时间放电电流（2000μs）/A	200			
响应时间 t/ns	小于 25			
连接线截面积/mm²	4～16（单芯或多芯线）			
安装	防雷器底座安装于 35mm 的导轨上，模块与底座间可方便插拔			
模块名称	V20-C 单模块			
	V20-C/0-320	V20-C/0-385	V20-C/0-550	V20-C/0
颜色	灰色，RAL7035			
材料	聚酰亚胺 6			
模块窗口显示	绿色代表正常，红色表示已损坏，需要更换			
工作温度范围/℃	-40～+85			

表 6-9　　　　光伏专用防雷器主要技术参数

型　号 / 技术参数	环宇电气		新驰电气		
	HUDY1-PV-40	HUDY1-PV-40	SUP4-PV	SUP4-PV	SUP4-PV
额定工作电压 U_n/V	DC600	DC1000	DC500	DC800	DC1000
最大持续工作电压 U_c/V	DC670	DC1000	DC530	DC840	DC1060
标称放电电流 I_n（8/20μs）/kA	15	15	5	20	30

续表

型号 / 技术参数	环宇电气		新驰电气		
	HUDY1-PV-40	HUDY1-PV-40	SUP4-PV	SUP4-PV	SUP4-PV
最大放电电流 I_{max}（8/20μs）/kA	40	40	10	40	60
保护水平电压 U_p/kA	2.8	4.0	小于等于 1.5	小于等于 3.0	小于等于 3.2
响应时间 t_a/μs	小于等于 25	小于等于 25	—	—	—
工作温度/℃	−40～+85				
相对湿度	小于等于 95%RH（25℃）				
工作窗口指示	正常时：绿色；失效时：红色				
防护等级	IP20				
安装方式	35mm 标准导轨				
建议接线（多股）	16～25mm^2				

下面是光伏发电系统常用防雷器主要技术参数的具体说明。

（1）最大持续工作电压（U_c）：该电压值表示可允许加在防雷器两端的最大工频交流电压有效值。在这个电压下，防雷器必须能够正常工作，不可出现故障。同时该电压连续加载在防雷器上，不会改变防雷器的工作特性。

（2）额定工作电压（U_n）：防雷器正常工作状态下的电压。这个电压可以用直流电压表示，也可以用正弦交流电压的有效值来表示。

（3）最大放电电流（I_{max}）：防雷器在不发生实质性破坏的前提下，每线或单模块对地通过规定次数、规定波形的最大限度的电流峰值数。最大放电电流一般大于额定放电电流的 2.5 倍。

（4）额定放电电流（I_n）：也叫标称放电电流，是指防雷器所能承受的 8/20μs 雷电流波形的电流峰值。

（5）脉冲冲击电流（I_{imp}）：在模拟自然界直接雷击的波形（标准的 10/350μs 雷电流模拟波形）电流下，防雷器能承受多次雷击而不发生损坏的电流值。

（6）残压（U_{res}）：雷电放电电流通过防雷器时，其端子间呈现的电压值。

（7）额定频率（f_n）：防雷器的正常工作频率。

在防雷器的具体选型时，除了各项技术参数要符合设计要求外，还要特别考虑下列几个参数和功能的选择。

（1）最大持续工作电压（U_c）的选择

氧化锌压敏电阻防雷器的最大持续工作电压（U_c）是关系到防雷器运行稳定性的关键参数。在选择防雷器的最大持续工作电压时，除了要使其符合相关标准要求，还应考虑到安装电网可能出现的正常波动及可能出现的最高持续故障电压。例如，在三相交流电源系统中，相线对地线的最高持续故障电压有可能达到额定交流工作电压 220V 的 1.5 倍，即有可能达到 330V。因此在电压不稳定的地方，建议选择电源防雷器的最大持续工作电压大于 330V 的模块。

在直流电源系统中，最大持续工作电压与正常工作电压的比值，根据经验一般取 1.5～2。

（2）残压（U_{res}）的选择

在确定选择防雷器的残压时，单纯考虑残压值越低越好并不全面，并且容易引起误导。首先在标注不同产品的残压数值时，必须注明测试电流的大小和波形，才能有一个共同比较的基础。一般是以 20kA（8/20μs）的测试电流条件下记录的残压值作为防雷器的标注值，并进行比较。其次压敏电阻防雷器选用残压越低，意味着最大持续工作电压也越低。因此，过分强调低残压，需要付出降低最大持续工作电压的代价，其后果是在电压不稳定地区，防雷器容易因长时间持续过电压而频繁被损坏。

在压敏电阻型防雷器中，最大持续工作电压和最合适的残压值，就如同天平的两侧，在进行选择时不可倾向任何一边。根据经验，残压在 2kV 以下（20kA、8/20μs）,就能对用户设备提供足够的保护。

（3）报警功能的选择

为了监测防雷器的运行状态，当防雷器出现损坏时，系统能够通知用户及时更换损坏的防雷器，防雷器一般附带各种方式的损坏指示和报警功能，以适应不同环境的不同要求。

① 窗口色块指示功能：该功能适合有人值守且天天巡查的场所。所谓窗口色块指示功能就是在每组防雷器上都有一个指示窗口，防雷器正常时，该窗口是绿色；当防雷器损坏时，该窗口变为红色，提示用户及时更换。

② 声光信号报警功能：该功能适合在有人值守的环境中使用。声光信号报警装置是用来检查防雷器的工作状况，并通过声光信号显示状态的。装有声光报警装置的防雷器始终处于自检测状态，防雷器一旦损坏，控制模块立刻发出一个高音高频报警声，监控模块上的状态显示灯由绿色变为红色。当将损坏的防雷器更换后，状态显示灯变为绿色，表示防雷器正常工作，同时报警声音停止。

③ 遥信报警功能：遥信报警装置主要用于对安装在无人值守环境中或难以检查位置的防雷器进行集中监控。带遥信功能的防雷器都装有一个监控模块，持续不断检查所有被连接的防雷模块的工作状况，如果某个防雷器出现故障，机械装置将向监控模块发出指令，使监控模块内的常开和常闭触点分别转换为常闭和常开触点，并将此故障开关信息发送到远程有相应的显示或声音提示功能的装置上，触发这些装置工作。

④ 遥信及电压监控报警功能：遥信及电压监控报警装置除了具有上述功能，还能在防雷器运行中对加在防雷器上的电压进行监控，当系统有任意的电源电压下降或防雷器后备保护断路器（或熔断器）动作以及防雷器损坏时，远距离信号系统均会立即记录并报告。该装置主要用于三相电源供电系统。

第7章 离网光伏发电系统容量设计与计算

光伏发电系统的整体设计一般有两部分内容，一是系统的容量设计，主要是对光伏组件发电容量（发电功率）和蓄电池的电能存储容量进行设计与计算，目的就是设计计算整个系统能够满足用户用电或并网发电所需要的最大容量；二是对系统的整体构成进行电气、机械设计与配置选型。由于中小型太阳能光伏发电系统的单体容量较小，安装场所和环境各异，因此不宜采用与集中式大型地面光伏电站相同的设计和施工模式，而应该结合不同光伏发电系统的特点，根据具体情况分门别类，采用“标准化设计+根据现场条件适度调整”的模式，因地制宜进行设计、配置与选型。

光伏发电系统的整体配置指根据需要合理地对系统中的电力电子设备、部件、材料进行配置选型和局部设计，对相关附属设施进行设计与计算，目的是根据实际情况选配合适的设备、部件和材料等，使它们与系统容量设计的结果相匹配。

另外，在进行整体配置时，我们还要根据实际需要和系统容量的大小取舍决定相关附属设施。例如，有些小型光伏发电系统由于容量或者环境的因素，就可以不考虑对其配置防雷接地系统和监控测量系统等。

图 7-1 所示为典型离网光伏发电系统的配置构成示意，图 7-2 所示为典型并网光伏发电系统的配置构成示意。

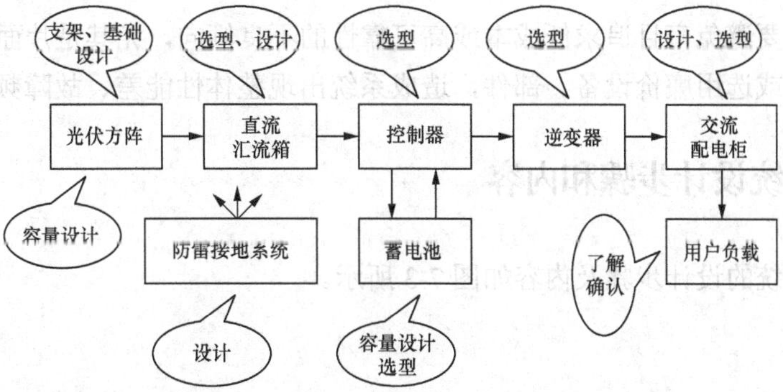

图7-1　典型离网光伏发电系统的配置构成示意

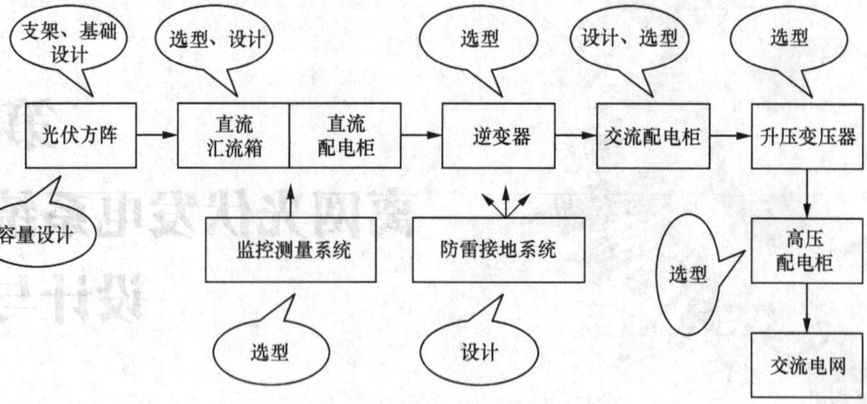

图7-2 典型并网光伏发电系统的配置构成示意

7.1 系统设计原则、步骤和内容

7.1.1 系统设计原则

光伏发电系统有离网、并网之分，负载大小有别，用途各异，发电系统所处的地理位置以及气象环境等因素也各不相同，而且许多数据在不断变化，这就使得光伏发电系统的容量设计较为复杂。光伏发电系统的设计要本着合理、实用、安全、美观、高可靠和高性价比（低成本）的原则，既能保证光伏发电系统的长期可靠运行，充分满足用户负载或并入电网的用电要求，同时又能使系统的配置最合理、最经济。特别是离网光伏发电系统，既要在满足正常使用条件下确定最小的光伏发电容量和蓄电储能容量，同时还要协调整个系统工作的高可靠性和系统成本之间的关系，在满足需要、保证质量的前提下节省投资，达到最好的投资收益效果。

设计中一定要避免盲目追求低成本或高可靠性的不良倾向，尤其是片面追求低成本，任意减少系统配置或选用廉价设备、部件，造成系统出现整体性能差、故障频发的现象。

7.1.2 系统设计步骤和内容

光伏发电系统的设计步骤及内容如图7-3所示。

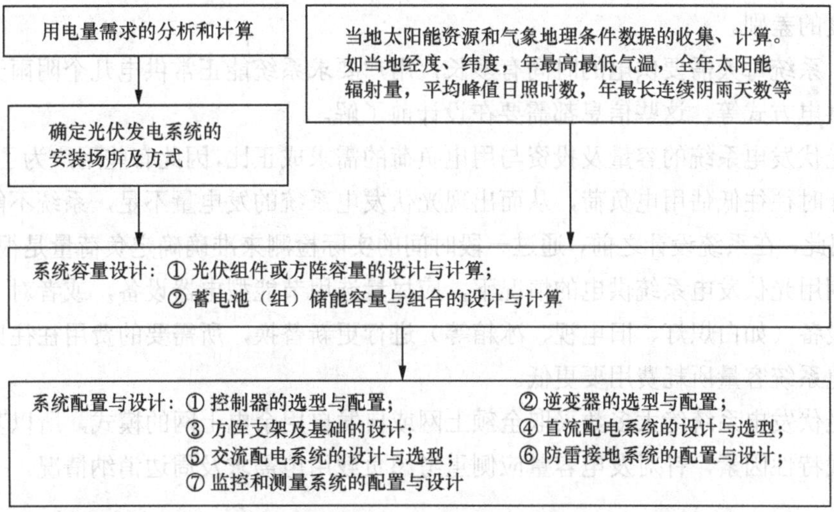
用电量需求的分析和计算
当地太阳能资源和气象地理条件数据的收集、计算。如当地经度、纬度，年最高最低气温，全年太阳能辐射量，平均峰值日照时数，年最长连续阴雨天数等
确定光伏发电系统的安装场所及方式
系统容量设计：① 光伏组件或方阵容量的设计与计算；② 蓄电池（组）储能容量与组合的设计与计算
系统配置与设计：① 控制器的选型与配置；② 逆变器的选型与配置；③ 方阵支架及基础的设计；④ 直流配电系统的设计与选型；⑤ 交流配电系统的设计与选型；⑥ 防雷接地系统的配置与设计；⑦ 监控和测量系统的配置与设计

图7-3 光伏发电系统的设计步骤及内容

7.2 与设计相关的因素和技术条件

在设计光伏发电系统时，应当根据负载的要求和当地的太阳能资源及气象地理条件，依照能量守恒的原则，综合考虑下列各种因素和技术条件。

7.2.1 系统用电负载特性及负荷需求

在设计光伏发电系统和进行系统设备的配置、选型之前，要充分了解用户用电负载的特性和用电负荷（尤其是设计离网光伏发电系统），例如负载是直流负载还是交流负载，工作电压是多少，额定功率是多大，负载是冲击性负载还是非冲击性负载，是电阻性负载、电感性负载还是电力电子类负载等。其中，电阻性负载如白炽灯、电子节能灯、电熨斗、电热水器等在使用中无冲击电流；而电感性负载和电力电子类负载如日光灯、电视机及洗衣机、电冰箱、空调、抽油烟机、水泵等带有电动机的负载，电动机启动时都有很大的启动冲击电流，且启动冲击电流往往是其额定工作电流的 5～10 倍。因此，在控制器、逆变器及蓄电池的容量设计和设备选型时，往往要考虑负载的启动功率，留有合理余量。逆变器的输出功率要大于负载的使用功率。对于各种摄像监控系统、通信基站等要求严格的场合，输出功率要按所有的负载功率之和考虑。

根据负载使用时长不同，负载可分为仅白天使用的负载、仅晚上使用的负载及白大和晚上连续使用的负载、间歇性工作的负载。对于仅在白天使用的负载，多数可以由光伏发电系统直接供电，可以考虑少量蓄电池的配备，起稳定供电的作用。对于连续工作的负载，用电量等于负载功率乘以使用时间，但对于间歇性工作负载，要估算每天的累计使用时间。例如一台一匹空调的额定功率一般在 800W，即其满负荷工作 1h 要消耗 0.8kW·h（0.8 度）的电量，但空调的运行时间与室内外温差、房间面积、设定温度、空调的能效比等因素有很大关系。一晚上空调运行 8h，但由于间歇工作，它绝对不会用掉 8kW·h 的电量，但耗电量可能会有二三度的差别。

另外，系统每天需要供电的时间有多长，用户要求系统能正常供电几个阴雨天，是否有其他辅助供电方式等，这些信息都需要在设计前了解。

由于光伏发电系统的容量及投资与用电负荷的需求成正比，因此有些用户为了减少投资，在系统设计时往往低估用电负荷，从而出现光伏发电系统的发电量不足，系统不能稳定运行等情况。因此，在系统设计之前，通过一段时间的实际检测来准确确定负荷量是很有必要的。另外，在利用光伏发电系统供电的情况下，应尽量选用节能型电器设备，或者对一些高能耗的旧电器设备（如白炽灯、旧电视、冰箱等）进行更新替换，所需要的费用往往比增加相应的光伏发电系统容量所耗费用要更低。

并网光伏发电系统绝大多数采取全额上网或自发自用余电上网的模式，所以基本不用考虑用电负载特性因素，针对发电容量应侧重考虑负载用电需求及周边消纳情况。

7.2.2 太阳能辐射资源及气象地理条件

由于光伏发电系统的发电量与太阳光的辐射强度、大气层厚度（即大气质量）、地理位置、所在地的气候、地形地貌等因素和条件都有着直接关系，因此在设计光伏发电系统时应考虑当地太阳能辐射强度、太阳能辐射总量、峰值日照时数、光伏方阵的方位角和倾斜角、连续阴雨天数及环境最低和最高气温等。

1. 光伏组件（方阵）的方位角与倾斜角

光伏组件（方阵）的方位角与倾斜角的选定是光伏发电系统设计时最重要的因素之一。所谓方位角一般是指东西南北方向的角度。对于光伏发电系统，方位角以正南为 0°，由南向东、向北为负角度，由南向西、向北为正角度，如太阳在正东方时，方位角为–90°，在正西方时方位角为90°。方位角决定了阳光的入射方向，决定了各个方向的山坡或不同朝向建筑物的采光状况。倾斜角是地平面（水平面）与光伏组件之间的夹角。倾斜角为 0° 时表示光伏组件为水平设置，倾斜角为 90° 时表示光伏组件为垂直设置。

（1）光伏组件方位角的确定

光伏组件的方位角一般选择 0°（正南方向），以使组件单位容量的发电量最大。如果受光伏组件设置场所如屋顶、土坡、山地、建筑物结构及阴影等的限制时，则方位角应考虑与它们的方位角一致，以求充分利用现有地形和有效面积，并尽量避开周围建筑物、构筑物或树木等产生的阴影。只要方位角在正南±20° 之内，都不会对发电量有太大影响，条件允许的话，应尽可能设置在偏西南 20° 之内，使太阳能发电量的峰值出现在中午稍过后某时，这样有利用冬季多发电。有些光伏建筑一体化发电系统在设计时，当正南方向光伏组件铺设面积不够时，也可将光伏组件铺设在偏东、偏西或正东、正西方向。在不同的纬度和相应最佳倾斜角状态下，方位角偏离正南 30° 时，方阵的发电量将减少 5%～15%，偏离正南 60° 时，方阵的发电量将减少 15%～25%。

（2）光伏组件倾斜角的确定

在离网光伏发电系统中，最理想的倾斜角是光伏组件全年发电量尽可能大，而冬季和夏季发电量差异尽可能小时的倾斜角。但在我国北方地区，特别是高纬度地区，冬季和夏季水平面太阳辐射量差异非常大，如在我国黑龙江省相差约5倍，所以纬度越高则要尽量考虑使发电量满足冬季需要。系统冬季的发电量和储能需求能够满足用电需求，其他3个季节都能满足用电需求。确定光伏组件的倾斜角时，一般取当地纬度或当地纬度加上几度作为当地最佳倾斜角，纬度越高，加的度数越大，当然如果能够采用计算机辅助设计软件进行光伏组件倾斜角的优化计算则更加精准可靠。

如果没有条件对离网光伏发电系统光伏组件倾斜角进行计算优化设计，也可以根据当地纬度粗略确定光伏组件的倾斜角：

纬度为0°～25°时，倾斜角等于当地纬度；

纬度为26°～40°时，倾斜角等于当地纬度加5°～10°；

纬度为41°～55°时，倾斜角等于当地纬度加10°～15°；

纬度为55°以上时，倾斜角等于当地纬度加15°～20°。

不同类型的太阳能光伏发电系统，其最佳安装倾斜角是有所不同的。在离网光伏发电系统中，如为太阳能路灯等四季性负载供电的光伏发电系统，这类负载的工作时间随着季节而变化，其特点是以自然光线的强弱来决定负载每天工作时间的长短。冬天时日照时间短，太阳能辐射能量小，而夜间负载工作时间长，耗电量大。因此系统设计时要考虑这种情况，按冬天时能得到最大发电量的倾斜角确定，其倾斜角应该比当地纬度的角度大一些；而对于主要为光伏水泵、制冷空调等夏季负载供电的离网光伏发电系统，则应考虑夏季时能得到的最大发电量为负载提供电量，其倾斜角应该比当地纬度的角度小一些。

在有市电互补、风光互补及风光柴互补等混合型离网光伏发电系统中，可以不再考虑季节因素对光伏组件发电量的影响，只需要考虑光伏组件全年发电量最大化，这样可以有效地利用太阳能，光伏组件可以基本按当地纬度确定倾斜角度。由于混合型系统的蓄电池容量相对较小，在太阳能辐射较强的夏季，在光伏发电占比较大的系统中，会出现蓄电池及负载无法完全储存和消纳光伏发电量，导致系统能量浪费、利用效率降低，系统的经济性受影响。这类系统在设计时就要根据实际用电需要适当减小光伏组件的容量或适当加大蓄电池的容量，使系统的配置更加合理，例如在太阳能辐射最充足的月份把光伏组件的发电量占比控制在整个系统发电量的80%～90%。

对于并网光伏发电系统，追求以全年发电量最大化来确定光伏组件或方阵的倾斜角度，也就是说并网光伏发电系统的最佳倾斜角是系统全年发电量最大时的倾斜角。理论上该倾斜角应和当地的纬度角相同，但部分太阳光线被大气层折射和漫散射，以及受当地气象条件和现场实际情况等因素影响，使得并网光伏组件（方阵）的最佳倾斜角不一定和当地纬度角吻合。需要在满足光伏支架强度和整体稳定性的前提下，结合灰尘沉积、雨水冲刷、风力、降雪等因素做相应调整。因方位限制，光伏组件或方阵必须朝向东面或西面安装时，可以尽量降低安装倾斜角，以提高光伏组件或方阵的倾斜面辐照度。

综上所述，无论哪种形式的光伏发电系统，光伏组件最佳倾斜角，都需要结合安装现场实际情况进行考虑，如安装地点、屋面角度及朝向、建筑物外观等。因此，可以根据实际需要在不使光伏发电量大幅度下降的前提下小范围调整光伏组件的倾斜角。

2. 平均日照时数和峰值日照时数

要了解平均日照时数和峰值日照时数，首先要知道日照时间和日照时数的概念。

日照时间是指太阳光在一天中从日出到日落实际的照射小时数。

日照时数是指在某个地点，一天中太阳光达到一定的辐照度（一般以气象台测定的 $120W/m^2$ 为标准）到小于此辐照度所经过的小时数。日照时数小于日照时间。

平均日照时数是指某地一年或若干年的日照时数总和的平均值。例如，某地 2005 年到 2015 年实际测量的年平均日照时数是 2053.6h，日平均日照时数就是 5.63h。

峰值日照时数是将当地的太阳辐射量折算成标准测试条件（辐照度 $1000W/m^2$）下的小时数，如图 7-4 所示。例如，某地某天的日照时间是 8.5h，但太阳的辐照度不可能在这 8.5h 中都是 $1000W/m^2$，而是从弱到强再从强到弱变化的，若测得这天累计的太阳辐射量是 $3600W \cdot h/m^2$，则这天的峰值日照时数就是 3.6h。因此，在计算光伏发电系统的发电量时一般采用平均峰值日照时数作为参考值。表 7-1 所示为水平面年总辐射量与平均峰值日照时数间的对应关系表。

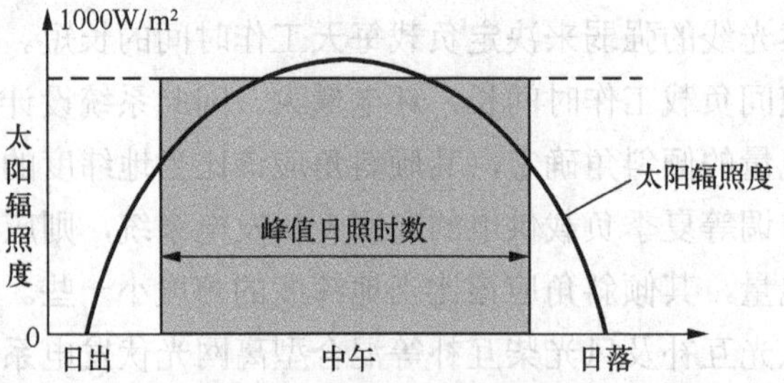

图7-4　峰值日照时数示意

表 7-1　水平面年总辐射量与平均峰值日照时数间的对应关系表

年总辐射量/MJm^{-2}	7400	7000	6600	6200	5800	5400	5000	4600	4200
年总辐射量/$kWhm^{-2}$	2055	1945	1833	1722	1611	1500	1389	1278	1167
日平均峰值日照时数/h	5.75	5.42	5.10	4.78	4.46	4.14	3.82	3.50	3.19

3. 全年太阳能辐射总量

在设计太阳能光伏发电系统容量时，当地全年太阳能辐射总量也是一个重要的参考数据。表 7-2 所示为我国太阳能资源分布情况，根据不同的太阳能资源情况将我国划分为 4 类地区。

表 7-2　我国太阳能资源分布情况

资源丰富程度	符号	年总辐射量 $MJm^{-2} \cdot a$	年总辐射量 $kW \cdot hm^{-2} \cdot a$	平均日辐射量 $/kW \cdot h\ m^{-2} \cdot d^{-1}$	涵盖地区
最丰富	I	大于等于6300	大于等于 1750	大于等于 4.8	西藏大部分、新疆南部以及青海、甘肃和内蒙古的西部
很丰富	II	5040～6300	1400～1750	3.8～4.8	新疆大部分、青海和甘肃东部、宁夏、陕西、山西、河北、山东东北部、内蒙古东部、东北西南部、云南、四川西部

续表

资源丰富程度	符号	年总辐射量		平均日辐射量	涵 盖 地 区
		$MJm^{-2}\cdot a$	$kW\cdot hm^{-2}\cdot a$	$/kW\cdot h\,m^{-2}\cdot d^{-1}$	
较丰富	Ⅲ	3780～5040	1050～1400	2.9～3.8	黑龙江、吉林、辽宁、安徽、江西、陕西南部、内蒙古东北部、河南、山东、江苏、浙江、湖北、湖南、福建、广东、广西、海南东部、四川、贵州、西藏东南角、台湾地区
一般	Ⅳ	小于 3780	小于 1050	小于 2.9	四川中部、贵州北部、湖南西北部

我国太阳能资源的分布有如下几个特点。

（1）太阳能的高值中心与低值中心都处在北纬 22°～35° 这一带，其中青藏高原是高值中心，四川盆地是低值中心。

（2）太阳年辐射总量，西部地区高于东部地区，而且除西藏和新疆两个自治区外，基本上是北部高于南部。

（3）由于南方多数地区云多雨多，在北纬 30°～40°，太阳能的分布情况与一般的太阳能随纬度而变化的规律相反，太阳能不是随着纬度的升高而减少，而是随着纬度的升高而增加。

在进行光伏发电系统设计时，我们需要对项目当地的太阳能资源进行分析。可以通过当地气象部门、公共气象数据库（国家气象科学数据共享服务平台、美国国家航空航天局气象数据库）或商业气象（辐射）软件包获取太阳能辐射资源数据。一般需要了解当地近几年的太阳能辐射总量年平均值数据。气象资料提供的都是水平面的太阳辐射量数据，是单位时间内平均的日总辐射量数据或直射和散射辐射量累加的数据。

光伏组件（方阵）一般是倾斜安装的，因此需要将水平面上的太阳能辐射量折算成倾斜面上的辐射量。倾斜面辐射量一般要比水平面辐射量高 15%左右，纬度越高，差距越大。将水平面辐射量折算成倾斜面辐射量可利用各种光伏设计软件进行计算（如 RETScreen、PVsyst 等），并通过计算分析不同倾角斜面获得的辐射量来对倾斜角进行优化设计。这里提供两个计算公式。

公式 1：

$$I_t=I_b\times[\sin(\alpha+\beta)/\sin\alpha]+I_d$$

公式 2：

$$I_{t\,直}=I_b\times\cos\alpha$$

$$I_{t\,散}=(1+\cos\beta/2)\ I_d$$

$$I_t=I_{t\,直}+I_{t\,散}$$

式中：I_t 为光伏方阵倾斜面上太阳能总辐射量；I_b 为水平面上直接辐射量；I_d 为水平面上散射辐射量；α 为中午时分的太阳高度角；β 为光伏方阵倾角。

4. 最长连续阴雨天数

最长连续阴雨天数是设计离网光伏发电系统时必须考虑的一个参数。所谓最长连续阴雨天数就是蓄电池向负载维持供电的天数，从发电系统的角度来看，也叫“系统自给天数”。也就是说，如果当地有连续几天的阴雨天，光伏方阵就几乎不能发电，只能靠蓄电池来供电，而蓄电池深度放电后又需尽快补充。最长连续阴雨天数可参考当地年平均连续阴雨天数。对于不太重要的负载如太阳能路灯等也可根据经验或需要在 3～7 天选取。在考虑最长连续阴雨天因素时，还要考虑两段连续阴雨天的间隔天数，以防止出现第一个连续阴雨天使蓄电池放电后，还没有来得及补充电能，又出现了第二个连续阴雨天，系统在第二个连续阴雨天内根本无法正常供电的情况。因此，在连续阴雨天较多的南方地区，要将光伏组件和蓄电池的容量设计得稍大一些。

表 7-3 所示为全国主要城市太阳能资源数据，供读者参考。其他地区的相关数据可参考就近城市的数据。

表 7-3　　全国主要城市太阳能资源数据

城市	纬度	最佳倾角	平均峰值日照时数	水平面年平均辐射量		斜面年平均辐射量	斜面修正系数（Kop）
				KW·h/m²	MJ/m²	KW·h/m²	
北京	39.80°	纬度+4°	5.01	1547.31	5570.3	1828.55	1.0976
天津	39.10°	纬度+5°	4.65	1455.54	5239.9	1695.43	1.0692
哈尔滨	45.68°	纬度+3°	4.39	1287.94	4636.6	1605.80	1.1400
沈阳	41.77°	纬度+1°	4.60	1398.46	5034.4	1679.31	1.0671
长春	43.90°	纬度+1°	4.75	1376.05	4953.8	1736.49	1.1548
呼和浩特	40.78°	纬度+3°	5.57	1680.42	6049.5	2035.38	1.1468
太原	37.78°	纬度+5°	4.83	1527.02	5497.3	1763.56	1.1005
乌鲁木齐	43.78°	纬度+12°	4.60	1466.49	5279.4	1682.45	1.0092
西宁	36.75°	纬度+1°	5.45	1701.01	6123.6	1988.95	1.1360
兰州	36.05°	纬度+8°	4.40	1517.39	5462.6	1606.21	0.9489
银川	38.48°	纬度+2°	5.45	1678.29	6041.9	1988.74	1.1559
西安	34.30°	纬度+14°	3.59	1295.85	4665.1	1313.19	0.9275
上海	31.17°	纬度+3°	3.80	1293.72	4657.4	1388.12	0.9900
南京	32.00°	纬度+5°	3.94	1328.09	4781.2	1440.43	1.0249
合肥	31.85°	纬度+9°	3.69	1269.90	4571.6	1348.37	0.9988
杭州	30.23°	纬度+3°	3.43	1183.01	4258.8	1254.38	0.9362
南昌	28.67°	纬度+2°	3.80	1327.59	4779.3	1390.45	0.8640
福州	26.08°	纬度+4°	3.45	1216.77	4380.4	1262.39	0.8978
济南	36.68°	纬度+6°	4.44	1423.81	5125.7	1621.62	1.0630
郑州	34.72°	纬度+7°	4.04	1351.72	4866.2	1476.02	1.0476
武汉	30.63°	纬度+7°	3.80	1338.43	4818.4	1389.74	0.9036
长沙	28.20°	纬度+6°	3.21	1153.51	4152.6	1175.00	0.8028
广州	23.13°	纬度-7°	3.52	1227.82	4420.2	1287.84	0.8850
海口	20.03°	纬度+12°	3.84	1402.72	5049.8	1369.76	0.8761
南宁	22.82°	纬度+5°	3.53	1268.88	4568.0	1291.09	0.8231
成都	30.67°	纬度+2°	2.88	1053.63	3793.1	1044.71	0.7553
贵阳	26.58°	纬度+8°	2.86	1047.05	3769.4	1037.72	0.8135
昆明	25.02°	纬度-8°	4.25	1439.12	5180.8	1554.60	0.9216
拉萨	29.70°	纬度-8°	6.71	2159.68	7774.9	2448.64	1.0964

7.2.3 有关太阳能辐射能量的换算

1. 太阳能辐射能量不同单位之间的换算

在计算光伏发电系统的容量时，有时会遇到用不同计量单位表示的太阳能辐射能量，如焦（J）、卡（cal）、千瓦（kW）等，为设计和计算方便，就需要进行单位换算。它们之间的换算关系为：

1 cal＝4.186 8 J=1.162 78 mW • h；

1 kW • h=3.6 MJ；

1 kW • h/m^2=3.6 MJ/m^2=0.36 kJ/cm^2；

100 mW • h/cm^2=85.98 cal/cm^2；

1 MJ/m^2=23.889 cal/cm^2=27.8 mW • h/cm^2。

2. 太阳能辐射能量与峰值日照时数之间的换算

在计算中，有时还需要将辐射量换算成峰值日照时数，换算公式如下。

（1）当辐射量的单位为 cal/cm^2 时，则：

年峰值日照时数＝辐射量×0.0116（换算系数）

例如，某地年水平面辐射量为 139kcal/cm^2，光伏组件倾斜面上的辐射量为 152.5kcal/cm^2，则年峰值日照时数为 152 500cal/cm^2×0.0116＝1769h，峰值日照时数为 1769h÷365＝4.85h。

（2）当辐射量的单位为 MJ/m^2 时，则：

年峰值日照时数＝辐射量÷3.6（换算系数）

例如，某地年水平面辐射量为 5497.27MJ/m^2，光伏组件倾斜面上的辐射量为 6348.82MJ/m^2，则年峰值日照时数为 6348.82MJ/m^2÷3.6＝1763.56h，峰值日照时数为 1763.56h÷365＝4.83h。

（3）当辐射量的单位为 kW • h/m^2 时，则：

峰值日照时数＝辐射量÷365

例如，北京年水平面辐射量为 1547.31kWh/m^2，光伏组件倾斜面上的辐射量为 1828.55kW • h/m^2，则峰值日照小时数为 1828.55kW • h/m^2÷365＝5.01h

（4）当辐射量的单位为 kJ/cm^2 时，则：

年峰值日照时数＝辐射量÷0.36（换算系数）

例如，拉萨年水平面辐射量为 777.49kJ/cm^2，光伏组件倾斜面上的辐射量为 881.51kJ/cm^2，则年峰值日照时数为 881.51kJ/cm^2÷0.36＝2448.64h，峰值日照时数为 2448.64h÷365＝6.71h。

7.3 离网光伏发电系统的容量设计与计算

离网光伏发电系统容量设计与计算的主要内容是：① 光伏组件功率和方阵构成的设计与计算；② 蓄电池的容量与蓄电池组合的设计与计算。由于离网光伏发电系统容量设计对带储能的并网光伏发电系统容量设计有借鉴作用，所以读者在遇到带储能并网光伏发电系统容量设计问题时，可以参考这部分内容。

下面就介绍离网光伏发电系统光伏组件与蓄电池容量的设计与计算方法，并提供几种计算公式。

7.3.1 离网光伏发电系统设计的基本思路

离网光伏发电系统往往用于无法利用电网供电的场合，用户也分为两大类，一类是不在意投资大小，最关心系统供电可靠性的用户；另一类是偏远地区处于无电或电力供应不足状况的用户，往往想用最少的投入解决用电需求，最关心的是系统的价格。从项目规模上看，一种是针对单个用户的小项目或者单个项目的小工程，另一种是针对特定人群的大项目，如国家无电地区光伏项目。所以离网光伏发电系统的设计要针对不同的用户，采取不同的设计方案，尽量满足用户的实际需要。

在设计离网系统之前，要做好前期调研工作，首先需要了解系统安装地点的气候条件、负载类型和用电功率，白天和晚上的用电量等。还要了解用户的预算和经济情况。离网光伏发电系统供电依靠天气，没有 100%的可靠性，这一点一定要和用户讲明。

在离网光伏发电系统中，光伏组件的发电功率要满足平均天气条件（太阳辐射量）下负载每日用电量的需求，也就是说，光伏组件的全年发电量要略大于或等于负载全年用电量，所以光伏组件容量要满足光照最差、太阳能辐射量最小季节的需要。如果系统只按平均值去设计，势必造成全年超过 1/3 时间的光照最差季节光伏组件发电量不足，造成蓄电池的连续亏电。蓄电池长时间处于亏电状态将造成蓄电池的极板硫酸盐化，使蓄电池的使用寿命和性能受到很大影响，整个系统的后续运行费用也将大幅度增加。另外，为了给蓄电池尽可能快地充满电也不能将光伏组件容量设计得过大，否则在一年中的绝大部分时间里光伏组件的发电量会远远大于负载的用电量，造成光伏组件的浪费和系统整体成本过高。因此，光伏组件设计的最佳容量标准是光伏组件发电功率能基本满足光照最差季节的用电需要，即在光照最差的季节蓄电池绝大多数天也能够充满电。

在有些地区，光照最差季节的光照度远远低于全年平均值，如果还按最差情况设计光伏组件的功率，那么在一年中的其他时候发电量就会远远超过实际所需，造成浪费。这时只能考虑适当加大蓄电池的设计容量，增加电能储存，使蓄电池处于浅放电状态，弥补光照最差季节发电量的不足对蓄电池造成的伤害。有条件的地方还可以考虑采取风力发电与太阳能发电互相补充（简称风光互补）及市电互补等措施，达到系统整体综合成本效益的最佳。

另外光伏组件的发电量并不能 100%地转化为用电量，在设计时系统还要考虑由光伏组件上灰尘而影响转换效率的情况，以及光伏控制器在充放电控制过程中的损耗、蓄电池充放电过程中的损耗等。因此一般情况下离网系统可用的发电量＝组件总功率×有效日照时间×系统效率。

总之，离网光伏发电系统的设计，常常被人们喻为技术和艺术的结合，在设计和计算光伏发电系统的容量时靠技术，而和用户沟通以确定真实合理的用电量时要靠艺术，用户往往不承认他们能消耗那么多的电量。所以设计离网光伏发电系统时，要因地制宜，灵活掌握，综合考虑各种相关因素，不要拘泥于某一个固定公式，并要格外注意以下几点。

（1）组件、控制器、逆变器、蓄电池要匹配，其中任何一个的用电量都不能过大或者过小，新手会把用电量计算得过大，如一匹空调运行 12h，消耗 10kW • h，300W 的冰箱运行 24h，消耗 7.2kW • h。设计蓄电池容量时，最好将其设置为两天就能充满。

（2）离网光伏发电系统输出连接负载，每个逆变器输出端电压和电流相位和幅值都不一样，有些厂家逆变器不支持输出端并联，不要把逆变器输出端接在一起。

（3）遇到负载电动机正反转使用的场合时（如电梯等），负载电动机不能直接和逆变器输出端相连接，因为电动机在反转时，会产生一个反电动势，串入逆变器输出端时，造成逆变器中逆变元器件损坏。如果要用离网光伏发电系统为这类负载供电，建议在逆变器和电动机之间加一个交流变频器。

（4）带市电互补输入的离网光伏发电系统，要做好组件的绝缘，如果组件对地有漏电流，会传到市电，引起市电的泄电和频繁跳闸。

7.3.2 简单负载的系统容量设计

光伏组件的容量设计要满足负载年平均日用电量的需求，所以，设计和计算光伏组件容量大小的基本方法就是用负载平均每天所需要的用电量（单位为 W•h 或 A•h）为基本数据，以当地太阳能辐射资源参数如峰值日照时数、年辐射总量等为参照数据，并结合相关因素或系数进行综合计算。而蓄电池的设计主要包括蓄电池容量的设计计算和蓄电池组串并联组合的设计。

设计离网光伏系统容量，有多种方法，常用的方法有两种。一种是以峰值日照时数为依据的简单负载容量计算方法，另一种是以峰值日照时数为依据的多路负载容量计算方法，本节介绍第一种计算方法。

单路负载光伏组件和蓄电池容量计算常常用以下公式计算，这是一个相对简单的计算公式，常用于小型离网光伏发电系统的快速设计与计算。其主要参照的太阳能辐射参数是当地峰值日照时数，具体计算公式为：

光伏组件功率＝（用电器功率×用电时间/当地峰值日照时数）×损耗系数

蓄电池容量＝（用电器功率×用电时间/系统电压）×连续阴雨天数×系统安全系数

式中，光伏组件功率、用电器功率的单位为瓦（W）；用电时间和当地峰值日照时数的单位为小时（h）；蓄电池容量单位为安时（A • h）；系统电压是指在系统中确定的蓄电池或蓄电池组的工作电压，单位为伏（V）。

光伏组件功率计算公式中的损耗系数主要是指线路损耗、控制器及逆变器等接入损耗、光伏组件玻璃表面脏污及安装倾角不能兼顾冬季和夏季等因素造成的损耗等。损耗系数可根据经验及系统具体情况在 1.6～2 选取，各种损耗越大，系数取值越大。

蓄电池容量计算公式中的系统安全系数的选择主要考虑蓄电池放电深度（剩余电量）、冬天低温时放电容量及逆变器转换效率等因素，计算时也可根据经验及系统具体情况在 1.6～2 选取，影响因素越多，系数取值越大。

在光伏组件容量选取上，有两条思路。一是根据计算得出的光伏组件或方阵的功率，选取或定制相应功率的光伏组件，进而得到光伏组件的外形尺寸和安装尺寸等；二是先选定尺寸或功率符合要求的光伏组件，根据该组件的峰值功率、峰值工作电流等数据，确定光伏组件的串并联数及总发电功率。

计算举例：某地安装一套太阳能庭院灯，使用两只9W/12V的LED灯作为光源，每日工作4h，要求能连续工作3个阴雨天。已知当地的峰值日照时数是4.46h，求光伏组件的功率和蓄电池容量。

将数据代入公式求得光伏组件功率P为：

P=（18W×4h/4.46h）×2=32.28W

因为当地环境污染比较严重，损耗系数选2，所以可以考虑选用一块功率为35W的光伏组件。

求得蓄电池容量B为：

B=（18W×4h/12V）×3×2=36A·h

本实例基于直流供电系统，虽然其没有交流逆变过程和电量损耗，但因为在冬季时当地最低温度可达到-10℃左右，会造成蓄电池容量减小，再加上当地环境污染的因素，系统安全系数也取了最高值2，所以可考虑选用一只38A·h/12V的蓄电池。

7.3.3 多路负载的系统容量设计

为了确定用户所有负载的总用电量，也就是用户平均每天需要消耗的电量，就需要确定用户每个负载的用电量，所以要了解各用电负载的功率（W）、每日工作时间（h）、每周使用的天数等。如果系统中各用电器每日耗电量都相同，可以用表7-4所示的每日负载耗电量统计表进行统计和计算。

表7-4 每日负载耗电量统计表

负载名称	直流/交流	负载功率/W	数量	合计功率/W	每日工作时间/h	每日耗电量/W·h
负载1						
负载2						
负载3						
负载4						
合计						

在统计用户耗电量时，有时会遇到有些用电负载在一周内可能只工作几天，有些负载可能每天都在工作，有些处于间歇工作状态的情况，如电冰箱、空调等。对于一周内不是每天工作的负载，要先单独计算每天平均用电量，然后再和其他负载用电量一起统计。对于连续运行、间歇工作的负载，也要注意统计每日工作时间之和，再计算其日耗电量。

每日平均用电量（W·h）=用电负载功率（W）×每日工作小时（h）×每周工作天数/7

例如，用户的一台全自动洗衣机功率是230W，每周使用3天，每次使用55min，利用上面的公式计算平均每天的耗电量：

230W×0.92h=211.6W·h≈0.222kW·h

该洗衣机每次使用的耗电量为0.222kW·h，如果每周使用3天，那么这台洗衣机的每日平均耗电量为：211.6W・h×3 天/7 天=91W・h/天。

通过统计一周内各负载工作的平均用电量的情况，基本可以获知用户每个月及全年的负载运行情况。

多路负载每日耗电量不相同时，需要用表 7-5 所示的负载耗电量统计表进行统计和计算。此表以某个家庭用离网光伏发电系统为例，进行负载日耗电量的统计计算。

表 7-5 负载耗电量统计表

负载名称	数量	负载功率/W	每日工作时间/h	每周工作天数	合计功率/W	周总功率/W	每日耗电量/W・h
220L 电冰箱	1	120	11	7	120	9240	1320
50 英寸液晶电视	1	180	4	6	180	4320	617
网络机顶盒	1	25	4	6	25	600	86
全自动洗衣机	1	230	0.92（55min）	3	230	634.8	91
LED	5	15	4	7	75	2100	300
组合音响	1	80	6	7	80	3360	480
笔记本计算机	1	300	4	4	300	4800	686
总计	—	—	—	—	1010	—	3580

1. 光伏组件（方阵）发电容量的计算

根据统计出的负载每日总耗电量，利用下列公式就可以计算光伏组件（方阵）需要提供的发电容量：

光伏组件（方阵）发电容量（W）＝负载日耗电量（W・h）/峰值日照时数（h）/系统效率系数

公式中的系统效率系数主要与下列因素有关。

（1）光伏组件的功率衰降。在光伏发电系统的实际应用中，光伏组件的输出功率（发电量）会因为各种因素的影响而衰减。例如，灰尘的覆盖、组件自身功率的衰降、线路的损耗等各种难以量化的因素，因此，设计光伏组件发电容量时要考虑造成功率衰降的各种因素。一般光伏发电系统选用的损耗为 10%，如果是交流光伏发电系统，在交流光伏发电系统中还要考虑交流逆变器的转换效率因素。按小功率逆变器损耗为 10%～15%，大功率逆变器损耗为 5%～10%进行计算，设计光伏组件发电容量时留有合理余量，以保证系统能长期正常运行。

（2）蓄电池的充放电损耗。在蓄电池的充放电过程中，光伏组件产生的电流在转化储存的过程中会因为发热、电解水蒸发等产生一定的损耗，也就是说蓄电池的充电效率根据蓄电池的不同，一般只有 90%～95%，因此在设计时也要根据蓄电池种类的不同将光伏组件的功率增加 5%～10%，以抵消蓄电池充放电过程中的耗损。

确定系统效率系数时，光伏组件功率衰降、线路损耗、尘埃遮挡等的综合系数，一般取 0.9；交流逆变器的转换效率及小功率逆变器取 0.85～0.9，大功率逆变器取 0.9～0.95；蓄电池的充放电效率一般取 0.9～0.95；这些系数可以根据实际情况进行调整。

计算出光伏组件或方阵的总容量功率后，选择额定功率合适的光伏组件，用总容量除以选择的组件容量，就可以计算出需要的组件数量了。

在进行光伏组件的设计与计算时，还要考虑季节变化对系统发电量的影响。因为在设计和计算组件容量时，一般以当地太阳能辐射资源的参数如峰值日照时数、年辐射总量等数据为参照数据，这些数据是全年的平均数据。参照这些数据计算的结果，在春、夏、秋季比较符合实际情况，但在冬季可能就会有点欠缺。因此在有条件时或设计比较重要的光伏发电系统时，最好以当地全年各月的太阳能辐射资源参数分别计算每月的发电量，通过这些数据计算得出的光伏组件数量的最大值就是一年所需要的光伏组件的数量。例如，某地计算出冬季需要的光伏组件数量是 8 块，但在夏季可能 5 块就够了，为了保证该系统全年的正常运行，就只好按照冬季的光伏组件数量确定系统的容量。

计算举例：某地建设一个为移动通信基站供电的光伏发电系统，该系统采用直流负载，负载工作电压为 48V，每天用电量为 7200W·h，该地区最低的光照辐射月为 1 月，其倾斜面峰值日照时数为 3.5h，选定 320W 的光伏组件，其主要参数：峰值功率 320W、峰值工作电压 36.6V、峰值工作电流 8.75A，计算光伏组件使用数量及光伏方阵的组合设计。

根据上述条件，确定组件损耗系数为 0.9，充电效率系数也为 0.9。因该系统是直流系统，所以计算时不考虑逆变器的转换效率系数。

光伏方阵发电容量＝7200W·h/3.5h/0.9/0.9＝2540W

光伏组件数量＝2540W/320W≈8 块

根据以上计算数据，结合 48V 系统电压参数，确定光伏组件每两块串联为 1 个组串，4 个组串并联构成光伏方阵，连接示意如图 7-5 所示。该光伏方阵总功率为 320W×8＝2560W。

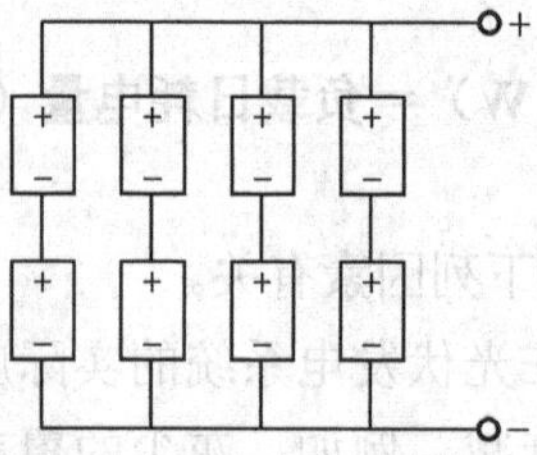

图7-5　光伏组件串并联示意

2. 蓄电池和蓄电池组容量的计算

蓄电池的任务是在太阳能辐射量不足时，保证系统负载的正常用电。要想在几天内保证系统正常工作，就需要引入一个气象条件参数：连续阴雨天数。这个参数已介绍，一般计算时选取当地最大连续阴雨天数或用户需要保证系统供电的连续阴雨天数作为设计参数，但也要综合考虑负载对电源的要求。

蓄电池的设计主要包括蓄电池容量的设计和蓄电池组串并联组合的设计。在光伏发电系统中，目前大部分使用铅酸蓄电池，也有少量锂离子电池，考虑技术和成本等因素，因此下面介绍的设计和计算方法以铅酸蓄电池为例。

首先，将负载每天需要的用电量乘以根据当地气象资料或实际情况确定的连续阴雨天数就可以得到初步的蓄电池容量。然后将得到的蓄电池容量数除以蓄电池容许的最大放电深度系数，得到所需要的蓄电池容量。由于铅酸蓄电池的特性，在确定的连续阴雨天内绝对不能100%把电用光，否则蓄电池会在很短的时间内“寿终正寝”，使用寿命大大缩短。最大放电深度的选择需要参考蓄电池生产厂家提供的性能参数资料。一般情况下，浅循环型蓄电池选用 50%的放电深度，深循环型蓄电池选用 60%～75%的放电深度，锂离子电池选用 80%～85%的放电深度。蓄电池（组）容量的计算公式为：

$$\text{蓄电池（组）容量}=\frac{\text{负载日耗电量}\times\text{连续阴雨天数}\times\text{放电率修正系数}}{\text{系统直流电压}\times\text{逆变器转换效率}\times\text{蓄电池放电深度}\times\text{低温修正系数}}$$

公式中的系统直流电压是指蓄电池或蓄电池组串联后的总电压。系统直流电压的确定要参考负载功率的大小及交流逆变器的型号。确定的原则是：①在条件允许的情况下，尽量采用高电压，以减少线路损失，减少逆变器转换损耗，提高转换效率；②系统直流电压的选择要符合我国直流电压的标准等级，即 12V、24V、48V、96V、192V 等。逆变器效率系数可根据设备情况在 0.85～0.93 选择。

对蓄电池的容量和使用寿命产生影响的另外两个因素是蓄电池的放电率和使用环境温度。

（1）放电率对蓄电池容量的影响

在此先对蓄电池的放电率概念进行简单介绍。所谓放电率就是放电时间和放电电流与蓄电池容量的比率，一般分为 20 小时（20h）率、10 小时（10h）率、5 小时（5h）率、3 小时（3h）率、1 小时（1h）率、0.5 小时（0.5h）率等。蓄电池大电流放电时，放电时间短，实际放电容量会比标称容量小；蓄电池小电流放电时，放电时间长，实际放电容量会比标称容量大。例如，容量 100A·h 的蓄电池用 2A 的电流放电能放 50h，但要用 50A 的电流放电，时间就会缩短，实际容量就不足 100A·h 了。蓄电池的容量随着放电率的改变而改变，这样就会对容量设计产生影响。当系统负载放电电流大时，蓄电池的实际容量会比设计容量小，会造成系统供电量不足；而系统负载放电电流小时，蓄电池的实际容量就会比设计容量大，会造成系统成本的增加。特别是在光伏发电系统中应用的蓄电池，放电时间一般较长，绝大多数在 20h 以上，而生产厂家提供的蓄电池标称容量一般是 10h 放电率以下的容量。因此在设计时要考虑光伏发电系统中蓄电池放电率对容量的影响，并计算光伏发电系统的实际平均放电率。根据生产厂家提供的该型号蓄电池在不同放电速率下的容量，就可以对蓄电池的容量进行校对和修正。当没有详细的蓄电池容量-放电速率资料时，也可对慢放电率 20～100h 光伏系统蓄电池的容量进行估算，估算值要比蓄电池的标准容量提高 2%～10%，相应的放电率修正系数为 0.98～0.9。光伏发电系统的平均放电率计算公式为：

$$\text{平均放电率}=\frac{\text{连续阴雨天数}\times\text{负载工作时间}}{\text{最大放电深度}}$$

对于有多路不同负载的光伏发电系统，负载工作时间需要用加权平均法进行计算，加权平均负载工作时间的计算方法为：

$$\text{负载工作时间}=\frac{\Sigma\text{负载功率}\times\text{负载工作时间}}{\Sigma\text{负载功率}}$$

根据上面两个公式就可以计算光伏发电系统的实际平均放电率，根据蓄电池生产厂家提供的该型号蓄电池在不同放电速率下的蓄电池容量，就可以对蓄电池的容量进行修正。

（2）环境温度对蓄电池容量的影响

蓄电池的容量会随着蓄电池温度的变化而变化，当蓄电池的温度下降时，蓄电池的容量会减少，温度低于 0℃时，蓄电池容量会急剧下降；当温度升高时，蓄电池的容量略有升高。

蓄电池的标称容量绝大多数是在环境温度为 25℃时标定的，随着温度的降低，0℃时蓄电池的容量下降到标称容量的 95%～90%，－10℃时下降到标称容量的 90%～80%，-20℃时下降到标称容量的 80%～70%，所以设计光伏系统时必须考虑蓄电池的使用环境温度对其容量的影响。当最低气温过低时，还要对蓄电池采取相应的保温措施，如地埋、将蓄电池移入房间，或者改用价格更高的胶体型铅酸蓄电池、铅碳蓄电池或锂离子电池等。

当光伏发电系统安装地点的最低气温很低时，设计光伏系统时需要的蓄电池容量就要比在正常温度范围工作的蓄电池的容量大，这样才能保证光伏发电系统在最低气温时也能提供所需的能量。因此，在设计时可参考蓄电池生产厂家提供的蓄电池温度-容量修正曲线图，从该图上可以查到对应温度蓄电池容量的修正系数，将此修正系数纳入计算公式，就可对蓄电池容量的初步计算结果进行修正了。如果没有相应的蓄电池温度-容量修正曲线图，也可根据经验确定温度修正系数，一般 0℃时修正系数可在 0.95～0.9 选取；-10℃时可在 0.9～0.8 选取；-20℃时可在 0.8～0.7 选取。

另外，过低的环境气温还会对最大放电深度产生影响。当环境气温在－10℃以下时，浅循环型蓄电池的最大放电深度可由常温时的 50%调整为 35%～40%，深循环型蓄电池的最大放电深度可由常温时的 75%调整到 60%。这样既可以延长蓄电池的使用寿命，减少蓄电池系统的维护费用，同时降低系统成本。

当确定了所需的蓄电池容量，就要进行蓄电池组的串并联设计了。下面介绍蓄电池组串并联组合的计算方法。蓄电池都有标称电压和标称容量，如 2V、6V、12V 和 50A・h、300A・h、1200A・h 等。为了达到系统的工作电压和容量，就需要把蓄电池串联起来给系统和负载供电，需要串联的蓄电池个数就是系统的工作电压除以所选蓄电池的标称电压，需要并联的蓄电池数就是蓄电池组的总容量除以所选定蓄电池单体的标称容量。蓄电池单体的标称容量可以有多种选择，例如，假如计算得出的蓄电池容量为 600A・h，那么可以选择 1 个 600A・h 的单体蓄电池，也可以选择两个 300A・h 的蓄电池并联，还可以选择 3 个 200A・h 或 6 个 100A・h 的蓄电池并联。从理论上讲，这些选择都没有问题，但是在实际应用中，要尽量选择大容量的蓄电池以减少并联蓄电池的数目。这样做的目的是尽量降低蓄电池之间的不平衡所造成的影响。并联的蓄电池组数越多，蓄电池之间不平衡的可能性就越高。一般要求并联的蓄电池数量不得超过 3 组。蓄电池串并联数的计算公式为：

蓄电池串联数＝系统工作电压/蓄电池标称电压

蓄电池并联数＝蓄电池总容量/蓄电池标称容量

计算举例：某地建设一个移动通信基站的光伏发电系统，该系统采用直流负载，负载工作电压为 48V。该系统有两套设备负载：一套设备的额定功率为 70W，每天工作 24h；另一套设备的额定功率为 220W，每天工作 12h。该地区的最低气温是-20℃，最大连续阴雨天数为 6 天，选用深循环型蓄电池，计算蓄电池组的容量和串并联数量及设计连接方式。

根据上述条件，并确定最大放电深度系数为 0.65，低温修正系数为 0.7。

为求得放电率修正系数，先计算该系统的平均放电率：

加权平均负载工作时间＝70×24＋220×12/（70＋220）h＝14.9h

平均放电率＝6×14.9/0.65＝138 小时率

138 小时率属于慢放电率，在此可以根据蓄电池生产厂商提供的资料查出的该型号蓄电池在 138 小时放电率下的蓄电池容量进行修正；也可以按照经验进行估算，138h 放电率下的蓄电池容量会比标称容量增加 13%左右，在此确定放电率修正系数为 0.87。将数据代入公式计算，先计算负载日平均耗电量：

负载日平均耗电量＝70×24＋220×12W・h＝4320W・h

再计算蓄电池（组）容量：

蓄电池（组）容量＝4320×6×0.87/48/0.65/0.7A・h＝1032A・h

根据计算结果和蓄电池手册参数资料，可选择 2V/500A・h 蓄电池或 2V/1000A・h 蓄电池，这里选择 2V/500A・h 蓄电池。

蓄电池串联数＝48V/2V＝24

蓄电池并联数＝1032A・h/500A・h＝2.07 块≈2

蓄电池组总块数＝24×2＝48

根据以上计算结果，共需要 48 块 2V/500A・h 蓄电池构成蓄电池组，其中每 24 块串联后，再 2 串并联，如图 7-6 所示。

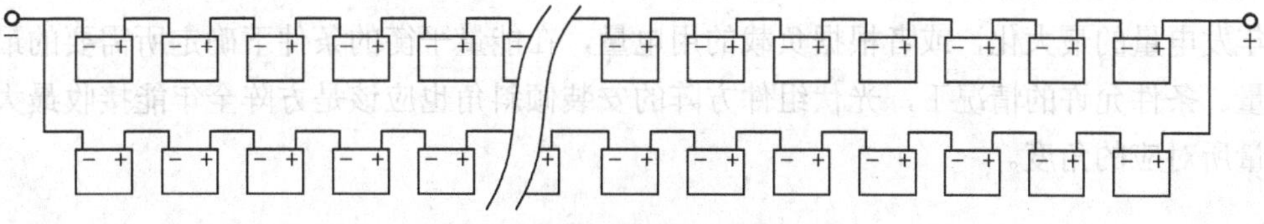

图7-6　蓄电池组串并联示意

目前很多光伏发电系统都采用两组蓄电池并联模式，目的是万一有一组蓄电池有故障不能正常工作时，就可以将该组蓄电池断开进行维修，而另一组蓄电池还能支持系统正常工作一段时间。假如只有一组蓄电池，只要有一块蓄电池出现故障，系统就会停止工作，直到蓄电池被更换或修复，系统才能再次启用。当然，蓄电池组的并联数量一般也不建议超过 3 组（串），如果并联超过 3 组甚至更多，会造成各组蓄电池充放电不均衡的情况，蓄电池组的总体寿命缩短。总之，蓄电池组的并联设计需要根据不同的实际情况进行。

根据计算出的光伏组件或方阵的总容量（功率）及蓄电池组容量等参数，参照光伏组件和蓄电池生产厂家提供的技术参数和规格尺寸，结合光伏组件（方阵）设置安装的实际情况，就可以确定构成方阵的光伏组件的规格尺寸和蓄电池组的容量及蓄电池串联、并联块数。

第8章 并网光伏发电系统容量及并网接入设计

并网光伏发电系统以电网储存电能，一般没有蓄电池容量的限制，即使是有备用蓄电池组，其一般也是为应急、防灾、储能等情况而配备的。因此并网光伏发电系统的容量计算没有离网光伏发电系统那样严格，用户应着重考虑在光伏组件方阵有效的占用面积里，怎样实现全年发电量的最大化，或者根据负载的用电量，在能量平衡的条件下确定所需要的最小方阵容量。条件允许的情况下，光伏组件方阵的安装倾斜角也应该是方阵全年能接收最大太阳辐射量所对应的角度。

8.1 并网光伏发电系统的容量设计与发电量计算

8.1.1 光伏组件的串并联设计

在进行光伏组件的串并联设计之前，先了解一下光伏组件的串并联方法及基本特性，光伏组件串联与并联示意如图8-1所示。

光伏组件串联就是将若干块光伏组件依次一正一负串联在一起形成光伏组串。整个光伏组串中，输出电流等于单块组件电流，输出电压为所有组件电压之和，输出功率也是所有组件功率之和。光伏组串的输出电压具有负温度系数特性，即环境温度降低，输出电压会升高，环境温度升高，输出电压会下降，且变化率较大，所以在光伏组串设计中温度是要考虑的重要因素。光伏组串的输出功率具有正温度系数特性，即环境温度升高，输出功率会略有增大，环境温度降低时，输出功率会略有减小，因为这个系数变化对组件影响较小，所以在组串设计时往往会忽略不计。

光伏组串的并联就是将设计好的若干光伏组串正极与正极相连接，负极与负极相连接，最后形成光伏方阵。当然这种并联并不一定是组串直接相连，往往是通过直流汇流箱或组串逆变器后形成并联模式。光伏组串并联后，输出电压等于单串组串的端电压，输出电流是所有组串输出电流之和，输出功率也是所有组件功率之和。整个方阵的输出功率是：组件输出功率×组串串联块数×组串并联块数。

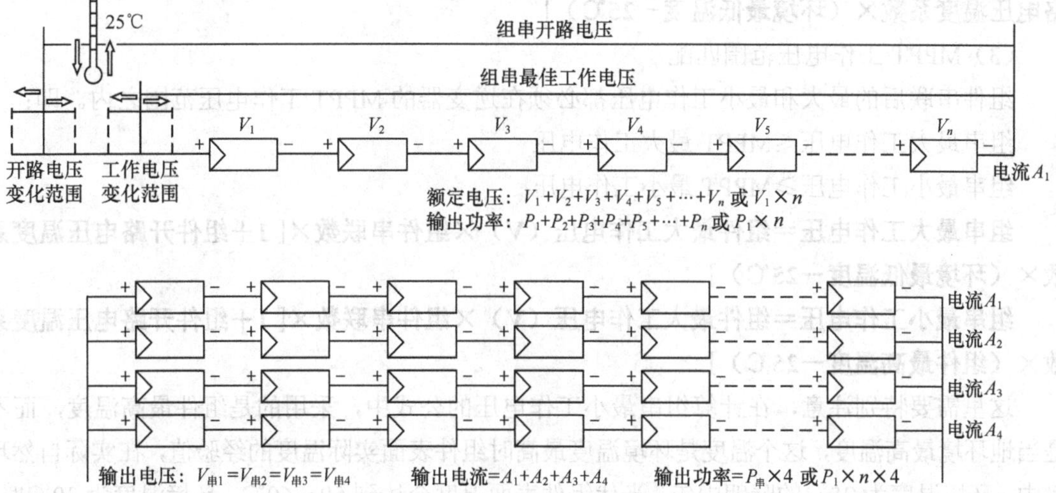

图8-1　光伏组件串联与并联示意

1. 光伏组件的串联设计

在离网光伏发电系统中，光伏组件的串联匹配主要依据系统工作电压，也就是系统中蓄电池组的工作电压来确定。在并网光伏发电系统中，光伏组件的串联设计主要依据光伏组件自身的系统最大耐压和所匹配逆变器的允许最大直流输入电压和逆变器 MPPT 电压输入范围（正常工作电压输入范围）来确定。匹配的组件串最大开路电压不能超过逆变器的最大直流输入电压，组件串的最大和最小工作电压不能超出逆变器的 MPPT 电压输入范围的上下限。组件串的最大工作电压不仅会随着太阳能辐射强度随时变化，而且还随着环境温度的高低随时变化，因此，光伏组件串的串联设计要结合这两个因素进行计算。在此基础上，光伏组件串联块数尽量取较高值，以减少整个方阵的电缆使用量及电能损耗。

（1）光伏组件的温度系数

在 25℃的标准条件下，不同光伏组件的开路电压温度系数是-0.27%℃～-0.34%/℃，短路电流温度系数是 0.0048%℃～0.055%/℃，峰值功率温度系数是-0.35%℃～-0.39%/℃，也就是说环境温度低于 25℃时，开路电压会升高，短路电流会减小，峰值输出功率会增大；当环境温度高于 25℃时，开路电压会降低，短路电流会增大，峰值输出功率会减小，所以在进行组件串的匹配时，要考虑开路电压温度系数，防止环境温度过低时，组串开路电压超过自身的最大系统电压和逆变器的最大直流输入电压。目前不同类型光伏组件和逆变器的最大系统电压分别为 DC1000V、DC1100V 和 DC1500V。

（2）组件串联电压与逆变器的匹配

在并网光伏发电系统容量设计时，要结合系统所在地的最低环境温度数据，组件串在最低温时的开路电压应小于所匹配逆变器可以接受的最大直流输入电压，并且要留 5%～10%的余量。例如对于最大直流输入电压为 500V 的逆变器，光伏组串的匹配电压应该在 450V 左右；对于最大直流输入电压为 1000V 的逆变器，光伏组串的匹配电压应该在 900～950V，最大不超过 950V。其最大直流输入电压计算公式为：

逆变器最大直流输入电压（V）≥组件标称开路电压（V）×组件串联数×[1＋组件开路电压温度系数×（环境最低温度－25℃）]

（3）MPPT工作电压范围匹配

组件串联后的最大和最小工作电压都必须在逆变器的MPPT工作电压范围之内。即：

组串最大工作电压≤MPPT最大工作电压

组串最小工作电压≥MPPT最小工作电压

组串最大工作电压＝组件最大工作电压（V）×组件串联数×[1＋组件开路电压温度系数×（环境最低温度－25℃）]

组串最小工作电压＝组件最大工作电压（V）×组件串联数×[1＋组件开路电压温度系数×（组件最高温度－25℃）]

这里需要特别注意，在计算组串最小工作电压的公式中，采用的是组件最高温度，而不是当地环境最高温度，这个温度是环境温度最高时组件表面实际温度的经验值，在实际自然环境中，环境温度为25℃的晴朗中午，光伏组件表面温度会达到50～60℃，环境温度为30℃时，组件表面温度将达到60～70℃，环境温度为35℃时，组件表面将达到70～80℃，无论从一天还是一个季节看，这段时间非常短暂，而且目前逆变器的MPPT工作电压范围也特别宽，即使温度高些，工作电压也基本在范围之内，所以在计算时，根据当地最高环境温度，相应地选择一个组件表面温度值计算即可。

2. 光伏组串的并联设计

光伏组件的串联数量确定后，光伏组串的并联匹配主要依据所配逆变器的最大直流输入电流和逆变器的最大输入功率来确定。

（1）光伏组串并联电流与逆变器的匹配

太阳能光伏发电系统在实际运行中，由于环境温度对光伏组件输出电流的影响不是很大，所以在计算时，可以不考虑温度系数对输出电流的影响，直接利用标准测试条件下的光伏组件最大工作电流数据进行计算，使经过串并联构成的光伏方阵输出的最大工作电流不超过逆变器容许的最大直流输入电流即可。计算公式为：

光伏组串并联数＝逆变器最大直流输入电流/光伏组串最大工作电流

（2）组件方阵容量与逆变器的最大输入功率匹配

有了光伏组件的串联数量和光伏组串的并联数量，就可以计算出光伏组件方阵的总容量，并和逆变器的最大输入功率进行匹配。

光伏方阵总容量功率（W）＝光伏组件串联数×光伏组串并联数×选定组件的最大输出功率（W）

理论上讲，光伏方阵总容量功率与逆变器的最大输入功率相等，就算是匹配了。逆变器最大输入功率与光伏方阵总容量功率的配比可以根据实际环境情况在一定范围内确定，即：

95%＜逆变器最大输入功率/光伏方阵总容量功率＜105%

在过去的设计中，这个结果就算最佳匹配了，因为以前没有超配的概念，相关标准也不允许超配。光伏逆变器的最大直流输入功率值和额定交流输出功率值非常接近，例如一台交流输出功率30kW的逆变器，最大直流输入功率最多为33kW，不会超出交流输出功率的10%。

在实际运行中，逆变器虽然允许接入光伏方阵最大功率，但光伏方阵在工作时，其功率在逆变器 MPPT 控制电路跟踪调整下，也会超过最大功率峰值，但由于太阳辐照度和环境温度等因素的变化，以及非理想的方位角、倾斜角及各种功率衰减等，光伏方阵的实际输出功率只有安装容量的 90%左右，如图 8-2 所示。逆变器最大功率峰值曲线往往低于理想曲线，形成设备容量冗余，逆变器长时间不在满负荷工作状态，工作效率偏低。如何解决这个问题，涉及光伏发电系统的超配设计，具体内容可参考 8.1.3 节。为了适应超配需要，同时配合大尺寸组件的大电流输出，提高逆变器设备利用率，目前大部分厂家生产的逆变器都提高了最大直流输入功率容量，例如交流输出功率 30kW 的逆变器，可以接入 39kW 的直流容量，允许超配 130%甚至更多。

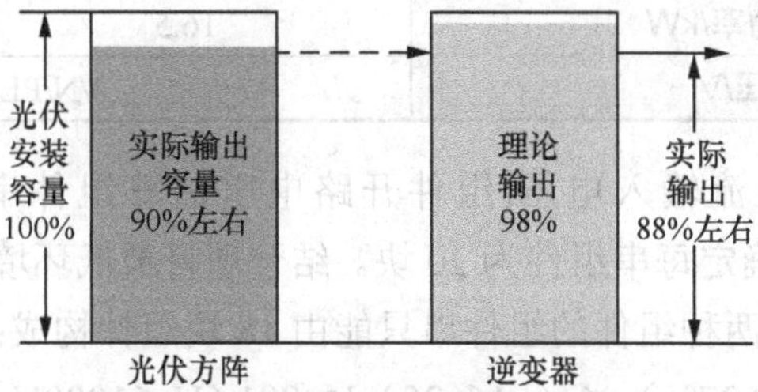

图8-2　光伏发电系统容量匹配不足示意

另外，在设计光伏组串的并联接入时，还要遵循以下几个原则。

① 不同倾角或方位角的组串，不宜并联或接入同一个 MPPT 回路中。

② 不同输出电压或电流的组串，不宜并联或接入同一个 MPPT 回路中。

③ 不同阴影遮挡情况的组串，不宜并联或接入同一个 MPPT 回路中。

④ 尽量将同一环境条件、同一方向角度的光伏组串集中接入同一台逆变器中。

（3）计算举例

下面分别以 445W 和 535W 单晶半片光伏组件为例，对一套瓦屋顶并网光伏发电系统进行匹配设计。该项目南屋面长 23m、宽 5m，所选组件和光伏逆变器的技术参数如表 8-1 和表 8-2 所示，使用地环境最低温度为-16℃，环境最高温度为 39℃，组件最高温度平均为 65℃。

表 8-1　两种单晶硅光伏组件技术参数

光伏组件电池片尺寸/数量规格	最大功率/P_{max}	最大工作电压/U_{mp}	最大工作电流 I_{mp}	开路电压/U_{oc}	短路电流/I_{sc}	最大系统电压/V	组件尺寸/mm×mm×mm
166mm×83mm 144 片	445W	41.3V	10.78A	49.1V	11.53A	DC 1500（IEC）	2094×1038×35
182mm×91mm 144 片	535W	41.5V	12.90A	49.35V	13.78A	DC 1500（IEC）	2256×1133×35
标准测试条件	辐照度:1000W/m² ；组件温度:25℃；AM:1.5			开路电压温度系数：-0.27%/℃ 峰值功率温度系数：-0.35%/℃			

表 8-2　　锦浪光伏逆变器技术参数

逆变器型号	GCI-3P15K-4G	GCI-3P17K-4G
最大输入功率/kW	18	20.4
最大直流输入电压/V	1000	
额定输入电压/V	600	
MPPT 电压范围/V	160～850	
启动电压/V	180	
最大直流电流/A	22/11	22/22
MPPT 路数/最大输入组串路数	2/3	2/4
额定输出功率/kW	15	17
最大交流有功功率/kW	16.5	18.7
额定电网电压/V	3/N/PE 220V/380V	

① 用逆变器最大直流输入电压/组件开路电压估算组件串联块数：1000V÷49.1V（49.35V）≈20 块，暂时确定每串组件为 20 块。结合项目最低环境工作温度和所选组件开路电压温度系数计算，确定两种组件的组件串只能由 18 块组件构成：

49.1V×18×[1＋（−0.27%）×（−16−25）]≈981.6V＜1000V

49.35V×18×[1＋（−0.27%）×（−16−25）]≈986.6V＜1000V

② 计算 18 块组件串的工作电压是否符合逆变器的 MPPT 控制电路工作电压范围。当温度为−16℃时，组串输出的工作电压分别为：

41.3V×18×[1＋（−0.27%）×（−16−25）] ≈825.7V＜850V

41.5V×18×[1＋（−0.27%）×（−16−25）] ≈829.7V＜850V

当组件温度为 65℃时，组串输出的工作电压分别为：

41.3V×18×[1＋（−0.27%）×（65−25）] ≈663.1V＞160V

41.5V×18×[1＋（−0.27%）×（65−25）] ≈666.3V＞160V

③ 根据屋顶面积，两串光伏组件可以纵向排列，光伏组串并联数为 2。

④ 光伏方阵总容量分别为：

445W×18×2＝16 020W＝16.02kW＜18kW（容配比为 1.08:1）

535W×18×2＝19 260W＝19.26kW＜20.4kW（容配比为 1.13:1）

⑤ 光伏组串排布与连接。

两种光伏组件都可以按照纵向两排，每排 18 块进行排布，具体排布及连接示意如图 8-3 所示，从排布结果可以看出，两种组件都可以选择，在可利用面积允许的条件下，选用更大功率的组件，可以增加更多安装容量。

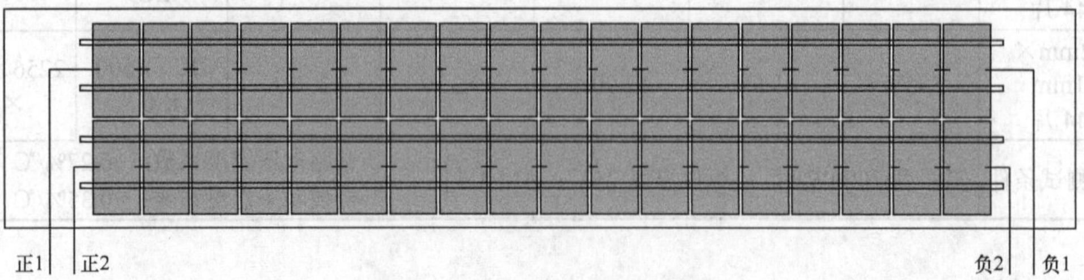

图8-3　光伏组件排布及连接示意

⑥ 光伏组串与逆变器的连接。

两种光伏组串与相应逆变器的连接如图 8-4 所示。其中 445W 组串的最大输出电流为 10.78A，小于逆变器每路 MPPT 中每一端口最大输入电流 11A，所以两路组串可以直接接入 MPPT1 或分别接入 MPPT1 和 MPPT2；535W 组串的最大输出电流为 12.9A，大于 MPPT 中每一端口 11A 的电流，所以两路组串必须分别接入 MPPT1 和 MPPT2。

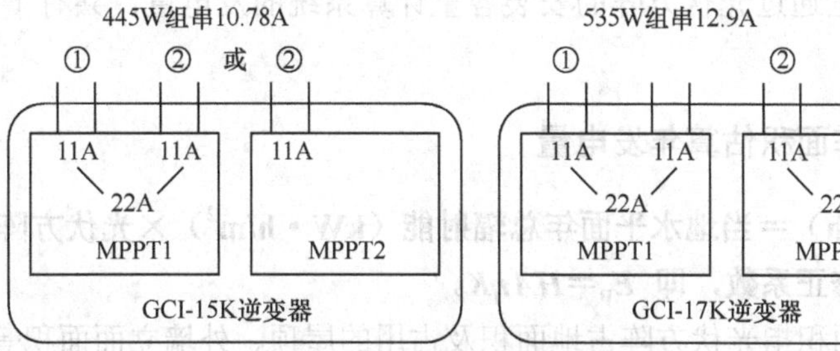

图8-4 光伏组串与逆变器的连接

表 8-3 是 10～400kW 并网光伏发电系统系统配置表，供设计时参考。

表 8-3 10～400kW 并网光伏发电系统系统配置表

系统容量	组件功率、数量	组件连接方式	逆变器功率、数量	交流电缆	交流开关
10kW	270W、40 块	20 块串，2 串并	10kW、1 台	2.5mm^2	20A
12kW	270W、48 块	16 块串，3 串并	12kW、1 台	2.5mm^2	20A
15kW	270W、60 块	20 块串，3 串并	15kW、1 台	2.5mm^2	25A
20kW	270W、80 块	20 块串，4 串并	20kW、1 台	4mm^2	32A
25kW	270W、100 块	20 块串，5 串并	25kW、1 台	6mm^2	40A
30kW	270w、120 块	20 块串，6 串并	30kW、1 台	10mm^2	50A
33kW	270W、132 块	22 块串，6 串并	33kW、1 台	10mm^2	63A
40kW	270W、160 块	20 块串，8 串并	40kW、1 台	16mm^2	80A
50kW	270W、200 块	20 块串，10 串并	50kW、1 台	25mm^2	100A
60kW	270W、240 块	20 块串，12 串并	60kW、1 台	35mm^2	100A
70kW	270W、264 块	22 块串，12 串并	70kW、1 台	50mm^2	120A
80kW（一）	270W、320 块	20 块串，各 8 串并	40kW、2 台	50mm^2	160A
80kW（二）	340W、240 块	20 块串，12 串并	80kW、1 台	50mm^2	160A
100kW	270W、378 块	21 块串，各 6 串并	33kW、3 台	50mm^2	200A
160kW（一）	270W、640 块	20 块串，各 8 串并	40kW、4 台	120mm^2	315A
160kW（二）	340W、480 块	20 块串，各 12 串并	80kW、2 台	120mm^2	315A
200kW（一）	270W、800 块	20 块串，各 8 串并	40kW、5 台	150mm^2	350A
200kW（二）	340W、590 块	—	70kW/2 台+60kW/1 台	150mm^2	350A
240kW	340W、720 块	20 块串，各 12 串并	80kW、3 台	70mm^2×2	400A
300kW（一）	270W、1120 块	20 块串，各 8 串并	40kW、7 台	120mm^2×2	500A
300kW（二）	340W、890 块	—	80kW/3 台+60kW/1 台	120mm^2×2	500A
400kW（一）	270W、1600 块	20 块串，各 8 串并	40kW、10 台	150mm^2×2	630A
400kW（二）	340W、1200 块	20 块串，各 12 串并	80kW、5 台	150mm^2×2	630A

8.1.2 并网光伏系统发电量的估算

并网光伏发电系统的发电量要根据系统所在地的太阳能资源情况进行估算，在系统设计方案、光伏组件转换效率、光伏方阵布置和各种环境条件和因素等确定后，按照下面介绍的方法估算。一是通过光伏方阵的计划占用面积计算系统的年发电量，比较适用于面积有限的小型电站；二是通过光伏方阵的安装容量计算系统的发电量，共有下列 3 个公式供参考。

1. 利用光伏方阵面积估算年发电量

年发电量（kW・h）＝当地水平面年总辐射能（kW・h/m²）×光伏方阵面积（m²）×光伏组件转换效率×修正系数，即 $E_p = HA\eta K$。

式中，光伏方阵面积指光伏方阵占地面积及占用的屋顶、外墙立面面积等。

组件转换效率η根据生产厂家提供的光伏组件参数选取。

2. 利用光伏方阵安装容量估算年发电量

年发电量（kW・h）＝当地水平面年总辐射能（kW・h/m²）×光伏方阵安装容量（kW）×修正系数，即 $E_p = HPK$。

3. 利用峰值日照时数估算年发电量

年发电量（kW・h）＝当地年峰值日照时数（h）×光伏方阵安装容量（kW）×修正系数，即 $E_p = tPK$。

4. 修正系数确定

上述 3 个公式，可以采用同样的修正系数，并根据具体情况进行选择。修正系数 $K = K_1K_2K_3K_4K_5K_6K_7K_8$。

K_1为光伏组件类型修正系数。不同类型光伏组件在不同辐照度、不同辐射波长下的转换效率会不同，该修正系数应根据光伏组件类型和技术参数确定，一般晶体硅光伏组件在不同的光照强度下，转换效率是个定值，所以系数一般取 1。

K_2为灰尘遮挡玻璃及温度升高造成组件功率下降的修正系数，一般取 0.9～0.95，该系数的取值与环境的清洁度、环境温度及组件的清洗方案等有关。

K_3为光伏组件长期运行性能衰减修正系数，一般取 0.9。

K_4为光伏方阵朝向及倾斜角的修正系数，参看表 8-4。同一系统有不同方向和倾斜角的光伏方阵时，要根据各自条件分别计算发电量。

表 8-4　光伏方阵朝向与倾斜角的修正系数

组件朝向	电池方阵（组件）与地面的倾斜角			
	0°	30°	60°	90°
东	93%	90%	78%	55%
东南	93%	96%	88%	66%

续表

组件朝向	电池组件（方阵）与地面的倾斜角			
	0°	30°	60°	90°
南	93%	100%	91%	68%
西南	93%	96%	88%	66%
西	93%	90%	78%	55%

K_5为光照利用率系数。有些光伏发电系统受到环境或地理条件等因素影响，光伏方阵不可避免地会被遮挡，太阳能资源不能被充分利用，因此光照利用率系数取值范围小于等于 1。当系统确保光伏方阵全年完全没有被遮挡时，系数取 1；当系统能保证全年 9～16 点时段内无遮挡时，系数取 0.99。

K_6为光伏发电系统可用率系数。光伏发电系统可用率系数是指光伏发电系统因故障停机及检修而受影响的时间与正常使用时间的比值，即 K_6＝[8760－（停机小时＋检修小时）]/8760，因光伏发电系统结构简单，设备部件可靠性高，一般很少出故障且维修方便，因此该系数一般取 0.99 以上。

K_7为线路损耗修正系数，一般取 0.96～0.99。线路损耗包括光伏方阵至逆变器之间的直流线缆损耗、逆变器至配电柜、变压器或并网计量点的交流电缆损耗，以及升压变压器的空载、负载损耗。

K_8为逆变器效率修正系数，一般取 0.97～0.99。也可根据逆变器生产商提供的欧洲效率或中国效率参数确定。这里说的逆变器效率是指逆变器将输入的直流电能转换为交流电能在不同功率段下的加权评价效率。

8.1.3　光伏发电系统的容配比及超配设计

光伏发电系统的容配比，是指光伏组件安装容量（功率）与逆变器交流额定输出容量（功率）之比，宏观说就是系统装机容量与交流并网容量之比。即容配比=系统安装容量/额定容量。其中，系统安装容量指光伏组件的标称功率之和，单位为峰瓦（Wp）。额定容量指逆变器的交流额定有功功率之和，单位为瓦（W）。

在过去的光伏系统设计中，尽管也考虑了太阳能资源、系统效率、各种衰减等因素，但组件容量与逆变器容量的比值基本默认为 1∶1。之前在相关标准中关于容配比的要求也是 1∶1，行业内的容配比不会超过 1.05∶1（超配状态）。

在实际应用中，由于不同地区的太阳光照条件差异较大，再加上光伏组件功率的衰减、灰尘遮挡及直流、交流侧线路损耗的存在，为了最优化系统收益，有经验的设计工程师往往会把光伏组件的总容量配得比逆变器的输出容量大一些，使系统的容配比值大于 1，这就是超配设计。适当的超配设计，将有利于提高系统的发电量，有利于提升系统的整体经济收益。国家能源局发布的 NB/T 10394-2020《光伏发电系统效能规范》是我国首个正式下发的、全面放开容配比的规范性文件，可以作为光伏组件容量超配设计的主要参考依据。2022 年 9 月国家能源局《光伏电站开发建设管理办法（二次征求意见稿）》中也明确提出：“光伏电站项目备案容量原则上为交流侧容量”及“科学合理确定容配比”等意见。有了容配比规范和政策，建设方在申报项目系统容量时，就应按照逆变器的额定输出功率申报，而不是按照光伏组件的容量申报。当然在实际执行过程中，各地对容配比的理解和规范的执行力度不一。

1. 影响系统容配比的主要因素

容配比设计需要结合具体项目的情况综合考虑，其主要影响因素包括太阳能资源条件、系统损耗、组件安装角度等方面。

（1）不同太阳能资源条件

我国太阳能资源分为 4 类地区，不同区域辐照度差异很大。即使在同一资源地区，不同的地方全年辐射量也有较大差异。例如同是 1 类资源区的西藏噶尔地区和青海格尔木地区，噶尔地区的全年辐射量为 7998MJ/m^2，格尔木地区的全年辐射量为 6815MJ/ m^2，意味着相同的系统配置，即相同的容配比下，噶尔地区的发电量比格尔木地区高 17%。若要达到相同的发电量，可以通过改变容配比来实现。

（2）系统损耗

在光伏发电系统中，能量从太阳辐射到光伏组件，经过汇流箱、直流配电箱等到达逆变器，在各个环节上都有损耗。如图 8-5 所示，直流侧损耗通常在 7%～12%，逆变器损耗约 1%，总损耗为 8%～13%甚至更多（此处所说的系统损耗不包括逆变器变压器及线路损耗部分）。也就是说，在组件容量和逆变器容量相等的情况下，由于客观存在各种损耗，输入逆变器的光伏组件容量实际只有安装容量的 90%左右，同样逆变器实际输出最大容量只有逆变器额定容量的 90%左右，即使在光照最好的时候，逆变器也没有满载工作，降低了逆变器和系统的利用率。

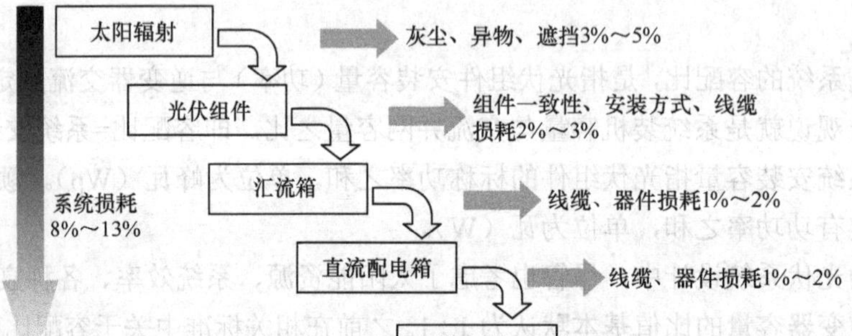

图8-5 光伏发电系统各环节损耗构成示意

（3）组件安装角度

由于受地形或屋顶安装条件限制，不同倾斜角安装的组件所接收的辐照度不同，如某些分布式屋顶多采用平铺的方式，则在使用相同容量的组件时，其实际容配比有一定倾斜角的组件的容配比要低一些。

2. 系统容配比的优化设计及主要方式

光伏发电系统容配比优化设计要综合考虑项目的地理位置、地形条件、太阳能资源条件、组件选型及安装布置方式、光伏方阵到逆变器或并网点的损耗、逆变器性能、投资建设成本等因素，通过技术性和经济性分析后确定。容配比的优化分析应从低到高选择不同的容配比进行分析计算。

提高容配比的方式分为补偿超配和主动超配两种，补偿超配通过提高组件容量，补偿各种因素引起的系统损耗，使光伏方阵的实际输出最大容量能满足逆变器按最大输入功率满负荷工作的需要。主动超配在进行了补偿超配的基础上，进一步提高光伏发电系统容配比，提高光伏发电系统满载工作的时间，如图 8-6 所示。采用主动超配方式时，逆变器系统在中午光照充足的时段可能会在一定时间内限功率运行，但整个光伏发电系统在寿命周期内运行可使平准化度电成本（LCOE）达到最低值，即收益最大化。

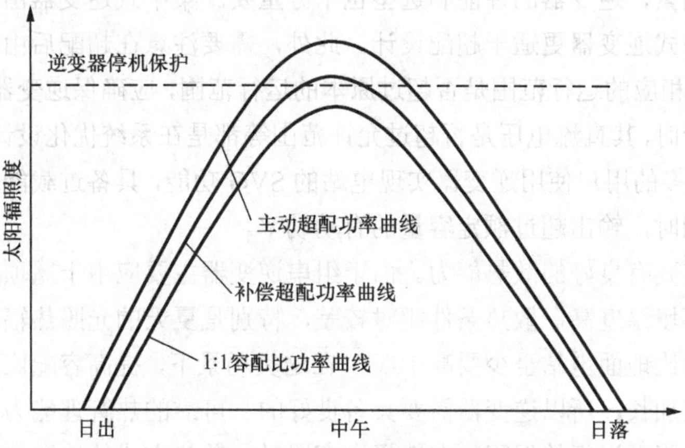

图8-6　不同容配比下光伏发电系统发电功率曲线

（1）补偿超配

由于光伏发电系统中的系统损耗客观存在，通过适当提升组件容配比，补偿由光照不足、温度升高、灰尘遮挡、串并联及线路损失、组件功率衰减等带来的系统损耗，使得逆变器或整个电站达到满功率工作的状态。同时，由于光伏组件输出功率提高，逆变器能更早启动，更晚停机，使发电时间延长，太阳能资源利用率提高，这就是光伏发电系统补偿超配设计思路。

（2）主动超配

在补偿超配使得逆变器在部分时间段达到满载工作状态后，继续增加光伏组件容量，通过主动延长逆变器满载工作时间，在增加的组件投入成本和系统发电收益之间寻找平衡点，实现 LCOE 最小，这就是光伏系统主动超配设计思路。

在主动超配的情况下，由于受到逆变器额定功率的影响，在组件实际功率高于逆变器额定功率的时段内，系统将以逆变器额定功率工作；在组件实际功率小于逆变器额定功率的时段内，系统将以组件实际功率工作。最终所产生的系统实际发电量曲线将出现“削顶”现象。

采用主动超配方案设计，系统会在高发电量季节的中午时间段内处于限发工作状态，此段时间内逆变器控制组件工作功率偏离实际最大功率点。但是，在合适的容配比值下，系统整体的 LCOE 是最低的，即收益是增加的。

补偿超配、主动超配与 LCOE 的关系是：LCOE 随着容配比的提高不断下降，在补偿超配点，系统LCOE没有到达最低值，进一步提高容配比到主动超配点，系统的LCOE达到最低；再继续提高容配比后，LCOE则将会升高。因此，主动超配点处的容配比值为系统最佳容配比值。

无论是采用补偿超配还是主动超配，从经济性角度分析无外乎两种方式，一是在系统总装机容量不变的情况下，通过提升容配比，减少逆变器的使用数量；二是逆变器使用数量不变，通过提升容配比来增加总装机容量。

3. 提高容配比对逆变器的要求

（1）逆变器需要有更强的过载能力。提高容配比除了需要考虑当地光照条件、系统损耗、铺设倾斜角度等因素，逆变器的性能和选型也十分重要。集中式逆变器由于单机容量大、过载能力强，比组串式逆变器更适于超配设计。此外，需要注意在超配后由于接入逆变器的组件容量增加了，其相应的运行范围是否超过原本的运行范围，应确保逆变器不长期过载运行；逆变器限功率运行时，其直流电压是否超过允许范围等都是在系统优化设计时要考虑的问题。另外，随着越来越多的用户使用逆变器实现电站的SVG功能，具备过载能力的逆变器可以在响应无功调度的同时，输出超过额定容量的有功功率。

（2）逆变器需要有良好的散热能力。由于组串逆变器主要应用于屋顶及山地等复杂环境的分布式电站，环境温度高，散热条件相对较差，特别是夏天的光照热辐射会导致彩钢瓦或水泥屋顶环境温度比地面电站至少要高10℃。在这类场景下，提高容配比后会使逆变器满载及过载的运行时间加长，所以逆变器需要具备良好的、可靠的热管理能力。高效的散热能力是逆变器稳定、不降额运行的保障。在选择逆变器时，散热方式的选取也要慎重，实际测试表明，对于几十kW、长期工作在满载状态下的设备，采用智能风扇散热效果更优。

提高容配比，可以把逆变器的性能和光伏发电系统的整体效率发挥到最佳，当然也要考虑提高发电效率产生的收益与增加设备投入之间的优化平衡。表8-5和表8-6所示分别为单面发电光伏组件和双面发电光伏组件在不同水平面总辐照量，采用不同支架组合方式的容配比参考值，供读者设计时参考。

提升容配比，从本质上讲是提高逆变器、箱式变压器的设备利用率，降低逆变器、箱式变压器的工程造价。同时，提高容配比还可以摊薄升压站、送出线路等公用设施的投资成本，进一步降低造价，降低发电成本。另一方面，提高容配比可以使光伏电站满载工作时间延长，电站输出功率随辐照度波动引起的变化会降低，这不仅会提高电网友好性，还使光伏电力输出更平滑。

表8-5　单面发电光伏组件的容配比参考值

序号	水平面总辐照量/kW·hm^{-2}	平铺	固定式	水平单轴跟踪	斜单轴跟踪
1	1000	1.7～1.8	1.7～1.8	1.6～1.7	1.5～1.6
2	1200	1.7	1.6～1.7	1.6	1.5
3	1400	1.6	1.5～1.6	1.5	1.4
4	1600	1.4	1.4	1.4	1.3
5	1800	1.3～1.4	1.3	1.3～1.4	1.2～1.3
6	2000	1.2	1.1～1.2	1.1～1.2	1.0～1.1

表 8-6 双面发电光伏组件的容配比参考值

序号	水平面总辐照量/kW·hm^{-2}	固定式	水平单轴跟踪	斜单轴跟踪
1	1000	1.6～1.7	1.5～1.6	1.5
2	1200	1.6	1.5～1.6	1.4
3	1400	1.5	1.4～1.5	1.3～1.4
4	1600	1.3	1.3～1.4	1.2～1.3
5	1800	1.2～1.3	1.3	1.2
6	2000	1.1	1.0～1.2	1.0

对于组件方阵朝向各异的山地光伏电站，以及屋顶情况复杂的分布式光伏电站，当有些组件方阵不朝向正南、倾斜角度不是最佳倾斜角度时，都可以结合实际情况灵活进行超配设计。

8.1.4 光伏发电系统设计相关资料

1. 火力发电能耗及排放数据

我国火力发电厂每发电 1kW·h，需要消耗标准煤 305g；二氧化碳（CO_2）排放指数为 0.814kg/kW·h（国际能源署《世界能源展望 2007》数据）；硫氧化物（SO_x）排放指数为 6.2g/kW·h（脱硫前统计数据）；氮氧化物（N_xO_y）排放指数为 2.1g/kW·h（脱氮前统计数据）。

2. 光伏发电节能减排的数据

使用光伏发电系统每发 1kW·h 电，可以节约标准煤 0.359kg；减排二氧化碳（CO_2）0.936kg；减排硫氧化物（SO_x）0.008 64kg；减排氮氧化物（N_xO_y）0.002 52kg；节约淡水 0.568kg；减排粉尘 0.272kg。

|8.2 并网光伏发电系统的电网接入设计|

8.2.1 并网要求及接入方式

1. 并网要求

（1）并网点。光伏发电系统根据容量及并网电压等级要求，可以实施单点并网或多点并网，并网点要设置在易于操作、可闭锁且具有明显开断点的位置，以确保电力设施检修、维护人员的人身安全。

（2）系统并网容量。光伏发电系统具体能够接入多大容量要根据接入电压等级、接入点实际情况、电网实际运行情况、电能质量控制、防孤岛保护等方面论证。对于接入公共电网的系统，接入的总容量要控制在主变、配变接入侧线圈额定容量的 80%以内。对于采用 T 接方式接入 10/20kV 公用线路的系统，其总容量宜控制在该线路最大输送容量的 30%以内。对于通过专线和专用变压器接入的系统，接入总容量与变压器容量可以按 0.9：1 或 1：1 接入。

2. 接入电压等级

光伏发电系统接入电压等级的确定，既要满足地区电力网络的需要，也要根据光伏电站的容量、规划、一次性投资和长期运营费用等因素综合考虑。光伏发电并网电压接入等级可根据装机容量进行初步选择，一般 8kW 及以下容量可接入 220V 电网；8～400kW 可接入 380V 电网；400～6000kW（6MW）可接入 10kV（20kV）电网；5000kW（5MW）～30000kW（30MW）可接入 35kV 电网。总之，光伏发电系统接入电压等级应根据接入电网的要求和光伏发电站的安装容量，经过技术性和经济性比较后，结合下列条件选择确定。

（1）光伏发电系统安装总容量小于等于 1MW 时，如果以自发自用、就地消纳为主且并网电量基本不上网，可采用 0.4kV 电压等级并网，如果不能就地消纳，可采用 10kV 电压等级并网。总容量小于等于 1MW 的光伏发电系统，大多数是分布式电站，为降低造价和运营费用，优先采用 0.4kV 电压等级单点或多点并网。

（2）光伏发电系统安装总容量大于 1MW，在 30MW 以内时，可以根据情况采用 10～35kV 电压等级。母线电压在 10kV、20kV 和 35kV 3 种等级中选择，主要取决于其综合效益和光伏发电系统周边电网的实际情况。

3. 并网接入方式

我国的电网形式有 TN-S、TN-C、TN-C-S、TT 和 IT 等 5 种，如图 8-7 所示，光伏发电系统并网接入时，要根据不同的电网形式对光伏逆变器的交流输出形式做相应匹配或内部设置调整。对于 TT 类的电网形式，光伏逆变器在接入并网时，零地电压有效值必须小于 20V。

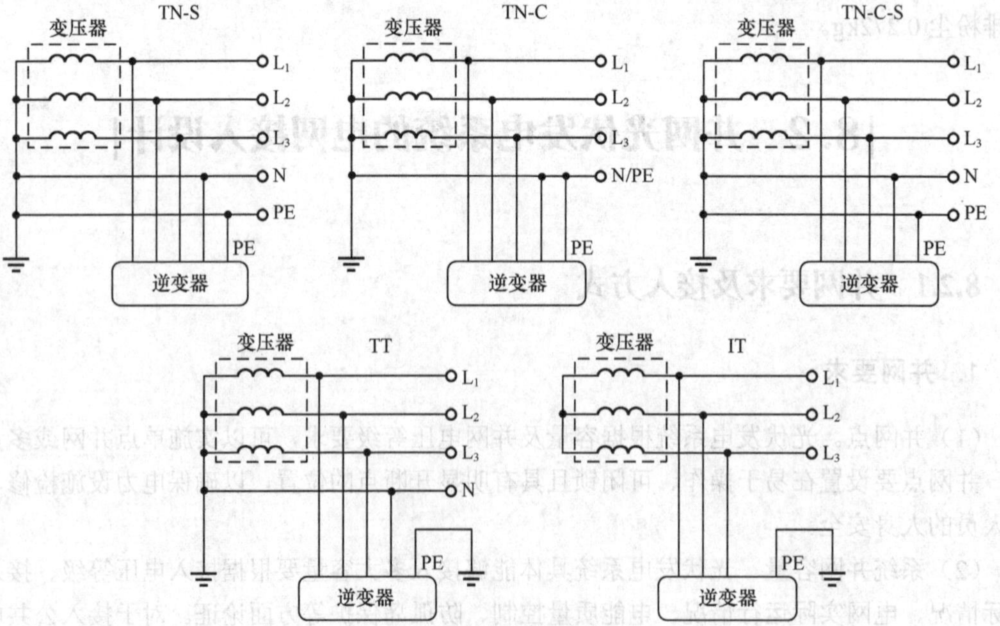

图8-7　5种电网形式示意

光伏发电系统的并网接入，一般有专线接入、T 接接入和用户侧接入 3 种方式，如图 8-8 所示。

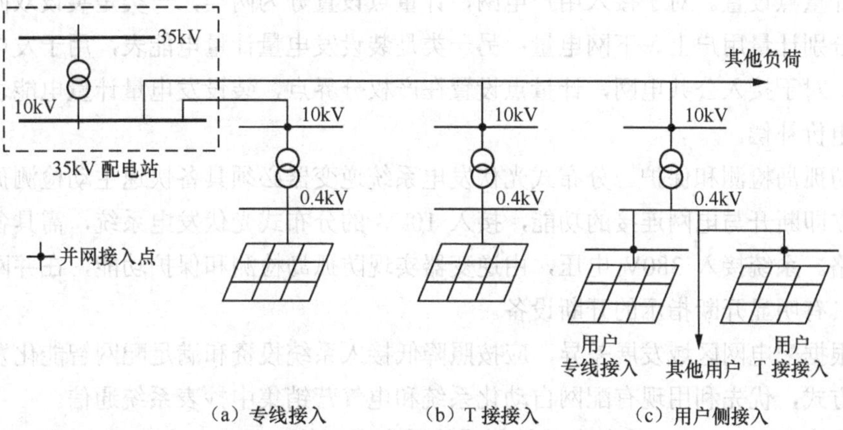

图8-8 并网接入方式示意

4. 并网接入电缆截面积选择

光伏发电系统并网接入电缆截面积的选择应遵循以下原则。

（1）光伏发电系统并网接入电缆截面积需根据所要输出的容量、并网电压等级进行选取，并考虑光伏发电系统发电效率等因素。

（2）一般按持续极限输送容量选择光伏发电系统并网接入电缆截面积。

（3）应结合并网地配电网规划与建设情况选择适合的电缆。一般 380V 并网电缆可选用 $70mm^2$、$120mm^2$、$150mm^2$、$185mm^2$、$240mm^2$ 等截面积；10kV 并网电缆可选用 $70mm^2$、$185mm^2$、$240mm^2$、$300mm^2$ 等截面积；10kV 架空电缆可选用 $70mm^2$、$120mm^2$、$185mm^2$、$240mm^2$ 等截面积；20kV 架空电缆可选用 $185mm^2$、$240mm^2$、$300mm^2$ 等截面积。

8.2.2 典型接入方案

国家电网公司针对 10kV 及以下电压等级接入电网，且单个并网点总装机容量小于 6MW 的分布式光伏发电系统，推出了《分布式光伏发电接入系统典型设计》方案。该方案根据接入电压等级、运营模式和接入点不同，共划分 8 个单点接入系统方案及 5 个多点接入系统方案。每个典型设计方案内容包括接入系统一次电气系统、系统继电保护及安全自动装置、系统调度自动化、系统通信计量与结算的相关方案设计。

1. 接入方案分类及要求

（1）单点接入方案。按照接入电压等级，分为接入 10kV、380/220V 两类；按照接入位置，分为接入变电站/配电室/箱式变压器、开关站/配电箱、环网柜和线路 4 类；按照接入方式，分为专线接入和 T 接接入两类；按照接入产权，分为接入用户电网和接入公共电网两类。

（2）多点接入方案。考虑单个项目多点接入用户电网，或多个项目汇集接入公共电网情况，设计多点接入组合方案。按照接入电压等级，分为多点接入 380V 组合方案、多点接入 10kV 组合方案、多点接入 10kV/380V 组合方案 3 类。按照接入产权，分为接入单一用户组合方案、接入公共电网组合方案两类。

（3）计量点设置。对于接入用户电网，计量点设置分为两类，一类是装设双向关口计量电能表，分别计量用户上、下网电量；另一类是装设发电量计量电能表，用于发电量和电价补贴计量。对于接入公共电网，计量点设置在产权分界点，装设发电量计量电能表，用于电量计量和电价补偿。

（4）防孤岛检测和保护。分布式光伏发电系统逆变器必须具备快速主动检测孤岛、检测到孤岛后立即断开与电网连接的功能，接入 10kV 的分布式光伏发电系统，需具备双重检测和保护策略。系统接入 380V 电压，由逆变器实现防孤岛检测和保护功能，在并网点应安装易操作、具有明显开断指示的开断设备。

（5）根据配电网区域发展差异，应按照降低接入系统投资和满足配网智能化发展的要求考虑通信方式，优先利用现有配网自动化系统和电气营销集中抄表系统通信。

（6）若接入 10kV 的光伏发电系统则系统采集电源并网状态、电流、电压、有功、无功、发电量等电气运行工况。若接入 380V 的光伏发电系统，则系统暂只采集电能信息，并预留并网点断路器工位等信息采集的能力。

2. 接入设计方案

光伏发电系统单点接入设计方案如表 8-7 所示，多点接入设计方案如表 8-8 所示。从接入方案中可以看出，凡是全额上网模式都可以直接通过公共设施并网点接入并网，凡是自发自用/余量上网模式，都只能通过用户自有设施并网点接入并网。

表 8-7　　光伏发电系统单点接入方案

方案标号	接入电压	运营模式	接入点	送出回路数	单并点参考容量
XGF10-T-1	10kV	全额上网模式（接入公共电网）	专线接入变电站 10kV 母线	1 回	1MW～6MW
XGF10-T-2			专线接入 10kV 开关站、配电室或箱式变压器	1 回	400kW～6MW
XGF10-T-3			T 接 10kV 线路	1 回	400kW～1MW
XGF10-Z-1		自发自用/余量上网（接入用户电网）	专线接入用户 10kV 母线	1 回	400kW～6MW
XGF380-T-1	380V	全额上网模式（接入公共电网）	配电箱/线路	1 回	≤100kW，8kW 及以下可单相接入
XGF380-T-2			箱式变压器或配电室低压母线	1 回	20kW～400kW
XGF380-Z-1		自发自用/余量上网（接入用户电网）	用户配电箱/线路	1 回	≤400kW，8kW 及以下可单相接入
XGF380-Z-2			用户箱式变压器或配电室低压母线	1 回	20kW～400kW

表 8-8　　光伏发电系统多点接入方案

方案标号	接入电压	运营模式	接入点
XGF380-Z-Z1	380V/220	自发自用/余量上网（接入用户电网）	多点接入配电箱/线路、箱式变压器或配电室低压母线（用户）
XGF10-Z-Z1	10kV		多点接入用户 10kV 母线、用户箱式变压器或配电室（用户）

续表

方案标号	接入电压	运营模式	接入点
XGF380/10-Z-Z1	10kV/380V	自发自用/余量上网（接入用户电网）	以 380V 一点或多点接入配电室/线路、箱式变压器或配电室低压母线（用户），以 10kV 一点或多点接入用户 10kV 母线、用户箱式变压器或配电室（用户）
XGF380-T-Z1	380V/220	全额上网模式（接入公共电网）	多点接入配电箱/线路、箱式变压器或配电室低压母线（公用）
XGF380/10-T-Z1	10kV/380V		以 380V 一点或多点接入配电箱/线路、箱式变压器或配电室低压母线（公用），以 10kV 一点或多点接入 10kV 配电室或箱式变压器、开关站、变电站 10kV 母线、T 接接入 10kV 线路（公用）

这 13 个典型接入方案的具体信息请参考国家电网《分布式光伏发电接入系统典型设计》中的有关内容，下面是几款并网光伏发电系统采用专线接入和 T 接接入方式接入公共电网或用户内部电网的典型接入方案示意图，供读者设计时参考。

（1）光伏发电系统专线接入 10（20）kV 公共电网的典型方案如图 8-9 所示。其中图（a）为接入公共电网变电站 10kV 母线方案；图（b）为接入公共电网开关站、配电室或箱式变压器等 10kV 母线方案。

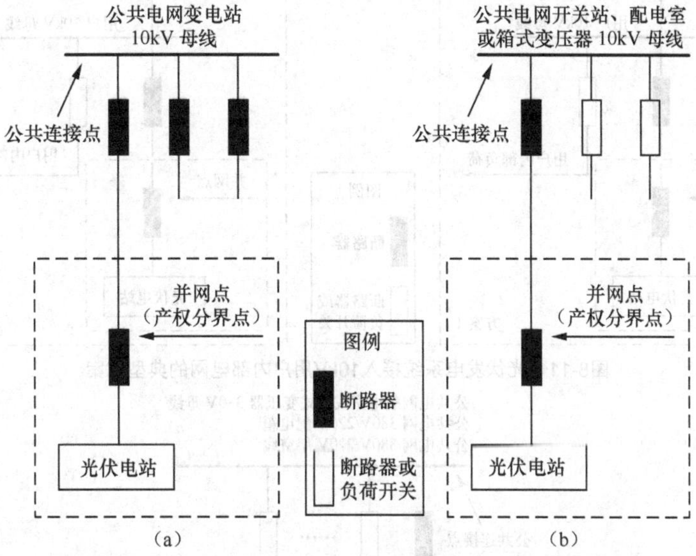

图8-9　光伏发电系统专线接入10（20）kV公共电网的典型方案

（2）光伏发电系统 T 接接入 10（20）kV 公共电网的典型方案如图 8-10 所示。

（3）光伏发电系统接入 10kV 用户内部电网的典型方案如图 8-11 所示。

（4）光伏发电系统接入 380V 公共电网的典型方案如图 8-12 所示。

（5）光伏发电系统接入 380V 用户内部电网的典型方案如图 8-13 所示。

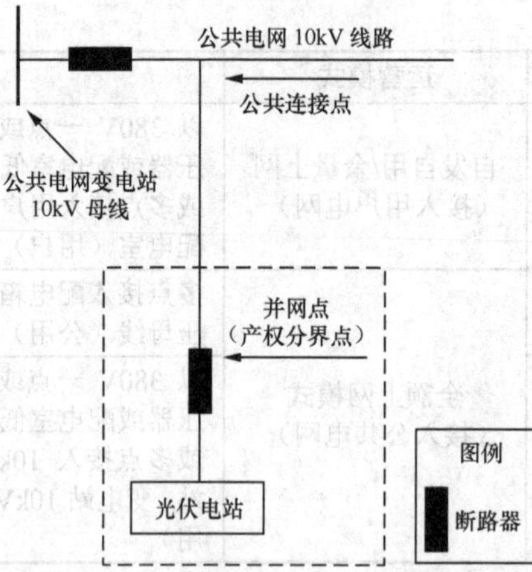

图8-10　光伏发电系统T接接入10（20）kV公共电网的典型方案

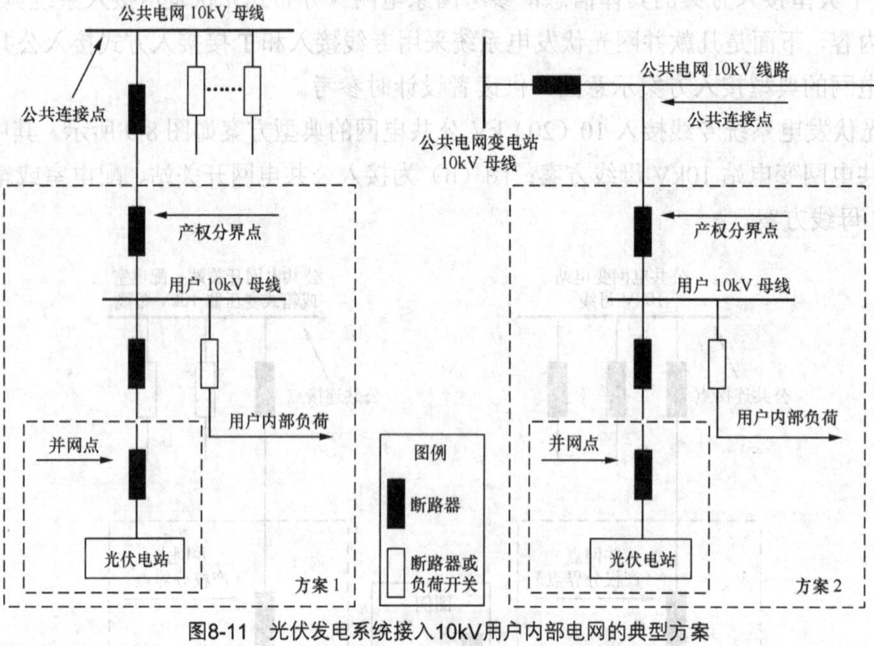

图8-11　光伏发电系统接入10kV用户内部电网的典型方案

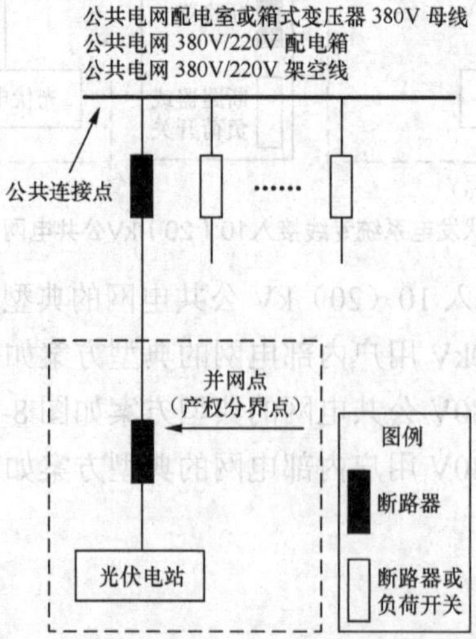

图8-12　光伏发电系统接入380V公共电网的典型方案

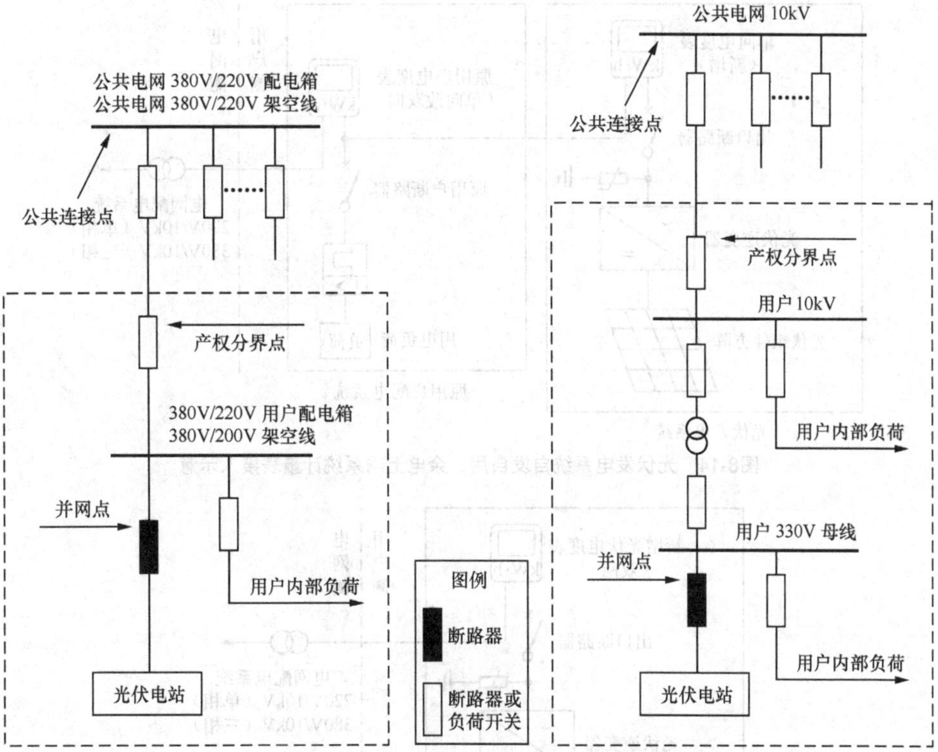

图8-13　光伏发电系统接入380V用户内部电网的典型方案

8.2.3　并网计量电表的接入

1. 电能计量接入要求

光伏发电系统要在发电侧和电能计量点分别配置、安装专用电能计量装置，电能计量装置要校验合格，并通过电力公司认可才能投入使用。光伏电站接入电网前，应明确上网电量和使用电网电量的计量点，计量点原则上设置在产权分界的光伏电站并网点。每个计量点都要装设电能计量装置，其设备配置和技术要求要符合 DL/T 448-2016《电能计量装置技术管理规程》及相关标准和规范等。

针对通过 10kV 电压等级并网的分布式光伏发电系统，考虑计量准确度的问题，同一计量点应安装同型号、同规格、同精确度的主、副电能表各一套，主、副表应有明确的标识。

计量用互感器的二次计量绕组是专用绕组，绕组中不得接入与电能计量无关的设备。电能计量装置应配置专用的整体式电能计量箱（柜），以便将电能表及电流互感器、电压互感器安装在一个柜体或间隔内，如果电流互感器、电压互感器需要分柜安装，电能表要和电流互感器安装在一起。电压互感器、电流互感器要采用计量专用互感器，其精确度要求为电压互感器 0.2 级、电流互感器 0.2S 级。

电能表一般采用静止式多功能电能表，技术性能符合 DL/T 614-2007《多功能电能表》的要求，至少应具备双向有功和四象限无功计量功能、事件记录功能，要配置有标准通信接口，具备本地通信和通过电能信息采集终端远程通信的功能。

图 8-14 和图 8-15 所示为光伏发电系统自发自用、余电上网和全额上网系统计量表接入示意，供读者参考。

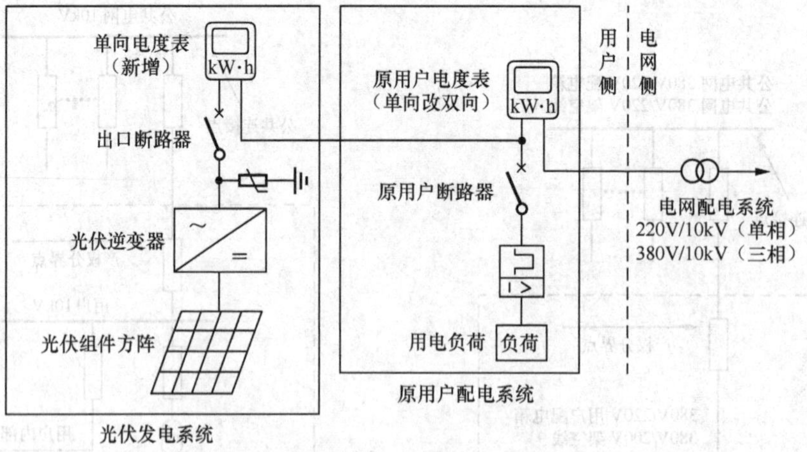

图8-14 光伏发电系统自发自用、余电上网系统计量表接入示意

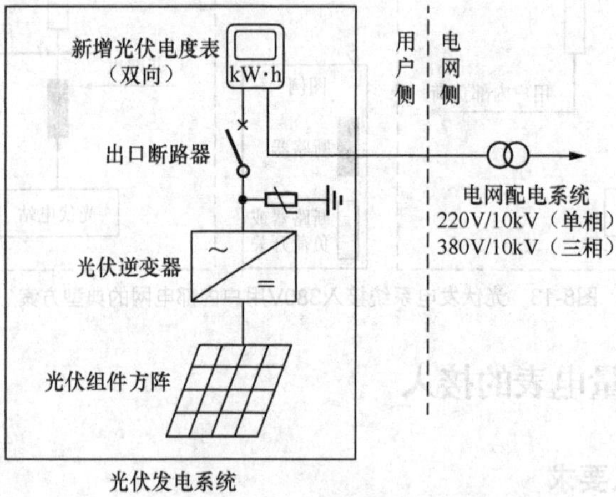

图8-15 光伏发电系统全额上网系统计量表接入示意

图 8-16 所示为光伏发电系统全部自发自用计量表接入示意。这种模式允许光伏发电系统并网接入电网，但发电量只能自发自用，多余电量不能送入电网，当用户光伏发电量不够时，电网可以为用户补充电量。系统线路中接有防逆流装置，当防逆流装置检测到光伏发电系统逆流送电时，会调低光伏发电系统逆变器的发电功率，防止逆流送电现象发生。

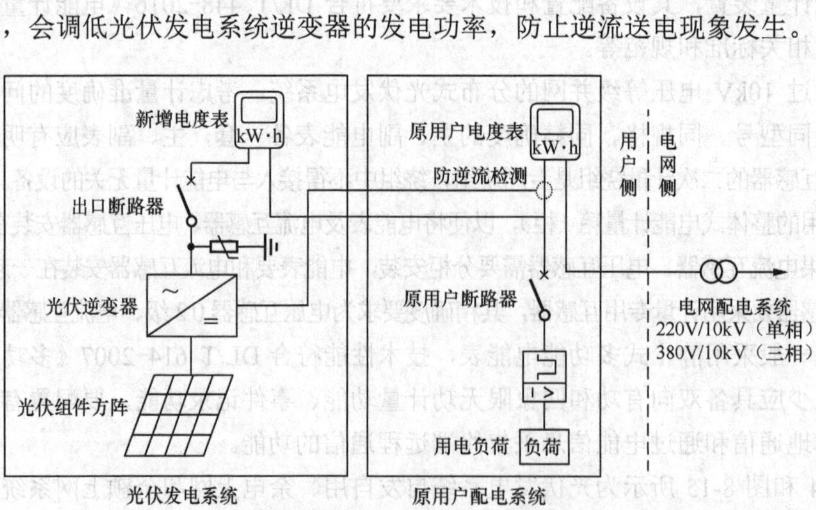

图8-16 光伏发电系统全部自发自用系统计量表接入示意

图 8-17 和图 8-18 所示为多建筑（如学校、工厂等）并网光伏发电系统就近计量接入和集中计量接入示意。其中，就近计量接入的优点是高效、便捷，节省建设成本，但不便于电网公司计量；集中计量接入需要额外建设各发电系统单元到电网接入点的输电电网，投资大、效率低，但方便电网公司集中计量。

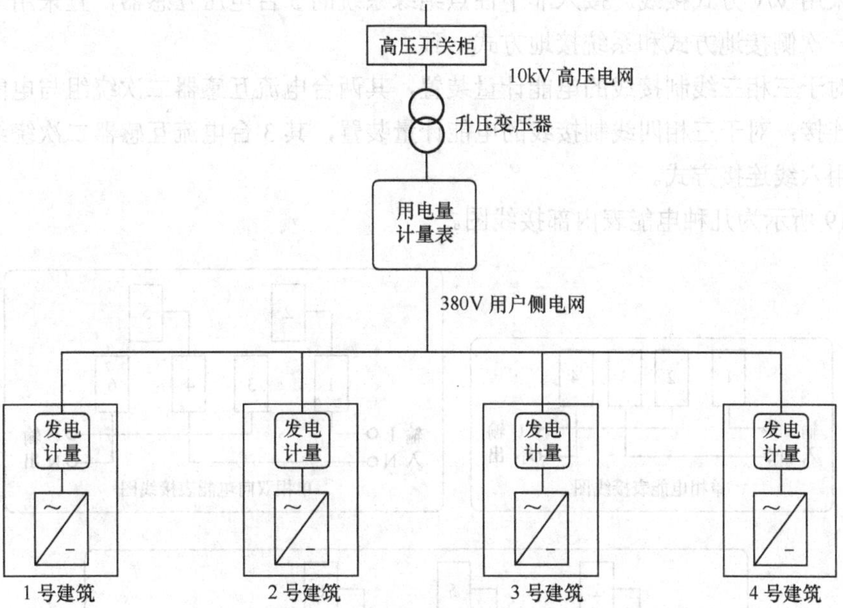

图8-17 多建筑并网光伏发电系统就近计量接入示意

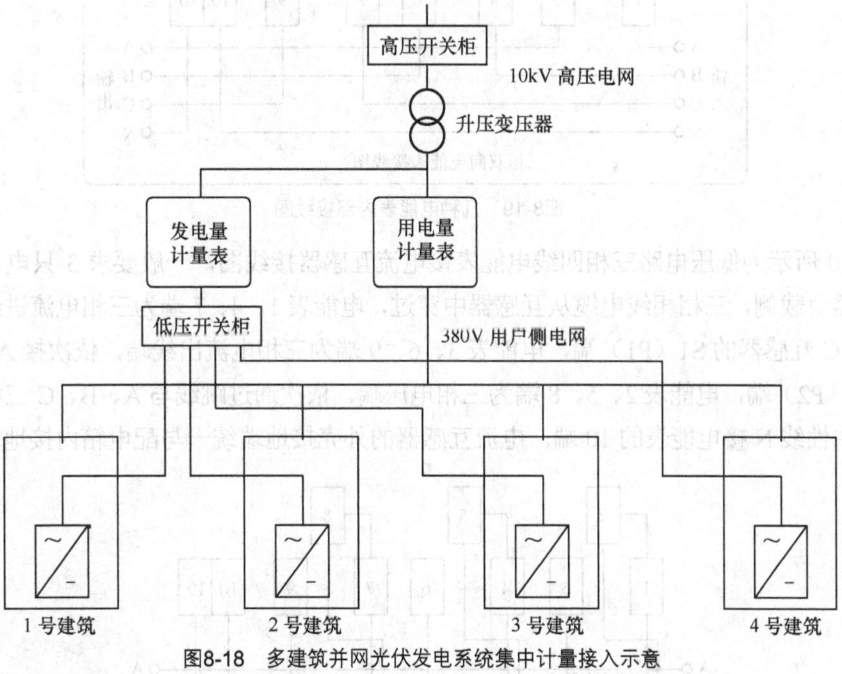

图8-18 多建筑并网光伏发电系统集中计量接入示意

2. 电能表接线方式

（1）对于低压供电，负荷电流在 50A 及以下时，宜采用直接接入式电能表；负荷电流在

50A 以上时，宜采用经电流互感器接入的接线方式。

（2）接入中性点绝缘系统的电能计量装置，应采用三相三线有功、无功电能表。接入非中性点绝缘系统的电能计量装置，应采用三相四线有功、无功电能表或 3 只感应式无止逆单相电能表。

（3）接入中性点绝缘系统的 3 台电压互感器，35kV 及以上的宜采用 Y/y 方式接线；35kV 以下的宜采用 V/v 方式接线。接入非中性点绝缘系统的 3 台电压互感器，宜采用 Y0/y0 方式接线，其一次侧接地方式和系统接地方式一致。

（4）对于三相三线制接线的电能计量装置，其两台电流互感器二次绕组与电能表之间宜采用四线连接；对于三相四线制接线的电能计量装置，其 3 台电流互感器二次绕组与电能表之间宜采用六线连接方式。

图 8-19 所示为几种电能表内部接线图。

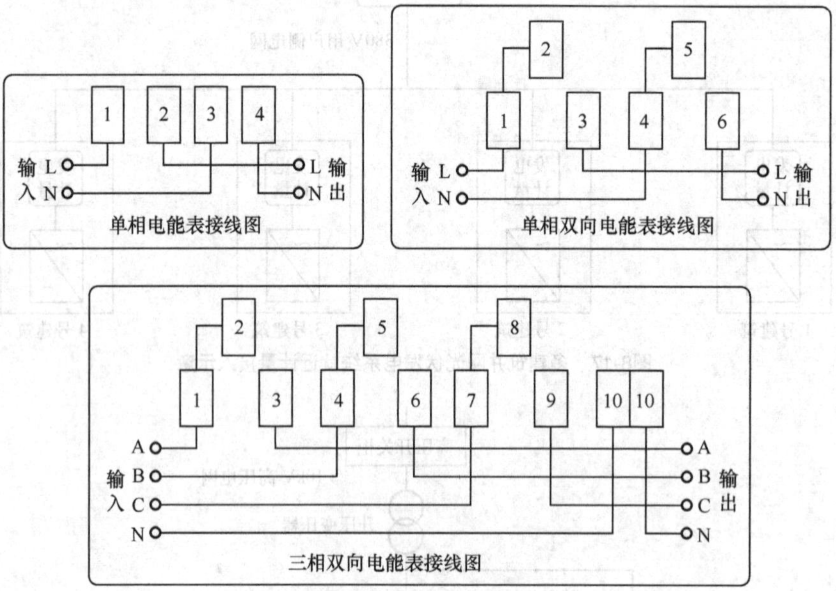

图8-19　几种电能表内部接线图

图 8-20 所示为低压电路三相四线电能表接电流互感器接线图，一般要求 3 只电流互感器安装在断路器负载侧，三相相线电缆从互感器中穿过，电能表 1、4、7 端为三相电流进线端，依次接 A、B、C 互感器的 S1（P1）端，电能表 3、6、9 端为三相电流出线端，依次接 A、B、C 互感器的 S2（P2）端，电能表 2、5、8 端为三相电压端，依次通过跳线与 A、B、C 三相连接，输入、输出中性线 N 接电能表的 10 端。电流互感器的外壳接地端统一与配电箱内接地端连接。

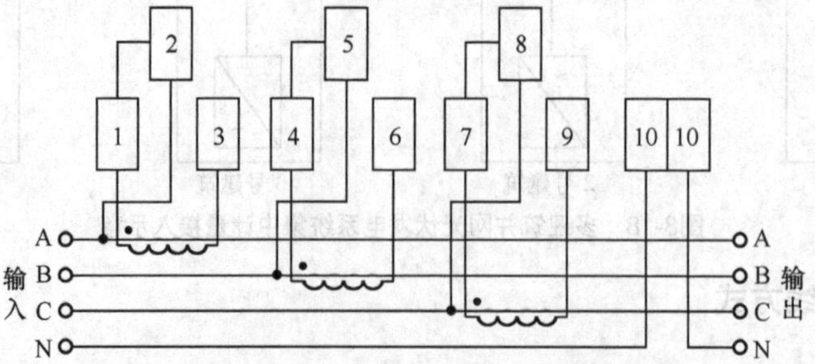

图8-20　低压电路三相四线电能表接电流互感器接线图

3. 电能表在并网电路中的几种接法

（1）单相并网电能表接法 1（1 个单相双向电能表＋1 个单相电能表）

这种接法利用 1 个单相电能表计量光伏发电系统的总发电量，利用单相双向电能表计量光伏发电系统余电上网电量和用户的市电实际用电量，具体接线如图 8-21 所示。

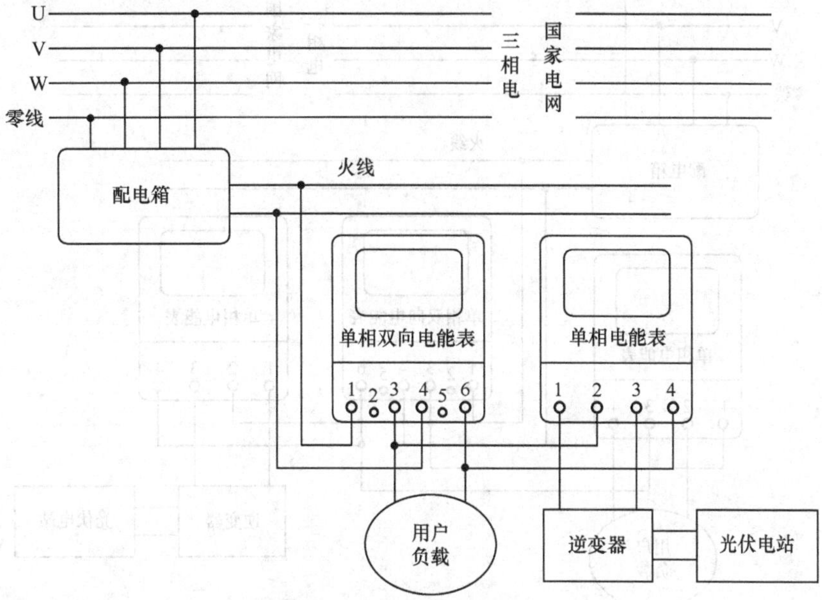

图8-21 单相并网电能表接法1

（2）单相并网电能表接法 2（1 个单相双向电能表＋1 个单相电能表）

这种接法利用 1 个单相电能表计量用户的总用电量，利用单相双向电能表计量光伏发电系统余电上网电量和用户市电实际用电量，具体接线如图 8-22 所示。这种接法适合用在“完全自发自用”的场合，要计量光伏发电系统总发电量需要通过各个电能表进行加减运算，对用户来说不是很方便。

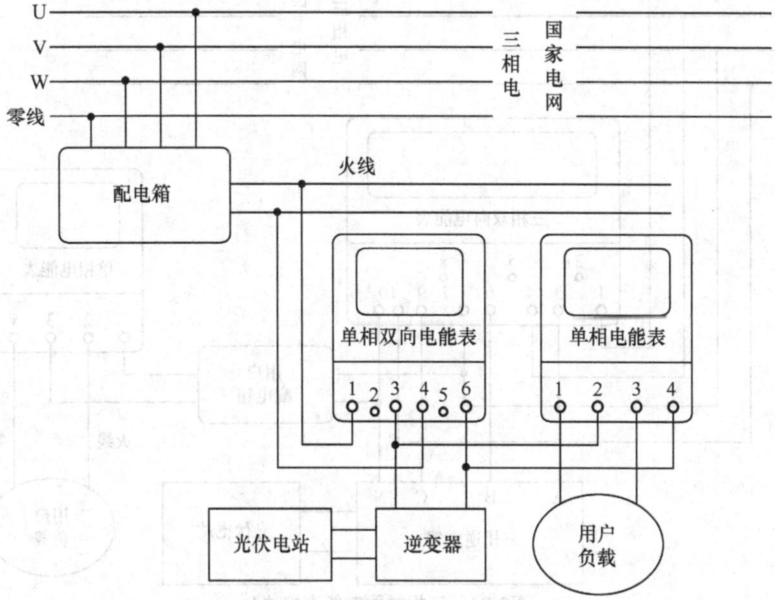

图8-22 单相并网电能表接法2

（3）单相并网电能表接法 3（1 个单相双向电能表＋2 个单相电能表）

这种接法利用 1 个单相电能表计量光伏发电系统的总发电量，利用另一个单相电能表计量用户的总用电量，利用单相双向电能表计量光伏发电系统余电上网电量和用户的市电实际用电量，具体接线如图 8-23 所示。

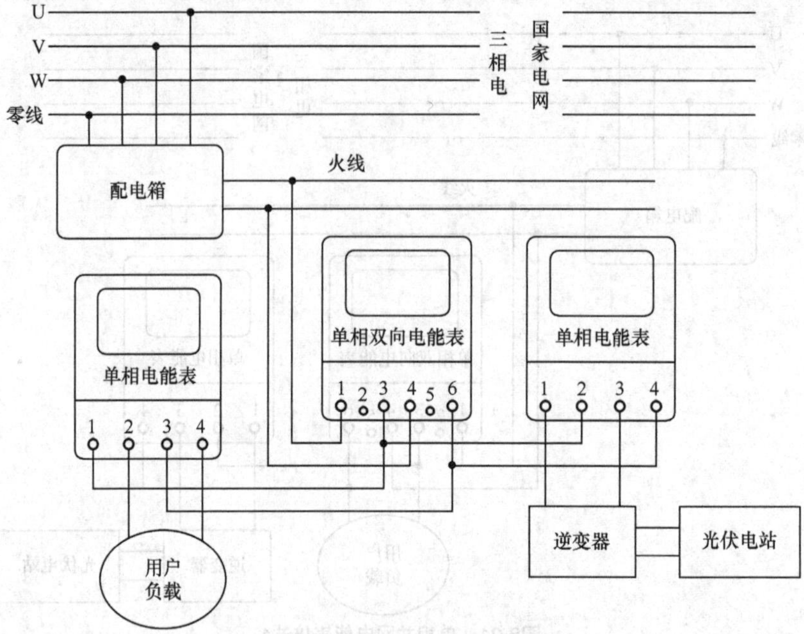

图8-23 单相并网电能表接法3

（4）三相并网电能表接法 1（1 个三相双向电能表＋1 个单相电能表）

这种接法利用 1 个三相双向电能表计量光伏发电系统的总发电量，利用单相电能表计量用户的实际用电量，具体接线如图 8-24 所示。

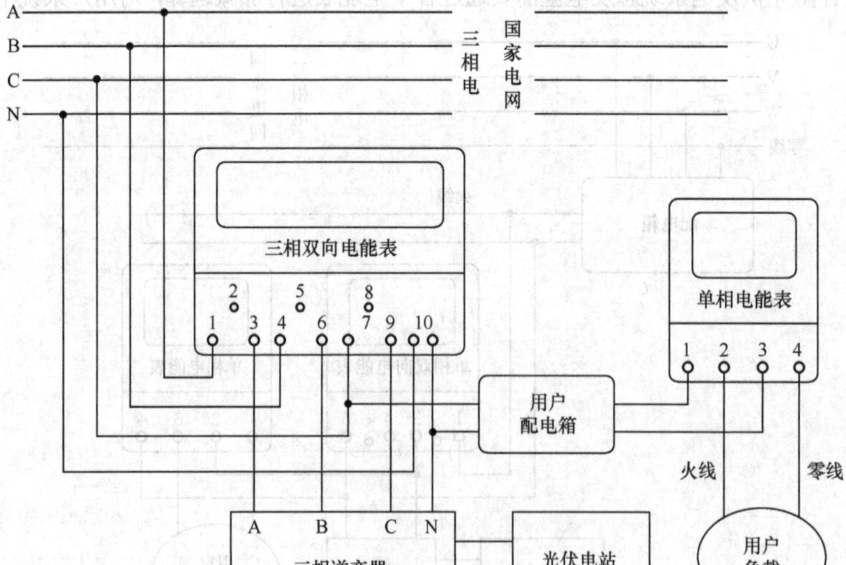

图8-24 三相并网电能表接法1

（5）三相并网电能表接法 2（2 个三相双向电能表＋1 个单相电能表）

这种接法利用 1 个三相双向电能表计量光伏发电系统的总发电量，利用单相电能表计量用户的实际总用电量，另 1 个三相双向电能表计量光伏发电系统的余电上网量和用户市电使用量，具体接线如图 8-25 所示。

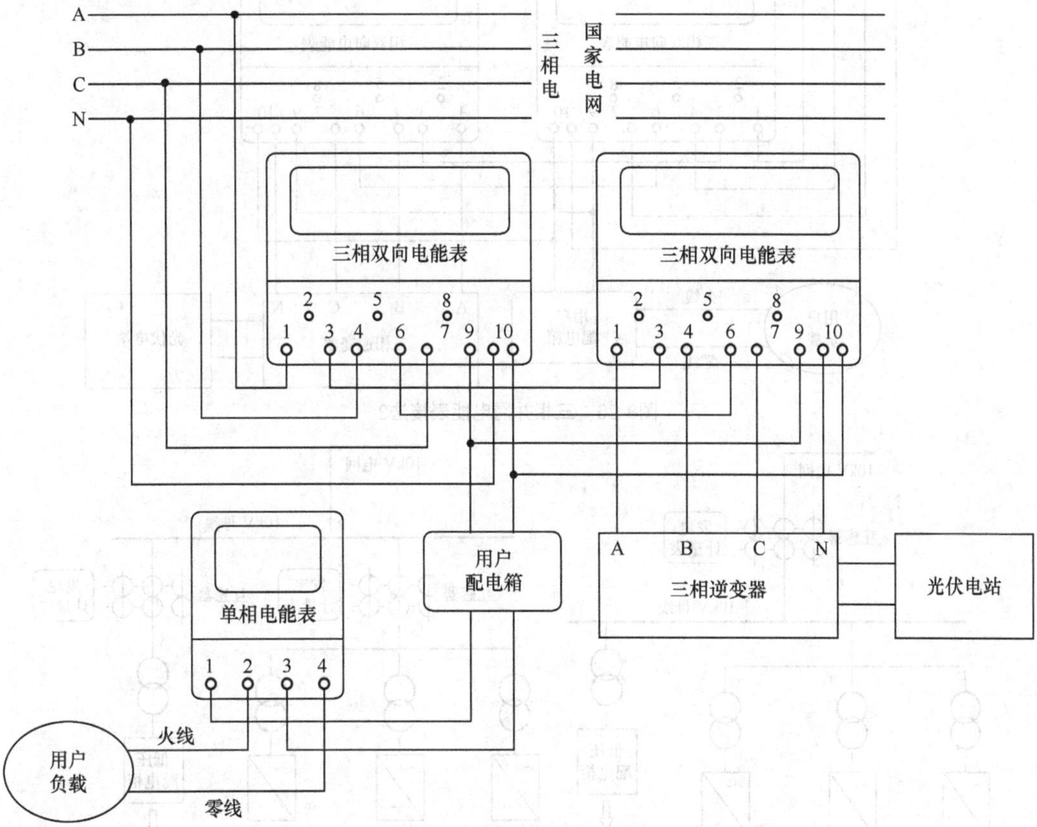

图8-25　三相并网电能表接法2

（6）三相并网电能表接法 3（2 个三相双向电能表）

这种接法利用 1 个三相双向电能表计量光伏发电系统的总发电量，另 1 个三相双向电能表计量光伏发电系统的余电上网量和用户市电使用量，具体接线如图 8-26 所示。

（7）10kV 并网电能表接法 1（2 套计量装置）

这种接法在 10kV 主输出并网线路上利用 1 套计量装置（三相计量表及配套互感器），分别计量光伏电站向电网输送的发电量及电网对光伏电站（自用）或业主自用电的供电量，具体接线如图 8-27 所示。这种接法无法对光伏电站的总发电量和自发自用电量进行计量。

（8）10kV 并网电能表接法 2（2 套计量装置）

这种接法在 10kV 母线线路上利用 1 套计量装置计量光伏电站向电网输送的发电量，利用另 1 套计量装置计量光伏电站用电或业主自用电的供电量，具体接线如图 8-28 所示。

（9）10kV 并网电能表接法 3（3 套计量装置）

这种接法在 10kV 主输出并网线路上利用 1 套计量装置计量光伏电站向电网输送的发电量。在 10kV 母线上利用另 1 套计量装置计量光伏电站的总发电量，利用第 3 套计量装置计量光伏电站用电或业主自用电的供电量，具体接线如图 8-29 所示。

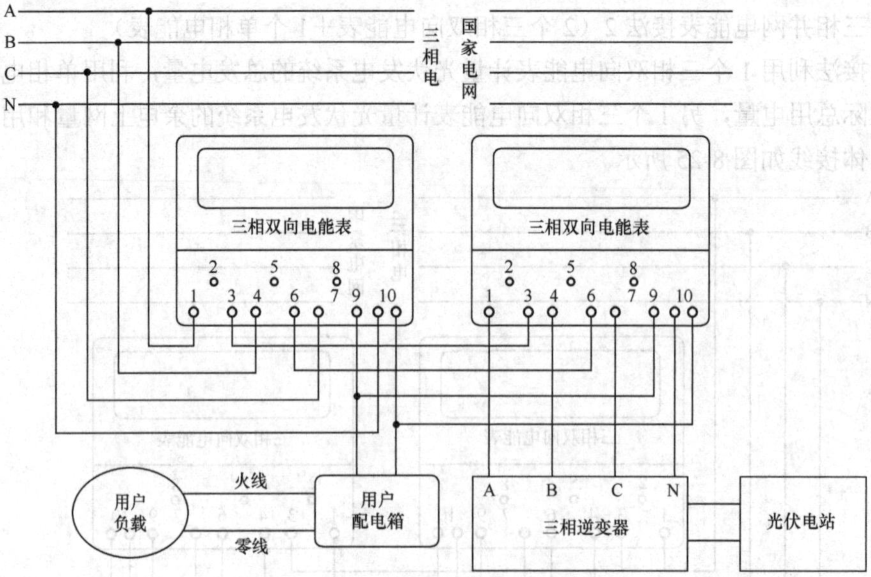

图8-26　三相并网电能表接法3

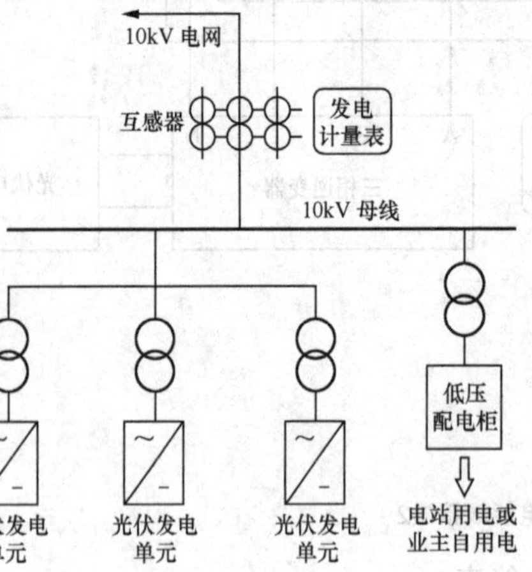

图8-27　10kV并网电能表接法1

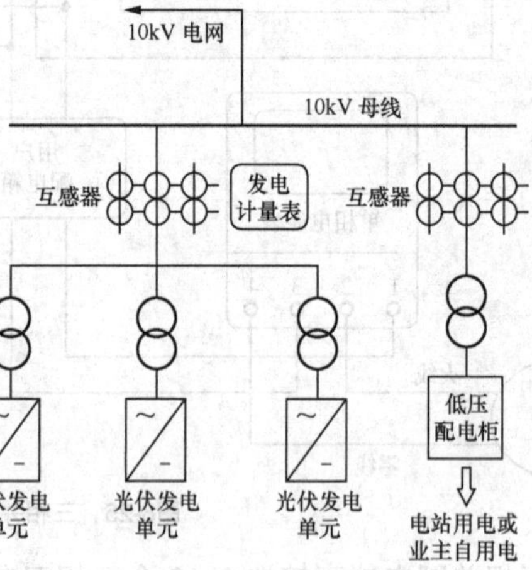

图8-28　10kV并网电能表接法2

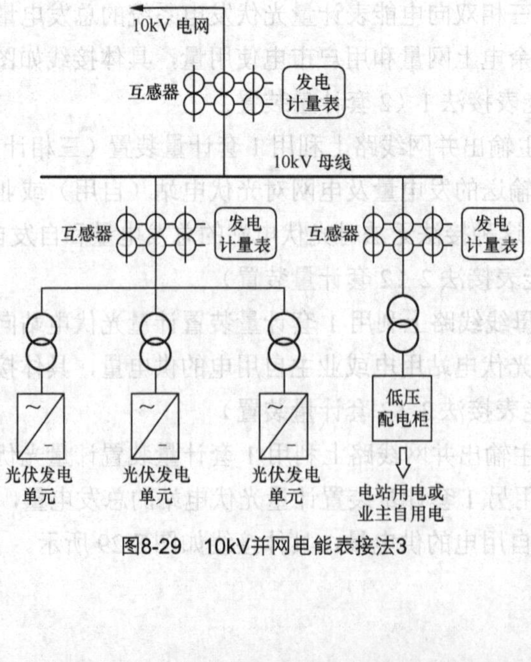

图8-29　10kV并网电能表接法3

第9章 太阳能光伏发电系统安装施工与检测调试

太阳能光伏发电系统是涉及多个专业领域的高科技发电系统，不仅要进行合理可靠、经济实用的优化设计，选用高质量的设备、部件，还必须进行认真、规范的安装施工和检测调试。系统容量越大，电流电压越高，安装调试工作就越重要。安装施工和检测调试不到位，轻则会影响光伏发电系统的发电效率，造成资源浪费，重则会频繁发生故障，甚至损坏设备。另外还要特别注意在安装施工和检测调试全过程中的人身安全、设备安全、电气安全、结构安全及工程安全问题，做到规范施工、安全作业。安装施工人员要通过专业技术培训，技能水平达到合格，并在专业工程技术人员的现场指导和参与下进行作业。光伏发电系统的安装施工应严格按照 GB 50794-2012《光伏发电站施工规范》等组织实施。

太阳能光伏发电系统的安装施工一般分为前期准备、安装施工、检测调试、竣工验收 4 个阶段。

（1）前期准备阶段。根据工程项目的大小组织工程项目部（或项目小组）进场，结合现场实际状况进行工程设计图纸的深度消化和修改完善，熟悉有关设计图纸及相应的施工规范。做好施工组织设计，开展培训学习及技术交底。期间还要根据施工平面布置要求，做好施工工地临时设施的规划、搭建，做好材料、设备、施工机械、工具的报审、采购和准备工作，以及其他需要准备的工作。

（2）安装施工阶段。密切配合相关土建、基础施工及其他专业的施工进度，力求做到光伏发电系统安装施工各项工作随着土建施工和主体施工进度有序跟进，既互不影响，又不出现拖沓、窝工现象。安装施工要随着场地平整及基础施工的分片结束后逐步铺开，分为光伏支架、光伏组件及相关电气设备的安装阶段。在这个阶段，安装技术工人、机具、材料陆续进场，各方面的措施都要满足施工需要，如在技术方面，应规范图纸、技术交底；在现场方面，应合理安排施工队流水、交叉作业，做好后勤保障工作等，尽量充分利用劳动力资源。

（3）检测调试阶段。随着工程推进，光伏组件、逆变器、交直流线缆等设备安装完毕，需要对它们分片进行检测，有条件的可以对光伏发电系统局部通电、试电、空载运行调试。这一阶段要做好相应的系统方案，指导相应的系统调试工作。同时，对于调试过程中出现的局部问题、细节问题要重视并应及时整改，共性问题要及时报告并进行全方位修正，为一次性验收达标创造条件。

（4）竣工验收阶段。这一阶段，经过施工小组自检、项目部自检、公司自检合格后，可以申请业主组织工程验收，同时，把工程验收相关资料整理归类，并做好工程结算方面的资料工作。

9.1 太阳能光伏发电系统的安装施工

太阳能光伏发电系统的安装施工内容主要有三大类：一是场地平整，电缆沟、排水沟、防雷地线沟、房屋建筑基础开挖，配电室、变电站类房屋建筑施工，光伏支架基础、围挡基础施工等；二是光伏组件方阵支架及光伏组件在屋顶或地面的安装，以及汇流箱、配电柜、逆变器、避雷系统和输配电系统设备等电气设备的安装施工；三是光伏组件间的线缆连接及各设备之间的交直流线缆连接与敷设施工，以及连接用电负载（用户）和连接电网的高低压配电线路的敷设施工。太阳能光伏发电系统安装施工的主要内容如图9-1所示。

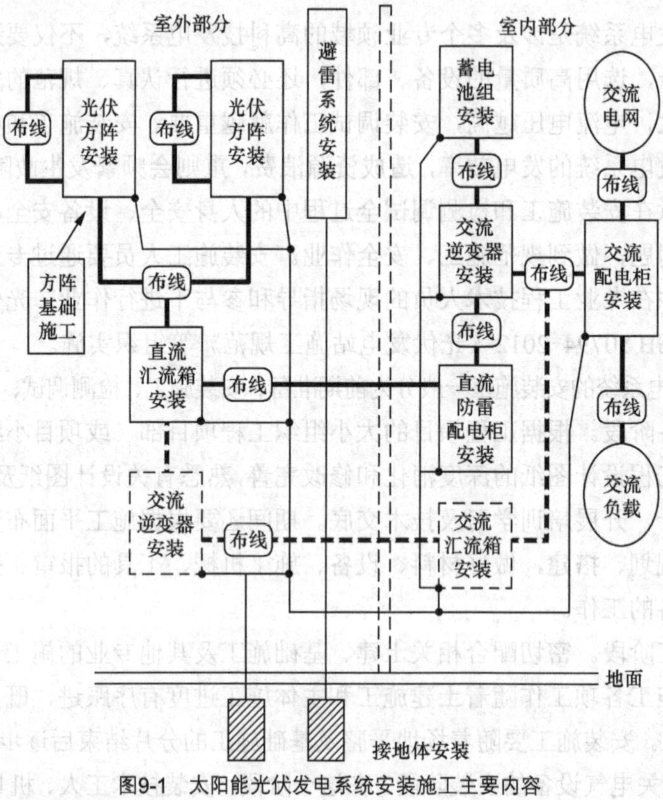

图9-1 太阳能光伏发电系统安装施工主要内容

9.1.1 安装施工前的准备

1. 安装位置的确定

在设计光伏发电系统时，就要在计划施工的现场进行勘测，确定安装方式和位置，测量安装场地的尺寸，确定光伏组件方阵的朝向方位角和倾斜角。光伏组件方阵的安装地点不能有建筑物或树木等的遮挡，如实在无法避免，也要保证光伏方阵在9时到16时能接收阳光。光伏方阵的间距都应严格按照设计要求确定，确保前排方阵对后排方阵无阴影遮挡，按照行业规范，在我国北方地区，以冬至日当天15时前不被遮挡为设计原则；在南方地区，以冬至日当天 16 时前不被遮挡为设计原则。

2. 对安装现场的基本要求

（1）对光伏电站安装现场的基本要求

① 现场土地或屋顶面积要能满足整个电站所用面积的需要。要尽可能利用空地、荒地、劣地及空闲屋顶，不能占用耕地。

② 现场地形要尽可能平坦，要选择地质结构及水文条件好的地段，尽可能远离有断层、滑坡、泥石流及容易被水淹没的地段。

③ 安装现场要尽可能处于供电中心，以利于就近并网或缩短输电线路的架设和传输，使输电线路距离最短，施工容易，维护管理方便。

④ 若施工现场地处山区，要尽可能选择开阔地带，并尽量避开东面和南面高山对阳光的遮挡。若屋顶施工，也要尽量避开四周的树木、高楼、烟囱等的遮挡。

（2）对太阳能路灯安装现场的基本要求

① 查看安装路段道路两侧（主要是南侧或东、西两侧）是否有树木、建筑等遮挡（树木或者建筑物可能会影响采光），测量其高度以及与安装地点的距离，计算确定其是否影响光伏组件采光。一般要求是至少能保证 9 时至 15 时不能影响方阵采光。

② 观察太阳能路灯安装位置上空是否有悬空电缆、电线或其他影响路灯安装的设施（注意：严禁在高压线下方安装太阳能路灯）。

③ 了解太阳能路灯基础及蓄电池舱部位地下是否有电缆、光缆、管道或其他影响施工的设施，是否有禁止施工的标志等。安装时尽量避开以上设施，确实无法避开时，请与相关部门联系，协商同意后方可进行施工。

④ 避免安装在低洼或容易造成积水的地段。

⑤ 测量路段的宽度、长度、遮挡物高度和距离等参数，将它们作为设计太阳能路灯系统的基本参考数据。

3. 施工准备

无论是屋顶施工还是地面施工，施工负责人及施工人员都要根据不同施工现场的具体情况，提前做好工程所需要的一切工具、机械设备和材料的准备，最好列出详细的清单。施工人员要根据工程设计图纸及相应的坐标点及标高确定施工范围，并确定具体施工方案、施工流程和施工进度。

（1）施工流程。光伏发电系统的项目施工流程如图 9-2 所示，一般包括施工现场勘测与确认；工程规划与技术准备；机械、设备、工具、材料准备；各类基础、相关配电系统的土建施工；光伏支架制作、安装、调平；光伏组件安装调整；逆变器、汇流箱、控制器、蓄电池组、升压变压器等电气设备的安装调试；交直流线缆敷设；系统运行、调试；竣工验收、正式投入运行。

（2）技术准备。技术准备的详尽与否是决定施工质量的关键因素，一般有以下几个方面的工作。

① 项目技术负责人会同设计部门核对施工图纸，并对施工作业人员进行安装施工技术交

底。项目技术负责人要充分熟悉、了解设计文件和施工图纸的主要设计意图，明确工程所采用的设备和材料，明确设计图纸所提出的施工要求，以便尽早采取措施，确保项目施工顺利进行。

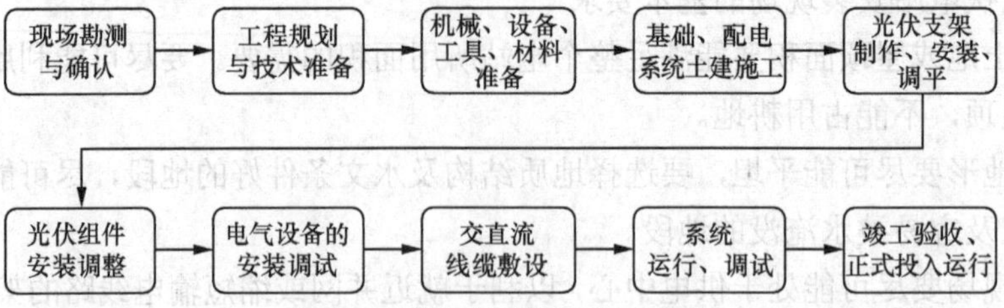

图9-2 光伏发电系统项目施工流程

② 项目施工负责人要熟悉与工程有关的其他技术资料，如施工合同、施工技术规范及验收规范、质量检验评定等强制性文件。准备好施工中所需要的各种规范文件、作业指导书、施工图册等有关资料及施工所需要的各种记录表格。

③ 项目经理要根据工程设计文件和施工图纸的要求，结合施工现场的客观条件、材料设备供应和施工人员数量等情况，编制施工组织设计，并针对有特殊要求的分项工程编制专项施工方案，安排施工进度计划和编制施工组织计划，做到合理有序地进行施工。施工计划必须详细、具体、严密和有序，便于监督实施和科学管理。

④ 项目施工队伍（施工班组）及施工人员在开展施工前，要熟悉工程的设计方案，针对各分项分部工程，结合设计方案，准备好质量技术交底。图纸一到现场，应立即熟悉图纸，了解现场。对图纸理解不到位的地方，要立即归纳问题并同设计人员沟通。计算图纸的工程量，列出分期材料计划表。根据工程进度及时准备材料，根据工程量安排施工劳动力，制订安装施工进度计划。有些分项工程在大范围展开施工前，要先做样板并通知业主，监理检查认可后方可施工。

（3）现场准备。现场准备的好坏是决定工程施工效率的关键因素。通常，为了确保工程施工顺利进行，首先必须高质量完成施工现场各种辅助设施的建设。

① 根据工作量大小及施工现场平面布置情况，布置临时的办公和生活设施。

② 建设临时周转仓库，用于存放设备、部件、施工工器具、辅助材料、劳保用品，库存物品要分类存放、专人管理。

③ 要准备施工供电设施，条件许可时，尽量采用市电供电。若无市电供应时，要自备燃油发电机组。燃油发电机尽量选用高效环保型的设备。

④ 尽量利用施工现场周边道路进行施工运送，没有道路的地方要根据现场地域条件提前开辟简易道路。开辟道路和施工运送都要尽量避免破坏施工地域的生态环境。

除上述几个主要环节外，施工准备通常还包括施工队伍准备、施工物资准备、施工作业准备、设备及材料进场计划等内容。

9.1.2 场地土建及基础施工

1. 场地平整及土方施工

场地平整要根据业主提供的方位坐标、施工布置图及通过施工测量确定的场地范围及标高等数据进行。一般对于不平整度小于 30cm 的场地要进行土地清表、平整施工，对于不平整度大于 30cm 的场地要通过土方开挖进行平整施工。场地平整面积除光伏电站本身占地面积外还应留有余地，平地四周应预留 0.5m 以上，靠山面应预留 0.5m 以上，沿坡面应预留 1m 以上，靠山面坡度应在 60° 以下，且应做好防止山坡坍塌的防护措施。

无论是平整场地还是开挖建筑物地基或电缆沟等，在土方施工开挖前要了解开挖区域范围内的地下设施、管线和邻近的建构筑物情况，并针对不同情况加以注意或做相关保护。土方施工绝大多数采用机械施工与人工作业相结合的方式，挖出的土方可暂时堆放在场地附近的空地上，以便回填时使用。一般机械施工在挖到离坑底 10cm 左右时要通过人工作业修底，防止扰动基层，影响坑底承载力。场地平整施工如图 9-3 所示。

（a）

（b）

图9-3　场地平整施工前后图

土方施工前要做好堆放土区域、机具和车辆行走路线的设计与规划，保证车辆正常出进，回填土尽量就近堆放，避免重复运送。土方施工工作面不宜过大，应逐段、逐片分期完成，合理确定开挖顺序、路线及深度。下雨天不要进行土方开挖作业。

2. 光伏方阵基础的施工

光伏方阵基础的详细分类可参考第 6 章。混凝土浇筑配重块基础、混凝土条形基础经常应用于屋顶光伏发电系统建设或改造中，这样可以有效地避免屋顶防水层等结构被破坏；微孔灌注基础、灌注桩基础、金属螺旋桩基础、混凝土预制桩基础都可以应用到任何地面光伏电站中，具有稳固、可靠性高的优点。

（1）定位放线。在平整过的场地上，按设计施工要求的方法和位置进行定位放线，主要根据光伏电站现场方位、各项工程施工图、水平基准点及坐标控制点确定基础设施、避雷接地体及各种设备、设施的排布位置。具体方法是利用指南针确定正南方的平行线，配合角尺，按照电站设计图纸要求找出横向和纵向的水平线，确定各个基础立柱的中心位置，并根据施工图纸要求和基础控制轴线，确定基础的开挖线。屋顶类电站的基础定位一般根据施工图相对参照物（如屋顶边缘、女儿墙等）的尺寸进行定位放线。图 9-4 是某地面光伏电站基础定位放线坐标图。

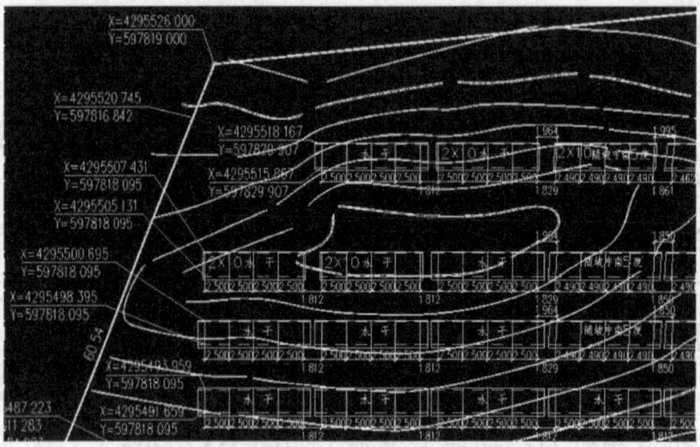

图9-4　某光伏电站基础定位放线坐标图

（2）基坑开挖。采用金属螺旋桩基础的施工一般不需要挖基坑，只需要用专业的机械设备在确定好的基础中心点将金属螺旋桩旋入地下即可，在施工的过程中要注意地桩露出地面部分的高度应符合设计要求，一般为露出地面 150～200mm。另外各个地桩顶平面要尽量保持一致，单个方阵中各地桩顶平面的高度差要小于 10mm。

采用混凝土浇筑独立基础、微孔灌注基础、灌注桩基础及混凝土预制桩基础时，都需要进行基坑的开挖施工。当然对于不同类型的基础，基坑开挖的大小和深度都不一样。对于混凝土预制桩基础，需要根据预制桩的横截面尺寸，以及施工地土质情况，用专用设备开挖一个较小的引导孔，以方便预制桩的打入，引导孔的具体尺寸按照施工设计要求确定。

混凝土浇筑独立基础、微孔灌注基础、灌注桩基础都需要根据设计要求利用机械或人工开挖方形或圆形基坑，如图 9-5 所示，施工过程中要注意控制基坑的开挖深度，以免造成混凝土材料的浪费，开挖尺寸应符合施工图纸要求，遇沙土或碎石等松散土质的基坑，挖深超过 1m 的情况时，应采取相应的防护措施，以防出现塌孔现象。

图9-5　人工、机械开挖基坑示意

混凝土浇筑独立基础、微孔灌注基础及灌注桩基础要按设计要求的位置浇注预埋件、基础地笼、基础管件等，施工时要将预埋件或基础地笼、基础管件等放入基坑中心，用 C20 混凝土进行浇筑，浇筑平面与地平面一致时，用振动棒夯实，如图 9-6 所示。在振动过程中要不断地浇筑混凝土，保证混凝土振实后的水平面高度一样。有些基础的水平面高出地面，在高出地面的部分一般要采用木板、波纹管、PVC 管等作基础模具，在浇筑过程中要先将混凝土地下部分夯实，然后套上模具继续浇筑地面以上部分，同样要一边浇筑，一边振动混凝土并夯实。完成后的基础要保证预埋件螺丝的高度或基础管件的高度符合图纸要求。浇筑前要用保护套或胶带对预埋件螺栓的螺纹进行包裹保护。

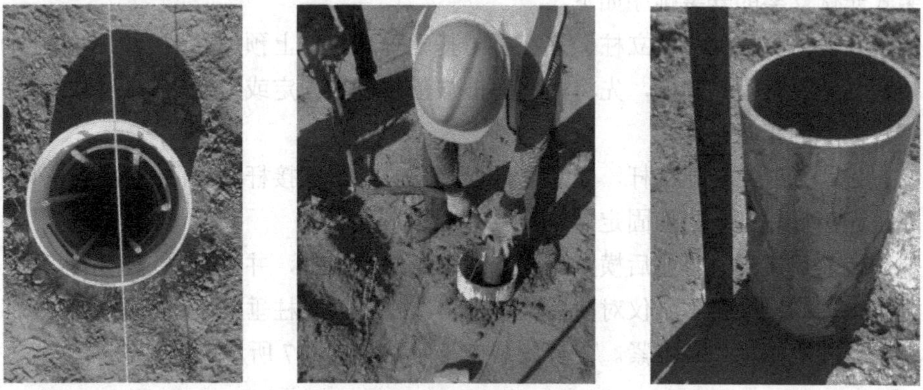

图9-6 微孔灌注基础施工示意

3. 房屋建筑施工

大型的光伏发电场站要有配电室、变电站、运行值班室等房屋建筑。房屋建筑施工的主要内容有：建筑地基开挖与回填；钢筋编织；模板及支撑安装；混凝土浇筑；砌砖抹灰；内外墙涂料涂刷；门窗安装；室外道路修筑铺设等。房屋建筑施工的每一项工程内容，都有相应的工艺流程、施工标准、施工方法和要求及施工检验标准等，详细内容可查询国家建筑工程类的相应标准和规范。

9.1.3 光伏支架及组件的安装施工

1. 光伏支架的地面安装

光伏支架分为固定角度的钢结构支架、自动跟踪支架及铝合金支架等，其中，铝合金支架一般用在彩钢屋顶、瓦屋顶类光伏发电系统及阳光房等光伏建筑一体化系统中，铝合金支架具有耐腐蚀、重量轻、美观耐用的特点，但承载能力低，且价格偏高。自动跟踪支架随着光伏组件效率逐步提高，价格逐步降低，应用范围也越来越小。钢结构支架性能稳定，制造工艺成熟，承载力高，安装简便，在各类光伏电站中应用广泛。

光伏支架按照连接方式不同，可分为焊接方式光伏支架和拼装方式光伏支架两种。焊接方式的光伏支架对型钢（方钢、角钢和槽钢）生产工艺要求低，连接强度较好，价格低廉，但焊接方式也有缺点，如现场焊接工作量大、连接点防腐处理难度大，如果涂刷油漆，则每 1～2 年油漆层就会发生剥落，需要重新涂刷，后续维护费用较高。焊接支架一般采用热镀锌钢材制作，沿海地区可考虑采用不锈钢等耐腐蚀钢材制作。热镀锌钢材镀锌层平均厚度应大于 50μm，最小厚度要大于 45μm。支架的焊接制作质量要符合国家标准 GB 50205-2020《钢结构工程施工质量验收标准》的要求。普通钢材支架的全部及热镀锌钢材支架的焊接部位，都要进行涂防锈漆等防腐处理。

拼装方式钢结构支架都是以热镀锌 U 形钢作为主要支撑结构件，具有拼装、拆卸方便，无须焊接，防腐涂层均匀，耐久性好，施工速度快，外形美观等优点，是目前普遍采用的支架连接方式。这类钢材的镀锌层厚度一般要求大于 65μm。

拼装式光伏支架的安装顺序如下。

（1）安装前后立柱底座及立柱，立柱要与基础垂直，拧上预埋件螺母，稍微上劲即可，先不必拧紧。如果有槽钢底框，先将槽钢底框与基础调平固定或焊接牢固，再把前后立柱固定在槽钢底框上的相应位置。

（2）安装斜梁或立柱连接杆。安装立柱连接杆时应将连接杆的表面放在立柱外侧，无论是斜梁还是连接杆，都要先把固定螺栓拧至 6 分紧。

（3）安装前后横梁。将前后横梁放置于斜梁或钢支柱上，并进行固定，用水平仪将横梁调平，再次紧固螺栓，用水平仪对前后梁进行再次校验，立柱垂直度及横梁水平度都符合要求后，将相应固定螺栓彻底拧紧。支架安装施工示意如图 9-7 所示。

图9-7 支架安装施工示意

不同类型的支架其结构及连接件款式虽然有差异，但安装顺序基本相同，具体安装方法可参考设计图纸或支架厂家提供的技术资料。图 9-8 所示为一种拼装式支架工程实例图，图 9-9 所示为一种焊接式支架的工程实例图，供支架安装施工时参考。

光伏支架与基础之间应焊接或安装牢固，立柱底面与混凝土基础接触面要用水泥浆添灌，使其紧密结合。支架及光伏组件边框要与保护接地系统可靠连接。

图9-8 拼装式支架工程实例图

图9-9 焊接式支架工程实例图

2. 光伏支架的屋顶安装

安装光伏支架的屋顶主要类型有平屋顶、彩钢板屋顶和瓦片屋顶等，不同的屋顶类型，有着不同的支架结构和安装固定方法。

（1）平屋顶光伏支架的安装

平屋顶一般有混凝土浇筑屋顶和预制板屋顶两类。在平屋顶上安装光伏支架，主要有两种安装方式，一种是混凝土浇筑基础方式，另一种是混凝土配重基础方式。当采用混凝土浇筑基础方式时，如果是新建屋顶，可以在建屋顶的同时，将基础预埋件与屋顶主体结构的钢筋牢固焊接，并统一做好防水处理。如果是已经投入使用的屋顶，需要将原屋顶的防水层局部切割掉，刨出屋顶的结构层，将基础预埋件与屋顶主体结构的钢筋牢固焊接或通过化学植筋等方法进行连接，然后进行基础制作，完成后再将切割过防水层的部位重新进行修复处理，使基础预埋件与原屋顶防水层浑然一体，保证防水效果。

当屋顶受到结构限制无法采用混凝土浇筑基础方式时，应采取混凝土配重基础方式，通过增加基础与屋顶的附着力将光伏支架固定在屋顶上，并可采用铁线拉紧法或支架延长固定法等措施对支架进行加强固定。特别是在东南沿海台风多发地，配重基础直接关系光伏发电系统的安全，当光伏方阵抗台风能力不足时，存在被大风掀翻的安全隐患，所以，除了可以考虑减少光伏方阵倾斜角，降低风载荷外，也可以在支架后立柱区域及支架边缘区域使用混凝土配重压块增加负重，使这些区域的配重质量达到其他区域的 1.3 倍以上。负重不足或没有相互连接的配重基础还有被局部移动的风险，可能会导致支架变形、组件损坏等，因此施工中最好将配重基础通过角钢、方钢等进行横向固定连接，减少支架扭曲变形的可能。屋顶基础制作完成后，要对屋顶按照国家标准 GB 50207-2012《屋面工程质量验收规范》的要求做防水处理，防止渗水、漏雨现象发生。

平屋顶上支架的安装与地面支架安装的方法、步骤基本相同，可参考上述方式进行。需要特别注意的是，在光伏方阵基础与支架的施工过程中，要杜绝支架基础没有对齐造成支架前后立柱不在一条线上，以及组件方阵横梁不在一个水平线上反而呈现弧形或波浪形的现象。还应尽量避免破坏相关建筑物及附属设施，如施工需要不得已造成支架局部破损，应在施工结束后及时修复。

（2）彩钢板屋顶光伏支架的安装

在彩钢板屋顶安装光伏支架时，光伏组件可沿屋顶面坡度平行铺设安装，也可以采用一定倾角的方式布置。目前的彩钢板屋顶多为坡面形，常见的坡度一般为 5°～15°，屋面板为压型钢板或压型保温夹芯板，下部为檩条，檩条搭设在门式三角形钢架等支撑结构上。彩钢板屋顶的安装支架一般通过不同的夹具、紧固件与彩钢板屋顶的瓦楞连接，夹具的固定位置要尽可能选择在彩钢板下有横梁或檩条处，尽量利用钢结构承受光伏方阵的重量。两个夹具的固定间距一般在 1.2m，两根横梁的间距根据光伏组件长度的不同，一般选择在 1.1～1.4m，尺寸更大的光伏组件可以考虑安装 3 根横梁，具体安装尺寸要根据光伏组件尺寸及设计图纸要求进行确定。

彩钢板屋顶支架安装的步骤是，根据设计图纸进行测量放线，确定每一个夹具的具体位置，逐一安装固定夹具，然后进行方阵横梁的安装。在安装过程中要保证横梁在一条直线上，如图 9-10 所示。在受风情况下屋顶边缘区域容易产生乱气流，可通过增加夹具数量来增强光伏方阵的抗风能力。

常见的彩钢板屋顶瓦楞（波峰）有直立锁边型、角驰（咬口）型、卡扣（暗扣）型、梯形（明钉）型等。其中直立锁边型、角驰型和卡扣型都可以通过夹具夹在彩钢板瓦楞上，不对彩钢板造成破坏。梯形件则需要用固定螺丝穿透彩钢板表面对夹具进行固定，如图 9-11 所示。在选用夹具时，不仅要确定夹具类型，还要测量彩钢板瓦楞尺寸，选配尺寸合适的夹具，甚至还需要将夹具带到现场进行锁紧测试，确认夹具尺寸是否合适，锁紧牢固。

图9-10　夹具的放线排布

图9-11　梯形彩钢板连接件固定方式

在彩钢板屋顶安装光伏支架时，其安装方式与支撑彩钢板屋顶的钢架结构、屋顶架结构、檩条强度与数量及屋面板形式等有着直接的关系，不同承重结构的彩钢板屋顶将采取不同的安装方式。

① 钢架、屋顶支架、檩条的承重强度和屋顶板刚性强度都能满足安装要求。

这种情况是最理想的安装条件，光伏支架及方阵可以直接进行安装。采用夹具连接件使光伏支架与彩钢板连接，并尽可能靠近檩条位置固定光伏支架。

② 钢架、屋顶支架、檩条的承重强度能满足安装要求，但屋顶彩钢板刚性强度较小，变形较大。

这种类型的彩钢板主要应用在简易车间、车棚、公共候车厅、仓库、养殖场等要求程度不高的场所。可以采用夹具连接件使光伏支架直接与檩条处的屋顶板连接，也可以使连接件穿透屋顶彩钢板与檩条进行连接。

③ 仅钢架和屋顶支架能满足安装要求，檩条和彩钢板承载能力小。

在这种情况下，只能采用连接件使光伏组件直接与钢架或屋顶支架连接，具体连接安装方式是将连接件穿透屋顶板。还有一种方式是将固定支架位置的彩钢板割开，用角钢槽钢等作为支柱焊接到钢架或屋顶支架上。

在上述几种方式中，在涉及穿透屋顶的连接方式中，若要使用明钉型连接件，则其必须带有防水垫片或采用密封结构胶对其进行防水处理。若钢架、屋顶支架、檀条和彩钢板强度均不能满足安装要求，此时不能进行光伏支架安装。如果必须安装，就需要先对彩钢板屋顶的整个钢结构重新进行加固。

（3）瓦屋顶光伏支架的安装

在瓦屋顶安装光伏支架，需要了解瓦屋顶的几种形式，以便确定哪些屋顶可以安装，哪些屋顶不能安装。常见的屋顶瓦片有空心瓦、双槽瓦、鱼鳞瓦、平屋面瓦、平板瓦、油毡瓦、石棉瓦等几种，屋顶结构有檩条屋顶、混凝土屋顶、土层屋顶、石棉瓦屋顶等。一般不考虑在单层的石棉瓦屋顶上安装光伏支架，由于瓦屋顶承重较差，施工难度大，施工安全不易保证。尽管各种瓦片的形状、颜色和性能特点不同，屋顶结构也不一样，但都是使用专用挂钩安装光伏支架，使挂钩与屋顶内部结构进行连接并从瓦片的上下接缝处伸出来，然后在各个挂钩上固定横梁。由于挂钩的固定点都在建筑结构上，且基本不破坏瓦屋顶的防水结构，所以能保证光伏支架固定的可靠性，同时确保屋顶的防水性能不受破坏。

由于屋顶瓦片类型和结构的不同，其所适用的挂钩尺寸、细节等也有所不同，挂钩的材质一般为不锈钢或热镀锌碳钢，挂钩具体样式可参看第 6 章中相关内容。

瓦屋顶光伏支架的具体安装步骤为：① 把确定好挂钩安装位置的瓦片揭开，将挂钩固定在屋顶上，然后把瓦片按原样铺上去；② 在横梁方向每隔 1.2m 左右安装一个挂钩，竖排方向（两根横梁之间）根据光伏组件长度的不同，每隔 1～1.4m 安装一个挂钩，具体安装间隔尺寸可根据设计图纸要求确定；③ 将横梁导轨安装在挂钩上；④ 将组件摆放到横梁上，用固定组件的中压块和边压块加以固定。

不同的屋顶结构，采用不同的方法进行挂钩固定，对于揭开瓦片就能看到檩条的屋顶，一般将挂钩直接用木螺丝固定在檩条上，每个挂钩至少要用 3 个以上的木螺丝，如图 9-12 所示。对于比较粗壮结实的檩条，挂钩间距可以在 1.2m 左右。如果檩条较细小，支撑度不够，可以减小挂钩之间的横向间距。

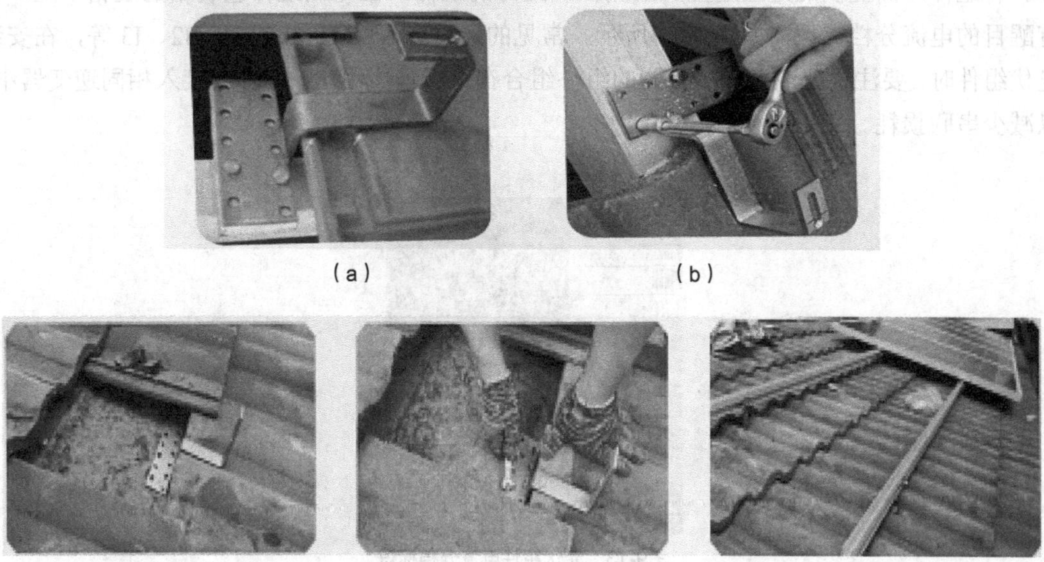

图9-12　瓦屋顶挂钩安装示意

对于混凝土瓦屋顶，屋顶的结构组成一般是瓦片+防水层（视情况采用）+ 混凝土层+芦苇层或薄木板+檩条（或横梁），若混凝土结构密实且厚度超过 10cm，可以用膨胀螺栓直接打入混凝土中，对挂钩进行固定。若混凝土层较薄或结构疏松（如俗称的沙子灰），则不宜使用膨胀螺栓固定，要将固定点的土层轻轻砸开挖出，将挂钩固定在檩条或横梁上。固定完成后，用混凝土将挖开部位填充平整，将瓦片铺好并恢复原样。

有些混凝土屋顶是将瓦片直接铺在水泥上的，无法揭开，需要在相应位置通过切割破坏瓦片才能固定挂钩，需要在安装完挂钩后，对破坏部位进行修补和防水处理。

还有一种农村常见的瓦屋顶是平瓦+防水层（视情况采用）+薄土层+薄木板+圆木横梁的结构，这种结构的挂钩固定方法与沙子灰结构的挂钩固定方法一样，挂钩要固定在圆木横梁上，不能固定在薄木板上。

对于屋顶载荷强度不够，横梁太少、固定点不够及一些拱形屋顶等，可采取先在承重墙上搭建钢结构，然后在钢结构上固定导轨支架的施工方法。

3. 光伏组件的安装要求

（1）光伏组件在运输、吊装、存放、搬运、安装等过程中，应轻搬轻放，不得有强烈的冲击和振动，特别要注意防止组件玻璃表面及背面的背板材料受到硬物的直接冲击，禁止抓住接线盒来搬运和举起组件。

（2）光伏组件进场后，确保检查外包装完好，无破损现象。在安装过程中，要边开包边检查光伏组件边框有无变形，玻璃有无破损，背板有无划伤及裂纹，接线盒有无脱落等现象。

（3）组件安装前应根据组件生产厂家提供的出厂实测技术参数和曲线对光伏组件进行分组，将峰值工作电流相近的组件串联在一起，将峰值工作电压相近的组件并联在一起，以充分发挥组串的整体效能。需要对光伏组件进行现场测量时，最好在正午日照最强的条件下进行。若组件厂商提供的是经过生产线测试调配好的组件，在光伏组件包装箱的装箱单上，会有醒目的电流分档标识，如图9-13所示。常见的标识有L、M、H或I1、I2、I3等，在安装光伏组件时，要注意把电流分档相同的组件组合在一起形成组串、方阵或接入相同逆变器中，以减少串联损耗。

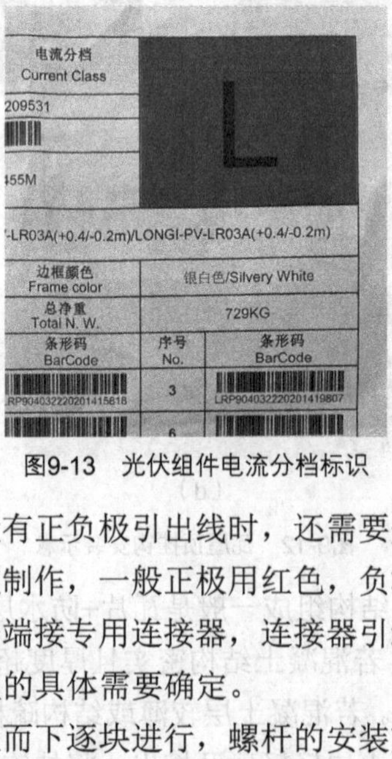

图9-13　光伏组件电流分档标识

（4）如果光伏组件接线盒没有正负极引出线时，还需要先连接好引出线，再进行安装。正负极引出线要用专用直流线缆制作，一般正极用红色，负极用黑色或其他颜色。一端连接组件接线盒正负极压线处，另一端接专用连接器，连接器引线要用专用压线钳压接。正负极引出线的长度根据光伏方阵布置的具体需要确定。

（5）光伏组件的安装应自上而下逐块进行，螺杆的安装方向为自内向外，将分好组的组件依次摆放到支架上，并用螺杆穿过支架和组件边框的固定孔，或通过组件专用压块将组件与支架固定。固定时要保持组件间的缝隙均匀，横平竖直，组件接线盒方向一致，如图9-14所示。组件固定螺栓应有弹簧垫圈和平垫圈，紧固后应将螺栓露出部分及螺母涂刷防锈漆，做防松动处理。组件安装倾斜角度误差为±1°，同一方阵相邻光伏组件边缘差要小于等于

2mm，同一方阵中所有组件间的高度差要小于等于 5mm。

图9-14　光伏组件安装示意

（6）地面或平面屋顶安装组件时若单排组件比较长，可以从中间往两边依次安装，这样可以将组件安装得更平衡。

（7）光伏组件安装面的平度调整。首先调整一组支架内左右两边各一块光伏组件的固定杆，使其呈水平状态并紧固，将放线绳拉直固定在两边组件表面并绷紧，然后以放线绳为基准，分别调整其余组件的固定杆，使它们在一个平面内，紧固所有螺栓。当方阵面积较大时，可以同时多放几根放线绳进行调整。当个别组件的边框固定面与支架固定面不吻合或缝隙大时，要用垫片垫平后方可紧固固定螺母。不能强行拧紧螺栓，这样会造成组件边框变形，甚至会因长时间的扭曲应力造成组件玻璃破损。

（8）按照具体项目光伏组件串并联的设计要求，用专用直流线缆将组件的正负极进行连接，在进行作业时需认真按照操作规范进行，先串联后并联。对于接线盒上直接带有线缆和连接器的组件，连接器上都标注有正负极性，只要将连接器接插件直接插接即可。每串组件连接完毕，应检查整个光伏组串的开路电压是否正常，若没有问题，可以先断开组串中某一块组件的连接线，以保证后续工序的安全操作。电缆连接完毕，要用扎带、绑带、钢丝卡等将电缆固定在支架上，以免长期摩擦造成电缆磨损或接触不良。

(9)在斜面彩钢板屋顶和瓦屋顶上安装组件时要提前考虑好组件串的连接方式和组串数，在安装下一块组件时要先将这块组件与上一块组件的连接器端子提前插接好，即边安装边连接，否则组件安装好后，有些区域就无法连线了。

（10）安装方阵时要注意正负极两输出端不能短路，否则可能造成人身事故或引起火灾。在阳光下安装时，最好用黑塑料薄膜、包装纸片等不透光材料将组件遮盖起来，以免输出电压过高影响连接操作或造成施工人员触电。

（11）安装斜坡屋顶的建材一体化光伏组件时，防雨连接结构必须严格施工，严禁漏雨、漏水，外表必须整齐美观，避免光伏组件扭曲受力。当屋顶坡度超过 10° 时，要设置施工脚踏板，防止人员或工具物品滑落。严禁下雨天在屋顶面施工。

（12）光伏组件安装完毕之后要先测量各组串总的电流和电压，如果不合乎设计要求，就应该对各个支路分别测量。当然为了避免各个支路互相影响，在测量各个支路的电流与电压时，各个支路要相互断开。

（13）光伏方阵中所有光伏组件的铝边框之间都要用专用的接地线进行连接，如图 9-15

所示，光伏方阵的所有金属件都应可靠接地，防止雷击可能带来的危害，同时为工作人员提供安全保证。光伏方阵仅通过组件的铝边框和支架间接接地时，接地电阻大且不可靠，铝边框有漏电的危险。在实际工程中，多数光伏发电系统的负极都接到设备的公共地极上。系统其他的绝缘及接地要求可参考相应的设计方案和国家标准中有关内容。

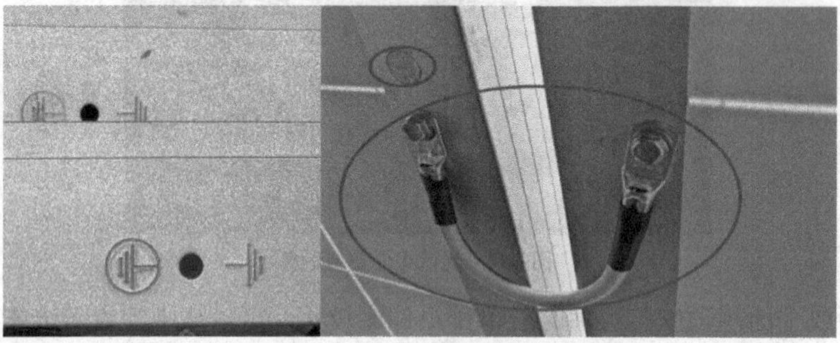

图9-15　光伏组件边框接地线连接示意

9.1.4　光伏控制器和逆变器等电气设备的安装

1. 控制器的安装要求

（1）控制器安装前，应先开箱检查，按照装箱单和技术手册进行逐项检查，检查外观有无损坏，内部连接线和螺钉有无松动，还要核对设备型号是否符合实际要求，零部件和辅助线材是否齐全等。要详细了解安装使用注意事项，熟悉各接线端功能。

（2）安装控制器时，要将光伏方阵用塑料布进行遮挡，或在早晚太阳光较弱时进行，或者断开光伏组串相应断路器，以免高压拉弧放电。断开负载以保护设备及人员安全，按照要求连接线路。

（3）控制器接线时要将工作开关放在关的位置，接线步骤是：先连接蓄电池，再连接逆变器，然后对系统进行检查和试运行，具备通电使用条件后，最后连接光伏组串或方阵。在保证安装位置合理的前提下，要尽量减少连接线缆的长度，以减少电能损耗。导线采用铜线，截面积一般按照电流密度不大于 $4A/mm^2$ 确定。

（4）控制器应尽量安装在阴凉通风的地方，以防止散热部件温度过高。要特别注意出风口有无灰尘，要定期清理通风口的过滤网。中功率控制器可固定在墙壁或摆放在工作台上，大功率控制器可直接在配电室的地面安装。控制器若需要在室外安装，必须符合密封防潮要求。

（5）不同类型的蓄电池对充放电电压的要求有差异，控制器安装连接后需要根据所配置的蓄电池类型对预置电压进行核对或调整。

2. 逆变器的安装要求

（1）在安装逆变器前要对其进行外观及内部线路检查，检查无误后先将逆变器的输入开关断开，然后进行接线连接。接线时要注意分清正负极性，并保证连接牢固。接线内容包括直流侧接线、交流侧接线、接地连接、通信线连接等。接线顺序为：先连接保护接地线 PE，再连接交流输出线，再连接通信线，最后连接直流输入线。

（2）接线完毕，可接通逆变器的输入开关，待逆变器自检测正常后，如果输出无短路现象，则可以打开输出开关，检查温升情况和运行情况，使逆变器处于试运行状态。

（3）确定逆变器的安装位置时，可根据其体积、重量大小分别将其放置在工作台面、地面上等。若需要在室外安装时，要考虑周围环境是否对逆变器有影响，应避免阳光直接照射，并符合密封防潮通风的要求。过高的温度和大量的灰尘会引起逆变器故障和使用寿命缩短。同时要确保周围没有其他电力电子设备，防止其对逆变器造成干扰。设备基础要高出地面 0.5m 以上，如图 9-16 所示，以防在暴雨天时雨水积聚淹没部分逆变器机身。

（a）　　　　（b）

图9-16　大型逆变器设备安装示意

（4）逆变器应与其周围保持一定的间隙，方便自身散热，同时便于后期的维护操作。如果逆变器本身无防雷功能，还要在直流输入侧配置防雷系统，并且保持良好接地。

（5）在大功率离网光伏发电系统中，逆变器要尽量靠近蓄电池组，但又不能和蓄电池组同处一室，一是防止蓄电池散发的腐蚀性气体侵蚀逆变器等设备，二是防止逆变器开关动作产生的电火花引起腐蚀性气体爆炸。

（6）安装逆变器时要合理选择并网点，单相逆变器要选择接入负荷较重的火线并网，防止用电低峰时电网电压高造成逆变器过压保护而间隙工作。在农村电网末端安装较大容量光伏发电系统时，也要事先考察电网线路的承载能力，防止线路太长、线路电阻太大造成电网电压过高，使逆变器经常停机保护。

（7）线缆质量必须合格，连接要牢固，直流光伏线缆连接器必须用专用压线钳压制，以避免后期接触不良引起故障或着火事故。

根据光伏发电系统的不同要求，各厂家生产的控制器、逆变器的功能和特性都有差别。因此欲了解控制器、逆变器的具体接线和调试方法，要详细阅读随机附带的技术说明文件。

3. 直流汇流箱的安装要求

（1）直流汇流箱在安装前应开箱检查，首先按照装箱清单检查汇流箱所带的产品使用手册、合格证、保修卡及箱门钥匙等配件或资料是否齐全。检查汇流箱内元器件是否完好，连接线是否松动，所有开关和熔断器是否处于断开状态（应处于断开状态）。

（2）汇流箱的安装方式主要有壁挂、落地、一体机等几种方式。汇流箱的安装位置应符合设计要求，安装支架及紧固螺丝等都应为防锈件。汇流箱防护等级虽然能满足户外安装的要求，但也要尽量安装在干燥、通风和阴凉的地方，避免安装在阳光直射和环境温度过高的区域。

（3）进入汇流箱的组串线缆要根据图纸要求，按照线缆标号连接至汇流箱相应连接器或相应端子。汇流箱的接地线，可直接连接光伏支架或直接接地。

4. 交流汇流箱的安装要求

（1）交流汇流箱的安装方式要结合其外形尺寸及重量确定（分为落地或悬挂安装）。

（2）交流汇流箱的安装环境温度应在-25℃～60℃，相对湿度在0～95%RH。

（3）交流汇流箱应安装在干燥、通风良好、防尘的地方。避免安装在太阳直射的地方。

（4）交流汇流箱安装位置的四面要留有足够的空间，便于箱体散热并方便日后维护检修。

9.1.5 防雷与接地系统的安装施工

1. 防雷器的安装

（1）安装方法

防雷器的安装比较简单，防雷器模块、火花放电间隙模块及报警模块等，都可以非常方便地组合并直接安装到配电箱中标准的35mm导轨上。

（2）安装位置的确定

一般来说，防雷器要根据分区防雷理论要求安装在确定的分区交界处。B级（Ⅲ级）防雷器一般安装在电缆进入建筑物的入口处，如安装在电源的主配电柜中；C级（Ⅱ级）防雷器一般安装在分配电柜中，作为基本保护的补充。D级（Ⅰ级）防雷器属于精细保护级防雷装置，要尽可能靠近被保护设备端进行安装。分区防雷理论及防雷器等级是根据DIN VDE0185和IEC 61312-1系列标准确定的。

（3）电气连接

防雷器的连接导线必须保持尽可能短，以避免导线的阻抗和感抗产生附加的残压降。如果现场安装时连接线长度无法小于0.5m，则防雷器必须使用V字形方式连接，如图9-17所示。同时，布线时必须将防雷器的输入线和输出线尽可能保持较远距离排布。

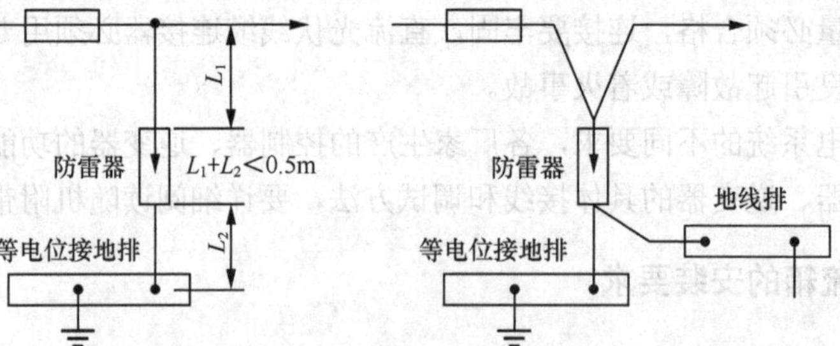

图9-17 防雷器连接方式示意

另外，布线时要注意已经被保护的线路和未被保护的线路（包括接地线）绝对不可近距离平行排布，它们必须有一定距离或通过屏蔽装置将它们隔离，以防止从未被保护的线路向已经被保护的线路感应雷电浪涌电流。

防雷器连接线的截面积应和配电系统的相线及零线（L_1、L_2、L_3、N）的截面积相同或按表 9-1 所示选取。

表 9-1　　防雷器连接线截面积选取对照表

各导线	截面积大小/mm²		
主电路导线	小于等于 35	50	大于等于 70
防雷器接地线	大于等于 16	25	大于等于 35
防雷器连接线	10	16	25

（4）中性线和地线的连接

中性线连接线可以分流相当可观的雷电流，在主配电柜中，中性线的连接线截面积应不小于 16mm²，在一些用电量较小的系统中，中性线的截面积可以较小些。防雷器接地线的截面积一般取主电路导线截面积的一半，或按照表 9-1 选取。

（5）接地和等电位连接

防雷器的接地线必须和设备的接地线或系统保护接地可靠连接。如果系统存在雷击保护等电位连接系统，防雷器的接地线也必须和等电位连接系统可靠连接。系统中每个局部的等电位排也都必须和主等电位排可靠连接，连接线截面积必须满足接地线的最小截面积要求，如图 9-18 所示。

图9-18　等电位连接示意

（6）防雷器的失效保护方法

基于电气安全的原因，针对所有并联安装在市电电源相对零或相对地之间的电气元件，必须在该电气元件前安装短路保护器件，如断路器或熔断器。防雷器也不例外，在防雷器的入线处，也必须加装断路器或熔断器，当防雷器因雷击击穿或因电源故障损坏时，损坏的防雷器与电源之间的联系能够及时被切断，待故障修复或防雷器更换后，再将保护断路器复位或将熔断的熔丝更换，防雷器恢复保护待命状态。

为保证短路保护器件的可靠性，一般 C 级防雷器前选取安装额定电流值为 32A（C 类脱扣曲线）的断路器，B 级防雷器前可选择额定电流值为 63A 的断路器。

2. 接地系统的安装施工

（1）接地体的埋设

在进行配电室基础建设和光伏方阵基础建设的同时，在配电机房或要安装光伏发电系统的居民住宅附近选择一地下无管道、无阴沟、土层较厚且潮湿的开阔地面，根据接地体的形状和尺寸一字排列地挖2～3个直径为0.3～1m、深2～2.5m的坑（其中的1或2个坑用于埋设电器、保护设备等地线的接地体，另一个坑用于单独埋设避雷针地线的接地体），坑与坑的距离应为3～5m，如图9-19所示。坑内放入接地体，接地体应根据要求垂直或水平放置在坑的中央，其上端离地面的最小高度应大于等于0.7m，放置前要先将引下线与接地体可靠连接。引下线与接地体的连接部分必须使用电焊或气焊，不能使用锡焊。现场无法焊接时，可采取铆接或螺栓连接，确保有不少于10cm^{2}的接触面。

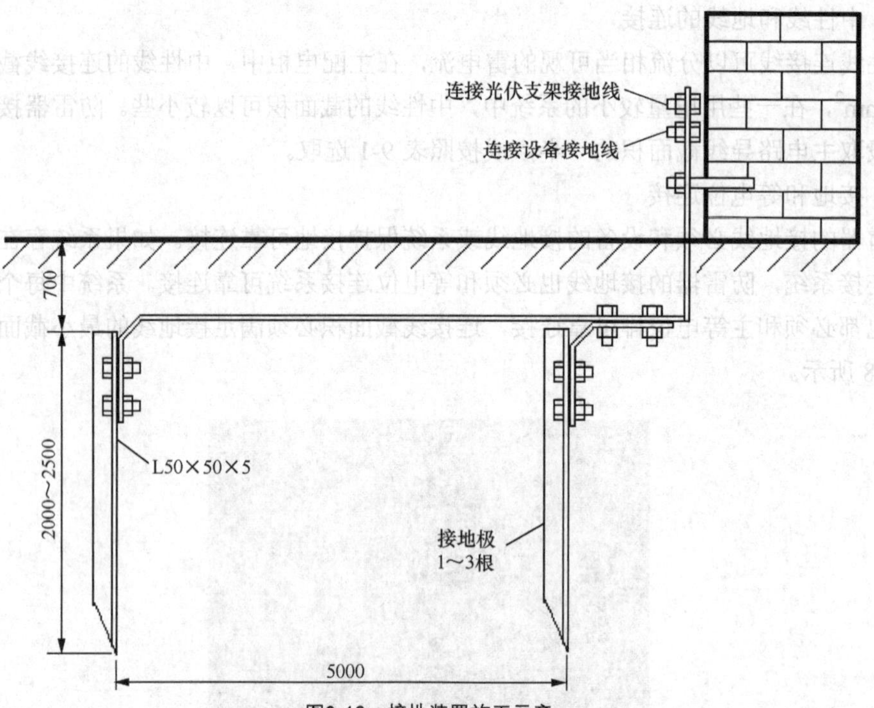

图9-19　接地装置施工示意

引下线和接地体应尽量被埋设在人们不走或很少走过的地方下，避免人们受到跨步电压的危害，还应注意使接地体与周围金属体或电缆之间保持一定的距离。

将接地体放入坑中后，在其周围填充接地专用降阻剂，直至基本将接地体掩埋。填充过程中应同时向坑内注入一定的清水，以使降阻剂充分起效。最后用原土将坑填满整实。电器、保护设备等接地线的引下线最好采用截面积为35mm^{2}的接地专用多股铜芯电缆，避雷针的引下线可用直径为8mm的镀锌圆钢或截面积不小于40mm^{2}的镀锌扁钢。

占用面积比较大的发电站，接地系统要采用环网接地的形式，如图9-20所示。各垂直接地体之间用直径为8mm镀锌圆钢或截面积不小于40mm^{2}镀锌扁钢作为水平接地体与垂直接地体连接形成接地环网，如图9-21所示。

（2）避雷针的安装

避雷针最好依附在配电室、光伏支架等建构筑物旁边，以利于安装固定，并尽量安装在接地体的埋设地点附近。避雷针的高度根据其要保护的范围而定，条件允许时尽量单独做地线。

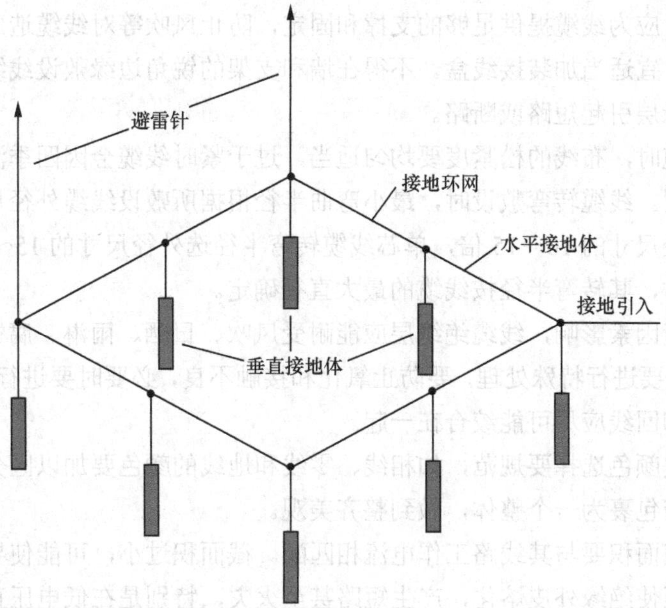

图9-20　环网接地示意

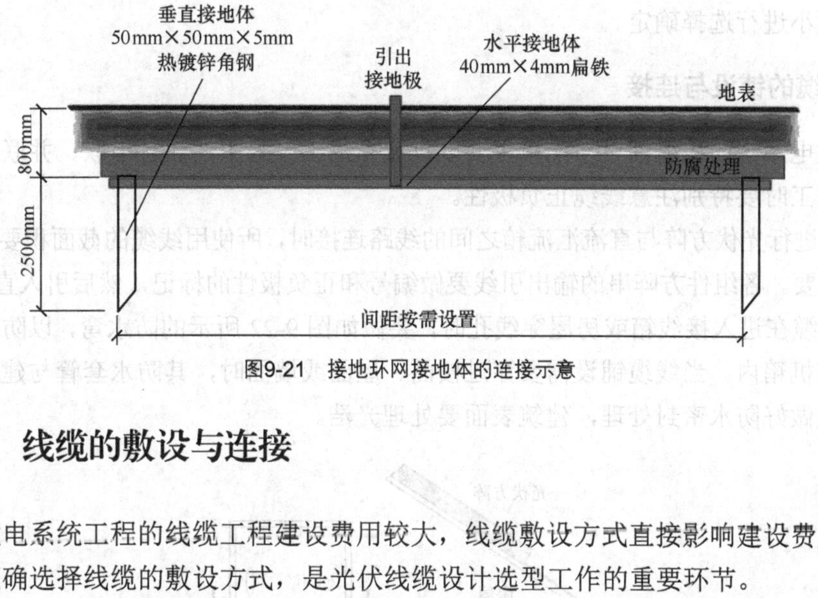

图9-21　接地环网接地体的连接示意

9.1.6　线缆的敷设与连接

光伏发电系统工程的线缆工程建设费用较大，线缆敷设方式直接影响建设费用。所以合理规划、正确选择线缆的敷设方式，是光伏线缆设计选型工作的重要环节。

光伏发电系统的线缆敷设方式要根据工程条件、环境特点和线缆类型、数量等因素综合考虑，并且要按照满足系统运行可靠、便于维护的要求和技术合理、经济的原则来选择。光伏发电系统直流线缆的敷设方式主要有直埋敷设、穿管敷设、桥架内敷设、线缆沟敷设等。交流线缆的敷设与一般电力电气工程施工方式相仿。所有敷设都要在整体布线前考虑好走线方向，然后开始放线。当地下管线沿道路布置时，要注意将管线敷设在道路行车部分以外，需要横穿道路时，要采用穿管或地沟盖板方式保护电缆。

1. 线缆敷设注意事项

（1）在建筑物表面敷设光伏线缆时，要考虑建筑的整体美观。明线走线时要穿管敷设，线管要横平竖直，应为线缆提供足够的支撑和固定，防止风吹等对线缆造成机械损伤。线管较长或弯较多时，宜适当加装接线盒。不得在墙和支架的锐角边缘敷设线缆，以免切割、磨损、切断线缆绝缘层引起短路或断路。

（2）敷设线缆时，布线的松紧度要均匀适当，过于紧时线缆会因四季温度变化及昼夜温差热胀冷缩而断裂。线缆转弯敷设时，最小弯曲半径根据所敷设线缆外径尺寸确定，多芯线缆转弯半径选外径尺寸的 10～15 倍，单芯线缆转弯半径选外径尺寸的 15～20 倍。不同直径的线缆混合敷设时，其转弯半径按线缆的最大直径确定。

（3）考虑环境因素影响，线缆绝缘层应能耐受风吹、日晒、雨淋、腐蚀等。

（4）线缆接头要进行特殊处理，要防止氧化和接触不良，必要时要进行镀锡或锡焊处理，同一电路的馈线和回线应尽可能绞合在一起。

（5）线缆外皮颜色选择要规范，如相线、零线和地线的颜色要加以区分。敷设在柜体内部的线缆要用色带包裹为一个整体，做到整齐美观。

（6）线缆的截面积要与其线路工作电流相匹配。截面积过小，可能使导线发热，造成线路损耗过大，甚至使绝缘外皮熔化，产生短路甚至火灾，特别是在低电压直流电路中，线路损耗尤其明显。截面积过大，又会造成不必要的浪费。因此，系统各部分线缆要根据各自通过电流的大小进行选择确定。

2. 线缆的铺设与连接

光伏发电系统的线缆铺设与连接主要以直流布线工程为主，而且串联、并联接线场合较多，因此施工时要特别注意线缆正负极性。

（1）在进行光伏方阵与直流汇流箱之间的线路连接时，所使用线缆的截面积要满足最大短路电流的需要。各组件方阵串的输出引线要做编号和正负极性的标记，然后引入直流汇流箱。

（2）线缆在进入接线箱或房屋穿线孔时，要做如图 9-22 所示的防水弯，以防积水顺线缆进入屋内或机箱内。当线缆铺设需要穿过楼面、屋面或墙面时，其防水套管与建筑主体之间的缝隙必须做好防水密封处理，建筑表面要处理光洁。

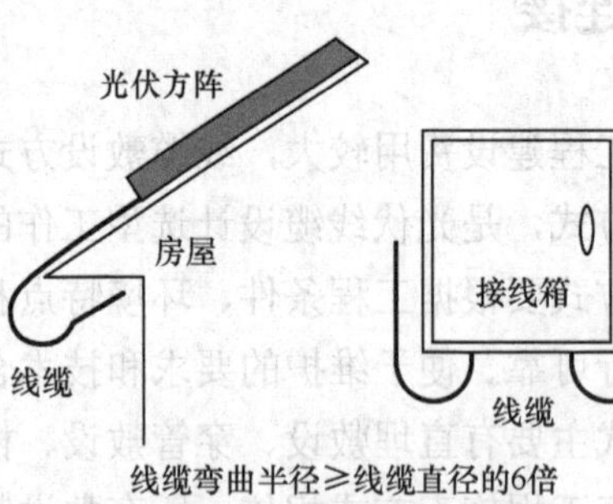

图9-22　线缆防水弯示意

（3）对于组件之间的连接电缆及组串与汇流箱之间的连接电缆，一般利用专用连接器连接，线缆截面积小、数量大，通常情况下敷设时尽可能利用组件支架支撑与固定线缆敷设的通道。

（4）在敷设直流线缆时，有时需要在现场进行连接器与线缆的压接。连接器压接必须使用专用的压接钳进行，不能使用普通的尖嘴钳或老虎钳。连接器压接后应检查外观，无断丝和漏丝、无毛边、左右匀称等。

（5）光伏方阵在地面安装时要采用地下布线方式，要对导线套线管进行保护，掩埋深度在 0.5m 以上。

（6）交流逆变器输出的电气方式有单相二线制、单相三线制、三相三线制和三相四线制等，要注意相线和零线的正确连接，具体连接方式与一般电力系统连接方式相仿。

（7）线缆敷设施工中要合理规划线缆敷设路径，减少交叉，尽可能合并敷设以减少项目施工过程中的土方开挖量以及线缆用量。

（8）线缆与热力管道平行安装时应保持不小于 2m 的距离，交叉安装时上、下应保持不小于 0.5m 的距离。线缆与其他管道平行或上、下交叉安装时均要保持 0.5m 的距离。

（9）电压为 1～35kV 的线缆直埋安装时，其直埋深度应不小于 0.7m。

（10）电压为 10kV 及以下线缆平行安装时，相互间净距离不得小于 0.1m；电压为 10～35kV 的线缆平行安装时相互间净距离不得小于 0.25m，上、下交叉安装时，距离不得小于 0.5m。

9.2　太阳能光伏发电系统的检查测试

光伏发电系统在安装施工的过程中及安装完毕后，安装人员需要对整个系统进行直观检查和必要的测试，使系统能够长期稳定正常运行，并履行工程验收和交接手续。

施工检查要贯穿光伏发电系统工程施工的全过程。在施工阶段，要根据现场检查的要求，重点检查施工方案是否合理，能否全面满足设计要求，并根据设计要求和供货清单等资料，检查配套的设备、部件、材料等是否按照要求配齐，供货质量是否符合要求。对一些重要或关键的设备、部件、材料，可根据具体情况进行抽样检查。基础工程及光伏支架安装施工完工后，重点检查基础施工质量、支架安装质量，以及如电缆沟、配电室等土建设施的施工质量，并做好相应记录。系统设备安装和线缆敷设完成后，要根据设计要求，参照产品说明书，对光伏组件、逆变器、控制器、汇流箱、配电柜、蓄电池组、交直流线缆等进行检查。

9.2.1　太阳能光伏发电系统的检查

太阳能光伏发电系统的检查主要指对各个电气设备、部件等进行外观检查，内容包括光伏组件方阵、基础支架、直流汇流箱、直流配电柜、交流配电柜、控制器、逆变器、系统并网装置和接地系统等的检查。

1. 光伏组件及方阵的检查

检查组件的电池片有无裂纹、缺角和变色，表面玻璃有无破损、脏物和油污，边框有无损伤、变形等。

检查方阵外观是否平整、美观，组件是否安装牢固，连接引线是否接触良好，引线外皮有否破损等。

检查组件或方阵支架是否有腐蚀生锈和螺栓松动之处；支架是否有未做防腐处理的部位。

检查方阵接地线是否有破损，连接是否可靠。

2. 直流汇流箱和直流、交流配电柜的检查

检查箱体表面有无腐蚀、生锈、变形、破损，内部接线有无错误，接线端子有无松动，外部接线有无损伤，各断路器开关是否灵活，防雷模块是否正常，接地线缆有无破损，端子连接是否可靠，进出线缆的端口是否用防火泥封堵。

3. 控制器、逆变器、箱式变压器的检查

检查箱体表面有无腐蚀、生锈、变形、破损，接线端子是否松动，输入、输出等接线是否正确，接地线有无破损、接地端子是否牢固，辅助电源连接是否正确，逆变器自检是否正常，各断路器开关是否灵活，防雷模块是否正常。

变压器表面有无破损，温度、过载保护等动作是否正常，绝缘是否正常。

4. 接地系统的检查

检查从组件到支架的接地系统是否连接良好，有无松动；连接线是否有损伤；所有接地是否为等电位连接，电缆铠甲是否接地。

5. 配电线缆的检查

光伏发电系统中的线缆在施工过程中，很可能出现碰伤和扭曲等情况，这会导致绝缘层被破坏以及绝缘电阻下降等现象。因此在工程结束后，安装人员在做上述各项检查的过程中，同时对相关配电线缆进行外观检查，通过检查确认线缆有无损伤。

重点检查：电缆与连接端是否采用连接端头，并且有无抗氧化措施；连接紧固有无松动，电缆绝缘层是否良好，标示标牌是否齐全完整；高压电缆是否通过了高压测试，电缆铠甲是否接地和防火措施是否良好。

9.2.2 太阳能光伏发电系统的测试

1. 光伏方阵的测试

一般情况下，光伏方阵中光伏组件的规格和型号都是相同的，可根据组件生产厂商提供的技术参数，查询单块组件的开路电压，将其乘以串联的数目，结果应基本等于组件串两端的开路电压。测量光伏组件串两端的开路电压，看其是否基本符合上述要求，若相差太大，则很可能有组件损坏、极性接反或是连接处接触不良等问题，可逐个检查组件的开路电压及连接状况，找出故障。

用直流钳形表测量光伏组串两端的短路电流，应基本符合参数要求，组串与组串之间相差应该在 5%之内，若相差较多，则某块组件可能性能不良，应予以更换。

光伏组件串联的数目较多时，开路电压将达到 1000V 甚至更高，测量时要注意安全。

为保证测试安全与方便，可在直流汇流箱内或逆变器直流输入端口进行测试。

2. 绝缘电阻的测试

为了了解光伏发电系统各部分的绝缘状态，判断其是否可以通电，需要进行绝缘电阻测试。绝缘电阻的测试一般在光伏发电系统施工安装完毕并准备通电运行前、运行过程中的定期检查，以及出现故障时进行。

绝缘电阻测试主要包括光伏方阵、直流汇流箱、直流配电柜、交流配电柜及逆变器系统电路的测试。由于光伏方阵在白天始终有较高电压存在，在进行光伏方阵电路的绝缘电阻测试时，要准备一个能够承受光伏方阵短路电流的开关，先用短路开关将光伏方阵的输出端短路，根据需要选用 500V 或 1000V 的绝缘电阻表（俗称兆欧表或摇表），然后测量光伏方阵的各输出端子对地间的绝缘电阻，绝缘电阻值应不小于 10 MΩ，测试方法如图 9-23 所示。当光伏方阵输出端装有防雷器时，测试前要将防雷器的接地线从电路中断开，测试完毕后再恢复原状。

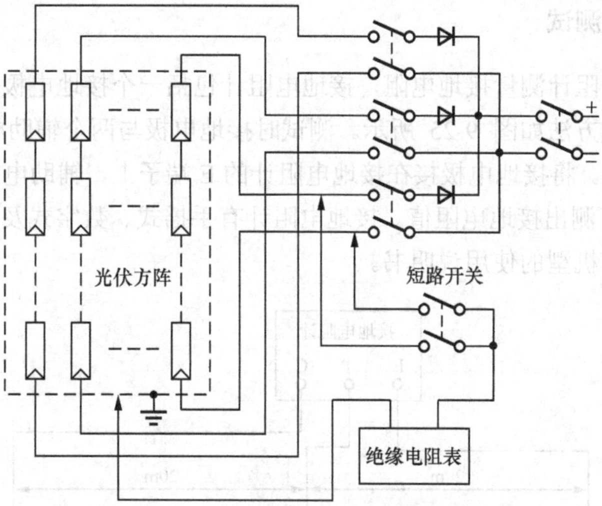

图9-23　光伏方阵绝缘电阻的测试方法

逆变器电路的绝缘电阻测试方法如图 9-24 所示。根据不同的逆变器额定工作电压，可选择 500V 或 1000V 的绝缘电阻表进行测试。

逆变器绝缘电阻测试内容主要包括输入电路的绝缘电阻测试和输出电路的绝缘电阻测试。在进行输入和输出电路的绝缘电阻测试时，首先将光伏组件与汇流箱分离，并分别短路直流输入电路的所有输入端子和交流输出电路的所有输出端子，然后分别测量输入电路与地线间的绝缘电阻和输出电路与地线间的绝缘电阻。逆变器的输入、输出绝缘电阻值应不小于 2MΩ。

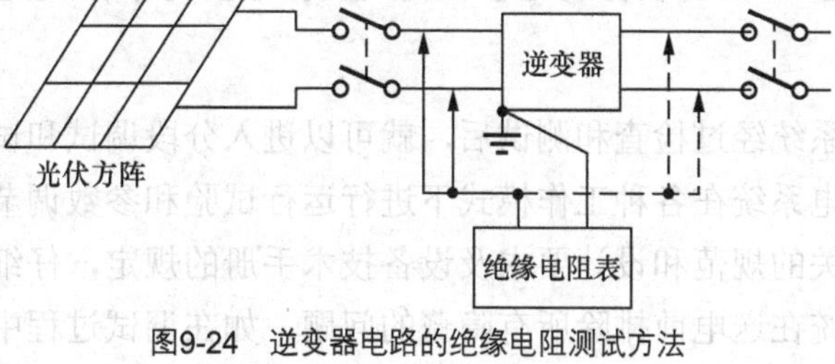

图9-24　逆变器电路的绝缘电阻测试方法

直流汇流箱、直流配电柜、交流配电柜的绝缘电阻测试方法与逆变器的测试方法基本相同，其输入、输出引线与箱体外壳的绝缘电阻都应不小于 10MΩ。

3. 绝缘耐压的测试

根据要求需要对光伏方阵和逆变器进行绝缘耐压测试，测量光伏方阵电路和逆变器电路的绝缘耐压值，测量的条件和方法与绝缘电阻测试相同。

在进行光伏方阵的绝缘耐压测试时，将标准光伏方阵的开路电压作为最大使用电压，对光伏方阵电路加上最大使用电压的 1.5 倍的直流电压或 1 倍的交流电压，测试时间为 10min 左右，检查光伏方阵是否出现绝缘破坏。在绝缘耐压测试时一般要将防雷器等避雷装置取下或从电路中断开，然后进行测试。

在对逆变器电路进行绝缘耐压测试时，测试电压与光伏方阵电路的测试电压相同，测试时间也为 10min，检查逆变器电路是否出现绝缘破坏。

4. 接地电阻的测试

一般使用接地电阻计测量接地电阻，接地电阻计包括一个接地电极引线以及两个辅助电极。接地电阻的测试方法如图 9-25 所示。测试时接地电极与两个辅助电极的间隔各为 20m 左右，并成直线排列。将接地电极接在接地电阻计的 E 端子上，辅助电极接在电阻计的 P 端子和 C 端子上，即可测出接地电阻值。接地电阻计有手摇式、数字式及钳形式等几种，详细使用方法可参考具体机型的使用说明书。

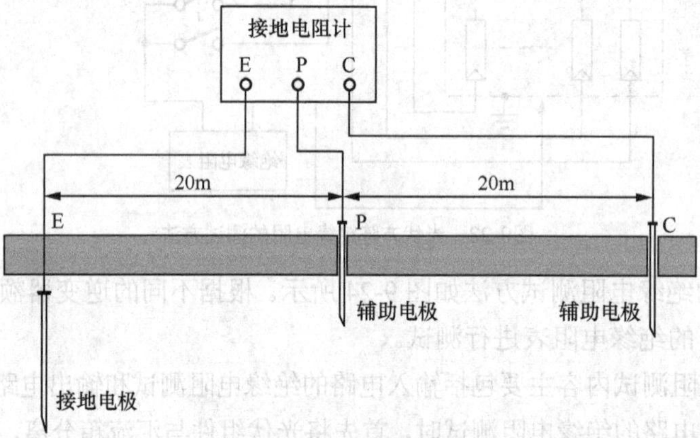

图9-25　接地电阻的测试方法

9.3　太阳能光伏发电系统的调试运行

太阳能光伏发电系统经过检查和测试后，就可以进入分段调试和试运行环节。调试过程就是让太阳能光伏发电系统在各种工作模式下进行运行试验和参数调节，在调试运行的过程中一定要严格按照相关的规范和设计要求及设备技术手册的规定，仔细检查和测试系统运行的各个环节，确保系统在送电前排除所有隐藏的问题，如在调试过程中发现某些设备的实际性能指标与技术手册参数不符时，要及时督促设备厂家采取补救措施或现场更换设备。在调试过程中的各个工作环节上都要注意安全，做到井然有序、一丝不苟。

9.3.1　太阳能光伏发电系统并网调试

太阳能光伏发电系统的运行调试，要先从送电开始，首先要为逆变器送入交流电，交流电要从高压到低压一步一步地送入，逆变器接入交流电后启动工作，通过自检运行后，进入正常待机状态，逆变器各种显示功能正常。逆变器能够正常运行后，可将太阳能光伏发电系统直流电一步一步送入逆变器的直流输入端，送电顺序也是由远及近，如光伏方阵→直流汇流箱→逆变器。直流侧输入正常后，逆变器开始进入正常工作和发电状态，整个系统就可以进行调试检测了。在调试有些大型光伏电站时，检测人员为检测直流端运行状态，可能会先对其局部送入直流电进行测试。

下面以一个 MW 级并网光伏电站的运行调试过程为例，介绍太阳能光伏发电系统的调试运行过程。

1. 供电操作顺序

（1）合闸顺序

合上方阵汇流箱开关→检查直流配电柜所有直流输入电压→检测 35kV 电压供电是否输入→合上箱变低压侧开关→合上逆变器辅助电源开关→合上逆变器直流输入开关→合上直流配电柜输出开关→合上逆变器输出交流开关。

（2）断电顺序

分断逆变器输出交流开关→分断逆变器直流输入开关→分断直流配电柜输出开关→分断逆变器辅助电源开关→分断箱变低压侧开关。

2. 送电调试

（1）35kV 高压送电调试。

（2）向变压器送电并做冲击试验。

当外线高压送至光伏电站高压开关柜且一切正常后，开始向箱式变压器进行送电，进行变压器冲击试验。变压器冲击试验做 3 次，第 1 次送电 3min，停 2min，待现场确认一切正常后进行第 2 次冲击试验；第 2 次送电 5min，停 5min，待现场确认正常后做第 3 次冲击试验；第 3 次送电后在现场观察 10min，无异常情况后不再断电，该线路试验完毕。保持变压器空载运行 24h，运行期间变压器应声音均匀、无杂音、无异味、无弧光。

3. 直流系统和逆变系统并网调试

在变压器空载运行 24h 正常后，可以开始直流系统和逆变系统的调试。直流系统和逆变系统的调试按 500kW 一个单元进行，直流系统和逆变系统的送电顺序为：合上该区域所有直流汇流箱的输出断路器→在直流配电柜上依次检查每路汇流箱的直流电压是否正常→合上变压器低压侧断路器→合上逆变器辅助电源开关→合上逆变器直流输入开关→一路直流电源送入逆变器，检测逆变器直流输入端是否正常→按每两路一组将全部直流电送入逆变器→合上逆变器交流输出开关→逆变器并网送电。

逆变器并网运行后，要对其各功能进行检测。

（1）自动开关机功能检测

检测逆变器在早晨和晚上的自动启动运行和自动停止运行功能，检查逆变器自动跟踪功率范围。

（2）防孤岛保护检测

逆变器并网发电，断开交流开关，模拟电网停电，查看逆变器当前告警中是否有“孤岛”告警，是否自动启动孤岛保护功能。

（3）输出直流分量测试

光伏电站并网运行时，并网逆变器向电网馈送的直流分量不应超过其交流额定值的0.5%。

（4）手动开关机功能检测

通过逆变器“启动/停止”控制开关，检查逆变器手动开关机功能。

（5）远方开关机功能检测

通过监控上位机“启动/停止”按钮，检查逆变器远方开关机功能，检查是否能通过监控上位机的“启动/停止”按钮控制逆变器的开关机。

逆变器的转换效率、温度保护功能、并网谐波、输出电压、电压不平衡度、工作噪声、待机功耗等反映逆变器本身质量优劣的各项性能指标可根据需要进行测试，在此不再详细叙述。

4. 监控系统的调试

（1）检查监控的信息量是否正常。

（2）遥信遥测直流配电柜上每路直流输入的电流和电压参数。

（3）遥信遥测逆变器上的直流电流/电压、交流电流/电压、实时功率、日发电量、累计发电量及频率等参数。

（4）遥信遥测箱式变压器的超温报警、超温跳闸、高压刀开关、高压熔断器、低压断路器位置等信号；遥控箱式变压器低压侧低压断路器等有电控操作功能的开关进行远程合、分操作；遥测箱式变压器低压侧三相电流、三相电压、频率、功率因数、有功功率、无功功率等参数。

（5）遥测电站环境的温度、风速、风向、辐照度等参数。

9.3.2 并网试运行中各系统的检查

（1）检查关口电能表、35kV进线柜电能表工作是否正常。

（2）检查监控系统数据采集是否正常。

（3）检查箱式变压器、逆变器、直流汇流箱、直流配电柜等运行温度，以及电缆连接处、出线隔离开关触头等关键部位的温度。

（4）检查35kV开关柜、110kV变压器、出线设备运行是否正常。

（5）在带最大负荷发电条件下，观察设备是否有异常告警、动作等现象。再次检测箱式变压器、逆变器、直流汇流箱、直流配电柜运行温度，以及电缆连接处、出线隔离开关触头等关键部位的温度。

（6）检查电站电能质量状况。

① 电压偏差：三相电压的允许最大偏差为额定电压的±7%，单相电压的允许偏差值为额定电压的-10%～7%。

② 电压不平衡度：不应超过 2%，短时间不得超过 4%。

③ 频率偏差：电网额定频率为 50Hz，允许最大偏差值为±0.5Hz。

④ 功率因数：逆变器输出大于额定值的 50%时，平均功率因数应不小于 0.9。

⑤ 直流分量：逆变器向电网馈送的直流电流分量不应超过其交流额定值的 1%。

（7）全面核查电站各电压互感器（PT）、电流互感器（CT）的幅值和相位。

（8）全面检查各自动装置、保护装置、测量装置、控制电源系统等装置的工作状况。

（9）全面检查监控系统与各子系统、装置之间传输的数据。

（10）检查调度、传送的数据是否正常。

9.4　太阳能光伏发电系统的安全施工

在太阳能光伏发电系统的施工和检查调试全过程中，安全应贯穿工作始终，真正树立安全第一的思想，确保施工过程中的人身安全，谨防事故发生。因此，太阳能光伏发电系统的安装施工和现场管理人员都要严格遵守安全操作规范和各项规章制度，做到规范施工、安全作业，保持清洁和有序的施工现场，配备必要合理的安全防护用品。对安装施工人员要进行专业技术培训，并在专业工程技术人员的现场指导和参与下进行作业。

9.4.1　施工现场常见安全危害及防护

太阳能光伏发电系统的施工现场和其他工程的施工现场一样，也存在着许多的不安全因素。太阳能光伏发电系统工程绝大多数在户外施工，施工人员在进行安装及检测操作时，要随时警惕可能发生的各种物理、电气及化学方面的潜在危害，例如受到太阳暴晒、昆虫叮咬、撞击、坠落、灼伤、触电、烫伤等。

1. 常见安全危害

（1）物理危害

施工人员在户外对太阳能光伏发电系统进行操作时，通常是用手或电动工具对电气设备进行操作，在有些系统中，还需要对蓄电池进行相关的操作，操作中稍有不慎，就可能受到灼伤、电击等物理危害。因此，正确、安全地使用工具并进行必要的防护是非常重要的。

（2）阳光辐射

太阳能光伏发电系统都安装在阳光充足、没有阴影的地方，因此施工人员长时间在烈日下进行施工作业时，一定要戴上遮阳帽，并涂抹防晒霜以保护自己不被烈日灼伤。天气炎热时，要大量饮水，每工作一小时在阴凉处休息几分钟。

（3）昆虫、蛇及其他动物

马蜂、蜘蛛及其他昆虫经常会在接线箱、光伏方阵的外框及其他设备外壳中栖息，在某些偏远的野外，蛇也免不了出没。同样，蚂蚁也不会闲着，也会在光伏方阵基础或蓄电池箱周围栖息。因此，在打开接线箱或其他设备外壳时，需要做好一定的防备措施。在到光伏方阵下面或背后工作之前，需要仔细观察周围的环境，以免意外状况的发生。

（4）切伤、撞击与扭伤

许多光伏发电系统的零部件都有锋利的边角，稍不注意就有可能发生意外。这些零部件包括光伏组件的铝合金边框、各种设备外壳翻边、螺栓螺母毛刺、支架钢材边缘毛刺等。特别是在进行有关金属的钻孔与锯切时，一定要戴上防护手套。另外在低矮的光伏方阵或系统设备下进行作业时，一定要戴好安全帽，以防一不留心撞伤脑袋。

在搬运蓄电池、光伏组件及其他光伏设备时，要注意用力均匀，或者两人一起搬运，防止用力过猛而扭伤。

（5）热灼伤

光伏方阵在夏季的阳光下，其玻璃表面或铝合金边框等温度会达到 80℃以上，温度较高。为确保安全，防止皮肤被灼伤，在夏季对光伏发电系统进行操作时一定要戴好防护手套，尽量避开发热部位。

（6）触电伤害

触电伤害是人体触及带电体后电流对人体造成的伤害，分为电击和电灼伤。

电击俗称触电，电流通过人体内部会造成人员损伤。电击可以导致人员的烧伤或休克，造成肌肉收缩或外伤，严重时会影响呼吸系统、心脏及神经系统的正常功能，甚至导致人员死亡。如果流经人体的电流大于 0.02A，便会对人体造成伤害，电压越高，流经人体的电流越大。因此，不管是直流电还是交流电，只要有一定的电压，就会造成伤害。虽然单块光伏组件的输出电压没有多高，但十几块组件串联起来的输出电压就会很高，往往比逆变器输出的交流电压还要高。操作时为避免电击伤害，一是要确保切断相关电源，二是尽量使用钳形电流表进行线路电流的测试，三是戴上绝缘手套。

电灼伤是指由于电流的热效应、化学效应、机械效应及电流本身作用对人体造成的伤害。电灼伤一般发生在人体外部，能在人体皮肤表面留下明显的伤痕，主要有电烧伤、皮肤金属化和电烙印等。

在触电伤害中，电击和电灼伤常会同时发生，一般来说电灼伤比电击危险程度要低一些，而大部分的电击都伴有电灼伤。

（7）化学危害

离网或带储能光伏发电系统往往以蓄电池作为储能系统，最常见的蓄电池是铅酸蓄电池。铅酸蓄电池以硫酸作为电解液，硫酸具有很强的腐蚀性，它在操作过程中可能会发生泄漏或在充电过程中产生喷洒，如果接触到身体裸露的地方，皮肤便会被化学烧伤，另外眼睛也特别容易被伤害，衣服也往往会被烧出洞。尽管密封型铅酸蓄电池发生电解液泄漏的事情较少，但还是要以防万一。

另外，蓄电池在充电过程中会排放出少量氢气，氢气是可燃气体，当氢气积聚到一定浓度时遇明火（如电火花）时极易发生爆炸或火灾。因此要保持蓄电池放置场所通风良好，避免可燃气体的积聚，避免爆炸或火灾事故发生对人员造成的伤害。

2. 安全防护

施工现场的安全防护，不仅要保护好自己，还要保护好一起施工和操作的伙伴，首先要各自穿戴好防护用品，还要在工作当中互相关照、提醒、协作，并且每个施工人员都要保持一定的警觉，切不可麻痹大意。需要两个人一起操作的事情，或者需要双人在场的工作，不要单独行事，不要为省时省钱而降低用人成本，要全力保证施工人员安全。

常用的安全防护用品有安全帽、防护眼镜、手套、鞋子、安全带、防护围裙等。

安全帽主要用来保护脑袋不被撞伤或不被坠落物砸伤。

防护眼镜有两个作用，一是保护眼睛不受强烈阳光的刺激；二是在进行蓄电池系统的安装维护操作时，防止酸液溅入。

手套分为多种，不同的工作内容要选择不同的手套。进行安装操作可以选用线手套；搬动有锐角或毛刺的金属类物件，可以选择帆布手套；进行蓄电池维护操作要选择橡胶耐酸手套；进行电气检测要选择高压绝缘手套等。当然也可以选择优质的全功能手套进行操作。

鞋子的选择取决于工作场合和环境，如果光伏施工现场所处工业环境是新建的，最好选择硬头劳保皮鞋；如果是地面或山地环境，最好选择标准工作鞋或登山鞋；如果是在屋顶作业，最好选择胶底工作鞋。

防护围裙是在对蓄电池进行操作时需要配备的。

安全带是在屋顶作业，以及利用梯子、脚手架等设备进行作业时需要配备的。

9.4.2 施工现场安全作业指导

1. 工具使用安全

在太阳能光伏发电系统施工现场会有很多工具，所以，为了保证操作者本人和现场其他工作人员的安全，一定要保证这些工具得到妥善的保管和正确的使用，有些安全装置绝对不能随意拆掉，例如切割锯的锯片防护罩等。在屋顶（特别是斜面屋顶）操作时，要准备合适的工具包来随时收纳工具或选择一个合适的平台来集中存放工具，防止工具从屋顶滑落发生事故。

梯子是安装屋顶光伏发电系统的重要工具，在使用直梯或伸缩梯上屋顶时，要注意正确安放。如果梯子放得太陡，梯子顶部就有从屋顶翻落下来的危险。如果放得太斜，梯子底部又会滑动。因此使用梯子时除了要使安放角度合适，还要想办法将梯子底部固定，或者在使用时有人在底部将梯子稳住。

2. 屋顶作业安全

屋顶是太阳能光伏发电系统安装操作最危险的场所，操作人员只要踏上屋顶，就会处于各种可能的危险之中。对于一些轻薄的屋顶，可能会被踩塌，所以在屋顶操作时要做好跌落防护措施，佩戴安全带必不可少。必要时，光伏方阵之间还需要留出 50cm 左右宽度的步行通道，以方便安装检测和维修操作。

另外，在屋顶作业时，还要注意屋顶是否有架空的电源线经过，特别是安放和使用金属梯子时，或在梯子上操作时，要注意防止触碰电线，如果是高压电缆，要注意和它有安全距离。对于 380V 交流电，安全距离需大于等于 30cm；对于 10kV 交流电，安全距离需大于等于 1.5m。

3. 电气作业安全

太阳能光伏发电系统的安装操作过程中，存在直流电、交流电等多种电源，有电就会有被电击的危险。特别是一些刚开始接触光伏发电系统的操作人员，往往认为光伏组件发出的电压不高，不像 220V 交流电一样会对人体造成伤害。其实单块光伏组件的正常输出电压已经在 36V 安全电压的边缘了，且输出电流很大，在 8～13A，而 0.1A 的电流就有可能破坏心脏机能，8～13A 的电流足以对人体造成伤害甚至导致人员死亡。当多块光伏组件串联起来后，其直流输出电压往往在几百伏甚至 1000 伏以上，其威力远远超过家庭供电的 220/380V 交流电压，所以在对太阳能光伏发电系统进行电气设备连接操作时，要时刻注意。

（1）造成触电的原因

① 缺乏或忽略电气安全用电常识和基本制度，作业中触及带电体。

② 违反操作规程，人体直接接触带电体。

③ 电气设备存在安全隐患或者设备管理不当，设备绝缘损坏，发生漏电，人体触碰漏电的设备外壳。

④ 维护检修不及时，如高压线路落地，会产生跨步电压对人体造成伤害。

⑤ 安全措施不完善或操作者误操作，造成触电事故。

⑥ 其他偶然因素，如人体受雷击等。

（2）电气操作安全

光伏组件安装完毕后，只要有阳光，它就会输出直流电压，为避免人员被电击，一定要在最后插接组件输出引线到汇流箱，不使汇流箱过早带电，以免影响汇流箱内的其他作业。当需要在汇流箱内进行电气测量时，一定要带上绝缘手套。在对直流配电柜、交流汇流箱、交流配电柜进行接线操作时，如果配电箱带电，就会有触碰到线路的风险，所以，操作前一定要切断前端电源，以避免发生危险。特别是多个逆变器并联输出的交流电路，要保证该回路上所有的逆变器都不输出电流。

另外，无论是施工操作还是运维检修，为了避免触电，禁止在有负载的情况下断开组件电气连接；在组件断开电气连接前，禁止触摸或操作玻璃破碎、边框脱落和背板受损的光伏组件。

（3）遵守连线顺序

在光伏组件的安装过程中，通常由十几块组件构成一个组串，组件与组件之间为串联连接，在线缆连接时，正确的顺序应该是，先连接组件与组件之间的连接器插头，例如，第 1 块组件的正极接头与第 2 块组件的负极接头连接，第 2 块组件的正极接头与第 3 块组件的负极接头连接，以此类推，当所有组串连接起来后，第 1 块组件的负极接头和最后一块组件的正极接头要连接逆变器或汇流箱，因此需要铺设一根归巢电缆，这根电缆的一端有连接器插头，可以与组件的连接器插头连接，另一端有可能是裸露线，需要与逆变器或直流汇流箱的相应端子连接，要注意线缆的连接顺序。正确的做法是，先把归巢电缆的裸露端与相应端子连接牢固，再把另一端的连接器插头与组件相连，这样才能保证安全，减少电击危险，如图 9-26 所示。现在有一部分逆变器或汇流箱已经用连接器作为接线端子，并将连接器安装在机箱箱体下端，对于这种结构，如果使用两端都安装好连接器的归巢电缆连接线路，就不用讲究连线顺序了。

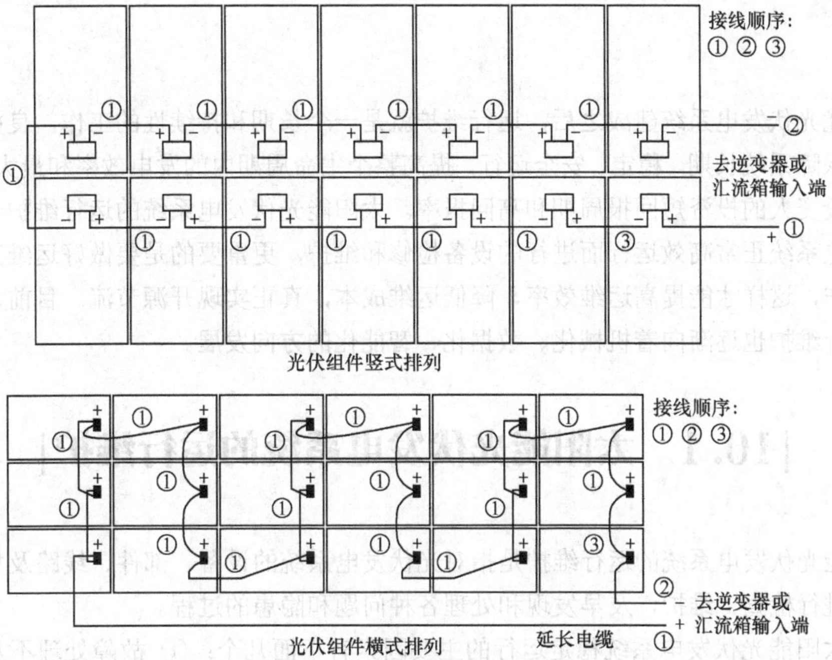

图9-26　光伏组串线缆连接顺序示意

为保证连线操作在无电环境下进行，归巢电缆的连接要放在最后。也就是说，当把逆变器、汇流箱等所有设备线路连接完毕，元器件安装到位之后，断开设备隔离开关，最后连接各组串的归巢电缆。

在整个系统的连线过程中，同样要遵循以下顺序，首先要进行系统端部不带电部分的接线，然后向系统有电压源的部分作业。对于并网发电系统，要按从逆变器到电网的顺序作业，对于离网发电系统或带蓄电池的并网发电系统，要按从逆变器向蓄电池组方向作业。作业过程中要保证逆变器、汇流箱和配电柜等内的断路器、隔离开关等一直断开，这样才能保证施工人员在各种箱体内操作、接线时不会发生危险。

第 10 章 太阳能光伏发电系统运行维护与故障排除

太阳能光伏发电系统建成之后，运行维护就是一个长期和持续性的工作，良好的运行维护工作能保障系统长期、稳定、安全运行，提高整个生命周期内的发电效率和最大电量产出，以及系统投资人的投资短回报周期和高回报率。太阳能光伏发电系统的运行维护不仅仅是确保光伏发电系统正常高效运行而进行的设备检修和维护，更重要的是要做好运维工作全流程的管理工作，这样才能提高运维效率，降低运维成本，真正实现开源节流。目前，光伏发电系统的运行维护也逐渐向着机械化、数据化、智能化的方向发展。

10.1 太阳能光伏发电系统的运行维护

太阳能光伏发电系统的运行维护是指对光伏发电系统的设备、部件、线路及相关附属设施和系统进行检查、维护，及早发现和处理各种问题和隐患的过程。

影响太阳能光伏发电系统稳定运行的主要因素有下面几个：① 故障处理不及时或不到位，造成系统停机，使发电量减少。②受地理位置或环境的限制及分布式电站分散布局等造成现场管理难度大，专业运行维护人员缺乏，没有专业的运行维护管理系统。③ 维护检测方式落后，维修检测工具缺乏。④ 无有效的预防火灾、偷盗、触电等事故的安全防范措施。⑤ 监测数据采集和分析能力不足，数据误差较大，数据存储空间不足，数据传输丢失以及数据采集范围缺失等。

10.1.1 太阳能光伏发电系统运行维护的基本要求与条件

1. 太阳能光伏发电系统运行维护的基本要求

光伏发电系统运行维护主要有 3 个基本要求，一是保证安全运行，包括人员、设备及系统安全；二是通过各种手段随时关注系统发电量，发现问题并及时处理；三是合理控制运营成本，实施精细化管理，具体介绍如下。

（1）保证系统本身安全，保证系统不会对操作人员和运维人员造成危害，并保证系统能保持最大的发电量。

（2）系统的主要部件应始终运行在产品标准规定的范围之内，达不到要求的部件应及时维修或更换。

（3）在系统主要设备和部件周围不得堆积易燃易爆物品，设备本身及周围环境应通风散热良好，设备上的灰尘和污物应及时清理。

（4）整个系统的主要设备与部件上的各种警示标识应保持完整，各个接线端子应牢固可靠，设备的进线口处应采取防止昆虫、小动物进入设备内部的有效措施。

（5）整个系统的主要设备与部件应运行良好，指示灯和仪表应正常工作并保持清洁。

（6）系统中用于显示和计量的主要设备和器具，都要按规定进行定期校验。

（7）系统运行维护人员应具备相应的电气专业技能或经过专业技能培训，熟悉光伏发电原理及主要系统构成，工作中做到安全作业。运行维护前要做好安全准备，断开相应开关，确保设备中电容器、电感器完全放电，同时要规范穿戴安全防护用品。

（8）对系统运行维护和故障检修的全部过程都要进行详细的记录，对所有记录要妥善保管，并对每次的故障记录进行分析，提出改进意见。

2. 优质高效运维具有的效果

（1）稳定、即时采集太阳能光伏发电系统实时数据，业主和投资人随时随地掌握发电数据，对系统运转情况了如指掌。

（2）用预防性运维理念对太阳能光伏发电系统的潜在故障进行实时分析和报警，防范潜在风险，及时处理故障，保证资产增值。

（3）通过对太阳能光伏发电系统运营数据分析，能够持续优化系统，维护和提高系统全生命周期的发电效率和电量产出。

（4）精准预测发电量，可以使电网公司调度系统灵活调配用电峰谷期的电力。

（5）太阳能光伏发电系统火灾预警系统将极大程度降低火灾隐患，全面保护系统安全。

（6）实现平均故障间隔时间的最大化和平均故障恢复时间的最小化。

3. 常用的检查维护工具和设备

“工欲善其事，必先利其器”，太阳能光伏发电系统的运行维护同样需要配备一些常用的工具、测试仪器和设备，特别是一些大型光伏电站，更应该配备齐全。

（1）常用工具和测试仪器

常用工具：太阳能光伏发电系统及电站的常用工具主要是指拆装、检修各类设备和元器件时使用的工具，如各种扳手、螺钉旋具、电烙铁、连接器压线钳等。

测试仪器：万用表、示波器、钳形电流表、手持式红外热成像仪、温度记录仪、太阳辐射传感器、I-U 曲线测试仪、便携式 EL 测试仪、电能质量分析仪、绝缘电阻测试仪、接地电阻测试仪等。

防护用品：安全帽、绝缘手套、绝缘鞋、安全标志牌、安全围栏、灭火器等。

此外，还要根据太阳能光伏发电系统的具体情况配备常用易损的备品、备件和逆变器及汇流箱等周转设备。

（2）新型运维设备

目前新型的专业运维设备主要有光伏电站清洗设备、光伏电站运维无人机等。

① 光伏电站清洗设备。光伏电站清洗设备主要有便携式光伏电站清洗系统、地面光伏电站清洗机器人、地面光伏电站清洗车、屋顶光伏电站清洗机器人、光伏大棚全自动清洗系统、屋顶光伏电站全自动清洗系统等多种设备，如图 10-1 所示。

无论这类清洗设备是什么形式，基本都是用清水进行清洗。通过水泵、水枪加压，并经过毛刷或滚轮刷对组件表面进行清洗。

（a）　（b）　（c）

图10-1　几种光伏电站清洗设备

② 光伏电站运维无人机。图 10-2 所示为一款光伏运维无人机外形图。

光伏电站运维无人机能实现光伏电站系统大面积巡检，巡检是光伏电站运维管理中极为重要的环节，光伏电站面积大，所处地带地形、地势复杂，人工有时无法有效地进行大面积的巡检，且巡检周期长、频率低，电站故障及安全隐患无法及时被发现，从而影响电站的整体收益。

图10-2　光伏运维无人机外形图

光伏运维无人机具有携带方便、操作简单、管理智能、检测精确的特点。无人机采用“航点巡航”模式，无须专业人员操作控制，只要根据用户输入的关键点位置信息，就可以自动规划出最优的巡检航线，实现“一键巡检”功能，它能够一键起飞、自动巡航返航、自动规划航线，巡检完毕后自动返回起飞点，具备断点续航功能，当电池电量不足时，自动返回起飞点更换电池或充电后自动返回断点处，继续巡航。

运维无人机在飞行过程中，通过自身携带的高精度热成像红外相机和高清可视相机，自定义飞行高度和速度，自动拍摄红外及高清照片，实现光伏电站的全覆盖拍摄，同时通过无线图像传输系统，实现 3km 范围内实时视频传输。

高精度热成像红外相机通过检测光伏组件表面温度差检测组件是否存在隐患，在巡检过程中定点自动拍摄照片，通过软件准确标注问题组件，并对其进行精确定位。通过后台处理系统自动生成巡检日志，使维修人员可以很方便地排除故障。

③ 红外热成像仪。红外热成像仪是将物体发出的不可见红外光能量转变为可见的热图像的测试仪器，外形及应用示意如图10-3所示。热图像中的不同颜色代表被测物体不同部位的不同温度。红外热成像仪通过有颜色的图片来显示被测物体表面的温度分布并通过温度的微小差异找出温度的异常点。采用红外线热成像仪这种无接触检测方式，可以快速检测各种电路连接部位的接触不良、过电流等造成的发热和过热现象，特别是在交直流高压电路中这种方式可以将很多故障隐患消灭在萌芽状态。

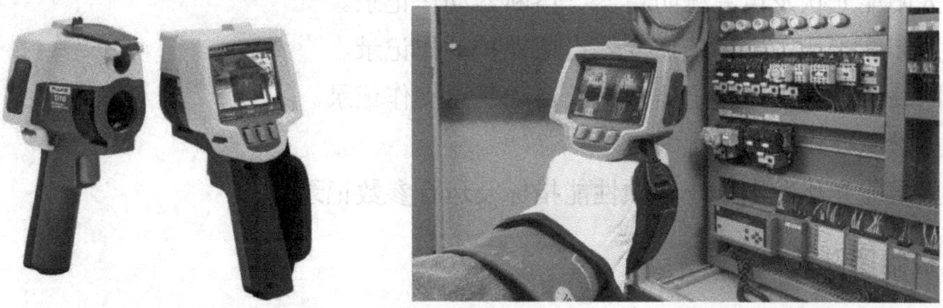

（a）　　　　（b）

图10-3　红外热成像仪外形及应用示意

4. 运行维护相关资料和记录

（1）光伏发电系统（电站）技术资料

① 光伏发电系统全套技术图纸、电气主接线图、设备巡视路线图等。

② 系统主要关键设备说明书、图纸、操作手册、维护手册等。

③ 系统主要关键设备出厂检验记录、检验报告等。

④ 系统主要关键设备运行参数表。

⑤ 系统设备台账、设备缺陷管理档案。

⑥ 系统设备故障维修手册。

⑦ 系统事故预防及处理预案。

（2）光伏发电系统运维技术资料

① 运维安全手册。

② 光伏发电系统停开机操作说明、监控检测系统操作说明。

③ 光伏组件及支架运行维护作业指导书。

④ 直流汇流箱运行维护作业指导书。

⑤ 直流配电柜运行维护作业指导书。

⑥ 交流配电柜运行维护作业指导书。

⑦ 光伏逆变器运行维护作业指导书。

⑧ 光伏控制器运行维护作业指导书。

⑨ 升压变压器、箱式变压器运行维护作业指导书。

⑩ 断路器、隔离开关、避雷器、电抗器等器件运行维护作业指导书。

⑪ 母线运行维护作业指导书。

⑫ 太阳能光伏发电系统运维安全防护用品及使用规范。

（3）太阳能光伏发电系统设备运维检修记录

① 太阳能光伏发电系统运营维护记录。

② 太阳能光伏发电系统巡检及维护记录。

③ 太阳能光伏发电系统运行状态记录。

④ 太阳能光伏发电系统设备检修记录。

⑤ 太阳能光伏发电系统事故处理记录。

⑥ 太阳能光伏发电系统防雷器、熔断器动作记录。

⑦ 太阳能光伏发电系统逆变器自动保护动作记录。

⑧ 断路器、开关、继电器保护及自动装置动作记录。

⑨ 关键主要设备更换记录。

⑩ 太阳能光伏发电系统各项性能指标及运行参数记录。

5. 运维团队建设

运维管理单位或组织需要建立完善的质量管理体系，运营维护管理部门或团队要建立符合 ISO9001-2015 质量管理体系认证的运维管理流程和内审体系。

运维管理单位或组织应由专业技术人员进行光伏发电系统的运行维护管理工作，运维团队要由具备特种作业操作证、弱电工程师资格证等的各类专业技术人员组成，运维团队包括电气运维人员、高压作业运维人员、数据中心运维人员、结构运维人员和其他运维人员等。

运维人员在上岗前要进行上岗前安全培训和上岗前运维技能培训，并定时进行业务知识及安全知识培训，在年度内参加年度上岗实操评核和再培训、年度应急预案演习培训等。另外要借助设备厂家到现场检修的机会，对运维人员进行故障或缺陷处理培训，以便今后其可以独立进行检修。

10.1.2 太阳能光伏发电系统运行维护管理主要内容

太阳能光伏发电运行维护管理主要包括：生产运行与维护管理、安全管理、质量管理、电力营销管理、物资管理、信息管理等内容。其中生产运行与维护管理也叫运维一体化管理，是生产领域的核心，其他管理是生产运行与维护管理的辅助手段。

1. 生产运行与维护管理

两票管理：工作票和操作票两票管理要贯穿在电站操作所有环节，严格执行两票制度可以有效杜绝误操作，对安全风险控制和检修质量控制有至关重要的作用。许多光伏电站在运维作业时存在无票作业现象，实不可取，一定要加强两票管理，落实责任，确保运维人员的工作安全。

巡检管理：巡检是光伏电站日常工作中必不可少的一项工作，也是运维人员发现故障和缺陷的重要方法。运维人员应做好巡检计划和规划好巡检路线，每日巡检 1 次，并记录运行日志，对发现的异常缺陷及时分析原因并处理。巡检范围应合理规划，对于大型电站，应结合监控系统的数据和故障信息合理安排巡检范围，有针对性地分片、分段巡检。

交接班管理：光伏电站一般地处偏远，常采用两班倒方式，要结合电站所处位置及运维人员实际情况灵活安排交接班周期。电站交班班组应对电站信息、调度计划、备件使用情况、工具借用情况、钥匙使用情况、异常情况等信息进行全面交接，保证接班班组获得电站的全面信息，当班过程中，对于所发生的各事件要清晰记录。

电量报送管理：电站值班员应每日定时记录发电量信息并汇总至发电量报表；对发电量异常的方阵应及时上报以做分析；每月统计发电量与结算电量并作对比。

维护管理：所有维护工作必须遵守电站维护制度，保证维护工作的有序性和安全性。维护管理包含现有故障设备的维修和预防性试验。

生产保险和索赔管理：为了保障电站正常运行、减少各种因素导致的电量损失或营业中断次数，建议电站购买与生产相关的保险，主要购买险种有营业中断险、灾害险、设备质量险等。

资料管理：光伏电站设备数量多，产生的资料也多，需要按照类别对资料进行分类管理。这些资料包括设备资料、施工资料、设计资料、运维资料等。在纸质资料存档的同时，要尽量保留电子版文档，以便后期查看。

2. 安全管理

安全是工业生产的命脉，任何生产型企业无一不把安全放在首位。光伏电站必须建立健全安全管理组织体系、监督体系和考核体系；编制安全方面管理制度和安全生产应急预案；配置完备的安全工器具、消防器具；定期组织安全培训和安全演练，制作、安装、设置相应安全生产标志。

3. 质量管理

光伏电站的质量管理主要分两个阶段：生产准备阶段和运营阶段。生产准备阶段包括电站质量体系制度的建立、工程验收与移交、生产准备活动以及材料资料管理；运营阶段包括运行管理、维修管理、设备材料采购管理、人员培训管理及技术改造管理。质量管理的好坏直接决定了电站的健康程度，一个良好运行的光伏电站需要方方面面的质量管理。

4. 电力营销管理

电力营销管理涉及发电量管理和营销管理。发电量管理包含发电计划的编制、实际发电量与发电计划偏差分析、发电量考核奖惩制度制定；营销管理主要指参与电网电量交易，根据交易规则制订发电计划，制订合理的检修计划，在限电的情况下合理制订发电策略等。

电力营销管理是一个不断变化的过程，以市场政策为导向，用电站发电量去适配市场需求，其成果直接影响着发电企业的经营状况和营业额，在电力营销中营销人员要对自身电站发电情况十分了解，对外要积极与电网营销部门沟通，及时了解新的政策。根据市场最新动态变化及时调整管理策略，做到开源节流。

5. **物资管理**

物资管理涉及物资的采购结算、到货验收、出入库、仓储 4 个方面。采购管理是对供应商、需求计划、采购计划、采购策略、采购订单、采购付款及与整个采购环节相关联的核心业务处理流程进行管理；到货验收主要确定到货设备、材料是否和采购订单相符，有无缺漏、损坏以及型号不符等情况，做到经过验收不合格的设备、材料一律不予签收；验收合格的设备、材料可以直接进入出入库阶段，在出入库阶段对各类物资的入库、领料出库、退料调拨、库存调整、盘点等各种库存业务进行高效处理；仓储管理包含设施盘点管理、设施保养与维护、设施更换管理、设施定期试验、设施检查记录管理等内容。

6. **信息管理**

光伏电站在生产运营阶段会产生大量信息。信息管理包括资料管理体系建设（包含设计文件、工程建设文件、合同文件、图纸、日常生产资料、技术改造文件、定检文件、设备说明书、合格证、电子记录文件等资料的管理，以及文档系统管理、文档销毁流程管理等）和信息设备软、硬件的维护升级管理。

建立一套完善的资料管理体系，利用信息设备系统对电站的相关文档资料、资产进行电子化管理，利用现代化计算机信息系统平台，把运维过程中各个环节信息化，数字化，可以大大减少重复劳动、无据可查、数据缺失等现象，全面提高工作效率。

10.1.3 太阳能光伏发电系统的日常检查和定期维护

太阳能光伏发电系统的运行维护分为日常检查和定期维护，其运行维护和管理人员都要有一定的专业知识和技能资质、高度的责任心和认真负责的态度，每天检查光伏发电系统的整体运行情况，观察设备仪表、计量检测仪表以及监控检测系统的显示数据，定时巡回检查，做好检查记录。

1. **太阳能光伏发电系统的日常检查**

在太阳能光伏发电系统的正常运行期间，日常检查是必不可少的，一般对于大于 400kW 容量的系统应当配备专人进行巡检，容量 400kW 以内的系统可由用户自行检查。日常检查一般每天或每班进行一次。

日常检查的主要内容如下。

（1）观察光伏方阵表面是否清洁，定期及时清除灰尘和污垢，可用清水冲洗或用干净抹布擦拭方阵表面，但不得使用化学试剂清洗。检查方阵有无接线脱落等情况。

（2）注意观察直流汇流箱、逆变器、配电柜等所有设备有无外观锈蚀、损坏等情况，用手背触碰设备外壳检查有无温度异常，检查外露的导线有无绝缘老化、机械性损坏，箱体内有无进水等情况。检查有无小动物对设备形成侵扰等其他情况。检查设备运行有无异常声响，运行环境有无异味。检查各配电（箱）柜的指示灯、电压电流显示是否正常。如“有”，应找出原因，并立即采取有效措施，予以解决。

若发现严重异常情况，除了立即切断电源，并采取有效措施，还要报告有关人员，同时做好记录。

（3）观察蓄电池的外壳有无变形或裂纹，有无液体渗漏；充放电状态是否良好，充电电流是否适当；环境温度及通风是否良好，室内是否清洁，蓄电池外部是否有污垢和灰尘等。

2. 光伏发电系统的定期维护

光伏发电系统除了日常巡检，还需要专业人员进行定期的检查和预防性维护，定期预防性维护一般每月或每半月进行一次，内容如下。

（1）检查、了解运行记录，分析光伏发电系统的运行情况，判断光伏发电系统的运行状态，如发现问题，立即进行专业的维护和指导。

（2）设备外观和内部检查，主要涉及活动的和连接部分的导线，特别是大电流密度的导线、功率器件及容易锈蚀的地方等。

（3）对于逆变器，应定期清洁冷却风扇并检查其是否正常，定期清除机内的灰尘，检查各端子螺丝是否紧固，检查有无因过热留下的痕迹及损坏的器件，检查电线是否老化。

（4）定期检查和保持蓄电池电解液相对密度，及时更换损坏的蓄电池。

（5）有条件时可采用红外热成像仪检测的方法对光伏方阵、线路和电气设备进行检查，找出异常发热原因和故障点并及时解决。

（6）每年应对光伏发电系统进行一次系统绝缘电阻及接地电阻的检查测试，以及对逆变控制装置进行一次全项目的电能质量和保护功能的检查及试验。

所有记录，特别是专业巡检记录应存档妥善保管。

总之，太阳能光伏发电系统的检查、管理和维护是保证系统正常运行的关键，必须对光伏发电系统认真检查，妥善管理，精心维护，规范操作，发现问题及时解决，才能使得太阳能光伏发电系统处于长期稳定的正常运行状态。

10.1.4 光伏组件及方阵的检查维护

1. 光伏组件的清洗

（1）光伏组件清洁的必要性

太阳能光伏发电系统在运行中，要经常保持光伏组件采光面的清洁。防止光伏组件由沉积物长期附着在表面造成热斑效应、组件衰减及其他严重后果，如不及时清洗，遮光直径超过 1cm 或不均匀遮挡物影响组件功率超过 15%，都极易发生热斑现象，光伏组件会有不可逆的功率衰减和损伤，因此灰尘遮挡是影响太阳能光伏发电系统发电能力的第一大因素，其主要影响有：

① 遮蔽太阳光线，影响发电量；

② 影响组件散热，从而降低组件转换效率；

③ 带有酸碱性的灰尘长时间沉积在组件表面，侵蚀组件玻璃表面造成玻璃表面粗糙不平，使灰尘进一步积聚，同时增加了玻璃表面对阳光的漫反射，降低了组件接受阳光的能力；

④ 组件表面长期积聚的灰尘、树叶、鸟粪等，会造成组件电池片局部发热，造成电池片、背板烧焦炭化，甚至引起火灾。

（2）光伏组件的清洁方式

① 设备清洁。光伏组件清洁设备主要有便携式光伏组件清洗系统、地面光伏组件清洗机器人、地面光伏组件清洗车、屋顶光伏组件清洗机器人、光伏大棚全自动清洗系统、屋顶光伏组件全自动清洗系统等多种设备。

这类清洁设备无论什么形式，基本是用毛刷清扫灰尘、杂物，用清水进行组件表面清洗。一般通过水泵、水枪加压，并经过毛刷或滚轮刷对组件表面进行清扫和清洗。

② 人工清洁。人工清洁主要以人力为主，借助简单的清扫和清洗工具，包括一些手工操作的小型电动清扫工具和冲洗设备，对光伏组件表面进行清扫和清洗。

（3）光伏组件的清洁方法

在清洗光伏组件之前首先要查看组件的污染程度。如果组件表面只有灰尘，没有颗粒物。可以只对其进行清扫或者冲洗作业，减少对光伏组件表面玻璃的磨损，降低清洁成本。如果光伏方阵周边环境有较大的碱性、酸性粉尘或油性气体排放，光伏组件就要根据具体情况进行深度清洗。

① 普通清扫。如光伏组件表面仅仅积有灰尘，可用干净的线掸子、拖布或抹布等清扫组件表面附着的干燥浮尘、树叶等。对于紧附在玻璃表面的硬性异物，如泥土、鸟粪、黏稠物体，则可用稍微硬些的塑料或木质刮板进行刮除处理，刮除时注意不要破坏玻璃表面。如有污垢清扫不掉时，可用抹布蘸取少量清水拧干后对光伏组件表面进行擦拭，直至组件表面干净为止。

② 清水冲洗。对于光伏组件表面污渍严重、清洗面积很大或有定期清洗要求的电站，要利用人工或清洗设备用清水进行冲洗。人工冲洗的过程中可使用拖把或柔性毛刷辅助，清洗设备时要随时关注清洗过程设备的运行状况及清洗效果。在清洗过程中如遇到小面积局部油性污物、顽渍等，可用洗洁精或肥皂水等对污染区域进行单独清洗。组件清洗完毕后可用干净的清洁布等将水迹擦干，条件允许的可用压缩空气吹干水迹。

③ 深度清洗。当组件表面受周边环境影响产生的碱性、酸性粉尘或油性污渍等通过清扫或冲洗无法彻底被清除时，就需要对光伏组件表面进行深度清洗。

在做深度清洗前，需要提前根据污染物性质或污染程度配制专用清洗液，确定清洗液的酸碱度配比。例如清洗碱性污染物需要配制弱酸性清洗液；清洗酸性污染物或者油性污染物需要配制弱碱性清洗液。清洗液的酸碱度配比要合适，保证不对组件玻璃及铝合金边框造成腐蚀。如果清洗效果不佳，则要多次清洗，绝对不能随意提高清洗液浓度来提高清洗效果。

深度清洗第 1 步是要使用高压雾化器将清洗液均匀喷洒在组件表面进行浸润处理，浸润处理 5～10min 后再进行擦拭或清水冲洗，为增加清洗效率可借助清洗设备进行清洗。

（4）清洗用水的解决

当光伏电站无法引入自来水时，就需要装备运输和蓄水设备。当电站的方阵之间有道路，且道路也较为平整时，可以直接使用车辆运水清洗，在无道路的地方则使用水管输送水到光伏方阵附近水罐中。

为了提高清洗效率，可以在清洗现场安装蓄水罐，蓄水罐可以是固定式，也可以是移动式。

（5）光伏组件清洁的安全及操作要求

由于光伏组件清洁现场分布着汇流箱、配电柜、逆变器、箱式变压器等高压电器设备和接地装置，清洁过程中极易触及附近的带电运行设备等。因此清洁作业人员在开始作业前必须认真阅读相关安全规定和参加上岗培训，确保现场操作人员及设备安全。

① 为了确保清洁操作人员的作业安全和规范化操作，同时保证清洗质量，在操作人员（包括自己进行清洁操作的小型电站业主）上岗前要对其进行专业技能和安全培训，经考核达标后方可进行清洁作业。现场操作人员必须身体健康，严禁在身体不适、酒后状态下进行清洁作业。现场作业时应至少 2 人一组协助进行作业。

② 光伏组件铝边框及光伏支架或许有锋利的尖角，在清洗过程中操作人员，应穿工作服，佩戴帽子、绝缘手套等安全用品，防止漏电、碰伤、蹭伤等情况发生。在衣服或工具上不能出现钩子、带子、线头等容易引起牵绊的部件。在清洗过程中，禁止踩踏光伏组件、导轨支架、电缆桥架等光伏发电系统设备或以其他方式借力的光伏组件和支架，以防摔伤、触电或损坏部件。

③清洗光伏组件的水温和组件的温差不大于 10℃，一般选择在清晨、傍晚、夜间或阴雨天进行清洗操作（18:00 至第二天 8:00）。主要原因如下：

a.为了避免在高温和强烈光照下擦拭清洗组件给人身带来电击伤害以及可能给组件带来的破坏；

b.防止清洗过程中因为人为阴影造成光伏方阵发电量的损失，甚至发生热斑效应；

c.中午或光照较好时组件表面温度相当高，防止用冷水擦拭玻璃表面引起玻璃炸裂或组件损坏，也可以考虑在阴雨天清洗组件，因为有降水的帮助，清洗过程会相对高效和彻底。

④ 严禁在大风、大雨、雷雨或大雪等恶劣气象条件下清洗光伏组件。在冬季清洁时应避免用水冲洗，以防止气温过低组件表面结冰，造成污垢堆积。严禁使用硬质和尖锐工具或腐蚀性较强的溶剂擦拭光伏组件表面，也要避免触碰光伏组件间的连接电缆。

⑤ 清洗时严禁裸手接触组件和组件间的连接电缆，防止触电。在发现组件电缆破损或损坏的情况下要停止清洗，需要将破损部位修复后才可以继续作业。不要触摸玻璃破碎、边框脱落和背板受损的光伏组件，以及潮湿的接插头。

⑥ 禁止将清洗水喷射到组件接线盒、电缆桥架、汇流箱等设备上，以防进水漏电造成触电事故。清洁时水洗设备对组件的冲击压力必须控制在一定范围内，避免冲击力过大引起组件内电池片的隐裂。清洗中，不能把光伏组件上的带电警告标识弄掉。

⑦ 24h 内无法完成清洗的方阵应以方阵所连接的逆变器为单位进行有计划的分割清洗，以免造成光伏输入失配。

⑧ 当在山坡、屋顶等地势较为险要的区域操作时，应小心慢行，必要时应使用安全带或安全绳。

⑨ 在保证光伏组件清洁度的前提下，应注意节约用水。

⑩ 在操作清洗设备时，必须严格按照使用说明书进行操作。

（6）清洁效果测试

① 为客观地反映清洁质量，检验清洁效果，有条件的情况下，要用便携式 I-V 测试仪对

指定范围随机抽查的光伏组串进行清洁前的 I-V 测试：根据光伏电站容量大小，随机抽取 5～10 组光伏组串进行 I-V 测试，记录测试数据并与清洁后的测试数据进行对比。

② 清洁工作完成以后，对抽取的光伏组串再次进行测试，并与清洁前的 I-V 测试数据进行对比，验证清洗效果，并做好记录，建立档案，以备每次清洁时对比参考。

2. 光伏组件和方阵的检查维护

（1）使用中要定期（如 1～2 个月）检查光伏组件的边框、玻璃、电池片、组件表面、背板、接线盒、线缆及连接器、产品铭牌、带电警告标识、边框和支撑结构等。如发现有下列问题要立即进行检修或更换。

① 光伏组件存在玻璃松动、开裂、破碎的情况。

② 光伏组件存在封装开胶进水、电池片变色、背板有灼焦、起泡和明显的颜色变化。

③ 光伏组件与组件边缘或任何电路之间形成连通的气泡。

④ 光伏组件接线盒脱落、变形、扭曲、开裂或烧毁，直流线缆及 MC4 连接器接线端子松动、脱线、腐蚀甚至烧毁等造成电路断路或无法良好连接。在检查中要特别关注接线盒和连接器的发热问题。接线盒发热可能是因为接线盒内接触不良或内部二极管失效；连接器发热主要是接触头之间未插紧导致接触不良或直流线缆压接有虚接现象。接线盒和连接器的发热在影响组件发电效率的同时会引起局部过热、燃烧甚至发生火灾。因接触不良损坏的接线盒和连接器如图 10-4 所示，给光伏系统的安全运行留下隐患，因此检查中最好使用红外热成像仪排查接线盒和连接器的发热问题，一经发现立即处理。

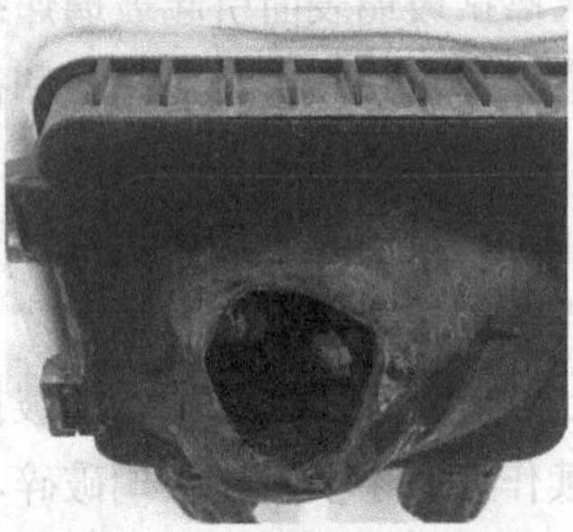

图10-4　因接触不良损坏的接线盒和连接器

⑤ 中空玻璃幕墙组件结露、进水，影响光伏幕墙工程的视线和保温性能。

⑥ 光伏组件和支架结合不良，组件没有压接牢固，有扭曲变形的情况。

（2）使用中要定期（如 1～2 个月）对光伏组件及方阵的光电参数、输出功率、绝缘电阻等进行检测，以保证组件和方阵的正常运行。

（3）要定期检查光伏方阵的金属支架和结构件的防腐涂层有无剥落、锈蚀现象，并定期对支架进行涂装防腐处理。方阵支架要保持接地良好，各点接地电阻应不大于 4Ω。

（4）光伏方阵的整体结构，不应有变形、错位、松动，主要受力构件、连接构件和连接螺栓不应松动、损坏，焊缝不应开裂。

（5）用于固定光伏方阵的植筋或后置螺栓不应松动，采取预制配重块基座安装的光伏方阵，预制配重块基座应放置平稳、整齐，位置不得移动。

（6）对带有极轴自动跟踪系统的光伏方阵支架，要定期检查跟踪系统的机械结构、减速箱和电气系统性能是否正常。

（7）定期检查方阵周边杂草、植被的生长情况，查看是否对光伏方阵造成遮挡，少量的零星遮挡要在现场及时清理，大面积的遮挡要定时组织清理。

10.1.5　光伏控制器和逆变器的检查维护

光伏控制器和逆变器的操作使用要严格按照使用说明书的要求和规定进行，机器上的警示标识应完整清晰，开机前要检查输入电压是否正常；操作时要注意开关机的顺序是否正确，各表头和指示灯的指示是否正常。控制器的过充电电压、过放电电压的设置应符合设计要求。

控制器和逆变器在发生断路、过电流、过电压、过热等故障时，一般会进入自动保护状态而停止工作。这些设备一旦停机，不要马上开机，要查明原因并修复后再开机。

由于逆变器机箱或机柜内有高压，操作人员一般不得打开机箱或机柜，平时要锁死柜门。经常检查机内温度、声音和气味等是否异常。逆变器中模块、电抗器、变压器的散热器风扇根据温度自行启动和停止的功能应正常，散热风扇运行时不应有较大振动和异常噪声，如有异常情况应断电检修。

直流母线的正极对地、负极对地、正负极之间的绝缘电阻应大于 2MΩ。

组串式逆变器的检查维护要点。

（1）定期查看逆变器外壳无变形、锈蚀，支架固定处连接牢固，机器背后散热片无杂物遮盖，外壳接地线连接牢固。

（2）面板屏幕或运行指示灯显示正常，无故障报警现象；查看发电数据是否正常。

（3）检查直流输入连接器端子连接是否正常，有无松动现象，并做相应紧固。

（4）使用红外热成像仪对直流输入连接器进行测温，查看有无过热之处；用钳形电流表直流挡测各支路电流有无异常。

（5）定期做交流电网输出侧（网侧）断路器断开检测，逆变器应能立即停止向电网馈电。

10.1.6　汇流箱、配电柜及输电线路的检查维护

1. 直流汇流箱的检查维护

（1）直流汇流箱不得存在变形、锈蚀、漏水、积灰现象，箱体外表面的安全警示标识应完整无破损，箱体上的防水锁启/闭应灵活。

（2）要定期检查直流汇流箱内的断路器等各个电气元件的接线端子有无接头松动、脱线、锈蚀、变色等现象，有条件时用红外热成像仪检查各接线端子有无温度过高的情况。箱体内应无异常噪声、无异味。

（3）用钳形电流表直流挡测各支路电流数据是否正常，数据与后台监控数据是否一致。直流母线的正极对地、负极对地、正负极之间的绝缘电阻应大于 2MΩ。

（4）直流输出母线端配备的直流断路器的分断功能应灵活、可靠。

（5）在雷雨季节，还要特别注意汇流箱内的防雷器模块是否失效，如已失效，应及时更换。

（6）汇流箱的穿线孔防火胶泥是否完好，若没有进行密封处理或有脱落缺失，要重新进行封堵和修补，保证其应有的防尘、防潮和阻燃效果。

2. 直流配电柜的检查维护

（1）维护配电柜时应停电后验电，确保在配电柜不带电的情况下维护。

（2）直流配电柜不得存在变形、锈蚀、漏水、积灰现象，箱体外表面的安全警示标识应完整无破损，箱体上的防水锁启/闭应灵活。

（3）检查直流配电柜的仪表、开关和熔断器有无损坏，各部件接线端子有无松动、发热和烧损变色现象，漏电保护器动作是否灵敏可靠，接触开关的触点是否有损伤，防雷器是否处于有效状态。

（4）直流配电柜的直流输入接口与汇流箱及逆变器的连接都应稳定可靠。

（5）直流配电柜的维护检修内容主要：定期清扫配电柜，修理更换损坏的部件和仪表，更换和紧固各部件接线端子，要及时清理箱体锈蚀部位并涂刷防锈漆。

3. 交流汇流箱的检查维护

（1）首先检查交流汇流箱，外观完好，密封可靠，安装稳定牢固。

（2）箱体外接地扁铁应连接牢固，箱体内接地线连接完好。

（3）箱内各断路器应运行正常，无闪络现象；接线牢固，螺栓无松动。

（4）用红外热成像仪检查各支路断路器端子，应无明显过热现象，最高温度不大于35℃。

（5）检查汇流箱内防雷器保险管或断路器是否损坏，防雷模块是否变色失效。

（6）用钳形电流表交流挡检查各支路断路器输出电流是否基本一致，电流值是否在正常范围内。

（7）检测和维护交流汇流箱时，注意输入输出均可能带电，要防止触电或损坏其他设备。

4. 交流配电柜的检查维护

（1）维护交流配电柜前应明确断电起止时间，并提前准备好维护工具。停电后应先验电，确保在配电柜不带电的情况下进行维护作业。

（2）在分段维护保养配电柜时，要在已停电与未停电的配电柜分界处装设明显的隔离装置。

（3）在操作交流侧真空断路器时，应穿绝缘鞋，戴绝缘手套，并有专人监护。

（4）配电柜的金属支架与基础应连接良好，固定可靠；要清除柜内灰尘，各接线螺丝要紧固。

（5）交流母线接头应连接紧密，不应变形，无放电变黑痕迹，绝缘、无松动或损坏，紧固连接螺丝无锈蚀。

（6）配电柜中的开关、主触点不应有烧熔痕迹，灭弧罩不应烧黑或损坏。

（7）柜内的电流互感器、电流电压表、电度表、各种信号灯、按钮等部件都应显示正常，操作灵活可靠。

（8）配电柜维护完毕后，再次检查是否有遗留工具，拆除安全装置，断开高压侧接地开关，合上真空断路器，变压器正常运行后。才可以向低压配电柜逐级送电。

5. 输电线路的检查维护

（1）定期检查输电线路的干线和支线，不得有掉线、搭线、垂线、搭墙等现象。

（2）线缆在进出设备处的部位应封堵完好，不应存在直径大于 10mm 的孔洞，如发现孔洞要立即用防火堵泥封堵。

（3）要及时清理线缆沟或井里的垃圾、堆积物，如发现线缆外皮损坏，要及时进行处理。

（4）电缆沟或电缆井的盖板应完好无缺，沟道中不应有积水或杂物，沟内支架应牢固，无锈蚀、松动现象。

（5）金属电缆桥架及其支架和引入或引出的金属电缆导管必须可靠接地。桥架与桥架连接处的连接线应牢固可靠。

（6）在桥架穿墙处，防火封堵应严密无脱落，桥架与支架间的固定螺栓及桥架连接板螺栓都要固定完好。

（7）定期检查进户线和用户电表，不得有私拉偷电现象。

6. 高压配电柜的检查维护

（1）检查设备外观和颜色有无异常，设备运行声音是否正常。

（2）配电柜内不应有放电声或烧煳的气味，各路集线柜、出线柜、电压（电流）互感器、防雷器等各处不应有弧光闪烁痕迹和打火现象。

（3）高压电缆不应出现鼓包现象。

（4）柜内不应有漏雨、进水情况，不应有灰尘、蜘蛛网及昆虫的运动痕迹等。

（5）设备的标识标牌等应完好无损，悬挂整齐。

7. 升压变压器的检查维护

升压变压器检查维护前需要切断电源，首先必须将变压器和高低压电网断开，确保变压器处于不带电状态，然后才可以进行检查维护操作。

（1）检查变压器的外观是否良好，有无锈蚀、磕碰、破损现象和漏油痕迹。

（2）检查变压器的接地及油箱接地是否可靠。

（3）如发现变压器外壳涂层发生锈蚀，须清除表面锈迹并进行补刷。

（4）绝缘端子表面要保持干净，检查高低压套管有无碎裂，并根据情况进行清理和更换。

（5）检查接线端子紧固程度，如发现松弛必须缓慢紧固以保持接触良好。

（6）针对湿式变压器，要检查法兰连接密封垫的压紧情况，如发现有松弛现象要用扭矩扳手将法兰的螺母均匀紧固，紧固时最好采用对角紧固，力矩均匀。

10.1.7 防雷接地系统的检查维护

（1）每年雷雨季节前应对接地系统进行检查和维护。主要检查连接处是否紧固、接触是否良好、接地体附近地面有无异常，必要时挖开地面抽查地下隐蔽部分的锈蚀情况，如果发现问题应及时处理。

（2）光伏组件、支架、线缆金属铠甲与接地系统应可靠连接。

（3）接地网的接地电阻应每年进行一次测量。

（4）每年雷雨季节前应对运行中的防雷器进行元件老化测试，在雷雨季节，要加强外观巡视，如果发现防雷器模块显示窗口出现警示信号应及时更换处理。

10.1.8 监控检测与数据通信系统的检查

光伏电站都有完善的监控检测系统，所有与电站运行相关的参数都通过显示系统实时显示。通过显示系统可看到实时显示的累计发电量、方阵电压、方阵电流、方阵功率、电网电压、电网频率、实际输出功率、实际输出电流等参数信息。在检查过程中可以通过对比存档在微机上的历史记录以及相关操作手册上的数据来发现电站当前运行状况是否正常，并重点检查以下几方面。

（1）监控检测与数据传输系统的设备应保持外观完好，螺栓和密封件齐全，操作按键接触良好，显示读数清晰。

（2）对于无人值守的数据传输系统，系统的终端显示器每天至少检查1次，如果有故障报警，应及时通知维修。

（3）每年对数据传输系统中的检测传感器进行至少一次校验，同时对系统的A/D转换器的精度进行检验。

（4）数据传输系统中的主要部件，凡是超过使用年限的，均应该及时更换。

当发现电站运行异常时要及时找出异常原因并加以排除，如无法解决则应及时上报。

10.2 太阳能光伏发电系统的故障排除

在太阳能光伏发电系统的长期运行中，直流侧和交流侧都会产生故障，只是有些部位和设备故障率低，有些故障率高。其中光伏组件、直流汇流箱和组串逆变器合计发生故障的频次占总故障的90%左右，而线缆、箱式变压器、土建工程、支架和升压站等方面的故障占比较小。集中式逆变器、升压站和箱式变压器等发生故障的频次虽然较少，但是一旦发生故障，基本上就意味着系统瘫痪，对发电量影响很大，可以从后台监控系统的实时运行状态。而对于直流侧光伏方阵组串，由于组串数量较多，发生故障也不太容易被发现，且发生故障的频次较多，对系统发电量的影响也较大。

10.2.1 太阳能光伏发电系统的故障判别与检修

1. 故障分类及检修步骤

太阳能光伏发电系统的故障，从现象上看，基本分为两类，一类是系统不工作，没有发电量；另一类是系统虽然工作，但发电量偏小，没有达到预期的发电效果。其中系统不工作，没有发电量常见的原因主要如下。

（1）电网停电或由电网造成系统停机后不能自动合闸。

（2）逆变器设备本身出现故障。

（3）系统中有断路器损坏或线缆接头松动故障。

系统工作，发电量偏小的常见原因如下。

（1）光伏方阵与逆变器容量不匹配。

（2）光伏方阵局部阴影遮挡或局部发生故障。

（3）电网电压不稳定，使逆变器经常“偷停”。

（4）系统整体效率偏低或局部效率偏低。

（5）用户期望值过高。

检修技术人员首先要对相关系统及部件构成和工作原理有较全面的了解，尽量通过与用户沟通获得更多与故障相关的信息、现象信息，以对故障原因进行初步确定，优先通过网络指导方式排除故障或解决问题，系统确实发生故障时，再现场进行检修。

检修技术人员可以通过电话、微信（视频）等方式先期与用户进行沟通，通过用户的具体描述以及对一些核心问题的了解，决定是否需要去现场进行检修。许多问题可以通过沟通和远程指导进行诊断和解决。例如，由于停电、偶然的断路器跳闸或漏电保护器动作造成的系统不工作；光伏方阵表面灰尘过厚；植物（杂草、树木）成长造成阴影遮挡（造成发电量不足）等问题都可以通过远程沟通和指导的方式解决。

2. 检查内容与流程

当确认是系统出现故障，需要到现场进行检查和故障排除的，其检修内容和流程如下。

（1）围绕逆变器进行检查

首先通过逆变器显示屏或指示灯的显示状态，看是否有警示灯、报警信号、错误信息提示或故障代码等故障提示。然后根据具体情况进行检查和修理。不同厂家的逆变器显示方式或故障代码不尽相同，但逆变器常见的故障大致有下列几类，检修人员可以参考厂家产品手册或检修指南判断检查。

① 电网电压或频率过高或过低。一般是交流电网的电压或频率超出了逆变器的正常工作范围，造成逆变器保护停机，系统停止运行。如果这个问题经常发生，就需要联系电网公司进行相应调整。

② 光伏方阵输出电压过低。逆变器因为光伏方阵输出的电压达不到启动工作电压而不启动运行。这个现象的原因可能是系统设计时光伏方阵组串辐照度过低或与逆变器匹配不合理等。

③ 光伏方阵输出电压过高。光伏方阵输出电压高于逆变器的最高允许工作电压，逆变器保护停机。这种情况反复发生可能会造成逆变器损坏。光伏方阵输出电压过高可能是系统设计时光伏方阵组串与逆变器参数没有很好地匹配，组串串联的组件数量过多。

④ 线路阻抗过高。逆变器检测到交流侧的阻抗过高，导致逆变器交流输出侧的电压被抬升。常见原因可能是交流侧线缆接头松动接触不良、交流线缆设计选型不合理或电网问题。

⑤ 检测到接地故障。该故障最常见的原因是绝缘被破坏或开关内进水。

有些逆变器不一定能显示所有的故障信息，这就需要对其进一步检查。如果逆变器完全不工作，可能是因为没有交流或直流电源。如果逆变器没有完全停止工作，则应通过显示屏读取交流侧、直流侧的电压和电流以及方阵输出功率等电气测量值。如果交流侧的电压或电流读数为 0，则应进一步检查逆变器的交流侧系统。如果直流侧的电压或电流读数为 0，则应进一步检查逆变器的直流侧系统。

（2）系统交流侧的检查

当太阳能光伏发电系统出现以下问题时，需要对系统的交流侧进行检查。

① 逆变器显示交流电压或电流值为 0。

② 逆变器故障代码显示电网电压或频率有问题。

③ 逆变器故障代码显示线路阻抗过高。

④ 逆变器没有运行，且没有可读取的数据或显示故障代码。

主要检查内容如下。

① 检查是否停电（检查是否整个系统停电）。

② 检查交流隔离开关和断路器。检查交流隔离开关是否断开或有无其他的外部损坏迹象，包括位于交流配电柜的交流供电主开关和逆变器侧的交流隔离开关。

③ 测量逆变器交流隔离开关和交流供电主开关两侧的交流电压是否正常，以便快速找出故障点。

④ 经过检查，如果问题来自电网，光伏发电系统交流侧无故障，则应联系电网公司相关人员进行检查，并排除故障。

（3）系统直流侧的检查

当光伏发电系统出现以下问题时，需要对系统的直流侧进行检查。

① 逆变器显示直流电压或电流值为 0，或方阵的功率值为 0。

② 逆变器故障代码显示光伏方阵电压过低或过高。

③ 逆变器故障代码显示发生接地故障。

④ 逆变器没有运行，且没有可读取的数据或显示故障代码。

主要检查内容如下。

① 检查直流隔离开关。检查直流隔离开关是否断开或有无其他的外部损坏迹象，包括逆变器的光伏方阵直流隔离开关以及直流汇流箱内的直流隔离开关等。

② 检查过流保护装置。检查过流保护装置是否启动或有无其他的外部损坏迹象。

③ 测量输入到逆变器直流端的开路电压，如果电压正常，则问题可能在逆变器本身，如果电压不正常，则需要逐个检查直流系统各方阵、组串或组件，直至找出故障点。

④ 检查可以以各部分的直流隔离开关为界限，在隔离开关两侧的直流输入与输出端进行测量，一是方便分段查找故障，二可以对隔离开关本身是否有故障进行判断。

⑤ 检查各方阵组串的开路电压，开路电压过低则表明组串内存在问题，重点检查组串中组件与组件的连接线缆、连接器等是否松动或损坏。

⑥ 可以通过测量组串的短路电流来快速判断各组串是否存在故障。测量高压状态下的短路电流比较危险，需要按照正常步骤进行，以免造成触电或烧坏测量器具的表笔等。简单的方法是先断开隔离开关，把隔离开关的输出端线路甩开，在输出端接入直流电流测量器具，

然后短暂接通隔离开关，观察组串短路电流是否正常。还有一种方法是将甩开线路的输出端用一根导线短路，然后用能测量直流电流的钳形电流表测量短路电流。

根据组件功率不同，一般单组串短路电流在 8～15A，选用相应量程的电流表即可。检查中如果发现某一组串短路电流过低，则表明该组串中有一个或多个组件没有正常运行，需要进一步检查。

10.2.2　光伏组件与方阵常见故障

光伏组件常见故障有组件外电极开路、内部焊带脱焊或断裂、旁路二极管短路、旁路二极管反接、接线盒脱落、接线盒烧毁、背板起泡或开裂、EVA 老化黄变、EVA 与玻璃分层进水、铝边框开裂、组件玻璃破碎、电池片或电极发黄、电池片隐裂，还有组件因热斑、蜗牛纹、PID（电位诱发衰减）等造成的效率衰减等，可根据具体情况检查、修理或更换。在这些故障中，大部分故障与组件本身质量有关。组件电池片隐裂、蜗牛纹现象常常与组件在运输、搬动和安装过程中受力不均匀、受到剧烈振动及人为踩踏等因素有关。

光伏方阵常见故障有直流线缆老化、线缆短路、连接器松脱或烧毁、组件被遮挡、组件安装角度和方位偏离、组件固定螺栓或压块松动、压块扭曲变形、螺栓严重锈蚀等。可根据具体情况修理、调整或更换。

在风力过大时，组件固定螺栓和压块松动可能会把光伏组件吹落或刮跑，所以要重点检查。

（1）典型故障案例 1

故障现象：系统输出功率偏小，达不到正常的输出功率。

原因分析：影响光伏发电系统输出功率的因素有很多，包括太阳辐射量、光伏组件安装方位和倾斜角、灰尘和阴影遮挡、组件的温度特性等，本案例主要是针对系统配置安装不当造成系统输出功率偏小的故障。

解决办法：① 安装前，要逐块检查或抽查光伏组件的标称功率是否足够。② 检查或者调整组件或方阵的安装角度和朝向。③ 检查组件或方阵是否有灰尘或阴影遮挡。④ 检测组件串的串联电压是否在正常电压范围内。⑤ 多路组串安装前，先检查各路组串的开路电压是否一致，要求电压差不超过 5V，如果发现电压不对，要检查线路和接头有没有接触不良现象。⑥ 安装时，可以分批接入组件，在每一组接入时，记录每一组的功率，组串之间功率相差不要超过 2%。⑦ 安装地点应通风良好，如果逆变器不能及时散热，或者逆变器直接在阳光下曝晒，就会使得逆变器的温度过高、效率降低。⑧ 系统线缆接头接触应良好，如果线缆的线径选择过细，线缆敷设太长，有电压损耗，就会造成输出功率损耗。⑨ 并网交流开关容量不应过小，要达到逆变器的输出要求。

（2）典型故障案例 2

故障现象：某光伏电站逆变器停止工作，交流断路器跳闸。经检测发现光伏组串输出电压正常，但正负极对地电压均异常。

原因分析：这类故障常见的原因是光伏组串连线中某一点与光伏支架漏电或短路，一般是由组串线缆绝缘层受挤压、磨损等造成的。

解决办法：检查问题组串的连接线，特别注意连接线与支架接触的地方，找出与支架触碰的部位，重新包裹或更换线缆。

（3）典型故障案例3

故障现象：某光伏电站测得部分光伏组串输出电压过低。光伏组串输出电压过低会造成系统输出功率降低，长期运行还有可能造成光伏组件被击穿损坏。

原因分析：相关组串中的光伏组件有问题。对光伏电站监控系统和生产管理系统的数据进行统计分析，然后对比相同子方阵、相同组串数的汇流箱的输出功率和电流，查找出输出电压偏低的汇流箱及支路光伏组串。

解决办法：现场检测光伏组串中每个光伏组件的开路电压，查出开路电压异常的光伏组件，然后再检测其接线盒内部的几个旁路二极管，一般情况是二极管被击穿，将光伏组件局部或全部短路。如果二极管没有问题，那就是光伏组件本身有问题了。旁路二极管被击穿的原因一般是光伏方阵局部遭受雷击、二极管选型耐压不够或质量差等。

有些光伏组件的接线盒内部在生产过程中用硅胶灌封，一般无法在现场进行二极管更换等检修。需要先用相同规格光伏组件替换或将其检修好后再安装。

10.2.3 光伏控制器常见故障

光伏控制器的常见故障有电压过高造成的损坏、蓄电池极性反接损坏、雷击造成的损坏、工作点设置不对或漂移造成的充放电控制错误、断路器或继电器触点拉弧、功率开关晶体管器件损坏、温度补偿失控等。可根据具体情况维修或更换控制器系统。

10.2.4 光伏逆变器常见故障

光伏逆变器除了把直流电转换成交流电，还承担着检测光伏组件和电网状况、系统绝缘、对外通信等任务。从长时间的运维角度分析，在整个光伏发电系统中，逆变器的作用举足轻重，故障率占比较大。

就逆变器本身而言，常见故障有运输不当造成的损坏、极性反接造成的损坏、内部电源失效损坏、遭受雷击造成的损坏、散热不良造成的功率开关模块或主板损坏、输入电压不正常造成的损坏、输出熔断器损坏、散热风扇损坏、烟感器损坏、断路器跳闸、接地故障等。可根据具体情况检修或更换逆变器系统。另外有一些故障，虽然不是逆变器本身故障，但是能通过逆变器的工作不正常或报警显示表现出来，主要有逆变器不能并网、直流过电压、电网故障、漏电流故障等。在此将这类故障也归到逆变器故障类来解决处理。

在上述这些故障中，散热风扇损坏、散热设计缺陷使逆变器内部温度过高而造成电容器失效或损坏、IGBT开关模块损坏等是逆变器的高发故障。

1. 检修注意事项

（1）检修前，首先要断开逆变器与电网的电气连接，然后断开直流侧电气连接。要等待至少5min以上，让逆变器内部的大容量电容器等元件充分放电后，才能进行维修工作。

（2）在维修操作时，先初步目视检查设备有无损坏或其他危险状况，具体操作时要注意防静电，最好佩戴防静电手环。要注意设备上的警告标示，确保逆变器表面已冷却。同时要避免身体与电路板间不必要的接触。

（3）维修完成后，要确保任何影响逆变器安全性能的故障已经解决，才能再次开启逆变器。

2. 典型故障及解决办法

（1）故障现象：逆变器屏幕没有显示。

原因分析：逆变器直流电压输入不正常或逆变器损坏。

① 组件或组串的输出电压低于逆变器的最低工作电压。② 组串输入极性接反。③ 直流输入开关没有合上。④ 组串中某一接头没有接好。⑤ 某一组件短路，造成其他组串也不能正常工作。

解决办法：用万用表直流电压挡测量逆变器直流输入电压，电压正常时，总电压是各组串中组件电压之和。如果没有电压，依次检测直流断路器、接线端子、线缆连接器、组件接线盒等是否正常。如果有多路组串，要分别断开，单独接入测试。如果外部组件或线路没有故障，说明逆变器内部硬件电路发生故障，可联系生产厂家检修或更换。

（2）故障现象：逆变器不能并网发电，显示故障信息“No grid”或“No Utility”。

原因分析：逆变器和电网没有连接。

① 逆变器输出交流断路器没有合上。② 逆变器交流输出端子没有接好。③ 接线操作造成逆变器输出端子上排松动。

解决办法：用万用表交流电压挡测量逆变器交流输出电压，正常情况下，输出端子应该有 AC 220V 或 AC 380V 电压，如果没有，依次检测接线端子是否松动，交流断路器是否闭合，漏电保护开关是否断开等。

（3）故障现象：逆变器显示电网错误，显示故障信息为电压错误“Grid Volt Fault”或频率错误“Grid Freq Fault”。

原因分析：交流电网电压和频率超出正常范围。

解决办法：电网过电压问题的多数原因是原电网轻载电压超过或接近安全规范电压保护值，如果并网线路过长或压接不好则会导致线路阻抗（或感抗）过大，光伏系统无法正常稳定运行。解决办法是和供电公司协调调整电压或者正确选择并网点。

电网欠电压与过电压的处理方法类似。但是如果出现独立的一相电压过低现象，除了原电网负载分配不均匀，该相电网掉电或断路也会导致该问题，出现虚电压。

电网频率有偏差导致逆变器不能正常并网，这是电网的电能质量出现了问题，需要与电网公司协调，提高电网的供电质量。

在检修时，首先用万用表相关挡位测量交流电网的电压和频率，如果它们确实不正常，则等待电网恢复正常。如果电网电压和频率正常，说明逆变器检测电路发生故障。检查时先把逆变器的直流输入端和交流输出端全部断开，让逆变器断电 30min 以上，看电路能否自行恢复，如能自行恢复可继续使用，若不能恢复，可联系生产厂家检修或更换。逆变器的其他电路如逆变器主板电路、检测电路、通信电路、逆变电路等发生的一些软故障，都可以先用上述方法试一试能否自行恢复，不能自行恢复的再进行检修或更换。

（4）故障现象：交流侧输出电压过高造成逆变器出现电网电压超限报警保护关机或降载

运行。

原因分析：电网阻抗过大、线路老旧等，当光伏发电用户侧用电量太小，电量输送出去时又因电网阻抗过高造成逆变器交流侧输出电压过高。这种现象常常出现在农村电网线路或单相线路上接有多台逆变器的场合，发生故障的时间大多数在阳光充足的中午时分。

解决办法：① 加大输出线缆的线径，线缆越粗，阻抗越低。② 逆变器尽量靠近并网点，线缆越短，阻抗越低。例如，以 5kW 并网逆变器为例，交流输出线缆长度在 50m 之内时，可以选用截面积为 2.5mm^2 的线缆；长度在 50～100m 时，要选用截面积为 4 mm^2 的线缆；长度大于 100m 时，要选用截面积为 6 mm^2 的线缆。③ 使用铜线路更换铝线路。④ 适当调整逆变器的并网电压上限，使其超出现场线路实际电压，但要将其控制在国家标准规定的交流电压最高标准范围，或按照逆变器生产厂家的范围要求调整。符合逆变器安全规定的电压范围是 180～242V；较高电压范围是 180～264V。

另外电网线路老化或逆变器没有做好接地线路会造成零地电压过高（正常零地电压最好要小于 1V），也会使逆变器出现电网电压超限报警故障。

（5）故障现象：光伏系统绝缘性能下降，对地绝缘电阻小于 2MΩ，显示故障信息“Isolation error”和“Isolation Fault”。

原因分析：光伏组件、接线盒、直流线缆、逆变器、交流电缆、接线端子等部位对地短路或者绝缘层被破坏，组串连接器松动进水，逆变器交流输出零线接触不良等。

解决办法：检修这类故障时，首先要排查是直流侧故障还是交流侧故障。断开电网、逆变器，依次检查各部件线缆对地的绝缘电阻是否满足要求，找出问题点，更换相应线缆或接插件。

（6）故障现象：逆变器本身硬件故障。

原因分析：逆变器内部的逆变电路、检测电路、功率回路、通信电路等电路或零部件发生故障。

解决办法：逆变器出现上述故障，要先把逆变器直流侧和交流侧电路全部断开，让逆变器停电 30min 以上，然后通电试机，如果逆变器恢复正常就继续观察使用，如果不能恢复，就需要进行现场或返厂检修。

这些硬件故障显示信息如下。

“Consistent Fault”一致性错误。

“Over Temp Fault”内部温度异常。

“Relay Fault”继电器故障。

“REEPROM Fail” EEROM 错误。

“Com Lost”“Com Failure”通信故障。

“Bus Over Voltage，Bus Low Voltage”直流母线过压或欠压。

“Boost Fault”升压故障。

“GFCI Device Fault”漏电保护器装置故障。

“Inv Curr Over”变频器电路过电流故障。

“Fan Lock”风扇故障。

“RTC Fail”实时时钟失败。

"SCI Fault"串行通信接口故障。

10.2.5　直流汇流箱、直流配电柜常见故障

直流汇流箱、直流配电柜常见故障有熔断器频繁烧毁故障（主要是熔断器质量问题或熔断器选型额定电流偏小）、断路器故障（主要是断路器发热、跳闸）、支路电流异常故障、通信异常故障（信息采集器、汇流箱通信采集模块损坏或 RS-485 通信线缆接触不良等）、接线端子发热故障（端子松动、接触电阻过大）、某一组串支路故障（接地绝缘不良、过电流）、直流拉弧故障等。

1. 断路器频繁跳闸

由于直流汇流箱长期在野外安置，环境变化加速了断路器的老化，再加上断路器经常被操作造成的机械磨损，使断路器中的脱扣器损坏，从而出现断路器频繁跳闸现象。断路器频繁跳闸的原因大致有以下几个。

（1）线路中的实际负荷电流长时间大于断路器的额定工作电流。

（2）断路器输入输出端子连接的母排或线鼻子没有完全紧固或松动，造成整个断路器发热和接触电流频繁变化。

（3）输出线缆绝缘破损造成漏电或有其他异物造成断路，以及配电柜、逆变器直流输入部分绝缘不良或存在短路。

2. 支路电流为零

直流汇流箱支路电流为零的故障，一般按照以下顺序进行检查。

（1）检查直流汇流箱的电流采集装置，若发现某一支路有电流为零的情况，现场使用钳形电流表测量该支路电流，若确实为零，说明组串及支路线缆侧有故障；若电流正常，则说明电流采集装置有故障，可根据情况对其进行检修或者更换。

（2）继续测量支路的开路电压，若开路电压为零，说明该支路线缆存在断线或 MC4 连接器有虚接或连接不上的情况；若测量支路开路电压正常，则有可能是熔断器熔断或支路线缆存在接地情况。

（3）用万用表测量熔断器是否完好，若熔断器熔断则进行更换，并排查造成熔断器熔断的原因；若熔断器完好，则需要检查直流线缆正负极线缆间绝缘电阻及正负极线缆对地绝缘电阻是否正常。检查测量前要将直流汇流箱侧正负极线缆及组串侧的正负极线缆断开悬空。

3. 支路电流偏小

支路电流偏小一般是电流采集装置的采集精度存在问题，可在现场用钳形电流表测量支路电流与采集装置电流并对它们进行比较分析，测量相邻支路电流，若其他相邻支路电流正常，则说明该支路采集装置有故障，若差异较小，则说明采集装置无故障，可进一步对该支路组串的表面清洁程度及是否存在遮挡做详细排查。

4. 直流汇流箱通信中断

目前光伏电站常用的通信技术是 RS-485 总线通信方式。造成直流汇流箱、直流配电柜通信故障的原因主要有以下几个。

（1）通信线缆接触不良、松动、脱落或接线方式错误造成通信线路短路或断路。

（2）通信线路内外屏蔽层被合并并单点接地，没有充分发挥双重屏蔽层抗干扰的优势，现场环境中的电磁干扰较大时会出现通信中断故障。

（3）通信线缆在敷设时，要与其平行敷设的动力电缆等保持足够的间距，具体间距要符合综合布线工程规范的要求，否则会在实际运行中对通信产生干扰。

（4）通信参数设置有误。主要包括光伏电站地址设置错误、波特率设置错误、通信模式设置错误等。

（5）数据采集器、交换机、发送接收器等通信装置发生故障，无法正常工作。需要检查并更换相应模块或设备，重新设置地址和波特率等参数。

5. 直流汇流箱烧毁

直流汇流箱在室外长时间运行时，由于直流汇流箱的自身设计问题，安装施工问题或在运行中缺乏检查维护等问题，会使直流汇流箱出现局部过热、过电压、过电流或短路打火、直流拉弧现象，甚至会使汇流箱整个烧毁。直流汇流箱烧毁轻则导致该汇流箱各路输出电流均为零，重则会引起局部或整个电站发生火灾，造成重大损失。

直流汇流箱烧毁的原因主要有以下几个。

（1）直流汇流箱自身设计或质量问题。例如，直流汇流箱箱体偏小，布局不合理，汇流排采用的铝排或铜排宽度较窄、厚度较薄，端子和汇流排接触面积较小，汇流排与箱体的安全距离较短。

（2）熔断器质量不合格造成熔断器烧毁，或者熔断器的额定电流小于光伏组串的电流，或者熔断器的电流选择过大，起不到保护作用。

（3）直流汇流箱自身防水等级不够或在安装施工过程中受压变形，造成箱门间隙过大，风、沙、雨水等容易进入箱体内部，导致绝缘性能下降，发生电气故障。

10.2.6 交流配电柜常见故障

交流配电柜常见故障有断路器端子因接触不良发热烧坏、防雷器因雷击被击穿、过欠压保护器损坏失效、漏电保护器频繁跳闸等。对于漏电保护器频繁跳闸的情况，要区分这是由于漏电保护器本身损坏还是光伏系统漏电流过大，若故障原因是光伏发电系统漏电流过大，则要重点检查交流侧接地线是否有漏接现象，交流零线是否接触良好，接地系统线路是否规范，交流用电设备是否有漏电现象等。另外要考虑漏电保护器的漏电流检测阈值是否太小，可以更换阈值电流更高的漏电保护器（不可调节型），或者适当调高漏电保护器的阈值电流（可调节型）。

上述这些设备发生故障的原因主要是设备内部各种直流、交流电器配件（如熔断器、断路器、剩余电流动作保护器）等本身质量不佳或容量等级选择不当，它们在长时间运行或夏季高温运行时，常常会发生故障。特别是一些产品投入运行不久就频繁发生故障，更说明设备产品本身质量欠佳。

在光伏发电系统的长期运行期间，发生故障在所难免，上述常见各类故障可能在运行期间会重复发生，或者还会出现新的问题，我们需要做的就是通过分析、统计和对比，定期对各种故障进行分析和分类整理，对故障频发区域和故障部位做到心中有数，发生故障后能够第一时间及时处理，并且在日常的巡检过程中，对故障频发区域加强巡检，将故障损失减少到最小。另外，对各类故障的发现、分析、处理、解决，也是迅速提高运维人员自身水平和能力的主要途径。

第 11 章 太阳能光伏发电系统设计应用实例

本章主要介绍太阳能光伏发电系统的具体设计、施工与应用实例，内容涉及不同形式、不同容量规模的离网光伏发电系统，如光伏水泵、森林防火检测站离网光伏发电系统、离网光伏发电应用工程等，以及屋顶类、光伏车棚、地面电站等并网光伏发电系统（电站），读者通过对各个实例的设计思路、技术应用及施工过程等内容进行系统了解，达到学习和借鉴的目的。

11.1 离网光伏发电系统设计与应用

本节介绍的是离网光伏发电系统设计应用的实例，内容涉及太阳能光伏水泵系统、森林防火监测站及家用离网光伏发电系统。

11.1.1 太阳能光伏水泵系统的设计与应用

太阳能光伏水泵系统被广泛用于偏远无电地区、电力接入不方便地域、干旱的沙漠地区，解决绿化、农业灌溉、草原畜牧、家禽家畜养殖、日常生活等用水问题。

太阳能光伏水泵一般分为直流光伏水泵、交流光伏水泵、永磁同步光伏水泵。直流光伏水泵分为有刷直流光伏水泵、无刷直流光伏水泵，直流光伏水泵主要应用于小型或家庭用水系统，它的特点是效率高、结构简单，使用寿命长，不足是功率不太大。

交流光伏水泵主要应用于大中型系统，属于交流电动机驱动型水泵，系统主要由光伏组件、最大功率点跟踪（MPPT）控制器、逆变器和光伏水泵构成，如图 11-1 所示。为了便于水泵功率控制，逆变的交流电还可以通过变频器进行水泵功率调节，以协调水泵用电与光伏发电之间的功率平衡。当光伏发电功率较高时，调节变频器控制水泵运行在高转速下；当光伏发电功率较低时，调节变频器控制水泵运行在低转速下。由于水泵主要在白天工作，理论上完全可以根据光伏发电功率确定相应的抽水功率，而不需要配置蓄电池，即发多少电，抽多少水。但使用这种配置抽水效率太低，水泵只能在光伏发电功率较强的中午时段工作，早上和傍晚前后，由于光伏发电系统输出功率较低，达不到水泵启动工作的最小功率的，这段时间的光伏发电功率会白白被浪费掉。为解决这个问题，就需要配置一定容量的蓄电池。另外光伏发电受气候条件影响较大，配置蓄电池不仅可以稳定电压，减少光伏系统输出功率波动，还可以在早晚时间段或受气候影响时放电来补充光伏发电系统输出功率不足的情况，使光水泵在整个白天基本保持稳定运行。

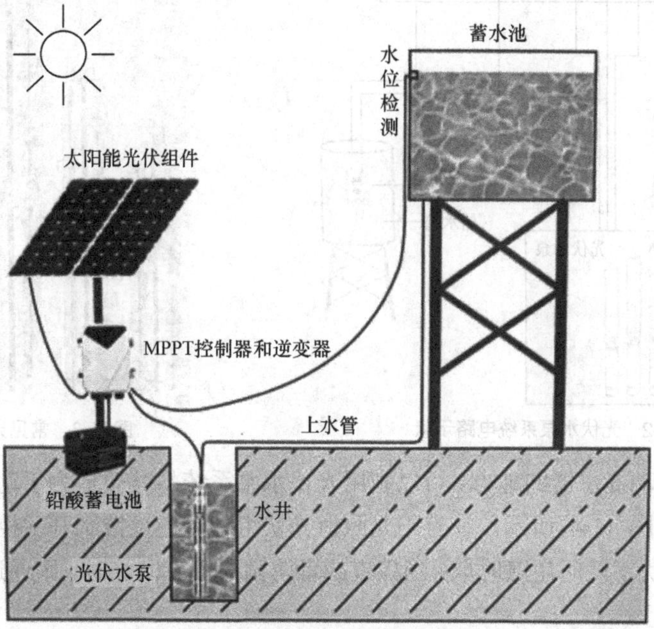

图11-1　交流光伏水泵系统构成

如果能把光伏组件功率和蓄电池容量配置得更大一些，则可以在全天正常使用的过程中，有多余的电量为蓄电池充电，这样光伏水泵系统的工作时间会大大延长。

除了配备蓄电池，充分利用池塘或建立储水箱也是存储能量的好方式。在太阳光充足的时候，将水抽满储水箱；在多云、阳光不足的阴雨天或夜间时，储水箱中会有足够的水可供使用，变储电为储水。常见光伏水泵的技术参数如表 11-1 所示。

表 11-1　常见光伏水泵的技术参数

水泵功率	工作电压	输入电压	流量	扬程	组件功率	组件开路电压
80W	12V	20～36V	$0.5m^3/h$	28m	≥105W	<50V
120W	24V	30～48V	$1.2m^3/h$	56m	≥160W	<50V
200W	24V	30～48V	$1.5m^3/h$	35m	≥260W	<50V
300W	24V	30～48V	$1.7m^3/h$	45m	≥390W	<50V
1400W	48V	60～90V	$1.7m^3/h$	64m	≥520W	<100V
500W	48V	60～90V	$1.7m^3/h$	109m	≥650W	<100V
750W	48V	60～90V	$2.0m^3/h$	150m	≥1000W	<100V
750W	72V	90～120V	$2.0m^3/h$	150m	≥1000W	<150V
1100W	72V	90～120V	$2.2m^3/h$	180m	≥1500W	<150V
1300W	110V	110～150V	$3.8m^3/h$	155m	≥1700W	<200V
1500W	110V	110～150V	$3.8m^3/h$	180m	≥2000W	<200V

光伏水泵系统电路示意如图 11-2 所示，常见光伏水泵外观如图 11-3 所示。

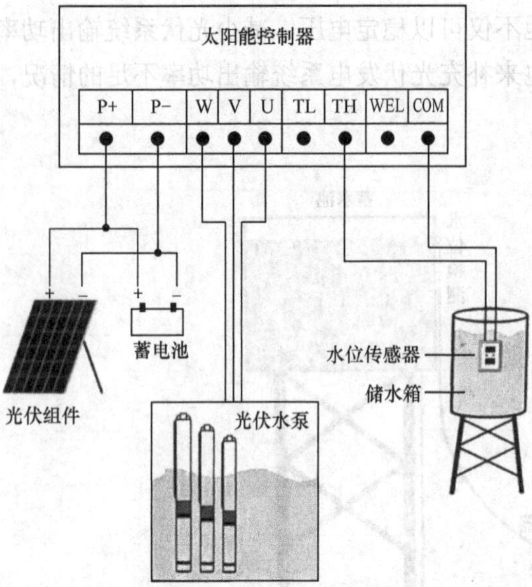

图11-2　光伏水泵系统电路示意

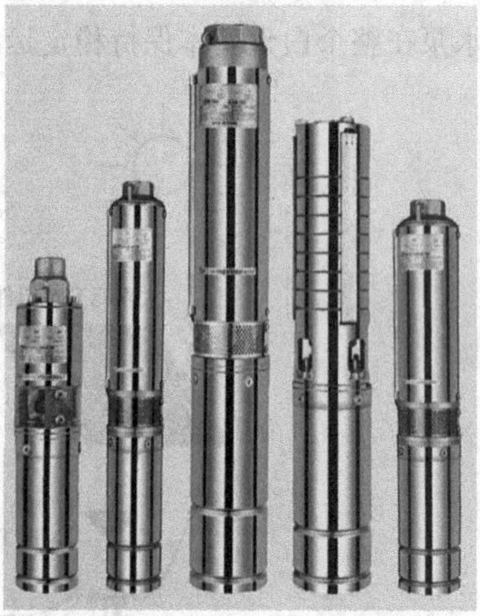

图11-3　常见光伏水泵外观

在许多使用手动提水器的地方，可以利用光伏水泵系统将其改造为手动和光伏驱动两用水泵。其构成示意如图 11-4 所示。在有阳光照射光伏组件时通过控制开关控制接通光伏电源，由光伏水泵自动上水，随时用随时取；当黑夜或者阴雨天没有阳光时，则通过手动提水器上水。

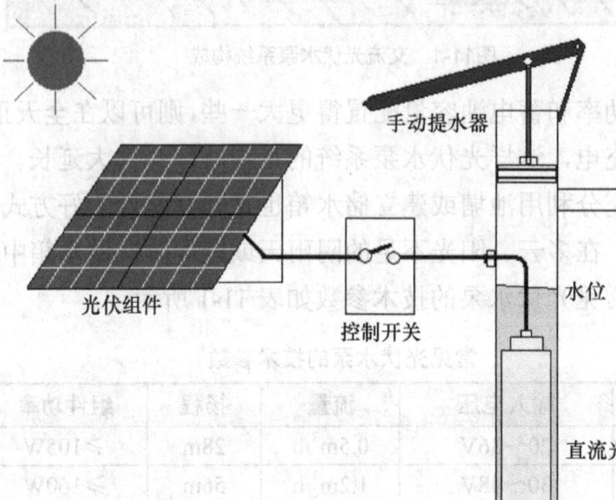

图11-4　手动和光伏驱动两用水泵构成示意

该装置不需要配置蓄电池，由手动提水器、直流光伏水泵、光伏组件和控制开关等组成。直流光伏水泵置于手动提水器内部，电源引线通过手动提水器管壁密封引出。光伏组件可通过安装支架单独安装，也可以利用安装支架直接安装到手动提水器上方。

一种在原有手动提水器基础上加装的带储水箱装置的光伏水泵系统如图 11-5 所示，当有阳光时，光伏组件发出的直流电直接驱动或通过光伏逆变器转换为交流电为管道泵供电，管道泵开始工作，储水箱蓄水，储水箱水满后，水位浮漂触发水位开关断电，管道泵停止工作。用户通过出水阀取水。当有阳光时，储水箱一直保持充满状态并满足用水需要。当没有阳光且储水箱的水也用光时，用户还可以通过手动提水器取水。

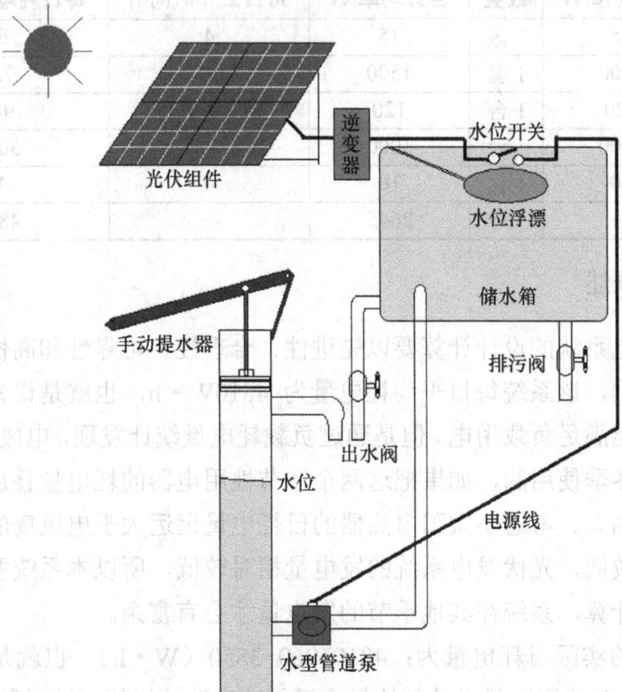

图11-5　带储水箱装置的光伏水泵系统示意

11.1.2　森林防火监测站离网光伏发电系统

1. 工程概述

2019 年 3 月，山西长治市沁源县发生森林火灾后，各级政府高度重视，采取各种措施积极预防和监测森林火灾的再次发生，森林防火监控及森林防火监测站的建立就是其中的措施之一。

本工程项目位于山西省长治市沁源县，在森林覆盖区域利用集装箱式活动房建立若干个森林防火监测站，并配备专人在火灾多发期进行防火巡查。这种站点无法利用交流电网供电，但又需要解决值班巡查人员的照明、加热食物、取暖等基本用电问题，所以需要利用太阳能离网光伏发电系统为巡查站提供基本工作和生活用电。森林防火监测站离网光伏发电系统外貌如图 11-6 所示，所用设备负载耗电量统计如表 11-2 所示。

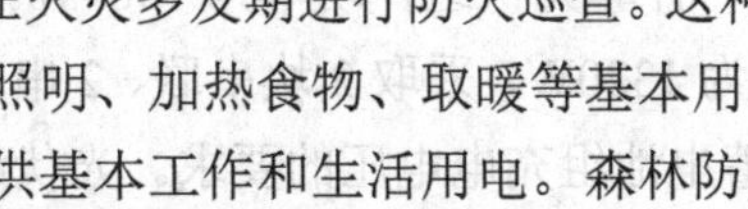

图11-6　森林防火监测站离网光伏发电系统外貌

表 11-2　　森林防火监测站所用设备负载耗电量统计

负载名称	负载功率/W	数量	合计功率/W	每日工作时间/h	每日耗电量/W·h	连续阴雨天
LED 照明灯	15	1 盏	15	4	60	3 天
电炒锅	1500	1 套	1500	0.5	750	
电风扇	120	1 台	120	8（夏季）	960	
小太阳电热器	1000	1 台	1000	3（冬季）	3000	
手机充电	10	1 台	10	4	40	
合计	—	—	2645	—	4810	

2. 系统设计概述

太阳能光伏发电系统的设计计算要以先进性、合理性、可靠性和高性价比为原则。根据负载耗电量统计数据，该系统每日平均耗电量为 4810W·h，也就是说光伏发电系统也应该发出相应的电量才能满足负载用电。但是通过负载耗电量统计发现，电风扇是在夏季使用的，小太阳电热器是在冬季使用的，如果把这两个季节性用电器的耗电量叠加计算，设计肯定不合理，系统成本会加大。考虑小太阳电热器的日耗电量远远大于电风扇的日耗电量，况且冬季太阳辐照度相对较低，光伏发电系统的发电量相对较低，所以本系统要以满足冬天用电量为依据进行设计和计算，系统在其他季节的发电量才会有富余。

该系统在冬季的实际日耗电量为：4810-960=3850（W·h），也就是说光伏发电系统只要满足每日 3850W·h 的用电量设计就比较合理了。当地的峰值日照时数为 4.04h，室外最低气温为-21℃。根据系统总体容量要求及常规光伏组件、离网逆变器等设备的相关参数，本系统在设计计算时，考虑光伏组件或方阵的输出功率容量要基本等于系统需求的功率容量；离网逆变器的输入功率要大于光伏组件的输出功率，逆变器的输出功率要满足所有用电器同时使用的要求功率。按照用电器冬季使用要求，合计用电功率为 2645-120=2525（W），因为本项目用电器基本为电阻性负载，所以选择输出功率为 3kW 的逆变器就能满足要求。根据逆变器相关参数，确定系统直流电压为 48V。

3. 容量计算及设备选型

（1）光伏组件

按照前面介绍的计算方法，计算光伏组件功率为 1384W。选择额定功率为 330W 的高效多晶硅光伏组件 4 块，总容量为 1320W，采取 2 块串联、2 串并联的连接方式组成光伏方阵，符合系统容量要求和对 48V 蓄电池组充电电压的要求。光伏组件型号为 SJ-330P6-24，电池类型为多晶硅，其主要性能参数如表 11-3 所示。

表 11-3　　SJ-330P6-24 光伏组件主要性能参数

太阳能电池类型	多晶硅电池
标称峰值功率 W_p/W	330
最佳工作电压 U_{mp}/V	38.15
标称开路电压 V_{oc}/V	44.86
最佳工作电流 I_{mp}/A	8.65
标称短路电流 I_{sc}/A	9.804

续表

最大系统电压/V	DC 1000
适用工作温度范围/℃	-40～85
组件尺寸（长×宽×高）/mm×mm×mm	1956×992×40
质量/kg	24

（2）离网逆变控制一体机

根据光伏方阵容量及用电负载功率要求，选用某品牌的 NB30248 型工频逆控一体机，其主要性能参数如表 11-4 所示。

表 11-4　NB30248 型工频逆控一体机主要性能参数

额定功率/W	3000
电池电压/V	DC48
太阳能控制器充电电流/A	10～60（PWM）
光伏输入电压范围/V	60～88
最大光伏输入电压/V	100
最大光伏输入功率/W	2240
逆变输出电压/V	AC220
逆变输出频率/Hz	50Hz
逆变输出波形	纯正弦波
逆变转换效率	≥85%
散热方式	智能风扇控制
工作温度/℃	-10～40
机器尺寸（长×宽×高）/mm×mm×mm	420×208×348
质量/kg	29

（3）蓄电池组

根据蓄电池容量计算方法，计算出蓄电池组容量为 48V/535A·h，根据计算结果，选用某品牌 6-GFM-250 型 12V/250A·h 蓄电池 8 块，4 块串联、2 串并联组成电池组，总电压总容量为 48V/500A·h，基本符合系统储能要求。

4. 施工要点

（1）光伏支架

光伏支架方阵倾斜角为 45°，充分考虑光伏方阵冬季的辐照度。光伏支架选用热镀锌 U 形钢材制作，因施工现场无法进行焊接操作，所以根据支架设计尺寸提前切割好底梁、前后立柱、横梁、斜拉梁等，用三角连接件在现场组合连接。集装箱活动房屋顶无法用铰接或焊接的方法固定支架，可采用钢丝绳斜拉的方式，将光伏支架 4 边的前后立柱与集装箱屋顶 4 个角的吊装孔通过钢丝绳拉紧，解决了整个光伏方阵在活动房屋顶的固定问题。系统光伏支架的组合方式如图 11-7 所示。

图11-7　系统光伏支架的组合方式

（2）防雷接地系统

在活动房靠山体位置埋设 L50mm×50mm 角钢制作的接地体，埋至离地面 0.7m 以下。接地体与屋顶支架用 25mm^2 接地铜线进行连接。太阳能光伏组件边框、光伏支架、逆变控制一体机和防雷配电箱接地端都通过 4mm^2 接地铜线与 25mm^2 接地铜线进行连接。防雷配电箱内接有浪涌保护器，防止雷击对逆变器及蓄电池的损害。

（3）系统的主要配置

森林防火监测站离网光伏发电系统的主要配置如表 11-5 所示。

表 11-5　　森林防火监测站离网光伏发电系统的主要配置

名称	规格或技术参数	数量
太阳能光伏组件	多晶硅电池 330W	4 块（2 块×2 串）
蓄电池组	250A·h/12V 胶体铅酸蓄电池	8 块（4 块×2 串）
逆变控制一体机	48V/30A，AC 220V/3kW	1 台
蓄电池支架	250A·h 蓄电池专用	1 套
光伏支架	41×41U 形镀锌型材	1 套
防雷配电箱	自制	1 套
光伏直流线缆	FL-1×4mm^2	30m
直流接线连接器	MC4 1-1\MC4 1-2	10 套

11.1.3　家用离网光伏发电系统

1. 工程概述

本项目位于河北省石家庄市藁城区，项目业主是一位太阳能光伏发电系统的热爱者，虽然业主居住地家中有电网供电，但该业主还是愿意在自家屋顶建设一个大容量的离网光伏发电系统，平时尽量以光伏发电作为家庭的基本生活用电，光伏发电量不够使用时，自动切换为电网市电供电。如果遇到阴雨天或者电网停电时，这套光伏发电系统也能满足家庭 10h 以上的基本用电量。本系统设计为单相离网光伏供电系统，由太阳能光伏发电系统产生的 220V 交流电为家庭中的主要用电设备（如空调、热水器、冰箱、照明等）供电，该地区的峰值日照时数为 5.03h。图 11-8 所示为家用离网光伏发电系统光伏方阵，其所用供电负载耗电量统计如表 11-6 所示。

图11-8　家用离网光伏发电系统光伏方阵

表 11-6　　家用离网光伏发电系统所用供电负载耗电量统计

负载名称	负载功率/W	数量	合计功率/W	每日工作时间/h	每日耗电量/W・h	连续阴雨天/d
立式空调	1700	1 台	1700	6（白天）	10 200	0.5
挂式空调	900	1 台	900	6（夜间）	5400	
热水器	1500	1 套	1500	2	3000	
茶吧机	1425	1 台	1425	2	960	
冰箱	130	1 台	130	12	1560	
照明灯	18	5 盏	90	4	360	
合计	—	—	5745	—	21 480	

2. 系统设计概述

太阳能光伏发电系统的设计计算要以先进性、合理性、可靠性和高性价比为原则。根据负载耗电量统计数据，该系统每日平均耗电量约为 21 480W・h，也就是说家庭正常用电每天 21.5kW・h 左右，那么这个太阳能光伏发电系统除了要满足家庭每日正常用电，还要使蓄电池中有一定的电量储备，以保证在阴雨天或电网停电时能满足家庭平均 10 h 以上的正常用电。系统设计就将按照用户的这些要求进行。

3. 容量计算及设备选型

（1）光伏组件

用户负载每日耗电量约为 21.5kW・h，按照前面介绍的计算方法，计算出需要的光伏组件容量为 6203W。根据现场屋顶面积尺寸，结合系统综合成本及性价比等因素，特别是该系统不像其他离网系统对供电可靠性的要求严格，随时有电网市电可以切换使用，所以选择了项目实施时市场价格偏低的额定功率为 270W 的多晶硅光伏组件 24 块，采取 6 块串联、4 串并联的连接方式组成光伏方阵，总容量为 6480W，基本满足设计要求。光伏组件型号为 SJ-270P6-20，其主要性能参数如表 11-7 所示。

表 11-7　　SJ-270P6-20 光伏组件主要性能参数

太阳能电池类型	多晶硅电池
标称峰值功率 W_p/W	270
最佳工作电压 U_{mp}/V	30.94
标称开路电压 V_{oc}/V	37.94
最佳工作电流 I_{mp}/A	8.73
标称短路电流 I_{sc}/A	9.489
最大系统电压/V	DC 1000
适用工作温度范围/℃	−40～85
组件尺寸（长×宽×高）/mm×mm×mm	1640×992×35
质量/kg	18

（2）光伏控制器

根据太阳能光伏方阵容量、最大工作电压、最大工作电流及用电负载特性，选用 96V/100A 的 MPPT 型光伏控制器，其主要性能参数如表 11-8 所示。本项目选择 MPPT 型光伏控制器，是因为系统的光伏组件选择并网光伏电站常用的 60 片电池片串联光伏组件，而不是离网系统用的 36 片或 72 片光伏组件。36 片和 72 片光伏组件，其最大工作电压正好是满足 12V、24V 蓄电池正常充电所需要的电压，而 60 片光伏组件的最大工作电压用来充 12V 蓄电池过高，充 24V 蓄电池又欠缺，MPPT 光伏控制器的工作电压范围比普通 PWM 控制器要宽，而且 MPPT 电路始终自动工作在最大功率状态，可以满足相应蓄电池正常充电的要求，所以选用 MPPT 光伏控制器，拓宽了光伏组件的选择范围。

表 11-8　MPPT 型光伏控制器主要性能参数

额定充放电电流/A	100
额定系统电压/V	96
光伏输入电压范围/V	120～160
最大光伏输入电压/V	300
最大光伏输入功率	5.6kW×2
MPPT 输入路数	2
蓄电池类型	阀控型铅酸电池、胶体电池
充电模式	自动最大功率点跟踪
充电方式	三段式充电：恒流、恒压、浮充
保护	过压、欠压、过温、反接等
整机效率	＞98%
MPPT 效率	＞99%
机器尺寸（长×宽×高）/mm×mm×mm	315×250×108
净重/kg	5.6

（3）离网逆变器

该系统总用电负载功率虽然只有 5.75kW，但是用电负载中有两台空调属于电动机类负载，工作启动电流较大，为保证系统使用的可靠性，在此选用某品牌 NB10396 型 10kW 纯正弦波工频逆变器，其主要性能参数如表 11-9 所示。

表 11-9　NB10396 型 10kW 纯正弦波工频逆变器主要性能参数

额定功率/kW	10
电池电压/V	DC96
逆变输出电压/V	AC 220
逆变输出频率/Hz	50Hz
逆变输出波形	纯正弦波
逆变转换效率	≥85%
散热方式	智能风扇控制
工作温度/℃	−10～40
机器尺寸（长×宽×高）/mm×mm×mm	485×300×646
净重/kg	66

（4）蓄电池组

根据蓄电池容量计算方法，计算出蓄电池组容量为 96V/530A・h，根据计算结果，选用某品牌 6-GFM-250 型 12V/250A・h 蓄电池 16 块，8 块串联、2 串并联组成电池组，总容量为 96V/500A・h，基本符合系统储能要求。

（5）系统的主要配置

家用离网光伏发电系统的主要配置如表 11-10 所示。

表 11-10　家用离网光伏发电系统的主要配置

名称	规格或技术参数	数量
太阳能光伏组件	多晶硅电池 270W	24 块（6 块×4 串）
蓄电池组	250A・h/12V 胶体铅酸蓄电池	16 块（8 块×2 串）
MPPT 型光伏控制器	96V/100A	1 台
交流逆变器	NB10396　AC 220V/10kW	1 台
蓄电池支架	250A•h 蓄电池专用	1 套
光伏支架	41×62 U 形镀锌型材	2 套
防雷计量配电箱	含单相电度表、单相浪涌器	1 套
双电源自动转换配电箱	含双路空开、自动转换开关	1 套
光伏直流线缆	FL-1×4mm^2	60m
直流接线连接器	MC4 1-1\MC4 1-2	10 套

4. 系统连接

图 11-9 所示为家用离网光伏发电系统线路连接示意。每 6 块光伏组件串成 1 串光伏组串，每 2 串光伏组串并联成 1 组分别接入 MPPT 型光伏控制器的 2 路 MPPT 输入端。8 块串联、2 串并联的蓄电池组分别连接 MPPT 型光伏控制器和交流逆变器的电池输入端。交流逆变器输出的 220V 交流电接入防雷计量配电箱的输入断路器开关，通过断路器开关连接到单相电能表的输入端 3，从电能表 2、4 端（见图 8-19）输出的交流电送到输出断路器后连接到双电源自动转换开关的常用电源输入端，原来入户的市电接入双电源自动转换开关的备用电源输入端，通过双电源自动转换开关输出的交流电接用户原输入线路，为用户负载供电。

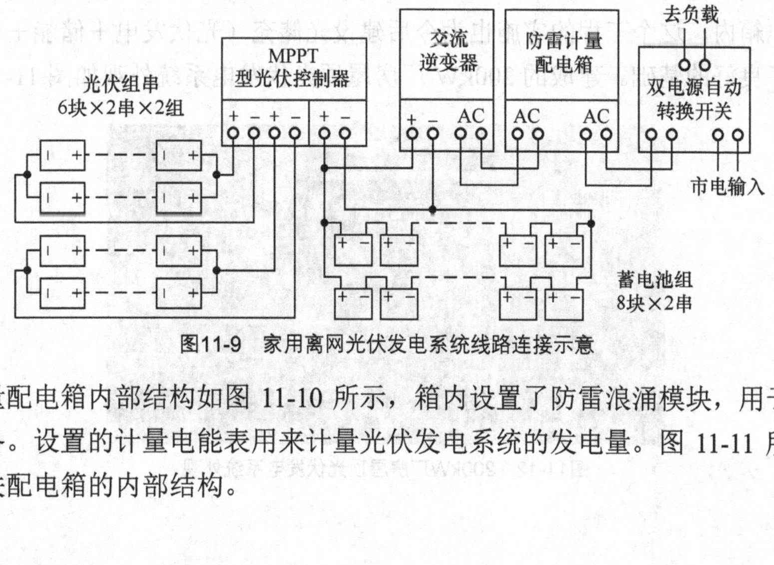

图11-9　家用离网光伏发电系统线路连接示意

防雷计量配电箱内部结构如图 11-10 所示，箱内设置了防雷浪涌模块，用于保护用户家中的电器设备。设置的计量电能表用来计量光伏发电系统的发电量。图 11-11 所示为双电源自动转换开关配电箱的内部结构。

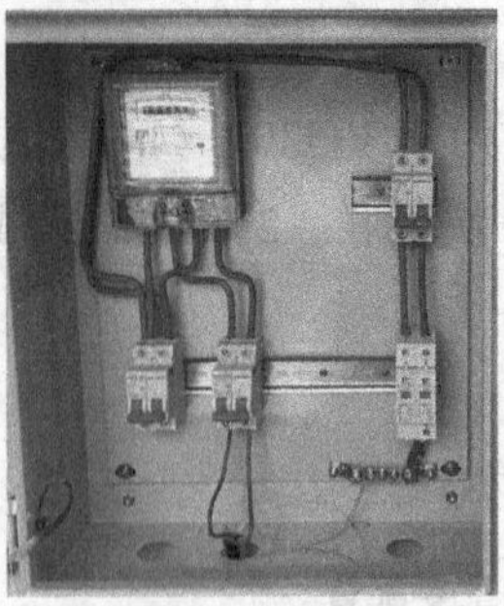

图11-10 防雷计量配电箱内部结构

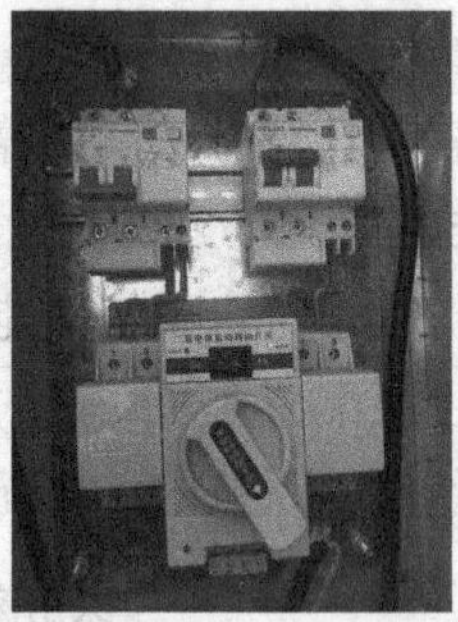

图11-11 双电源自动转换开关配电箱的内部结构

11.2 并网光伏发电系统设计与应用

下面介绍几个太阳能并网光伏发电系统设计应用的实例，内容涉及不同建筑屋顶、光伏车棚、地面等不同规模容量的并网光伏发电系统（电站）。

11.2.1 200kW厂房彩钢屋顶光伏发电系统

1. 工程概况

这个项目工程位于太原市晋源区某家具厂房屋顶，整个厂区是一个类似四合院的形状，厂房及办公区屋顶全部是彩钢板屋顶结构。根据业主要求和现场勘测情况，先在南、北和西侧3个屋顶铺设光伏组件，东侧屋顶留作以后开发。该项目地位于北纬37.73°，东经112.48°，年最高气温为38℃，最低气温为-15℃，历史最低气温曾经达到-21℃。

该业主因开展电动汽车充电业务，已经安装了6台充电桩，并申请自备了630kV·A箱式变电站，为充电桩供电，利用厂房屋顶申请安装200kW光伏发电系统，将以自发自用为主，通过太阳能光伏发电补充工厂及充电桩用电，剩余电量并入电网，因此本项目采用自发自用、余电上网的模式，通过380V低压并网，并网点设于箱式变电站低压端专为光伏系统并网预留的空余配电箱内。这个工程的实施也为今后建设光储充（光伏发电＋储能＋充电桩）一体化项目奠定了良好的基础。建成的200kW厂房屋顶光伏发电系统外观如图11-12所示。

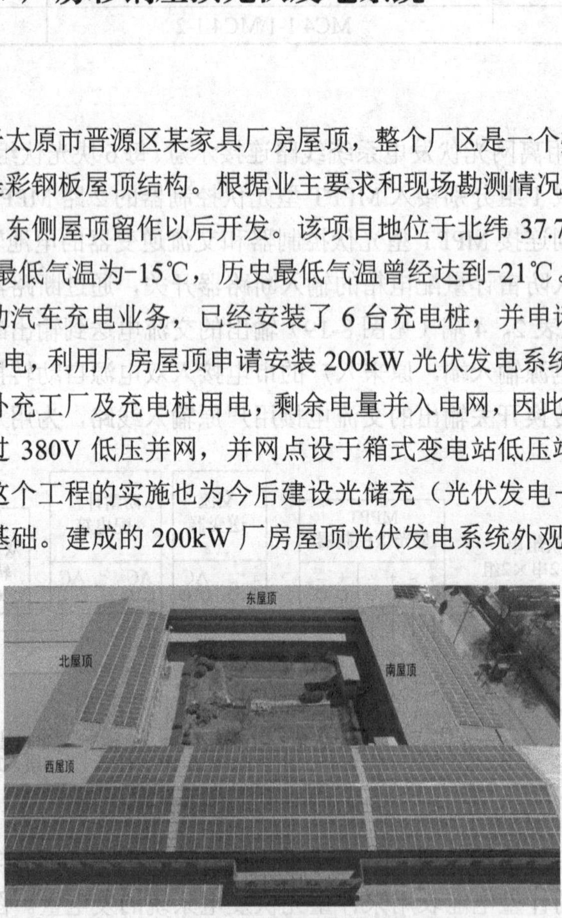

图11-12 200kW厂房屋顶光伏发电系统外观

2. 系统构成概述

根据屋面尺寸和安装面积，经过组件排布设计，该项目设计总容量为 204kW，整个系统共用 680 块 300W 的单晶硅光伏组件，将它们分成了 4 个方阵，分布在南屋顶、北屋顶的朝南坡面和西屋顶的东西坡面，如图 11-13 所示。设计为每 20 块光伏组件构成一个光伏组串，其中南北屋顶各安装光伏组件 120 块，各构成 6 组光伏组串；西屋顶的东坡面安装光伏组件 200 块，构成 10 组光伏组串；西屋顶的西坡面安装光伏组件 240 块，构成 12 组光伏组串。

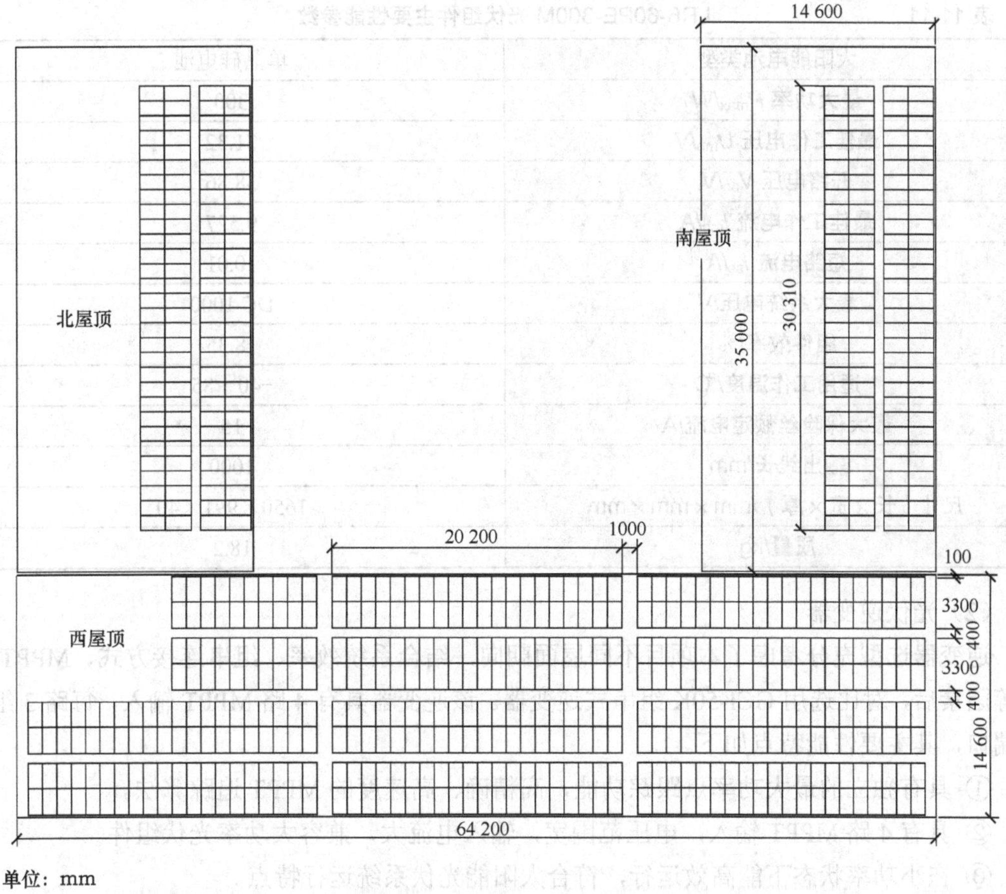

图11-13 光伏方阵排布设计示意

由于屋顶坡面宽度较小，屋顶边缘到屋脊宽度只有 7.3m，4 排组件的纵向长度为 6.6m。在排布光伏方阵时，组件方阵的下边缘与屋顶边缘预留了 0.1m 的距离，组件方阵的上边缘与屋脊之间预留了 0.2m 的距离，方阵与方阵之间横向只有 0.4m 的安装通道，方阵与方阵之间纵向预留了 1m 的安装通道。

考虑光伏支架强度、系统成本、屋顶结构强度、使用安全性等因素，没有按照当地最佳倾角设计光伏方阵角度，光伏方阵按照屋顶坡度倾角平铺安装。系统使用了 4 台交流额定输出功率 50kW 的 GCI-50K 的组串式逆变器。逆变器将光伏组件所产生的直流电转化为 380V 的三相交流电，通过交流汇流箱、并网配电箱并入业主自备的配电箱 380V 三相交流电网中。

3. 系统主要配置和设备选型

该系统设备主要有光伏组件、光伏逆变器、交流汇流箱、并网配电箱等。

（1）光伏组件

为尽量提高有效面积的发电量，本系统在光伏组件选型时，经过考察对比、选型设计，结合业主意见，选用了某品牌 300W 单晶硅光伏组件，组件型号为 LR6-60PE-300M，电池类型为单晶硅，其主要性能参数如表 11-11 所示。

表 11-11　　LR6-60PE-300M 光伏组件主要性能参数

太阳能电池类型	单晶硅电池
最大功率 P_{max}/W	300
最佳工作电压 U_{mp}/V	31.32
开路电压 V_{oc}/V	38.86
最佳工作电流 I_{mp}/A	9.527
短路电流 I_{sc}/A	10.01
最大系统电压/V	DC 1000
组件效率/%	18.35
适用工作温度/℃	−40～85
最大保险丝额定电流/A	15
输出线长/mm	1000
尺寸（长×宽×厚）/mm×mm×mm	1650×991×40
质量/kg	18.2

（2）光伏逆变器

逆变器选型充分考虑了本项目不同屋面朝向，结合系统效率、组串连接方式、MPPT 路数等因素后，对比选用 GCI-50K 组串式逆变器。该逆变器具有 4 路 MPPT 输入，每路 3 组输入端口，其主要性能特点如下。

① 具有独立的最大功率点跟踪功能，高精确、高速度的 MPPT 追踪算法。

② 具有 4 路 MPPT 输入，电压范围宽，输入电流大，兼容大功率光伏组件。

③ 在小功率状态下能高效运行，符合太阳能光伏系统运行特点。

④ 具有户外 IP65 防护等级，设计轻便，安装简单。

⑤ 抗谐振，单体变压器并联容量可达 6MW 以上。

⑥ 具备完善的电站监控解决方案。

⑦ 具有智能后备冗余散热设计。

⑧ 具有直流反接、交流短路、交流输出过电流、输出过电压、绝缘阻抗保护，浪涌、孤岛、温度保护，残余电流检测，并网检测等功能。

该光伏逆变器主要性能参数如表 11-12 所示。

表 11-12　　GCI-50K 组串逆变器主要性能参数

逆变器型号	GCI-50K
最大直流输入功率/kW	60

续表

最大直流输入电压/V	1100
启动电压/V	200
MPPT 工作电压范围/V	200～1000
最大输入电流/A	28.5×4
输入连接端数	4/12
额定交流输出功率/kW	50
最大交流输出功率/kW	55
交流输出电压范围/V	304～460
额定电网电压/V	380
电网电压范围/V	304～460
额定交流频率/Hz	50
工作频率范围/Hz	47～52
额定电网输出电流/A	76
电网相位	3/N/PE
最大效率	98.8%
MPPT 效率	99.9%
尺寸（宽×高×厚）/mm×mm×mm	630×700×357
质量/kg	63
拓扑	无变压器
自耗电	小于 1W（夜晚）
工作环境温度/工作环境湿度	−25℃～60℃/0～100%RH
最高工作海拔/m	4000
设计工作年限	大于 20 年
直流端口	原厂 MC4 配套端子
通信接口	RS-485 4 芯端子，2 个 R-J45 接口，2 组端子台
显示屏	LCD，2×20 Z

根据光伏组件、逆变器性能参数及项目地最低、最高气温参数，利用前面介绍的计算公式，计算出每 20 块组件组成组串的结果如下。

组串最大开路电压=883V＜组件系统电压和逆变器最大输入电压

组串最大工作电压=712V＜逆变器 MPPT 工作电压范围上限

组串最小工作电压=552V＞逆变器 MPPT 工作电压范围下限

光伏安装容量：300W×20 块×34 串=204kW

容配比为 204kW：200kW=1.02：1

这个项目的容配比在项目实施时是合理的，随着光伏平价上网时代的到来及关于提高容配比政策和规范的实施，现在来看，项目配置设计可以调整，容配比完全可以大大提高，具体措施如下。

① 光伏组串由每串 20 块改为每串 21 块，这样容配比成为 1.07:1，只要屋顶面积够用即可以实施。

② 光伏组串数20块不变，将4台50kW逆变器更换成40kW逆变器，这样容配比成为1.275:1（40kW逆变器的最大直流输入功率为52kW），比较符合本项目倾斜角、方位角都不理想的实际状况，这样既降低了成本，又提高了效率。

（3）交流汇流箱

交流汇流箱选用某品牌KSC-4-100A交流防雷汇流箱，这款交流汇流箱的主要特点如下。

① 电压覆盖范围广，可配套AC400～690V不同输出电压的逆变器使用。

② 质量轻、体积小、安装方便。

③ 可满足极端环境条件使用要求，防护等级为IP65。

④ 标配防雷模块，防雷性能可靠。该汇流箱采用单母线接线、4进1出方式，输入侧4路各设1个额定电流100A的断路器，总输出开关为额定电流400A的断路器，主回路并接了交流浪涌防雷器。

该交流汇流箱主要性能参数如表11-13所示。

表11-13 交流汇流箱主要性能参数

型号	KSC-4-100A
额定工作电压/V	AC 480
最大工作电压/V	AC 690
输入路数	4
输出路数	1
输入单路额定电流/A	100
输入总额定电流/A	400
防雷性能（标称/最大）/kA	20/40
绝缘电阻/Ω	不小于10M
外形尺寸（长×宽×高）/mm×mm×mm	769×753×236
质量/kg	44
接线方式	下进下出
工作温度/℃	−40～60
相对湿度	不大于95%RH，无凝露
海拔/m	不大于3000

交流汇流箱内部结构与线路连接如图11-14所示。

图11-14 交流汇流箱内部结构与线路连接

（4）并网配电箱

并网配电箱是根据系统设计要求，结合现场实际安装位置等因素加工定制的，其内部结构如图 11-15 所示。

并网配电箱内分为两个区域，左边为光伏发电输入部分，接有剩余电流动作断路器和带熔断器的刀闸开关；右边用于安装电网公司计量表和电流互感器，由电网公司安装了专变采集终端和三相四线智能计量电度表及配套的电流互感器等。

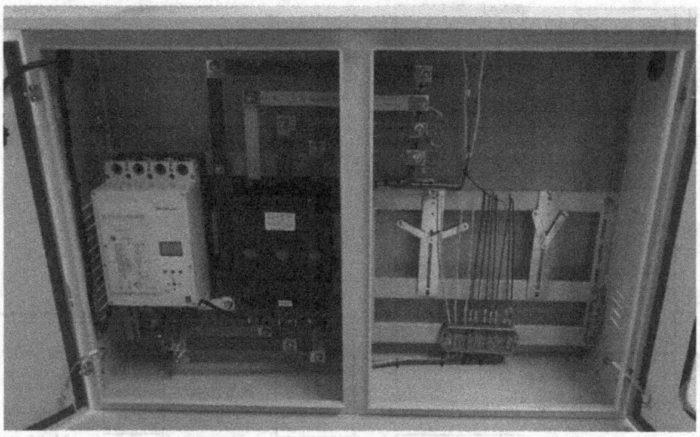

图11-15　并网配电箱内部结构

（5）电缆选型

组串间选用 2.5mm² 或 4mm² 的直流电缆，各逆变器输出选用 4×35mm² 的交流电缆，汇流箱到并网配电箱及并网输出电缆选用 4×150mm² 的铜芯电缆。

4. 系统电气连接

该系统连接示意如图 11-16 所示，4 个屋面的光伏方阵被调配为 4 部分接入各自的逆变器中。1#逆变器接入由西屋顶西坡面的 180 块组件构成的 9 个组串，共 54kW，每 3 串 1 组分别接入 1#逆变器的 3 个 MPPT 输入端，另外 1 路 MPPT 输入端口备用；2#逆变器接入由西屋顶东坡面的 180 块组件构成的 9 个组串，共 54kW，每 3 串 1 组分别接入 2#逆变器的 3 个 MPPT 输入端，另外 1 路 MPPT 输入端口备用；3#逆变器接入由南屋顶的 120 块组件构成的 6 个组串和西屋顶西坡面剩余的 3 个组串，共 54kW。其中南屋顶组串每 3 串 1 组分别接入 3#逆变器的 2 个 MPPT 输入端，西屋顶的 3 个组串接入 3#逆变器的另外 1 路 MPPT 输入端，剩余的 1 个 MPPT 端口备用；4#逆变器接入由北屋顶的 120 块组件构成的 6 个组串和西屋顶东坡面剩余的 1 个组串，共 42kW。其中北屋顶组串每 3 串 1 组分别接入 4#逆变器的 2 个 MPPT 输入端，西屋顶东坡面的 1 个组串接入 4#逆变器的另外 1 路 MPPT 输入端，剩余的 1 个 MPPT 端口备用。

4 台逆变器输出的 380V 交流电，通过 4×35mm² 线缆分别连接交流汇流箱；交流汇流箱输出到并网计量配电箱及从并网计量配电箱输出到箱式变电站低压侧的接线均采用 4×150mm² 线缆连接。所有屋顶及墙面敷设的直流和交流线缆都采用电缆槽盒敷设，直流线缆选用阻燃铜芯线缆，交流线缆采用铠装阻燃线缆，充分消除火灾隐患。由于现场各设备距离较近，基本采用墙面壁挂方式安装，如图 11-17 所示，且安装位置充裕，因此不受洪水威胁，周围无电磁干扰，也没有污染源。

5. 支架连接与固定

该项目屋顶全部为梯形彩钢板屋顶，考虑屋顶承重、抗腐蚀性等因素，光伏支架全部选用铝合金固定件、横梁导轨、横梁连接件等，用 304 不锈钢螺丝进行连接固定。本项目屋顶彩钢板强度良好，所以采用梯形固定件直接与彩钢板用螺钉进行固定，如图 11-18 所示，梯形固定件下面要垫防水胶皮或用防水结构胶进行封堵，防止屋顶漏水。图 11-19 所示为屋面铺设好的支架横梁和接地扁钢。

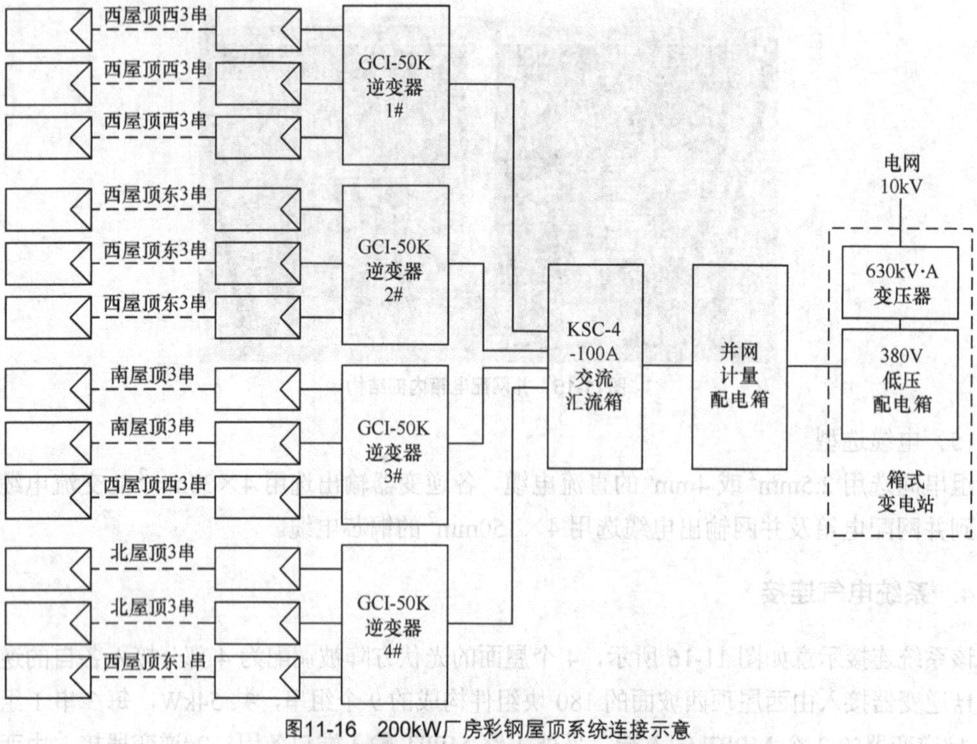

图11-16　200kW厂房彩钢屋顶系统连接示意

图11-17　200kW厂房屋顶系统设备安装布局

图11-18　光伏支架横梁的固定与连接

图11-19　屋面铺设好的支架横梁和接地扁钢

安装施工步骤及要点：按照施工图纸及屋顶现场实际情况放线定点→标出固定件位置（间

距 1.2m，接地环网固定件间距 3m）→固定件安装（包括接地网固定件）→横梁导轨安装→屋顶线缆槽盒敷设固定→直流延长线缆敷设→接地网扁钢敷设→组件安装（在组件安装过程中，要将每组组串的组件连接器连接好，组件之间接地线也要同时连接好，每一组串的延长线缆要按照设计位置提前固定到横梁上，否则组件安装后，线缆无法固定）→逆变器安装固定→交流汇流箱安装固定→并网计量配电箱安装固定→墙面设备间线缆槽盒固定→光伏方阵直流线缆与逆变器分组连接→逆变器与交流汇流箱之间的交流线缆连接→交流汇流箱与并网计量配电箱之间的交流线缆连接→并网计量配电箱与箱式变电站之间的交流线缆连接→接地极埋设→接地系统连接→系统分部检查测试→调试并网。

6. 防雷接地系统

因该项目厂房以钢结构为主，原屋顶没有另外加装防雷设施和接地线，另外屋顶四周附近有一些高出屋顶的树木和 10kV 输电线路等，因此该项目的防雷接地系统也不考虑安装避雷针设施。光伏组件边框与支架本身就可以防止半径为 30m 的滚雷，将方阵所有光伏组件边框与支架横梁可靠连接，充分利用每个光伏方阵和支架基础作为自然接地体，就可以起到良好的防雷效果。为增加雷电流散流速度，在屋顶 4 个光伏方阵周边统一用 40mm×4mm 镀锌扁钢各做一个接地环网，各方阵的光伏组件边框及横梁等就近与环网连接，所有支架横梁均采用等电位连接，光伏组件边框之间通过接地跳线互相连接后，也全部与环网连接接地。接地装置采用 L50mm×5mm×2000mm 的镀锌角钢接地极垂直埋入厂房外围土质较好的地下，距地面距离不小于 0.8m，接地装置通过 40mm×4mm 镀锌扁钢与组件方阵的 4 个环网进行连接。配电箱、逆变器、并网计量配电箱及电缆铠甲等电气设备都通过 BVV-1×16 导线与系统接地连接，保证接地可靠。实测本项目接地装置的接地电阻小于 4Ω，保证系统与设备正常运行，确保人身安全。

7. 监控通信系统

因本项目逆变器数量较少，监控通信系统依然通过逆变器配套的数据采集棒获取光伏发电运行状态信息，数据采用 GPRS 无线传输方式，使用计算机、手机 App 可对系统实施远程监控。

11.2.2 44kW 户用平屋顶光伏发电系统

1. 工程概况

用户孟先生利用自家屋顶建设分布式户用光伏电站，该项目地位于北纬 37.14°，东经 113.15°，海拔 735m，属于太阳能资源三类地区，有效利用时数为 1381h。当地年平均气温 10.1℃，最低气温-11℃，最高气温 36℃，屋面结构为浇筑结构。因房屋周围有 380V 供电线路，光伏电路拟通过低压 380V 单点 T 接并网，采用自发自用、余电上网模式。

该用户屋顶勘测尺寸如图 11-20 所示，建筑坐北朝南，建筑长 24m、宽 8.1m、高 4.5m，房檐宽 1.5m。屋面为混凝土浇筑平屋面，前后墙上有 0.3m 和 0.2m 高的女儿墙，女儿墙宽

0.015m。建筑周围无高大树木及其他建筑物遮挡。用户要求按最大容量进行设计安装，初步设计为在屋面利用配重块及焊接支架，并按照当地最佳倾斜角 32° 将光伏方阵铺满整个屋面。逆变器和并网配电箱安装在方阵背面，距并网点直线距离 90m。

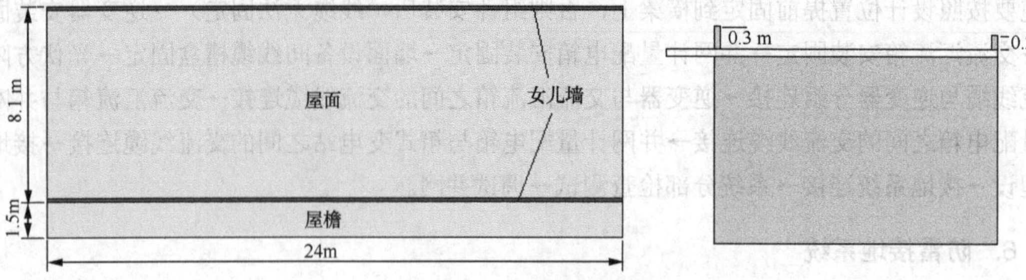

图11-20　用户屋顶勘测尺寸

2. 系统构成概述

根据屋面结构状况及屋面可利用的有效面积，拟选用目前主流的高效组件，整个系统采用 550W 单晶硅光伏组件 80 块，纵向排列 4 块×20 块组成 1 个方阵，设计总容量为 44kW，容配比为 1.1:1。其中每 16 块（或 20 块）组件串联构成一个组串，5 组（或 4 组）组串接入一台交流额定输出功率为 40kW 的三相组串式逆变器组，逆变器输出的 380V 三相交流电经交流并网配电箱，通过 T 接方式并入项目住户附近 380V 三相交流电网中。为了最大化利用屋顶面积，光伏方阵采用图 11-21 所示的安装方式进行屋顶全覆盖安装（业内有人将此方式称为“平改坡”）。

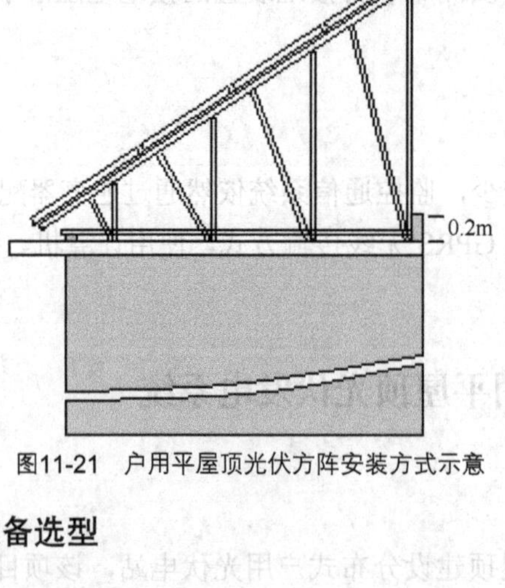

图11-21　户用平屋顶光伏方阵安装方式示意

3. 系统主要配置和设备选型

（1）光伏组件

为尽量提高有效面积的发电量，本系统选用了主流产品——某品牌 550W 单晶硅半片单玻光伏组件，组件型号为 LR5-72HPH-550M，其主要性能参数如表 11-14 所示。

表 11-14　　550M 光伏组件主要性能参数

太阳能电池类型	单晶硅电池（半片单玻）
最大功率 P_{max}/W	550
最佳工作电压 U_{mp}/V	41.95
开路电压 V_{oc}/V	49.8
最佳工作电流 I_{mp}/A	13.12
短路电流 I_{sc}/A	13.98
最大系统电压/V	DC 1500
组件效率	21.5%
适用工作温度/℃	−40～85
最大保险丝额定电流/A	25
输出线长/mm	+400，−200
尺寸（长×宽×厚）/mm×mm×mm	2256×1133×35
质量/kg	27.2
开路电压温度系数/%℃$^{-1}$	−0.27
最大功率温度系数/%℃$^{-1}$	−0.35

（2）光伏逆变器

光伏逆变器选用某品牌 GCI-40K-5G 组串逆变器，其主要性能特点如下。

① 最大效率为 98.8%。

② 具有 4 路 MPPT 输入，精确的 MPPT 算法，更灵活，更高效。

③ 支持直流组串智能监控，后台智能 *I-U* 曲线扫描诊断。

④ 支持 13A 电流输入，130%直流侧超配。

⑤ 具有超低启动电压，超宽电压范围。

⑥ 内置交直流侧二级防雷。

⑦ 可选 AFCI（电弧故障断路器）保护，保障电站安全。

⑧ 具备自然散热功能，无外置风扇设计。

该逆变器主要性能参数如表 11-15 所示。

表 11-15　　GCI-40K-5G 组串逆变器主要性能参数

类别	逆变器型号	GCI-40K-5G
直流输入参数	最大直流输入功率/kW	52
	最大直流输入电压/V	1100
	额定输入电压/V	600
	启动电压/V	180
	MPPT 工作电压范围/V	200～1000
	最大输入电流/A	4×26
	最大输入短路电流/A	4×40
	MPPT 数量/最大输入组串数	4/8
交流输出参数	额定交流输出功率/kW	40
	最大视在功率/kV・A	44
	最大有功功率/kW	44

续表

类别	逆变器型号	GCI-40K-5G
交流输出参数	额定电网电压/V	3/N/PE 380
	额定电网频率/Hz	50
	工作频率范围/Hz	47～52
	额定电网输出电流/A	60.8
	最大输出电流/A	66.9
	功率因数	大于 0.99（0.8 超前……0.8 滞后）
	总电流谐波畸变率	小于 3%
效率	最大效率	98.8%
	欧洲效率/中国效率	98.3%
保护	直流反接保护；交流短路保护；交流输出过电流保护；浪涌保护（直流二级/交流二级）；电网检测；孤岛保护；温度保护；组串故障检测；组串 *I-U* 曲线扫描；PID 保护（可选）；集成直流开关	
基本参数	尺寸（宽×高×厚）（mm×mm×mm）	647×629×252
	质量（kg）	45
	拓扑	无变压器
	自耗电	小于 1W（夜晚）
	工作环境温度/工作环境湿度	−25℃～60℃/0～100%RH
	防护等级	IP65
	冷却方式	自然冷却
	最高工作海拔/m	4000
	并网标准	NB/T 32004
	安全规范/EMC 标准	IEC 62109，IEC 62116，EN 61000
	直流端口	MC4 连接器
	交流端口	OT 端子
	通信接口	RS-485 ，可选：Wi-Fi，GPRS
	显示屏	LCD，2×20Z

（3）并网配电箱

并网配电箱是根据系统设计要求、结合现场实际安装位置等因素加工定制的，配电箱外壳采用厚度为 1.2mm 的不锈钢板冲压制作，防护等级不低于 IP20。箱内电气元件采用主流品牌产品，配电箱具备防雷接地、隔离、防逆流、过载和二次防孤岛保护等功能，其内部结构如图 11-22 所示，由交流输出开关、过欠压保护器、浪涌保护器、发电量计量表及刀闸开关构成。

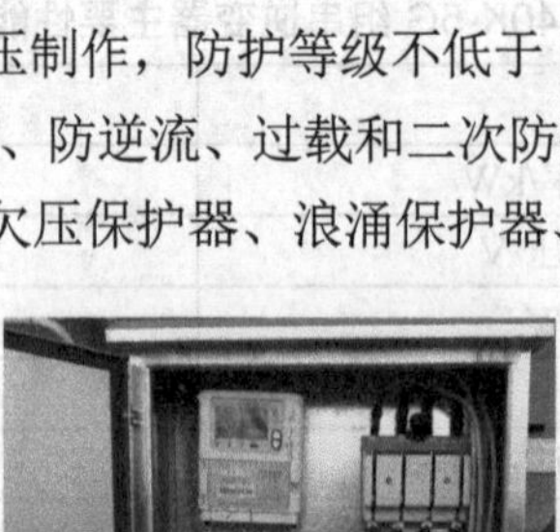

图11-22　并网配电箱内部结构

（4）电缆选型

组串输出选用 2.5mm² 或 4mm² 的直流电缆；逆变器输出交流电缆选用 16mm² 的铜电缆；并网输出电缆选用 35mm² 的铝电缆。

4．组件串联及排布设计

该系统整个方阵由 80 块组件纵向 4 排、每排 20 块构成。组串设计有两种方案，一种方案是每 16 块组件构成一个组串，共分为 5 个组串，如图 11-23 所示；另一种方案是每 20 块组件构成一个组串，共分为 4 个组串，如图 11-24 所示。经过设计计算，两种方案都可以实施，说明组件与逆变器选型、配置合理。

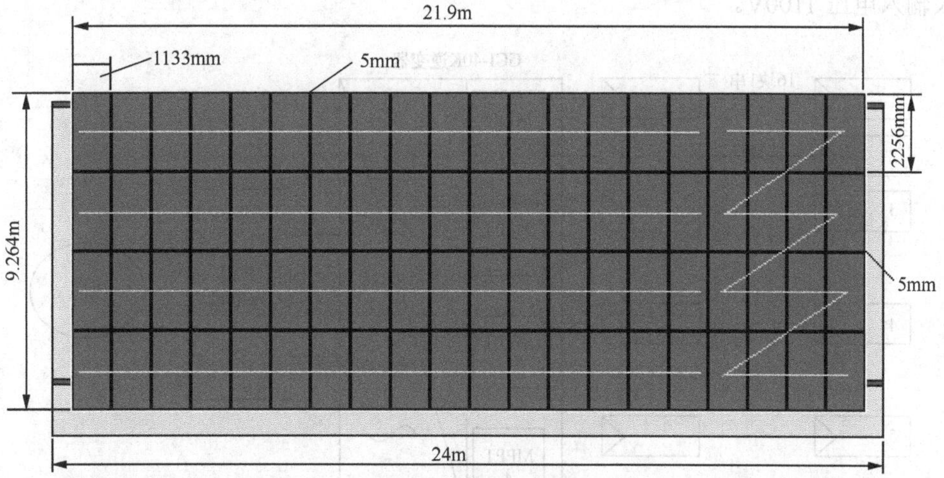

图11-23　组串构成方案1

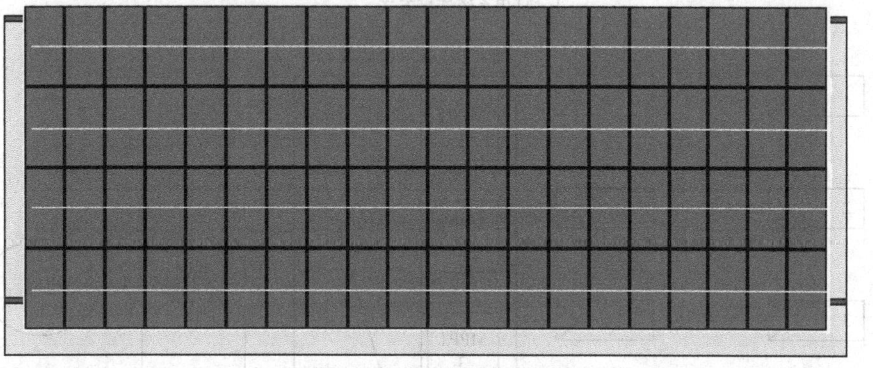

图11-24　组串构成方案2

该系统选用组件的开路电压温度系数为-0.27%/℃，结合项目地最低、最高温度，两种方案计算过程及结果分别如下。

（1）方案 1

49.8V×16×[1+（-0.27%）×（-11-25）]=874.2V＜1100V

判断方案 1 的系统工作电压是否在逆变器 MPPT 范围。

41.95V×16×[1+（-0.27%）×（-11-25）]=736.4V＜1000V

41.95V×16×[1+（-0.27%）×（65-25）]=598.7V＞200V

（2）方案 2

49.8V×20×[1+（-0.27%）×（-11-25）]=1093V<1100V

判断方案 2 的系统工作电压是否在逆变器 MPPT 范围。

41.95V×20×[1+（-0.27%）×（-11-25）]=920.6V<1000V

41.95V×20×[1+（-0.27%）×（65-25）]=824V>200V

两种不同的组串设计方案，其系统连接方式示意如图 11-25 所示。从计算结果和系统连接方式可看出，用 16 块 1 串×5 构成的系统，总有一路 MPPT 输入端要接入 2 个组串，这一路的最大输入电流在阳光最好时有可能会超过 26A（组件最佳工作电流为 13.12A×2）。用 20 块 1 串×4 构成的系统，虽然不会出现这个问题，但组串最大开路电压为 1093V，接近逆变器最大输入电压 1100V。

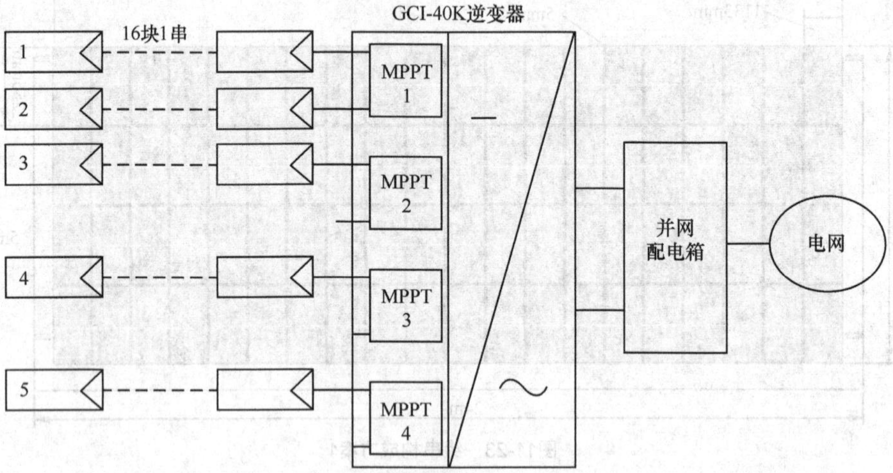

16块1串系统连接方式

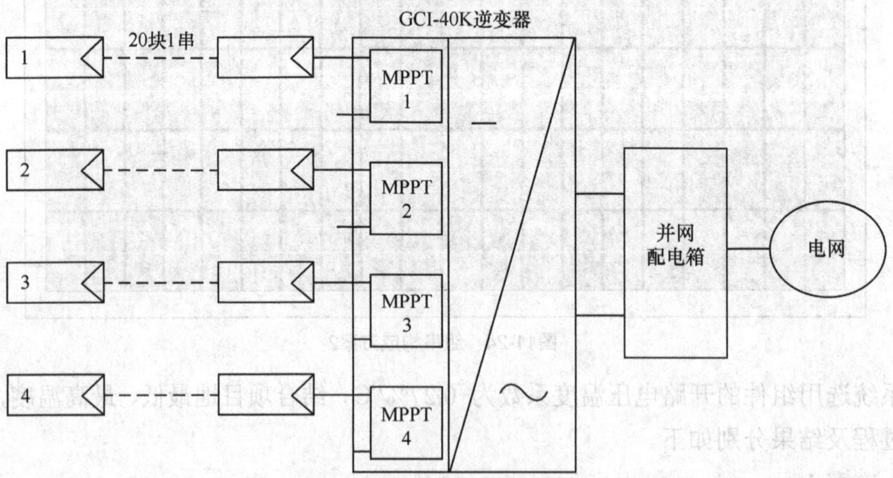

20块1串系统连接方式

图11-25 两种不同组串设计方案的系统连接方式示意

5. 基础与支架设计

该系统支架全部采用 40mm×60mm 镀锌方管，首先将支架立柱与屋面基础钢板焊接固定。然后现场浇筑配重块基础，基础尺寸为 400mm×400mm×200mm。基础与支架设计制作如图 11-26 所示。逆变器和并网配电箱的安装如图 11-27 所示。

图11-26　基础与支架设计制作

图11-27　系统逆变器、并网配电箱的安装

6. 防雷接地系统

该系统的支架全部为焊接连接方式，防雷接地没有专门设计避雷针，而是通过光伏组件边框与支架的多点连接实现接闪器的功能。在屋后墙角部位用 L50mm×5mm×2000mm 的镀锌角钢作为接地极垂直打入土质较好的地下，接地极顶端距地面距离不小于 0.8m，接地极通过 40mm×4mm 镀锌扁钢与方阵支架焊接连接，如图 11-28 所示。

7. 监控通信系统

监控通信功能依然采用内置 GPRS 芯片的数据采集棒，如图 11-29 所示，将其直接插到逆变器的数据端口，通过 GPRS 移动网络传输数据，确保用户可以长期、稳定、不间断地监控光伏发电系统工作状况。

8. 组件固定和防水处理

该用户在系统设计之初就要求整个方阵具有防水功能，并计划利用工程耐候硅胶填充组件与组件之间的缝隙，这样无论是组件的固定方式还是组件与组件之间的硅胶填充方式，都与常规方式有所不同。由于该系统支架全部采用方管材料，光伏组件采用角码连接固定，如图 11-30 所示。同时，组件与组件的间距也由一般常规的 20mm 缩小到 5mm，并在所有缝隙内打入硅胶，从而起到防水作用，如图 11-31 所示。

图11-28　接地连接方式

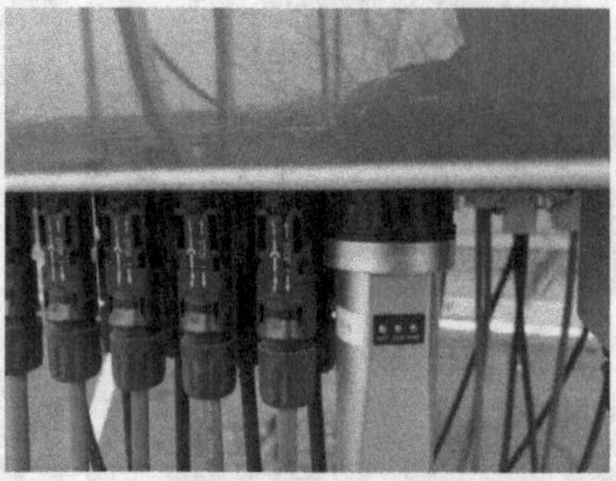

图11-29　数据采集棒

图11-30　组件固定方式

图11-31　组件间填充防水硅胶

11.2.3　84kW 光伏车棚发电系统

光伏车棚，顾名思义就是把光伏发电和车棚结合起来，具有停车、遮阳、避雨、发电几大功能，常常被喻为“亮点工程、便民工程、实用工程”，特别是光伏+储能+充电（简称光储充一体化）项目会逐步被大力推广。光伏车棚项目几乎没有地域限制，非常灵活方便，可以综合利用空间资源发展新能源。随着新能源电动汽车的社会保有量越来越大，充电问题也越来越突出，越来越多的加油站、高速服务区、旅游景点、社会停车场等将光伏发电与充电桩结合，建设或改造光伏车棚，为新能源汽车提供便利服务。

光伏车棚按结构形式，可分为管桁式、弧形单柱、V 形、双 V 形、W 形、N 形等，其结构示意如图 11-32 所示；按光伏方阵坡的数量不同，可分为单坡车棚和双坡车棚；按车棚使用组件类型的不同，可分为普通组件、双玻组件和透光的 BIPV 光伏车棚。光伏车棚使用材料一般有圆管、方管、槽钢等普通或热镀锌钢材及铝合金等。

光伏车棚可以通过预制的方式模块化组合、灵活布置，少则覆盖几个车位，多则几百个车位，光伏车棚立柱的间距一般可以是 2～3 个车位的间距。要求不高的光伏车棚棚顶可以不做防水处理，需要采取防水措施的车棚可以使用光伏组件专用密封胶条或配套金属导水槽进行防水处理。光伏车棚固定组件的导轨横梁一般采用热镀锌 U 形钢、铝合金型材。有防水要求的车棚，则可以直接利用钢冲压导水槽或铝合金导水槽固定组件。

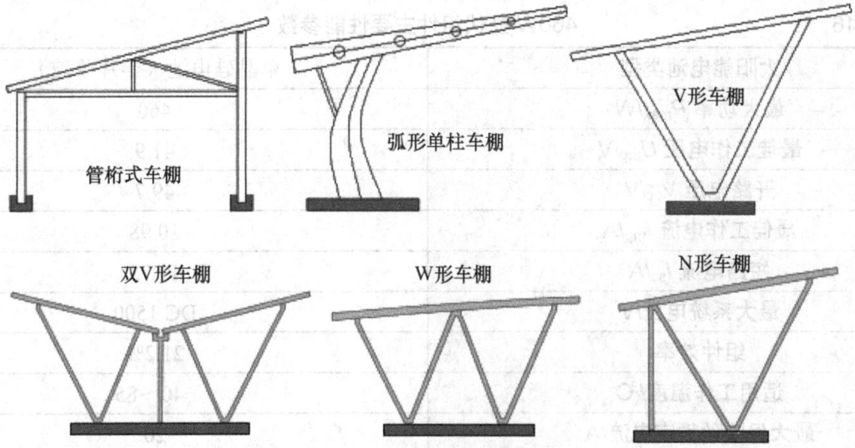

图11-32　几种光伏车棚结构示意

1. 工程概况

这是山西某科创城光伏车棚项目，项目地年最高气温 39℃，最低气温-18℃。经勘测，车棚顶长 63.3m、宽 5.2m，倾斜角为 12°。该项目采用以自发自用为主，余电上网的模式。光伏系统所发电量可就近提供给车棚下的充电桩及办公大楼，余电通过办公大楼配电室 380V 交流配电箱并入电网。图 11-33 所示为光伏车棚项目施工现场。

图11-33　光伏车棚项目施工现场

2. 系统构成概况

该光伏车棚发电系统设计总功率为 84.18kW，整个系统在车棚顶构成 1 个方阵，方阵由 183 块 460W 单晶硅光伏组件组成。系统使用了 1 台 80kW 组串式三相并网逆变器。光伏方阵产生的直流电通过逆变器变为 380V 的三相交流电，直接并入附近办公大楼内部的 380V 三相交流电网，余电通过三相交流电网上网。当充电桩充电车辆较多或夜间充电时，办公大楼电网电力可向充电桩系统供电。

3. 系统主要配置

本系统主要由光伏组件、并网逆变器及交流充电桩等组成。

（1）光伏组件

该车棚选用某品牌 460W 单晶硅组件，型号为 LR4-72HPH-460M，其主要性能参数如表 11-16 所示。

表 11-16　　460W 光伏组件主要性能参数

太阳能电池类型	单晶硅电池（半片单玻）
最大功率 P_{max}/W	460
最佳工作电压 U_{mp}/V	41.9
开路电压 V_{oc}/V	49.7
最佳工作电流 I_{mp}/A	10.98
短路电流 I_{sc}/A	11.73
最大系统电压/V	DC 1500
组件效率	21.2%
适用工作温度/℃	-40～85
最大保险丝额定电流/A	20
输出线长/mm	+400，-200
尺寸（长×宽×厚）/mm×mm×mm	2094×1038×35
质量/kg	23.3
开路电压温度系数/%/℃	-0.27
最大功率温度系数/%/℃	-0.35

（2）光伏逆变器

光伏逆变器选用一台某品牌交流输出功率为 80kW 的三相组串逆变器，逆变器型号为 GCI-80K-5G，其主要技术参数如表 11-17 所示，主要性能特点如下。

① 具有高效控制算法，最大效率 99%。

② 具有 9 路 MPPT 输入，降低组串失配影响。

③ 具有组串级智能监控功能，提升运维效率。

④ 支持 13A 电流输入，最大 150%直流侧超配。

⑤ 支持智能 *I-U* 曲线扫描诊断。

⑥ 采用过压降载技术。

⑦ 可选 AFCI 保护，保障电站安全。

⑧ 具有直流组串反接告警功能。

⑨ 集成防 PID 功能。

⑩ 支持无功补偿功能

表 11-17　　GCI-80K-5G 光伏逆变器主要技术参数

类别	逆变器型号	GCI-80K-5G
直流输入参数	最大直流输入功率/kW	110
	最大直流输入电压/V	1100
	额定输入电压/V	600
	启动电压/V	195
	MPPT 工作电压范围/V	180～1000
	最大输入电流/A	9×26
	最大输入短路电流/A	9×40
	MPPT 数量/最大输入组串数	9/18

续表

交流输出参数	额定交流输出功率/kW	80
	最大视在功率/kV·A	88
	最大有功功率/kW	88
	额定电网电压/V	3/N/PE，220/380
	额定电网频率/Hz	50
	额定电网输出电流/A	121.6
	最大输出电流/A	133.7
	功率因数	大于 0.99（0.8 超前……0.8 滞后）
	总电流谐波畸变率	小于 3%
效率	最大效率	98.7%
	欧洲效率/中国效率	98.3%
保护	直流反接保护；交流短路保护；交流输出过电流保护；浪涌保护（直流二级/交流二级）；电网检测；孤岛保护；温度保护；组串故障检测；*I*—*U* 曲线扫描；PID 保护（可选）；集成直流开关	
基本参数	尺寸（宽×高×厚）/mm×mm×mm	1014×567×314.5
	质量/kg	82
	拓扑	无变压器
	自耗电	小于 2W（夜晚）
	工作环境温度/工作环境湿度	−25℃～60℃/0～100%RH
	防护等级	IP66
	冷却方式	智能冗余风冷
	最高工作海拔/m	4000
	并网标准	NB/T32004
	安全规范/EMC 标准	IEC 62109，EN 61000
	直流端口	MC4 连接器
	交流端口	OT 端子（最大 185mm^2）
	通信接口	RS-485 ，可选：Wi-Fi、GPRS、PLC
	显示屏	LCD，2×20Z

（3）交流充电桩

充电桩是为配合电动汽车充电而开发的配套产品，分为交流充电桩（俗称慢充）和直流充电桩（俗称快充）。交流充电桩单枪输出功率一般为 7kW，直流充电桩单枪输出功率一般为 40kW、60kW、80kW 等。

该项目选用了某品牌 7kW 交流充电桩，型号为 TCDZ-AC/07-S，该充电桩支持线上和离线充电两种方式，适用于不同场景的充电需要，支持智能人机交互，支持刷卡、扫码、钥匙启动等多种充电方式。该设备具有运行状态监测、控制保护功能，紧急状态可通过急停按钮切断供电回路电源。该交流充电桩主要性能参数如表 11-18 所示。

表 11-18　某品牌交流充电桩主要性能参数

型号	TCDZ-AC/07-S	TCDZ-AC/14-S
功率等级	7kW	14kW
输入电压（V）	AC176～264	

续表

效率	不小于99%
防护等级	IP55
最大电流/A	32
工作温度/℃	-20～55
相对湿度	不大于95%RH，无凝露
启动方式	扫码、刷卡
安装形式	壁挂式、落地式
充电枪	满足国家标准GB/T 20234.2-2015
联网方式	4G、CAN
枪线长度（m）	5
显示方式	4.3英寸电容式触摸屏 三色指示灯
保护功能	过压、欠压保护，漏电保护，急停保护，过流、过温保护，短路保护
可扩展功能	车位检测、语音提示、指纹识别、地锁管理

4. 组件串联及排布设计

光伏车棚组件排布设计如图11-34所示，车棚共用光伏组件183块，纵向3排，每排61块，构成方阵。每排61块组件将构成4个组串，其中每15块组件构成3个组件，另16块组件构成1个组串，整个方阵共有组串12个，其中15块组件构成的组串9个（PV1～PV9），16块组件构成的组串3个（PV10～PV12）。

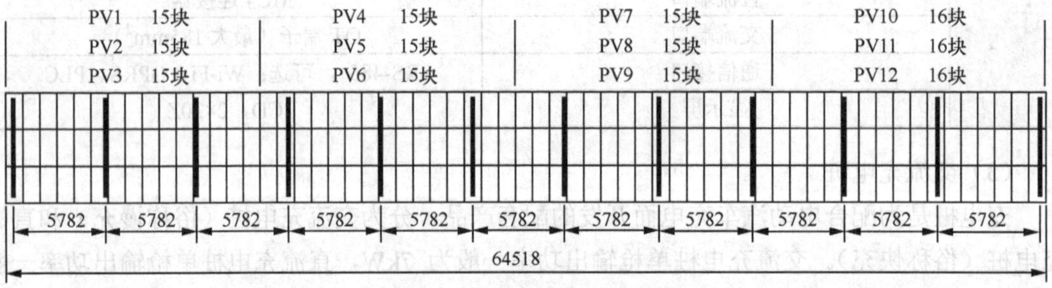

图11-34 光伏车棚组件排布设计

光伏组串与逆变器的连接示意如图11-35所示，连接时需要注意不能把15块组件构成的组串和16块组件构成的组串同时连接到一路MPPT回路。

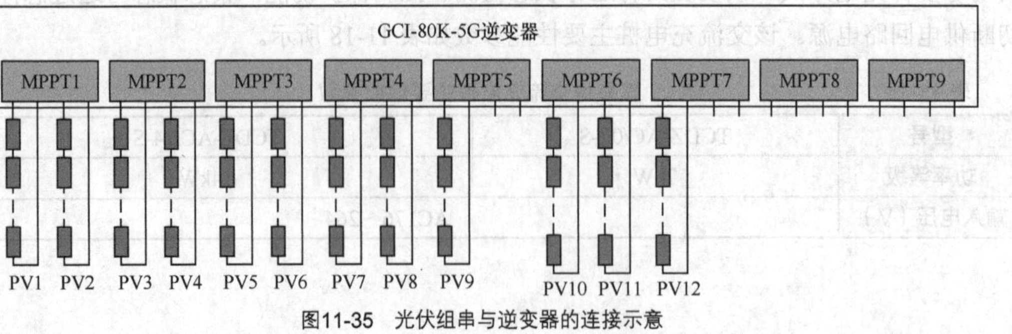

图11-35 光伏组串与逆变器的连接示意

5. 基础与支架设计安装

该车棚基础部分设计采用混凝土浇筑基础，基础尺寸为 800mm×600mm×800mm，如图 11-36 所示，混凝土基础埋入地下，顶部要露出地面 30～50mm。主基础与主基础之间通过混凝土浇筑连为一体，形成条形基础，在编织地笼及预埋件的同时，把接地扁钢也铺设完成，然后一起浇筑，车棚基础施工过程如图 11-37 所示。

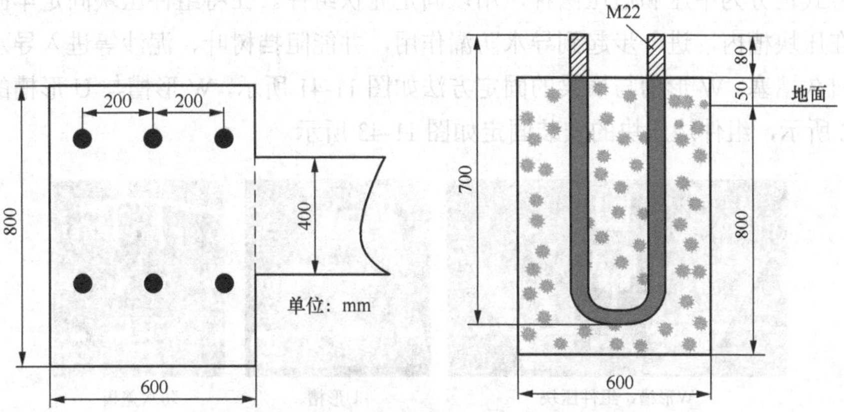

图11-36　车棚基础部分施工尺寸示意

图11-37　车棚基础施工过程

车棚主体结构采用镀锌异型钢材预制拼装焊接组合，主要由工字钢弧形立柱、工字钢斜梁、圆钢管拉杆等组成。因为这个车棚钢结构原设计为膜结构遮阳棚，棚顶斜梁具有一定弧度，因此需要在原有主体结构基础上，增加相应支撑件，然后在支撑件上铺设由 100mm×50mm 方钢管构成的横梁，如图 11-38 所示。

该车棚具体结构尺寸如图 11-39 所示。

图11-38　车棚支撑件及横梁安装

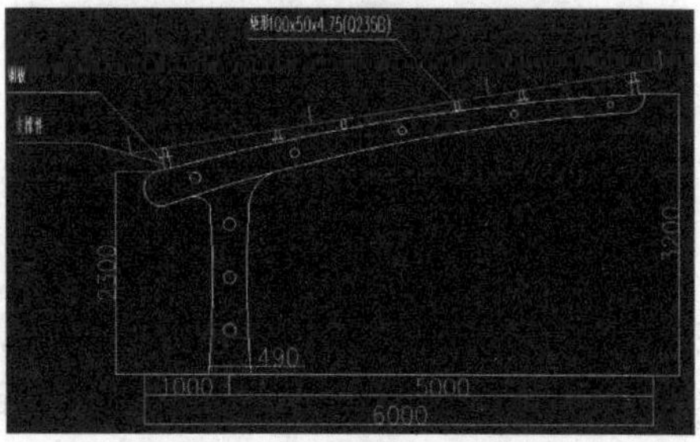

图11-39　车棚具体结构尺寸

6. 导水槽及光伏组件安装

导水槽主要由 W 形槽（主水槽）、U 形槽（副水槽）、组件压块及防水盖板几部分组成，如图 11-40 所示。W 形槽的安装要沿着车棚倾斜方向纵向铺设并与横梁固定，水槽与水槽的间距就是组件纵向固定的间距。将 U 形水槽横向搭在两个 W 形水槽之间，位置在组件与组件横向缝隙处，并注意将 U 形水槽有折弯的一面面向倾斜面下方，以保证能聚集更多水量。组件压块方式也分为中压和边压两种，用以固定光伏组件。在将组件压块固定牢固后，将防水盖板扣在压块槽内，进一步起到导水防漏作用，并能阻挡树叶、泥沙等进入导水槽内，防止导水槽日久堵塞。W 形槽与横梁的固定方法如图 11-41 所示，W 形槽与 U 形槽的安装方法如图 11-42 所示，组件边压块的安装固定如图 11-43 所示。

W形槽、组件压块　　U形槽　　防水盖板

图11-40　导水槽的组成与结构

图11-41　W形槽与横梁的固定方法

图11-42　W形槽与U形槽的安装方法

图11-43　组件边压块的安装固定

7. 防雷接地系统

该车棚在施工时，已经埋设了接地装置，并敷设接地干线用于电气设备的接地。光伏组件安装在车棚顶部钢结构上时，整个光伏发电系统不再需要安装新的接地装置。经测试该车棚的接地电阻为 3.4Ω，小于规范要求的 4Ω，完全满足光伏系统的接地要求。

现场施工时，要求用 40mm×4mm 镀锌扁钢把车棚的接地干线和车棚顶构架可靠连接，焊接工艺要满足施工规范要求。光伏组件与光伏组件、组件与钢结构组件都要通过接地跳线可靠连接。逆变器、配电箱等接地端子和车棚接地干线要用不小于 16mm^2 的多股软铜线进行连接。

8. 光伏车棚应用及展望

图 11-44 所示为几款为小型电动车辆充电的光伏车棚，供读者参考。光伏车棚还被广泛应用于公交车场站、出租车充电站、机场、物流园区、企事业单位等场合。图 11-45 所示为某机场大型电动车辆充电光伏车棚。随着实现低碳目标的逐步推进，新能源车的市场占比会越来越大，“光伏+”的各种应用也已经渗透到社会经济生活的方方面面，光伏车棚就是把光伏发电与新能源汽车充电需求相结合的完美应用之一。下一步，光伏车棚将向着可任意扩展车位的模块化设计、简便的标准化预制和装配方式、光储充一体化的智能化能源管理方向发展。

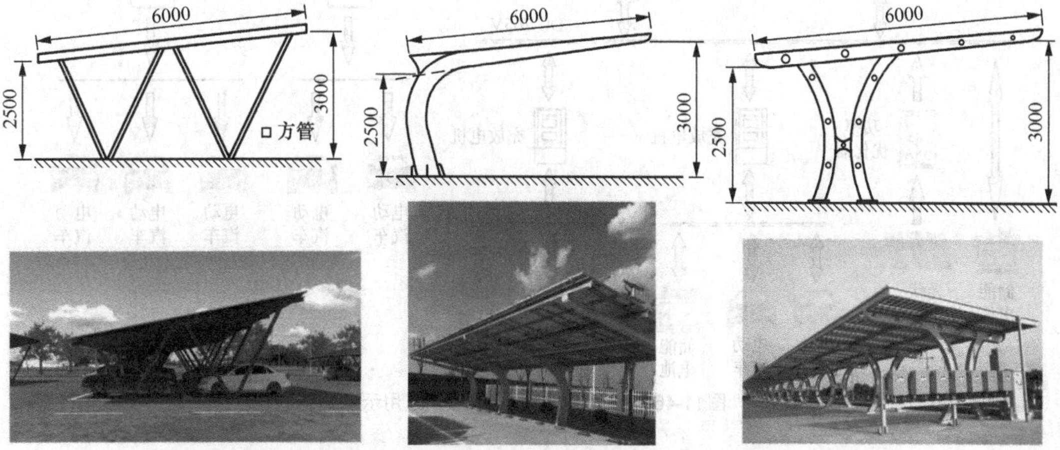

图11-44　几款为小型电动车充电的光伏车棚

图11-45　某机场大型电动车辆充电光伏车棚

光储充一体化就是把光伏、储能和充电设施形成微网结构，根据需求与公共电网智能互动，并可实现并网、离网两种不同的运行模式。既达到利用清洁能源供电，又能缓解充电桩大电流充电时对区域电网的冲击。

光储充一体化充电站可采用自发自用、余电储能的运营模式，在用电高峰期通过光伏系统发电供电，剩余的电力在夜间电价低谷时进行储能，实现削峰填谷，积极消纳新能源绿色电力，系统还可接入互联网运营平台，通过云计算功能，实时共享发电、能耗大数据，实现数字化、智能化管理。通过建立智能微电网，还可以实现以光储充为中心的直流、交流供电网，如图 11-46 所示，电动汽车等应用直流电的设备，可以直接利用光伏系统直流电力和储能系统的直流电力进行充电，电流无须进行直流⟶交流⟶直流之间的多次转换，这样既降低了损耗，又提高了效率。同时在建立电力互联网运营平台的前提下，各种参与充电的车辆同时也是可移动的储能系统，无论是在家庭中还是社会中，新能源车辆都可以在充电的过程中作为储能系统参与光储充系统或网络的运营和经营当中，为整个系统增加储能容量，甚至放出储能容量（前提是充电桩、充电枪及充电座都具备双向充放电功能）与平台其他设备共享。

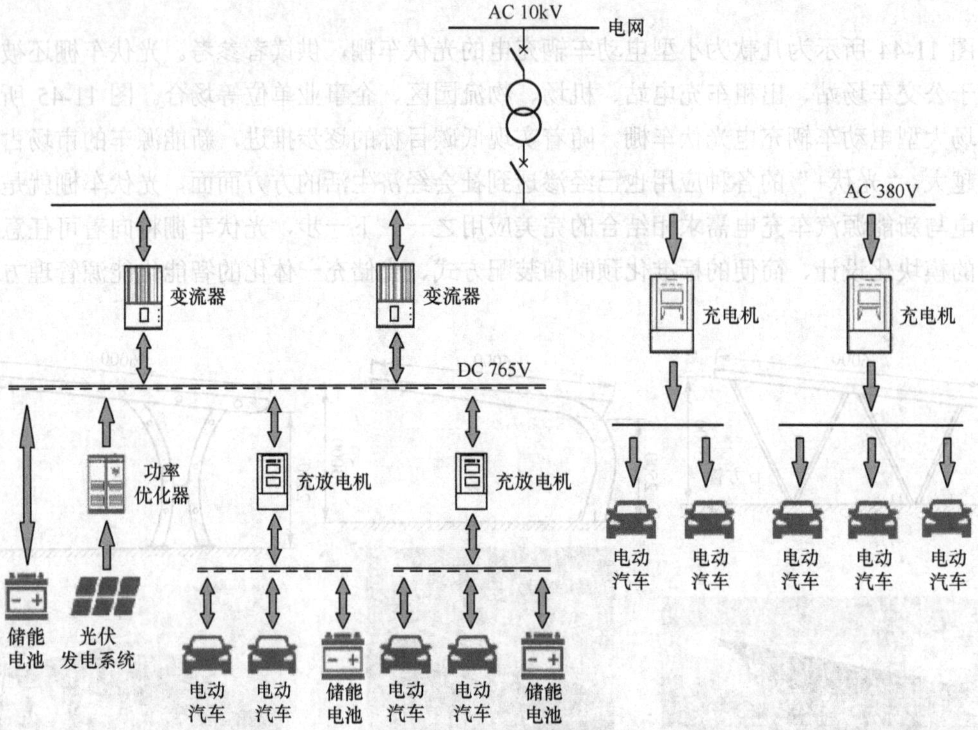

图11-46　光储充一体化的交直流应用示意

11.2.4　705.6kW 地面光伏电站

1. 工程概况

本项目地位于山西省忻州市五台县，属温带大陆性半干旱气候，四季分明，冬季寒冷少雪，春季温暖干燥多风，夏季炎热且雨量集中，秋季天高气爽。多年平均气温 8.4℃，一月份最冷，平均气温-8.5℃，七月份最热，平均气温 23℃。多年平均降水量为 450mm，最大冻土深度为 120mm。本项目建设安装容量 705.6kW，项目地场地较为平坦，地质结构简单，交通便利，无特殊地质灾害隐患，有较丰富的太阳能资源条件，能保证较稳定的发电量。该项目全景如图 11-47 所示。

图11-47　705.6kW地面光伏电站全景

2. 系统构成与配置

根据施工地地形地貌及可利用面积，设计系统总发电量为 705.6kW，项目方阵分布及连接方式如图 11-48 所示。采用分块发电、集中并网方案。整个系统共使用 360W 单晶硅光伏组件 1960 块，每 20 块光伏组件构成一个方阵，共有 98 个方阵，方阵固定倾角为 37°。系统使用 50kW 组串逆变器 2 台，80kW 组串逆变器 6 台，2 进 1 出交流汇流箱 4 台，400kV·A、380V/10kV 升压变压器两台。

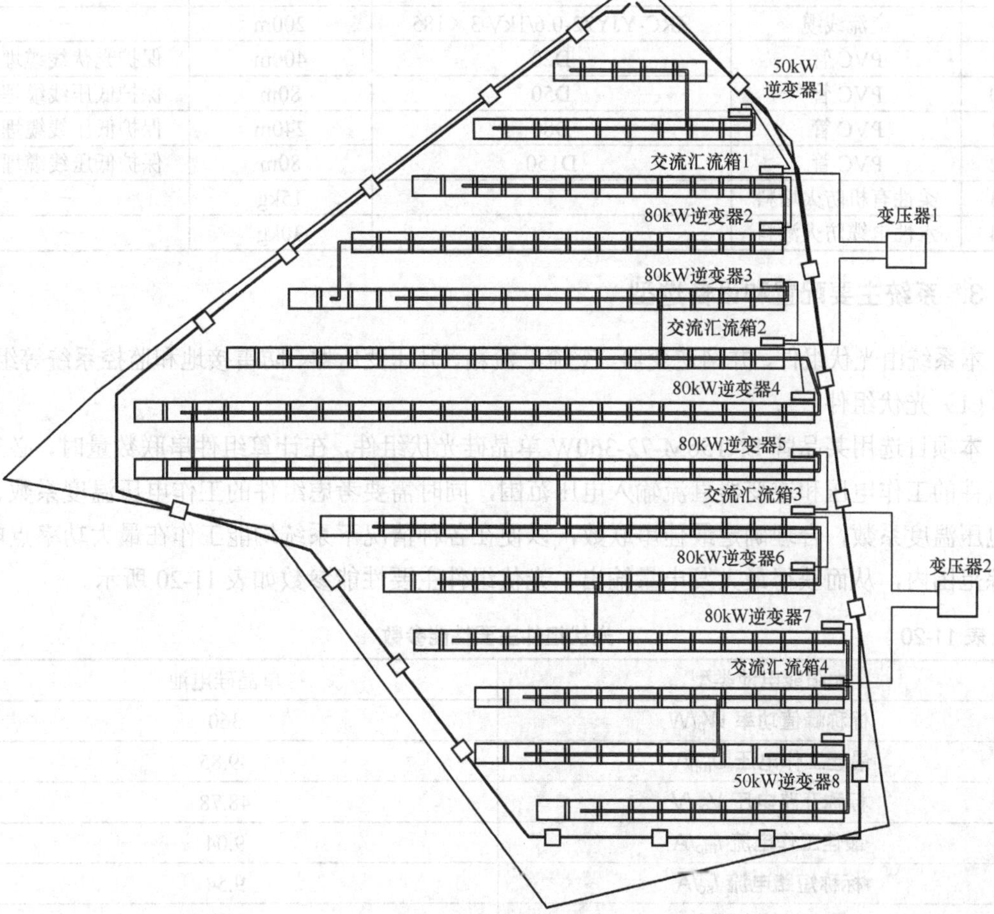

图11-48　项目方阵分布及连接方式

受安装现场地形的限制，本系统南侧和北侧各以 7 个方阵为一个单元接入 1 台 50kW 逆变器输入端，中间部位以各 14 个方阵为一个单元分别就近接入 6 台 80kW 逆变器输入端。各逆变器输出的三相交流电汇入相应的交流汇流箱并联汇流形成 705.6kW 的输出容量，经 4 台交流汇流箱输出的交流电分别进入两台升压变压器中，并联汇流形成各 352.8kW 的输出容量，继续经 0.4/10kV（400kV·A）变压器升压后，并入 10kV 中压交流电网，系统的主要设备及材料清单如表 11-19 所示。

表 11-19　　705.6kW 光伏发电系统的主要设备及材料清单

序号	名称	规格型号	数量	备注
1	光伏组件	360W 单晶硅	1960 块	装机容量 705.6kW
2	组串式并网逆变器	50kW	2 台	—
3	组串式并网逆变器	80kW	6 台	—
4	光伏专用直流线缆	PV1-F-1×4mm²	9000m	—
5	光伏汇流箱	2 汇 1	4 台	—
6	交流电缆	ZRC-YJY22-0.6/1kV-3×35	80m	—
7	交流电缆	ZRC-YJY22-0.6/1kV-3×30	240m	—
8	交流线缆	ZRC-YJY22-0.6/1kV-3×185	200m	—
9	PVC 管	D20	400m	保护光伏线缆埋地
10	PVC 管	D50	80m	保护低压线缆埋地
11	PVC 管	D80	240m	保护低压线缆埋地
12	PVC 管	D150	80m	保护低压线缆埋地
13	柔性有机防火堵料	—	15kg	—
14	水性电缆防火涂料	—	30kg	—

3. 系统主要配置和设备选型

本系统由光伏组件、并网逆变器、交流汇流箱、升压变压器、防雷接地和监控系统等组成。

（1）光伏组件

本项目选用某品牌 EN156M-72-360W 单晶硅光伏组件，在计算组件串联数量时，必须根据组件的工作电压和逆变器直流输入电压范围，同时需要考虑组件的工作电压温度系数、开路电压温度系数，合理确定最佳串联数，以便在各种情况下系统均能工作在最大功率点电压跟踪范围内，从而获得最大发电量输出。光伏组件主要性能参数如表 11-20 所示。

表 11-20　　光伏组件主要性能参数

太阳能电池类型	单晶硅电池
标称峰值功率 W_p/W	360
最佳工作电压 U_{mp}/V	39.85
标称开路电压 V_{oc}/V	48.78
最佳工作电流 I_{mp}/A	9.04
标称短路电流 I_{sc}/A	9.54
最大系统电压/V	1000
适用工作温度范围/℃	−40～85
组件尺寸（长×宽×厚）/mm×mm×mm	1960×992×40
质量/kg	21.5

（2）并网逆变器

在综合考虑系统效率、组串连接方式、MPPT 路数等因素后，对比选用某品牌 GCI-50K 和 GCI-80K-5G 组串逆变器，光伏方阵容量与逆变器额定交流输出功率容配比为 1.21:1。

（3）交流汇流箱

交流汇流箱选用 2 汇 1 交流防雷汇流箱，这款交流汇流箱的主要特点如下。

① 电压覆盖范围广，可配套 AC400～690V 不同输出电压的逆变器使用。

② 质量轻、体积小、安装方便。

③ 可满足极端环境条件使用要求，防护等级为 IP65。

④ 标配防雷模块，防雷性能可靠。该汇流箱采用单母线接线、2 进 1 出方式，输入侧 2 路各设 1 个额定电流 200A 的断路器，总输出开关为额定电流 400A 的断路器，主回路并接了交流浪涌防雷器。

（4）电缆选型

系统直流电缆采用 PV1-F-1×4mm^2 光伏专用电缆。逆变器至交流汇流箱的电缆采用 ZRC-YJY23-0.6/1kV-3×35+2×16mm^2，交流汇流箱至并网配电柜的电缆采用 ZRC-YJY23-0.6/1kV-3×240+2×120mm^2 。

（5）光伏组串匹配计算

按照并网容量设计的方法结合当地最低气温进行对比计算，如表 11-21 所示，使用该组件 20 块一串时，低温 MPPT 最大开路电压为 998.73V，小于所配逆变器 1100V 的最大输入电压和光伏组件系统电压；21 块一串时，低温 MPPT 最大开路电压为 1048.66V，虽然小于所配逆变器 1100V 的最大输入电压，但超出了光伏组件 1000V 的最高系统电压；组串额定 MPPT 最大工作电压 20 块一串时为 875.01V、21 块一串时为 918.76V，经过计算，考虑低温等因素影响，确定以 20 块组件串联成 1 个组串的方案最合理，最高和最低工作电压都在所配逆变器的 MPPT 直流工作电压范围内。其他数据如光伏方阵各回路直流输出功率和直流输出电流等，都没有超出所配逆变器的最大直流输入功率和最大直流输入电流，说明光伏组件和逆变器选型配置合理。每一组光伏方阵的最大发电容量为 360W×20=7200W。

表 11-21　光伏组串对比计算结果

不同温度下组件的电压	19 块	20 块	21 块
50℃MPPT 电压/V	608.77	640.82	672.86
-30℃MPPT 额定最大电压/V	831.26	875.01	918.76
-30℃时 MPPT 最大开路电压/V	948.79	998.73	1048.66

4. 系统电气连接

本系统连接示意如图 11-49 所示，地块北面两排共 140 块光伏组件构成的 7 个组串（方阵），容量为 50.4kW，每 2 串 1 组分别接入 50kW 逆变器的 3 个 MPPT 输入端，另 1 串接入第 4 路 MPPT 输入端，其余输入端口备用；中间 11 排方阵中每 14 个组串（方阵），容量各为 100.8kW，按照设计连接方式接入一台 80kW 的逆变器中， 2 串接入 1 路 MPPT 输入端，其余 2 路 MPPT 输入端口备用，6 台 80kW 逆变器以此类推、依次连接。地块最南端两排中剩余的 7 个组串（方阵），容量为 50.4kW，接入另一台 50kW 逆变器的 MPPT 输入端，接法与 1 号逆变器相同。

光伏发电接入方式将参照国家电网分布式光伏接入典型设计方案，同时遵照分布式光伏电站相关行业标准和规范，根据项目场地附近电网规划情况，采用 2 台单台容量为 400kV·A 的升压变压器，经升压后通过 T 接方式就近接入 10kV 电网。

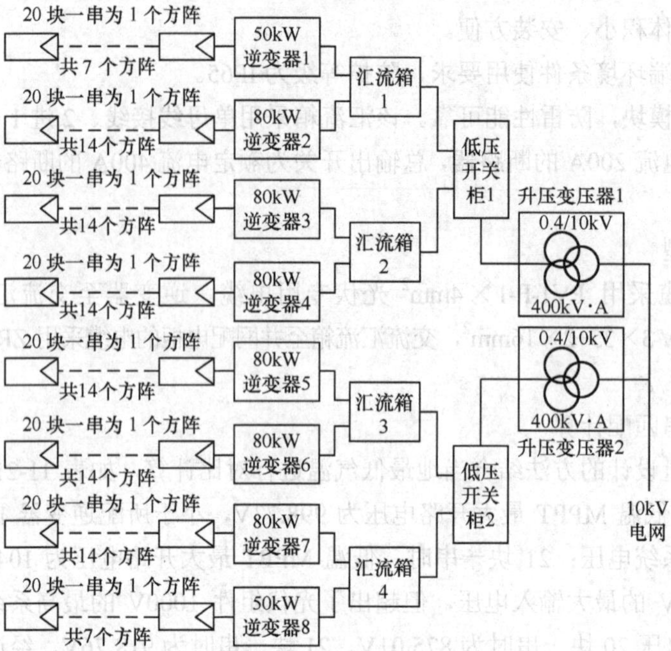

图11-49 系统连接示意

5. 基础、支架结构及组件排布设计

（1）光伏支架基础设计

光伏支架基础设计应结合该场址工程地质条件及光伏发电站的特点，在保障安全要求的前提下，尽量减少建筑材料消耗量及土方搬运量，节约资源，保护环境。

根据现行行业标准JGJ94中的相关规定，为保证基础安全、稳定，结合项目地土质情况，光伏支架基础按现浇钢筋混凝土灌注桩基础设计。灌注桩桩径为250mm，光伏支架桩基础锚入地面1500～2000mm，露出地面高度不小于300mm，混凝土强度等级C30。灌注桩桩内埋设钢筋地笼预埋件和基础螺栓预埋件，光伏支架通过基础预埋螺栓与桩基础连接，具体尺寸如图11-50所示。

（2）光伏支架设计

光伏组件支架应合理选用材料、结构方案和构造措施，保证结构在运输、安装和使用过程中满足强度、稳定性和刚度要求，满足抗震、抗风和防腐蚀等要求。从光伏组件的受力特点及施工、运行维护等因素综合考虑，支架采用钢支架。钢结构支架直接承担太阳能组件的自重、风荷载、雪荷载、温度荷载、地震力等荷载，并将以上荷载传至支架基础。

光伏支架按照纵向2排、每排5块光伏组件设计，每个支架安装10块组件，相当于半组方阵，每两组支架组成一个光伏方阵，方阵之间的横向距离为300mm。按照光伏组件尺寸，每架光伏组件的安装间隙为上下26mm，左右20mm，兼顾光伏场区可占用面积及安装容量，方阵倾角设计为37°，组件最低点距地面的高度不小于0.5m。支架由立柱、横梁及斜撑组成，支架形式为三角形平面桁架结构。支架构件除满足强度、稳定性和刚度要求外，受压和受拉构件须满足长细比要求。用于主梁和立柱的板厚均不小于2.5mm，次梁的板厚不小于1.5mm。支架在工厂加工制作并现场组装。钢支架采用热镀浸锌作为防腐措施，镀锌层平均厚度不小于 65μm。

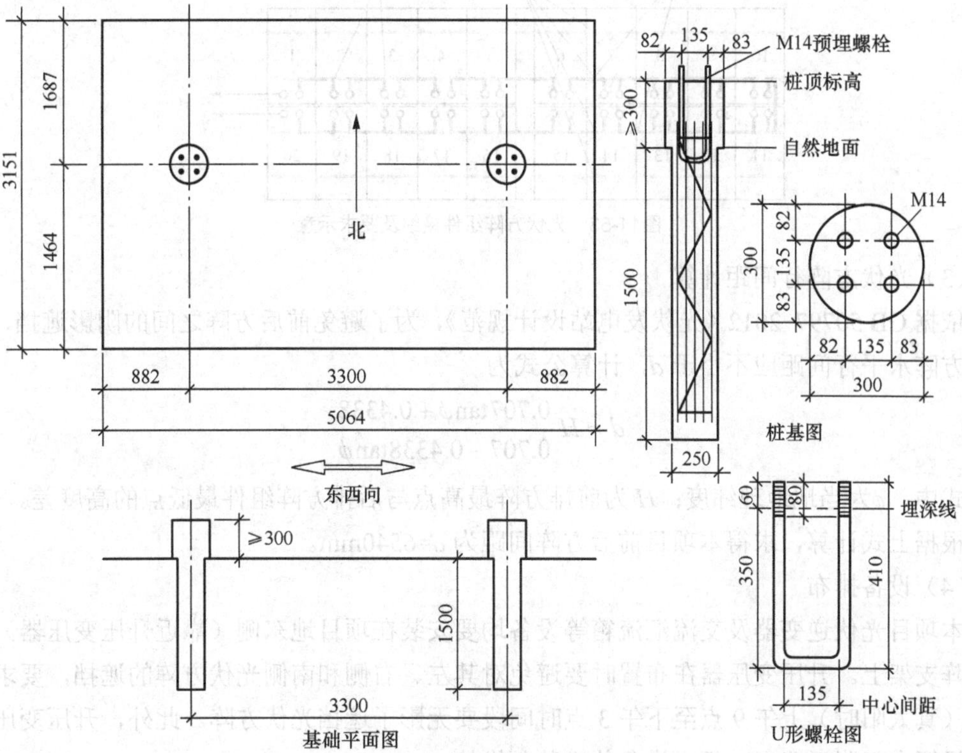

图11-50　光伏支架基础结构具体尺寸

为了确保支架的结构稳定性，在每个结构单元的立柱旁设置两道斜拉杆，并将斜拉杆设置在单元的端部，拉杆采用圆钢，光伏支架的具体结构和尺寸如图 11-51 所示。

在支架和横梁之间，按照光伏组件的安装宽度布置檩条，用于直接承受光伏组件的质量，檩条固定于支架横梁上。组件每条长边上有两个点与檩条连接，一块光伏组件共有 4 个点与檩条固定。光伏组件与檩条的连接采用铝合金压块连接。光伏方阵组件的平面布置如图 11-52 所示。光伏方阵组件接线及要求示意如图 11-53 所示。

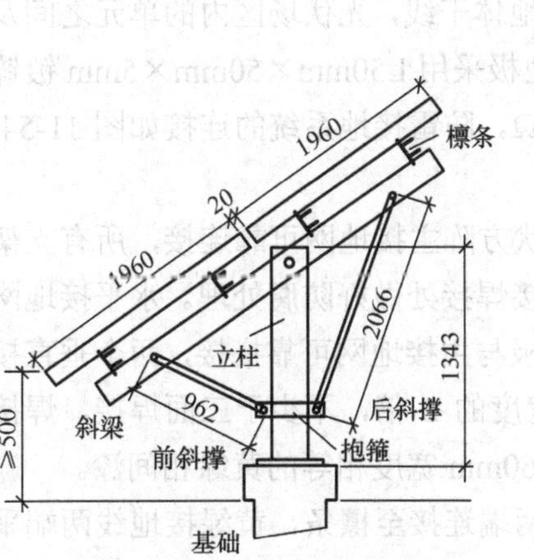

图11-51　光伏支架的具体结构和尺寸

图11-52　光伏方阵组件的平面布置

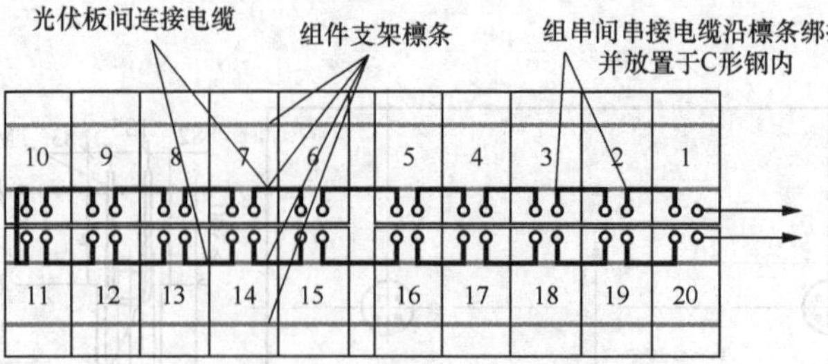

图11-53 光伏方阵组件接线及要求示意

（3）光伏方阵行间距计算

依据 GB 50797-2012《光伏发电站设计规范》，为了避免前后方阵之间的阴影遮挡，光伏组件方阵水平行间距应不小于 d，计算公式为

$$d = H\frac{0.707\tan\phi + 0.4338}{0.707 - 0.4338\tan\phi}$$

式中，ϕ为当地地理纬度；H 为前排方阵最高点与后排方阵组件最低点的高度差。

根据上式计算，求得本项目前后方阵间距为 d=6540mm。

（4）设备排布

本项目光伏逆变器及交流汇流箱等设备均要安装在项目地东侧（靠近升压变压器）的光伏方阵支架上。升压变压器在布置时要避免对其左、右侧和南侧光伏方阵的遮挡，要求为冬至日（真太阳时）上午 9 点至下午 3 点时间段要无影子遮挡光伏方阵。此外，升压变压器布置在场区大门附近路口，便于设备的安装与维护。

6. 防雷接地系统设计

在逆变器内交、直流侧均装有浪涌保护器，可以防止雷击和操作过电压。

在光伏场区利用光伏组件边框及支架作为接闪器保护光伏组件及电气设备。全场接地网采用以水平接地体为主、以垂直接地极为辅的人工复合接地网。在每个交流汇流箱和组串逆变器处设有垂直接地极，以便更好地散流。每个光伏方阵均接至水平接地网。每块光伏组件都通过接地跳线互连，并与光伏支架通过接地线缆可靠连接。

光伏场区采用 40mm×4mm 镀锌扁钢作为水平接地体干线，光伏场区内的单元之间及设备连接接地线也采用 40mm×4mm 镀锌扁钢，垂直接地极采用 L50mm×50mm×5mm 镀锌角钢，长度为 2.5m。接地网整体接地电阻要求不大于 4Ω。防雷接地系统的连接如图 11-54 所示。

所有逆变器、汇流箱、变压器外壳的接地要与光伏方阵主接地网可靠连接，所有支架均通过 40mm×4mm 镀锌扁钢与主接地网可靠连接，连接焊接处做好防腐处理。水平接地网埋深不小于 0.8m，过马路部分要穿钢管保护。垂直接地极与主接地网可靠搭接，两个垂直接地极之间距离不小于 5m。接地扁钢搭接长度不小于其宽度的 2 倍，不少于三面焊接，焊接处应涂防腐材料，室内、室外接地扁钢裸露处应涂 30～60mm 宽度相等的黄绿相间漆。

相邻光伏组件通过 4mm^2 的黄绿铜线相互连接，两端连接至檩条，黄绿接地线两端采用冷压铜接线鼻子连接，用螺栓分别固定于光伏组件接地孔及支架檩条预留孔洞中，通过光伏支架实现接地。每组光伏支架通过镀锌扁钢与主接地网连接，每组光伏支架至少保证有两个点与相邻的主接地网或支架连接，形成可靠的电气通路。

逆变器和汇流箱需要有明显的接地线与主接地网连接，且在附近设置垂直接地极，接地线采用 25mm^2 的铜绞线。

其他电气装置和设施的外壳金属部分，施工时要根据现场情况以最短路径接地。

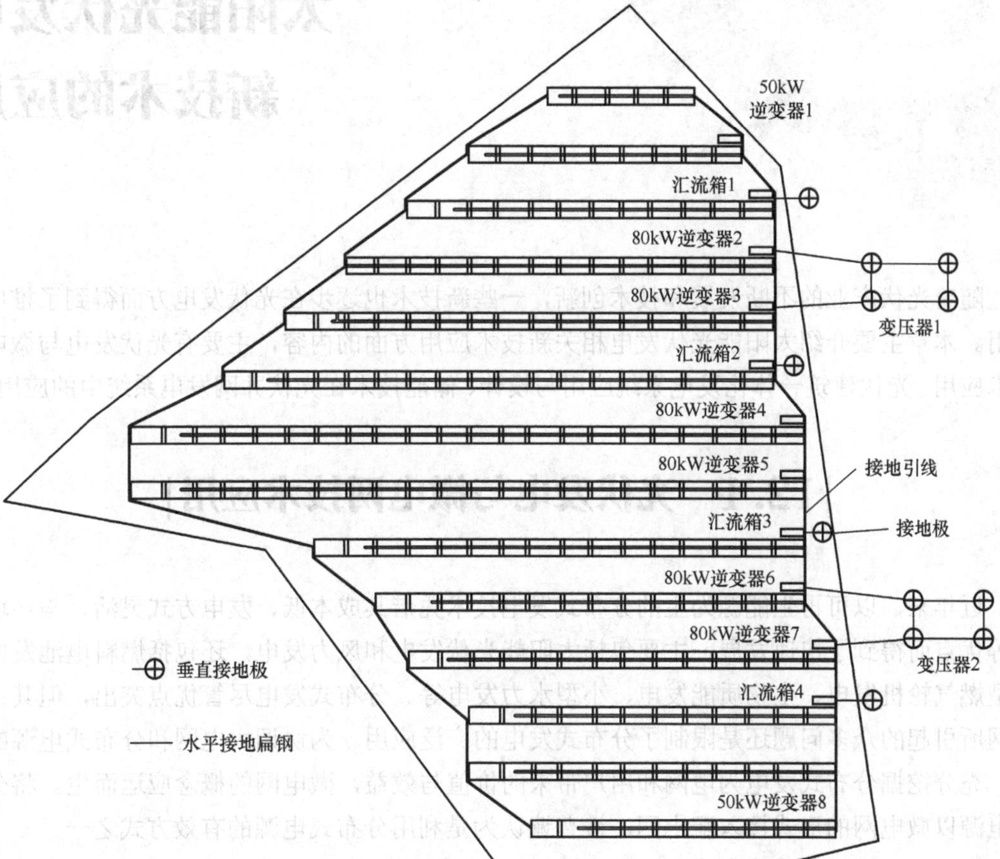

图11-54　防雷接地系统的连接

7. 监控通信系统设计

与其他方案一样，该方案监控通信系统采用内部集成了 GPRS 模块的数据采集器，将 RS-485 端口与 8 台逆变器的 RS-485 端口连接，获取光伏发电系统的各种工作状态数据及信息，通过 GPRS 移动网络传输数据，确保用户可以长期、稳定地获取采集器数据，不间断地监控光伏发电系统的工作状况。用户可通过手机、计算机等设备下载 App，经网络远程访问云平台，实现光伏发电系统的运营和管理。

第12章 太阳能光伏发电新技术的应用

随着光伏产业的不断发展和技术创新，一些新技术也逐步在光伏发电方面得到了推广和应用。本章主要介绍太阳能光伏发电相关新技术应用方面的内容，主要有光伏发电与微电网技术应用、光伏建筑一体化发电系统应用与设计、储能技术在光伏并网发电系统中的应用等。

|12.1 光伏发电与微电网技术应用|

近年来，以可再生能源为主的分布式发电技术凭借其成本低、发电方式灵活、与环境兼容等优点而得到了快速发展，主要包括太阳能光伏发电和风力发电，还包括燃料电池发电、微型燃气轮机发电、生物质能发电、小型水力发电等。分布式发电尽管优点突出，但其接入电网所引起的众多问题还是限制了分布式发电的广泛应用。为协调大电网和分布式电源的矛盾，充分挖掘分布式发电为电网和用户带来的价值与效益，微电网的概念应运而生。将分布式电源以微电网的形式接入配电网，被普遍认为是利用分布式电源的有效方式之一。

微电网是指由各种分布式电源、储能装置、能量转换装置、配电设施、相关负荷和监测、控制、保护装置汇集而成的小型发配电系统，是一个能够实现自我控制、保护和管理的自治系统，既可以与外部电网并网运行，也可以独立运行，能够实现即插即用和无缝切换。微电网可被看作小型的电力系统，它具备完整的分输配电功能，可以实现局部的功率平衡和能量优化。微电网系统容量一般为数千瓦至数兆瓦，一般与低压或中压配电网衔接。

微电网已成为解决电力系统诸多问题的一个重要辅助手段，它以更具弹性的方式协调分布式电源，从而可以充分发挥分布式发电的作用。光伏发电系统在与微电网相结合后，逐步成为电力系统的主力能源，发挥更大的作用。

1. 微电网技术及发展

超大规模电力系统减弱了分布式能源的作用，也间接限制了对新能源的利用范围。在不改变现有配电网络结构的前提下，为了削弱分布式电源对其的冲击和负面影响，世界各国纷纷提出微电网的观点和概念，也就是将分布式发电、用电负载、储能装置及控制装置结合在一起，形成一个单一可控的独立供电系统，也可以将其看成管理局部能量关系的、基于分布式发电装置的小电网。微电网技术采用了新型电力电子技术，将微型发电系统和储能装置并在一起，直接接在用户侧。对大电网来说，微电网可被看作一个可控单元，可以在数秒内动作以满足外部输配电网络的需求；对用户来说，微电网可以满足特定的需求，如降低馈线损耗、增加本地可靠性、维持本地自用电，保持本地电压稳定。微电网和配电网之间可以通过公共连接点进行能量交换，双方互为备用，从而提高供电可靠性。微电网或与配电网并网运行或孤岛运行，微电网的灵活运行方式使其不但可以避免分布式发电并网所带来的负面影响，还能对配电网起到支撑作用。另外，也使得微电网的结构、模拟、控制、保护、能量管理系统和能量存储技术等与常规分布式发电系统和技术有较大不同。

微电网可分为并网型微电网和独立型微电网，都可以实现自我控制和自治管理。并网型微电网既可以与外部电网并网运行，也可以离网独立运行。独立型微电网不与外部电网连接，电力电量自我平衡，其构成如图 12-1 所示，可广泛应用于岛屿、边防哨所、高原及其他偏远无电或少电场合，也可用于相对孤立的地区或大电网末梢，相对独立，供电稳定。并网型微电网同样包含多个分布式发电单元和储能系统，联合向负载供电，整个微电网对外是一个整体，通过断路器与上级电网相连。微电网中的发电单元可以是利用多种能源（太阳能、风能、化学能等）发电的单元，风光柴储微电网系统如图 12-2 所示，还可以热电联产或冷热电联产等形式形成多能互补微电网系统，就地向用户提供热能，将多余的电能通过储冷或储热的方式存储和利用，以进一步提高能源利用效率，产业园区多能互补微电网如图 12-3 所示。

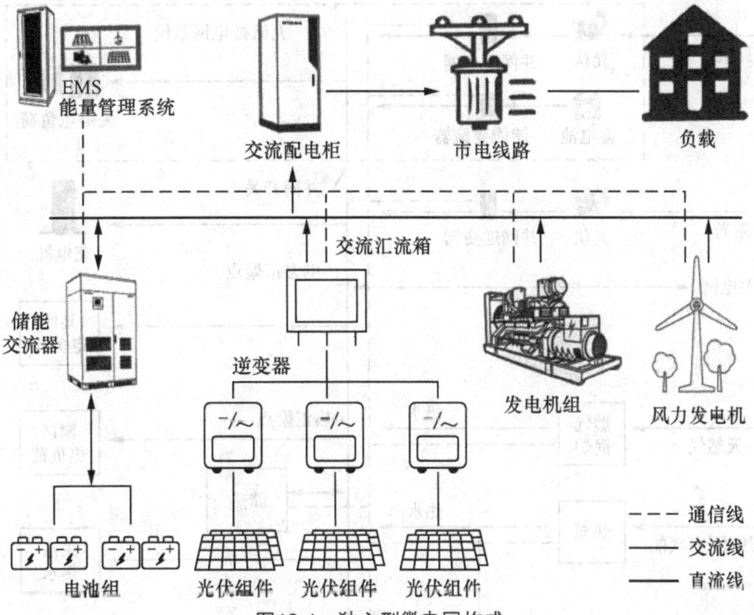

图12-1　独立型微电网构成

多能互补微电网系统通过冷、热、电联供，不仅可以实现能源梯级利用，显著提高能源利用效率，还可以就近消纳电能，减少传输距离，降低了能源在传输过程中的损耗，由于具备储能（含冷、热）系统，有利于光伏、风力的间歇性可再生能源的更多接入。由于多能互补微电网系统大多采用风能、太阳能、化学能或生物质能等作为能源，可显著减少碳排放。

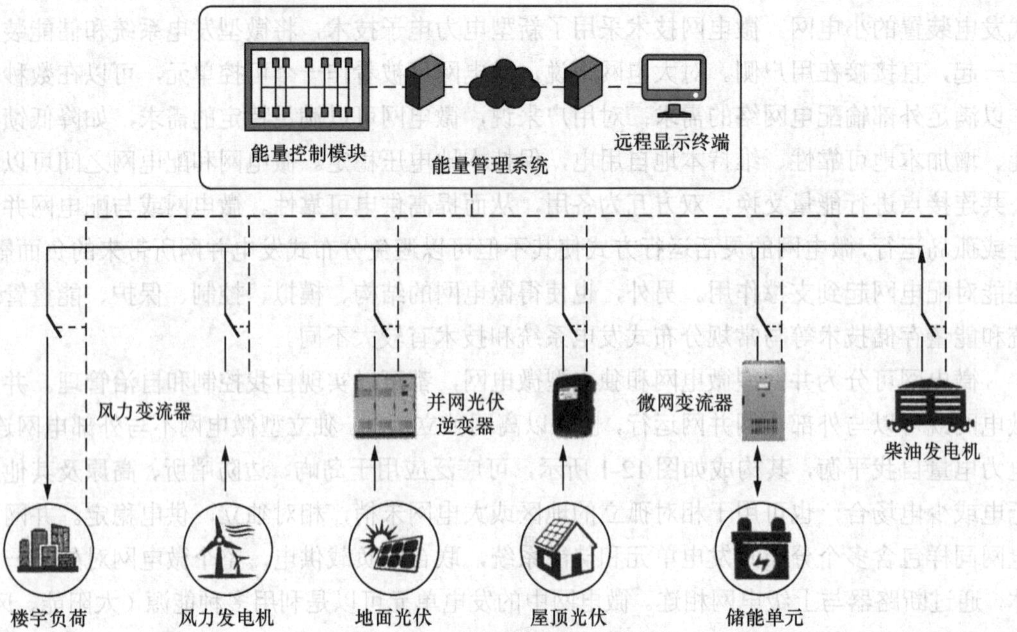

图12-2　风光柴储微电网系统

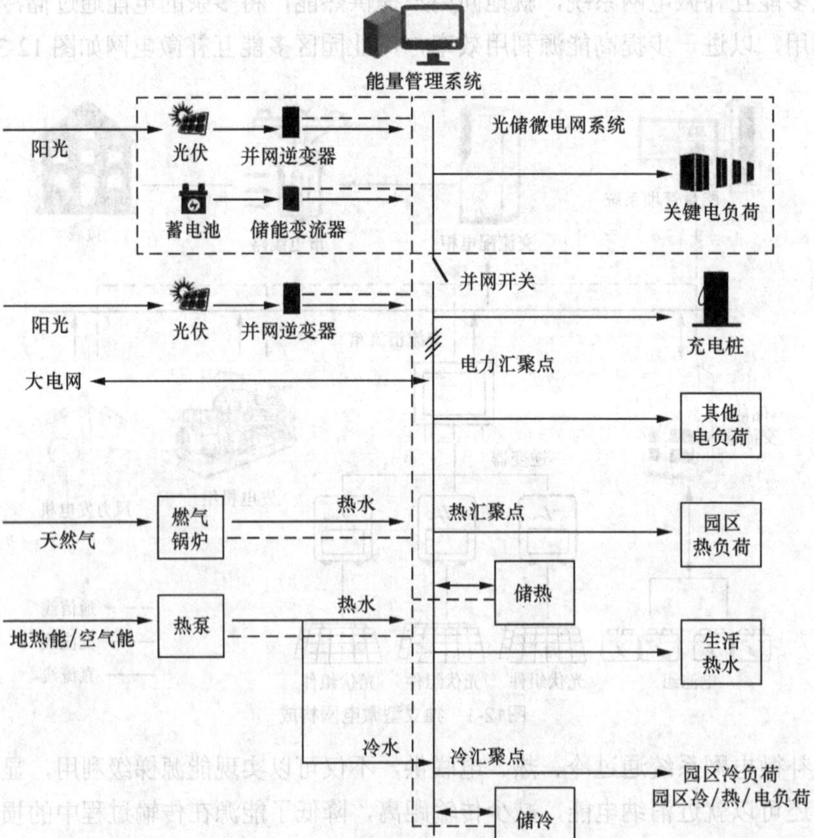

图12-3　产业园区多能互补微电网系统

直流微电网系统是随着近年来光伏发电及储能系统应用提出的新说法，其实直流供电一直在纺织、造纸、半导体等工业领域及数据中心、通信控制中心等场合应用。光伏发电及储能系统供电都是直流电，完全可直接为直流负载供电，直流微电网系统可以减少大量的电能转换环节，系统效率高、线路损耗小，没有无功补充、相位切换等问题，更易于接入储能系统。图 12-4 所示为含直流供电的工业园区微电网系统。

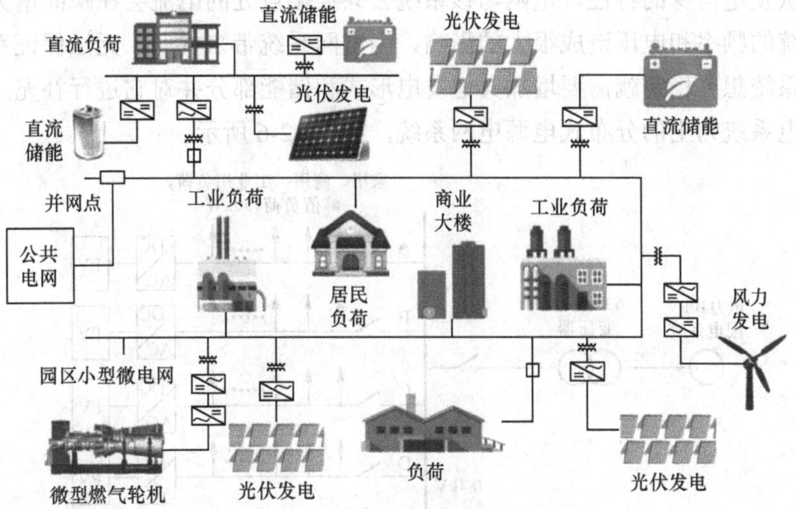

图12-4 含直流供电的工业园区微电网系统

微电网的具体结构随负载等方面的需求而不同，但是其基本单元应包含微能源、蓄能装置、管理系统及负载。其中大多数微电网与电网的接口要求是基于电力电子的，以保证微电网以单个系统方式运行的柔性和可靠性。在智能电网的发展过程中，配电网需要从被动式的网络向主动式的网络转变，这种网络利于分布式发电，能更有效地连接发电侧和用户侧，使得双方都能实时参与电力系统的运行。微电网是一种新型的网络结构，是实现主动式配电网的一种有效方式。

2. 包含光伏发电系统的微电网

根据国家电网公司对光伏电站接入电网技术的规定，许多光伏项目大多数采用用户侧或电网侧低压并网的方式，这是目前分布式电源的主要形式。光伏并网发电系统分布形式如图 12-5 所示。

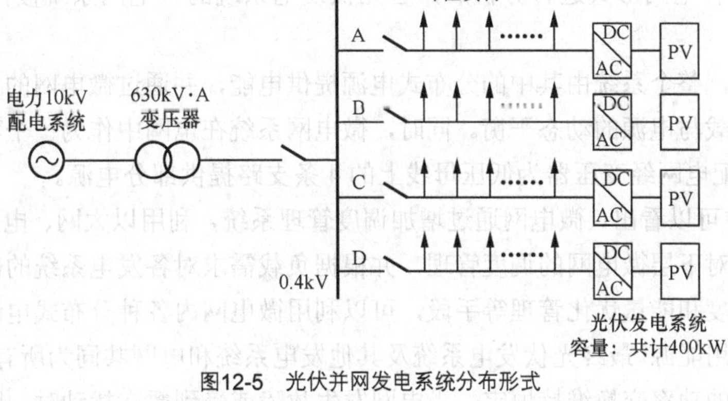

图12-5 光伏并网发电系统分布形式

这种分布式光伏发电系统的容量还远不能满足网内负载一天正常用电的需求，而且系统对电网也有很大的依赖性。同时，白天光伏发电系统发出的一部分电能会由于用电负荷不足而被白白浪费，而且这部分电能与光伏发电系统的容量成正比关系。

由于光伏发电自身的特性，电网与该系统公共连接点处的电流会在瞬间增大或减小，这会对电网系统的频率和电压造成很大的影响，为电网系统带来扰动，无法保证系统的稳定性和可靠性。系统想要稳定就需要增加其他发电形式和储能部分并对它进行补充。这就形成新的以光伏发电系统为主的分布式电源电网系统，如图 12-6 所示。

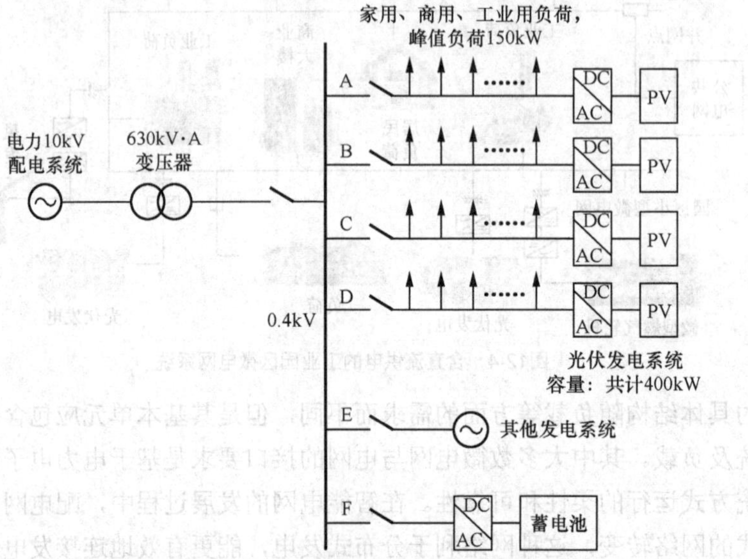

图12-6　含光伏发电系统的分布式电源电网系统

在图 12-6 所示的电网中除了光伏发电系统，支路 E 可以是风力发电、沼气发电、生物发电和微型燃气轮机发电等各种发电形式中的一种或多种混合而成的发电系统；支路 F 为系统储能装置，一般可以为蓄电池、燃料电池、飞轮、压缩空气储能等。

这种分布式电源电网系统在正常运行中满足了电网负载的大部分需求，也降低了负载对电网系统的影响。但是系统对电网的需求是随着负载的增加和减少而实时变化的，这样就会增加在调度运行中对潮流管理的难度，导致线路中损耗增加，系统的稳定性和可靠性降低，也增加了保护设备整定的难度。因此，它还不是最经济的电网系统。

在对以上两种电网形式进行分析后，含光伏发电系统的微电网系统被提出，如图 12-7 所示。

正常情况下，整个系统由其中的分布式电源提供电能，并通过微电网的调度管理系统实现微电网内部负载与电源的动态平衡。同时，微电网系统在电网中作为一个稳定的配电单元存在，由 10kV 配电网经变压器为低压母线上的 4 条支路提供部分电源。

从图 12-7 中可以看出，微电网通过增加调度管理系统，利用以太网、电力载波、光纤等通信方式，实现对下层微电网的调度管理，并根据负载需求对各发电系统的出力进行实时控制。通过经济调度和能量优化管理等手段，可以利用微电网内各种分布式电源的互补性，更加充分合理地利用能源。最终光伏发电系统及其他发电系统和电网共同为所有负载提供电能，并且与电网之间的功率交换维持恒定。当电网发生故障或受到暂态扰动时，断路器可以很方便地自动切换微电网到孤岛运行模式，各分布式电源及储能装置可以采用各种控制策略维持微电网的功率平衡。在灾难性事件发生导致大电网瓦解的情况下，分布式电源还可以保证对重要负载的继续供电，维持微电网自身供需能量平衡，并协助电网快速恢复，降低损失，促进其更加安全高效运行。因此，含光伏发电系统的微电网系统存在两种运行模式，即电网正常状况下的并网运行模式和电网故障状况下的孤岛运行模式。

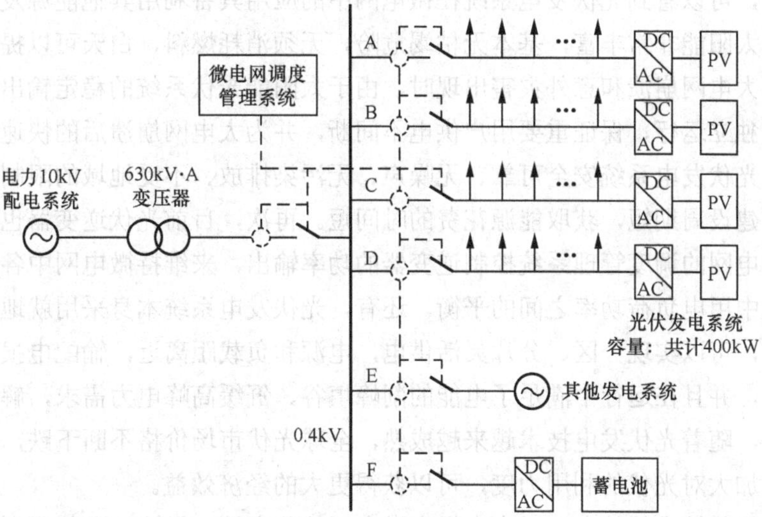

图12-7　含光伏发电系统的微电网系统

3. 光伏发电系统在微电网中的应用及特点

未来的电力系统将会是由集中式与分布式发电系统有机结合的功能系统，其主要框架结构是由集中式发电和远距离输电骨干网、地区输配电网及以微电网为核心的分布式发电系统相结合的统一体，能够降低成本，降低能耗，提高能效，提高电力系统可靠性、灵活性和供电质量。微电网的出现将从根本上改变传统电网应对负荷增长的方式，其在降低能耗、提高电力系统可靠性和灵活性等方面具有巨大潜力。

分布式发电可以将太阳能发电（包括热发电和光伏发电）电源组织起来，并配置一定的储能设备，通过有效的系统控制，提高分布式发电系统的稳定性和电能质量。

我国西北、华北等地区拥有丰富的太阳能资源，大部分地区人口密度低，非常适宜发展分布式发电。由于分布式发电可规模化接入，只要对现有配电系统进行小改造，就可以实现在低压侧或配电侧并网，满足电力系统潮流分布、继电保护和运行控制等方面的要求，然后利用各种微电源的互补性，大大提高太阳能光伏发电的稳定性，促进分布式发电的规模化利用。

在一线、二线城市，建筑体量大，配电网发达，自动化水平高，电网结构合理，分布式发电应结合国家产业政策和电网的规划实现集中并网或用户侧并网。大电网与光伏发电系统相结合，有助于防止大面积停电、提高电力系统的安全性和可靠性，并增强电网抵御自然灾害的能力，对于电网乃至国家安全都有重大现实意义。

以最低的发展成本，实现对太阳能、风电等可再生能源的开发和接纳，发展“智能电网”是一个行之有效的选择。

智能电网的核心思想是，在开放和互联的信息模式下，通过加载数字设备和升级电网网络管理系统，实现发电、输电、供电、用电、售电、电网分级调度、综合服务等电力产业全流程的智能化、信息化、分级化互动管理。同时，再造电网的信息回路，构建新型的用户反馈方式，推动电网整体转型为节能基础设施，提高能源效率，降低客户成本，减少碳排放，创造电网价值的最大化。

通过分析，可以看到光伏发电系统在微电网中的应用具备利用其他能源发电无法比拟的优点。首先，太阳能非常丰富，基本无枯竭危险，无须消耗燃料，白天可以提供基本稳定的输出功率；在大电网崩溃和意外灾害出现时，由于太阳能光伏系统的稳定输出，可以支撑微电网进行孤网独立运行，保证重要用户供电不间断，并为大电网崩溃后的快速恢复提供电源支持。其次，光伏发电系统安全可靠、无噪声、无污染排放、不受地域的限制，可利用建筑屋面的优势，建设周期短，获取能源花费的时间短。再次，目前光伏逆变器也具备功率调节功能，通过微电网的调度管理系统控制逆变器的功率输出，来维持微电网中各发电系统的输出功率和系统中用电负荷功率之间的平衡。还有，光伏发电系统本身采用就地能源，通过合理的规划设计，可以实现分区、分片灵活供电，电源和负载距离近，输配电损耗很低，降低了输配电成本，并且在运行中满足了电能的削峰填谷、舒缓高峰电力需求，解决电网峰谷供需矛盾。最后，随着光伏发电技术越来越成熟，全球光伏市场价格不断下跌，安装成本逐年下降，微电网加大对光伏的利用力度，可以获得更大的经济效益。

微电源与储能技术的结合可以大大提高微电网的稳定性、经济性和能源利用率，它们直接接在用户侧，具有低成本、低电压、低污染等特点。在接入问题上，微电网的入网标准只针对微电网和大电网的公共连接点，而不针对各个具体的微电源。这样不仅解决了分布式发电接入的问题，还充分发挥了它们的优势。所以，分布式发电、微电网运行将成为未来大型电网的有力补充和有效支撑。

12.2 光伏建筑一体化发电系统应用与设计

光伏建筑一体化是光伏发电在建筑上应用的一种形式，也是分布式光伏发电在城市应用的主要形式。简单地讲，就是为了降低建筑能耗，将光伏发电系统与屋顶、天窗、幕墙等建筑的围护结构有机结合或融为一体，构成由光伏发电系统提供电力的绿色建筑，产生电能供本建筑及周围用电负载使用，还可通过建筑物输电线路并网发电，向电网提供电能。光伏组件与建筑的结合不额外占用土地，可被广泛应用于各类可承载光伏发电系统的民用、工业、公共建筑、交通枢纽建筑等，是分布式光伏发电系统安装的主要应用形式，因而备受关注。

1. 光伏建筑一体化的分类及优点

光伏建筑一体化分为BIPV（集成到建筑物上的光伏发电系统）和BAPV（在现有建筑物上安装的光伏发电系统）两种类型。BIPV是指与建筑物同时设计、施工和安装，并与建筑物完美结合的光伏发电系统，也称为“构件型”或“建材型”太阳能光伏建筑。它作为建筑物外部结构和建筑材料的一部分，既具有光伏发电功能，又具有建筑构件和建筑材料隔热、绝缘、防雨、抗风、透光等功能，甚至还可以提升建筑物的美感，其工程示例如图12-8所示。

BAPV是指通过后置方式附着在建筑物上的光伏发电系统，也称为“安装型”太阳能光伏建筑，一般采用特殊支架将光伏组件固定在现有建筑屋面或墙面结构。它的主要功能是发电，与建筑物原有功能不发生冲突，不破坏或削弱原有建筑物的功能，甚至有补充和提升建筑功能的作用，例如为建筑增加的遮阳棚及屋顶用于隔热等，其工程示例如图12-9所示。

图12-8 BIPV工程示例

图12-9 BAPV工程示例

光伏建筑一体化主要有以下优点。

（1）建筑物能为光伏发电系统提供足够的面积，不需要额外占用土地面积。符合建设条件的建筑量大，可大规模推广应用。

（2）光伏发电系统的支撑结构可以与建筑物部分结构结合，可降低光伏发电系统基础和部分基础结构的费用。

（3）光伏组件安装方式较自由，系统效率较高，可实现较大规模装机。

（4）采用就近并网的运行方式，省去了输电费用。分散发电，减少了电力传输和电力分配的损失，降低了电力传输和分配的投资及维修成本。

（5）光伏方阵可代替部分常规建筑材料，节省材料费用。

（6）光伏方阵安装与建筑施工同步，节省安装成本。

（7）可以使建筑物的外观更具魅力。

（8）能有效降低墙面及屋顶的温升，减少建筑能耗，实现建筑节能。

光伏发电系统与建筑相结合，使房屋建筑发展成具有独立电源、自我循环式的新型绿色建筑。

2. 光伏建筑一体化的安装结构类型

光伏建筑一体化的安装结构类型主要分为三大类型，共8种形式，如表12-1所示，即建材型安装类型、构件型安装类型和与屋顶、墙面结合安装类型。

表12-1　光伏建筑一体化安装结构类型

类别	主要形式	光伏组件	建筑要求	结合方式
建材型	光伏采光顶（天窗）	透明光伏玻璃组件	建筑效果、结构强度、采光、遮风挡雨	BIPV
	光伏屋顶	光伏屋面瓦	建筑效果、结构强度、遮风挡雨	BIPV
	透明光伏幕墙	透明光伏玻璃组件	建筑效果、结构强度、采光、遮风挡雨	BIPV
	不透明光伏幕墙	不透明光伏玻璃组件	建筑效果、结构强度、遮风挡雨	BIPV
构件型	光伏遮阳板（有采光要求）	透明光伏玻璃组件	建筑效果、结构强度、采光	BIPV
	光伏遮阳板（无采光要求）	不透明光伏玻璃组件	建筑效果、结构强度	BIPV
结合型	屋顶光伏方阵	普通光伏组件	建筑效果	BAPV
	墙面光伏方阵	普通光伏组件	建筑效果	BAPV

（1）建材型安装类型

建材型安装类型是将太阳能电池与瓦、砖、卷材、玻璃等建筑材料复合在一起，成为不可分割的建筑构件或建筑材料的安装结构类型，如光伏瓦、光伏外墙砖、光伏屋面卷材、光伏玻璃幕墙、光伏采光顶等。光伏组件作为建筑物的屋面和墙面，与建筑结构浑然一体，结合程度非常高。

（2）构件型安装类型

构件型安装类型是光伏构件与建筑构件组合在一起或独立成为建筑构件的安装结构类型，如以标准光伏组件或根据建筑要求定制的光伏组件构成雨篷构件或遮阳构件等。

（3）与屋顶、墙面结合安装类型

与屋顶、墙面结合安装指在平屋顶上安装、坡屋面上顺坡架空安装及与墙面平行安装等形式。光伏组件安装在屋面上，安装方式包括与屋面平行安装和固定倾斜角安装。

3. 光伏建筑一体化系统设计需要考虑的因素和要求

（1）对光伏方阵或组件的朝向布局要求

对某一个具体的建筑来说，与光伏方阵集成或结合的屋顶和墙面所能接收的太阳辐射是一定的。为了获得更多的太阳能，光伏方阵的布置应尽可能朝向太阳光入射的方向，如朝向为建筑的屋顶正南、东南、西南等，若屋顶面积有限，正东和正西也可以考虑。另外，还要考察建筑物的周边环境，光伏方阵尽量避开或远离遮阴物。

（2）对光伏组件的质量、透光和外观的要求

兼作建筑材料的光伏组件产品，必须通过建材行业相关测试及相关标准认证，具备建筑

材料所要求的几项条件：坚固耐用、隔热保温、防水防潮、抗风抗震。例如用作光伏幕墙和光伏采光顶的光伏组件，不仅需要满足光伏组件的性能要求，同时要满足幕墙或采光顶的相关实验要求和建筑物安全性能要求，需要有更高的力学性能和采用不同的结构形式。

用于窗户、玻璃幕墙和采光屋顶的光伏组件，还必须满足建筑室内采光要求，也就是说这类光伏组件既要能发电，还要具有满足室内采光需求的透光量，避免室内因采光不足而设计二次照明。

在外观方面，光伏组件除了满足强度和刚度要求，还要考虑装饰性、美观性要求，如光伏组件的颜色及质感要与建筑物相协调，尺寸和形状要与建筑物的结构相吻合，还要考虑安全性能及施工便利性等因素。

（3）组件数量及排列方式的要求

光伏方阵设计时要根据组件面积的大小，确定每一个屋面或墙面可以安装的组件总数量及排列方式。由于每个安装面的朝向不同，一般一个安装面要分别对应一台或几台逆变器，并设计成组串式逆变器或组件式（微型）逆变器结构，以提高逆变器的工作效率。

4. 光伏建筑一体化的设计原则与方法

（1）设计原则

光伏建筑一体化是光伏发电系统依赖或依附于建筑的一种新能源利用形式，其主体是建筑，客体是光伏发电系统。因此，光伏建筑一体化设计应以不损害和影响建筑的效果、结构安全、功能和使用寿命为基本原则，任何对建筑本身产生损坏和不良影响的设计都是不合格的设计。光伏建筑往往与人的日常活动密不可分，系统设计不能只单纯考虑系统发电量，应更多地侧重考虑系统的安全性、后期的维护便利性等因素。

（2）建筑设计

光伏建筑一体化的设计应从建筑设计入手，首先对建筑物所在地的地理气候条件及太阳能资源情况进行分析，这是决定是否选用光伏建筑一体化的先决条件；其次是考虑建筑物的周边环境条件，即选用建筑部分接受太阳能的具体条件，如该建筑被其他建筑物遮挡，则不必考虑选用光伏建筑一体化方式；再次是考虑建筑物与其外装饰的协调性，光伏组件给建筑设计带来了新的挑战与机遇，画龙点睛的设计会使建筑更富生机，环保绿色的设计理念更能体现建筑与自然的和谐；最后是考虑光伏组件的吸热对建筑热环境的改变。

（3）发电系统设计

光伏建筑一体化的发电系统设计与地面光伏电站的设计不同，地面光伏电站一般根据设计容量要求或可占用土地面积来确定光伏方阵大小并配套系统，光伏建筑一体化则根据可安装光伏方阵大小及建筑采光要求来确定发电的功率并配套系统。

光伏发电系统设计包含 3 个部分，分别为光伏方阵排布设计、光伏组件选型设计和光伏发电系统配置设计。

① 光伏方阵排布设计：光伏方阵在与建筑墙面结合或集成时，一方面要考虑建筑效果，如颜色与板块大小；另一方面要考虑其受光条件，如朝向与倾斜角。组件排布要考虑组件尺寸、形状、功率等要求，还要考虑组件与建筑之间的装配安装方式。

② 光伏组件选型设计：主要涉及光伏组件的类型和形状的选择，如普通组件、双玻组件、

薄膜组件、光伏墙砖、光伏瓦、轻质组件等，还要根据建筑结构设计或选择光伏组件尺寸并综合考虑外观色彩、发电量及透光率等各种因素。作为建筑幕墙和采光顶的光伏组件，往往需要更长的使用寿命，需要采用PVB胶膜代替EVA胶膜进行制造，并选择优质的接线盒、连接器及直流电缆，保证在寿命周期内不发生需要检修或更换组件的情况。

③ 光伏发电系统配置设计：即确定光伏发电系统为并网系统还是离网系统，控制器、逆变器、蓄电池等的选型，防雷接地、系统综合布线，监控系统与显示等环节设计。

（4）结构安全性与构造设计

光伏组件与建筑的结合，结构安全性涉及两方面：一是组件本身的结构安全，如高层建筑屋顶的风载荷较地面大很多，普通光伏组件的强度能否承受，受风变形时是否会影响电池片的正常工作等；二是固定组件的连接方式的安全性。安装固定组件，需对连接件固定点进行相应的结构计算，结合当地气候条件，充分考虑其在使用期内会遇到多种不利情况，保证在大风、地震等自然灾害发生时，不发生光伏组件及其结构件坠落、跌落等问题。建筑的使用寿命一般在50年以上，光伏组件的使用寿命也在25年以上，所以结构安全性问题不可小视，要保证光伏发电系统在其生命周期内不出任何问题。

构造设计是关系光伏组件工作状况与使用寿命的因素，普通组件的边框构造与固定方式相对单一。光伏组件与建筑结合时，其工作环境与条件有变化，其构造也需要与建筑相结合，如隐框幕墙的无边框、采光顶的排水等普通组件边框已不适用。

在构造设计时还要考虑系统运行期间的组件清洗及检修维护的便利性。

（5）防火安全性设计

光伏发电系统的光伏组串直流回路有600～1000V的直流电压，直流高压很容易接触不良造成拉弧现象，且拉弧强度很大，极易引起明火，甚至酿成火灾。一旦发生火灾，在有阳光照射时，直流侧的直流高压会一直存在，十分危险，消防人员将无法实施救火工作。为此，光伏建筑一体化系统在设计时，一定要在光伏组串中加装电弧故障断路器，实现电弧智能检测和快速切断，并根据相应场景安装火灾智能报警系统，配备消防器材和设施。

5. 光伏建筑一体化不同安装类型的应用

（1）建材型安装类型的应用

作为屋面和墙面使用，组件材料应具有良好的保温、防水、隔断、隔音等功能，使建筑物达到节能、美观等要求，一般需要根据项目特点定制组件。但是在夏季温度较高的情况下，组件散热难度很大。温度过高，光伏组件的输出电压将产生随温度变化的负效应，使系统输出功率降低，光伏组件的使用寿命也会受到很大的影响。

作为屋面材料，建材型组件的边框材料多为金属材料，我国北方地区年度平均温差很大，材料的热胀冷缩非常显著，一段时间后防水系统会被破坏，出现渗漏现象。另外，北方寒冷地区建筑屋面多为平屋面或坡度较小的屋面，在冬季有积雪的情况下，这种小坡度屋面将无法自动清除积雪。有些地区还经常出现沙尘天气，在这种情况下，灰尘容易在组件表面堆积，这样将对光伏组件的发电效率产生很大影响。因此，建材型光伏组件结构形式不太适合在寒冷地区使用。

（2）构件型安装类型的应用

构件型安装类型适合不同地区，但是构件在进行设计时，应充分考虑其安全性，因建筑结构的下方都是人们活动的区域，必须采取安全措施以保证安全。建筑构件有特定的功能性和美观性要求，而光伏组件需要最大程度地吸收太阳能，因此光伏构件在建筑物上只能进行选择性安装，如设置在建筑物可以满足日照的立面，综合考虑建筑物的整体造型和功能性要求，如果一味生搬硬套其他安装方案，必然会影响建筑物的整体效果。

（3）与屋顶、墙面结合安装类型的应用

与屋顶、墙面结合安装类型的光伏发电系统与建筑物的结合程度不高，可根据用户的需要灵活布置，采用常规光伏组件即可实现。对于地处寒冷地带、太阳能资源比较丰富的地域，在建筑物的结构选型方面，结合建筑物特征，可优先选择与屋顶、墙面结合安装类型，其次是构件型安装类型，最后是建材型安装类型。

12.3 储能技术在光伏并网发电系统中的应用

光伏发电系统的并网运行，往往会受日照条件和气象环境变化的影响，造成对电网的冲击，给电网的稳定运行和供电质量带来一定的负面影响。特别是随着光伏发电等各种可再生能源发电规模的不断扩大及可再生能源在能源结构中的占比越来越大，它对电网产生的冲击就成为一个不可忽视的、必须采取有效技术措施去解决的问题，这个问题不解决，太阳能及其他可再生能源在整个发电系统能源结构中的占比就极其有限，阻碍光伏发电产业的发展。

储能技术在光伏并网发电中的应用是解决上述问题的主要措施，储能装置具有响应时间短、便于调度、施工安装快的优点，是光伏发电系统的有效补充。在发电侧，储能系统可以快速响应调频服务，平抑短时输出功率的波动，跟踪调度计划输出功率，提高电网备用容量，保证光伏发电系统能向用户提供持续供电，扬长避短地利用了光伏、风力等可再生能源清洁发电的优点，也有效地克服了其波动性、间歇性和难预测性的缺点；在输电、配电侧，储能系统可以实现削峰填谷、负荷跟踪、调频调压和电能质量治理，有效提高输电系统的可靠性，提高电能质量，提高系统自身的调节能力；在终端用户侧，分布式储能系统在智能微电网能源管理系统的协调控制下可优化用电方式、降低用电费用，并且保持电能的高质量。总体来说，储能技术是建设智能电网和发展“互联网+智慧能源”应用，进一步提高可再生能源在系统能源结构中占比的关键支撑技术。

1. 储能系统的分类

电能可以转换为化学能、势能、动能、电磁能等形态存储，按照其具体方式，储能系统可分为物理储能、电化学储能、化学储能、热储能和电磁储能等几大类型。其中物理储能包括抽水储能、压缩空气储能和飞轮储能等；电化学储能包括铅酸、锂离子、液流和钠硫等电池储能；化学储能包括氢能和燃料电池储能；热储能包括储冷和储热等；电磁储能包括超级电容器储能、超导磁储能和高能密度电容储能，储能系统的分类如图 12-10 所示。

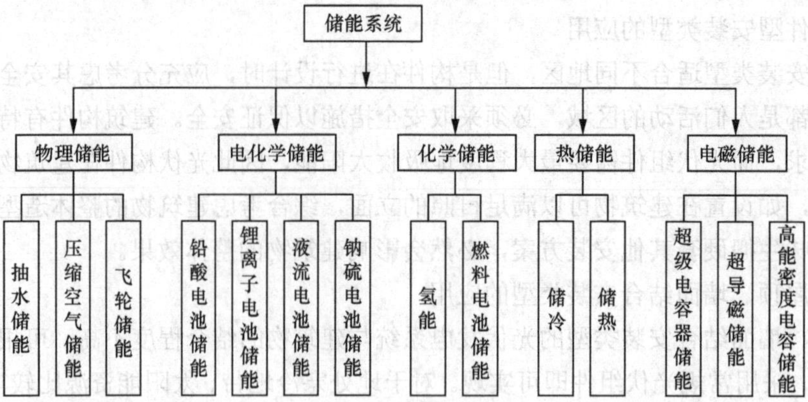

图12-10　储能系统的分类

（1）抽水储能

抽水储能系统需要高位、低位两个水库，并安装有能双向运转的水轮发电机组和电动水泵机组，其技术方案就是在电力负荷低、有富余电力时，通过水泵将水抽至高位水库，消耗一部分电能；当电力负荷高时，高位水库放水发电，将势能转换成电能送入电网，起到削峰填谷的作用。抽水储能具有运行方式灵活和反应快速的特点，是配套大型可再生能源系统和建设智能电网、保障电力系统安全稳定经济运行的最成熟、最经济的大规模储能方式。抽水储能在电力系统中可配合太阳能光伏等可再生能源发电，平抑太阳能等可再生能源发电输出功率的随机性、波动性，提高电力系统对可再生能源的消纳能力。抽水储能方式发展历史长、技术成熟、成本较低、储能容量大、寿命长，适用于电力系统调峰和用作长时间备用电源的场合，但其发展对地理环境条件要求极高、必须有能形成水库的资源。

（2）压缩空气储能

压缩空气储能系统工作原理示意如图 12-11 所示，主要由两部分组成：一是充气压缩循环，二是排气膨胀循环。在夜间负荷低谷时段，电动机—发电机组作为电动机工作，驱动压缩机将空气压入空气存储库（洞穴）；在白天负荷高峰时段，电动机—发电机组作为发电机工作，所存储的压缩空气先经过回热器预热，再与燃料在燃烧室里混合燃烧后，进入膨胀系统（如涡轮机）中发电。该方法安全系数高、寿命长。系统可以冷启动、黑启动，响应速度快，但能量密度低，并受地形条件的限制。压缩空气储能适合电网峰谷调节、分布式储能和发电系统备用场合。

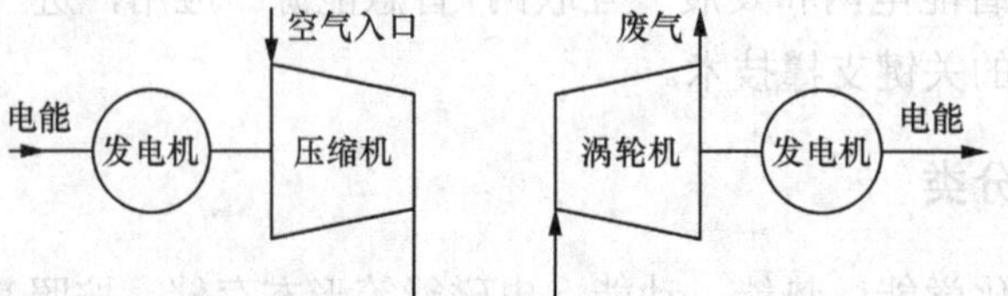

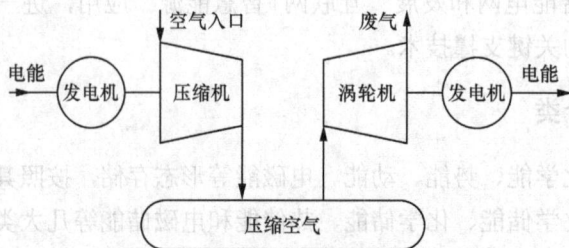

图12-11　压缩空气储能系统工作原理示意

（3）飞轮储能

飞轮储能系统主要由飞轮、集成的发电/电动双向电机、真空容器、轴承和电力电子控制系统等组成，其工作原理示意如图 12-12 所示，主要利用互逆式双向电机使电能和机械能相互转换。电动机带动飞轮高速旋转，将电能转化成机械能存储起来，在需要电力时飞轮带动发电机发电。飞轮储能系统具有维护成本低、寿命长、效率高，过充电与过放电危害小，适用范围广、工作温度范围宽，在恶劣条件下也能正常工作等优点。飞轮的工作转速可达到 40 000～500 000r/min，尽管使用了磁力轴承和真空腔体，但磁力或摩擦力等导致的空载损耗在一定程度上制约着飞轮技术的发展。随着一些新技术和新材料的应用，飞轮储能将逐步成为最有竞争力的储能技术之一。

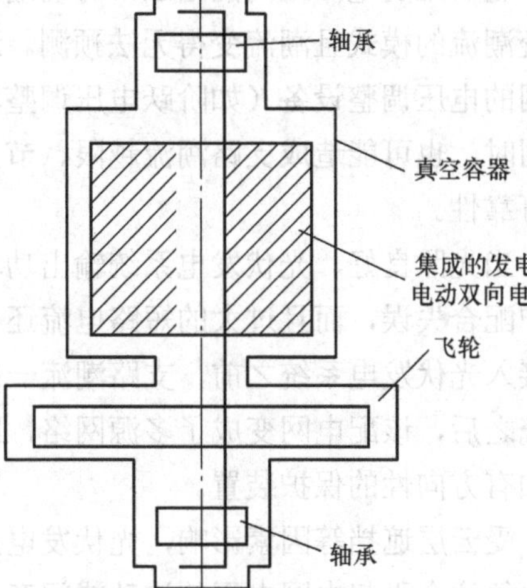

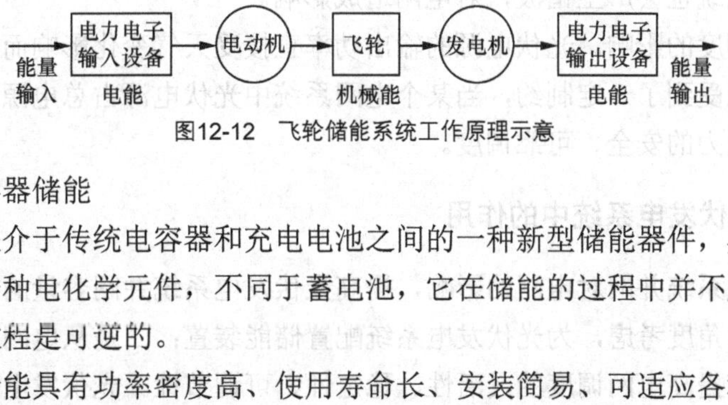

图12-12 飞轮储能系统工作原理示意

（4）超级电容器储能

超级电容器是介于传统电容器和充电电池之间的一种新型储能器件，其容量可达几百至上千法拉。它是一种电化学元件，不同于蓄电池，它在储能的过程中并不发生化学反应。超级电容器的储能过程是可逆的。

超级电容器储能具有功率密度高、使用寿命长、安装简易、可适应各种不同的环境等优点，在电力系统中多用于短时间、大功率的负载平抑和高峰值功率场合。

目前，超级电容器的应用越来越广泛。但超级电容器的研究仍然需要从以下两方面突破：一是继续加强电极材料的研究，在碳基材料方面，石墨烯已经被发现具有广阔的应用前景，但仍需进一步优化石墨烯的制备技术；二是开发具有高电压窗口的电解液，在传统的水系超级电容器和有机电解液研究基础之上，大力加强具有更宽电化学窗口的电解液研究。

（5）超导磁储能

超导磁储能指在低于超导临界温度的条件下，利用超导线圈因电网供电励磁而产生的磁场来存储能量。超导磁储存的能量为：$E=LI^2/2$（其中 L 为线圈的电感量，I 为通过线圈的励磁电流）。超导线圈是一个直流装置。电网中的交流电经整流转换成直流电后给超导线圈充电，超导线圈放电时须经逆变装置向电网或负载供电。如果线圈维持超导态，那么线圈中所存储的能量几乎可以无损耗地永久存储下去，直到需要时再使用。超导磁储能装置简单、能量密度高、响应速度快，但高成本的超导线材和高要求的制冷条件也导致了其暂时无法市场化应用。

2. 光伏并网发电系统对电网的冲击与影响

光伏并网发电系统对电网的冲击与影响主要有以下几点。

（1）对线路潮流的影响。在电网未接入光伏发电系统的时候，电网支路潮流一般是单向流动的，并且对配电网来说，随着距变电站距离的增加，有功潮流单调减少。光伏电源接入电网后，从根本上改变了系统潮流的模式且潮流变得无法预测。这种潮流的改变使得电压很难维持稳定，甚至导致配电网的电压调整设备（如阶跃电压调整器、有载调压变压器、开关电容器组）出现异常响应，同时，也可能造成支路潮流越限、节点电压越限、变压器容量越限等，从而影响系统的供电可靠性。

（2）对系统保护的影响。当光照良好、光伏发电系统输出功率较大时，电路短路电流将会增加，可能会导致过流保护配合失误，而且过大的短路电流还会影响熔断器的正常工作。此外，对配电网来说，在未接入光伏发电系统之前，支路潮流一般是单向的，其保护不具有方向性，而接入光伏发电系统之后，该配电网变成了多源网络，网络潮流的流向具有不确定性。因此，电网电路必须增加有方向性的保护装置。

（3）对电能质量的影响，受云层遮挡等因素影响，光伏发电系统的输出功率经常会在短时间内大幅度变化，这种变化往往会引起电网电压的波动或闪变及频率的波动等。此外，光伏发电的逆变器系统也会产生谐波，对电网造成影响。

（4）对运行调度的影响。光伏电源的输出功率直接受天气变化影响而不可控制，使光伏电源的可调度性也受到了一定制约，当某个电网系统中光伏电源占总电源到一定比例后，就必须要保证电网电力的安全、可靠调度。

3. 储能在光伏发电系统中的作用

解决光伏发电系统并网对电网的影响，提高光伏发电系统并网容量的措施有两种：一是从光伏发电系统的角度考虑，为光伏发电系统配置储能装置；二是从电网角度考虑，建设智能微电网系统，以提高电网调度的灵活性、稳定性、可调节性。光伏发电系统储能技术的应用对系统能量管理、稳定运行及提高系统的安全性和可靠性，解决具有间歇性、波动性和不可准确预测性的可再生能源发电量接入电网，扩大新能源发电在整个能源结构中的占比都具有重要意义。

从电网角度来讲，储能在光伏发电系统中的作用有以下几个。

（1）电力调峰，削峰填谷。储能可与电网调度系统相配合，根据系统负荷的峰谷特性，在负荷低谷期存储多余的发电量，在负荷高峰期释放蓄电池中存储的能量，从而减少电网负荷的峰谷差，降低电网的供电负担，实现电网的削峰填谷。调峰是为了尽量减少大功率负荷在峰电时段对电能的集中需求，以减少对电网的负荷压力，光伏储能系统可根据需要在负荷低谷时将光伏系统发出的电能存储起来，在负荷高峰时再释放这部分电能为负荷供电，提高电网的功率峰值输出能力和供电可靠性。通过电力调峰，还可以利用峰谷差价，提高电能利用的经济性。

（2）控制电网电能质量、平抑波动。储能系统的加入，可以抑制光伏发电的短期波动和长期波动，大大改善光伏发电系统的供电输出的稳定性。通过合适的逆变控制调整，光伏储能系统还可以实现对电能质量的控制，包括稳定电压、调整相位及有源滤波等。还可以根据电网出力计划，控制储能蓄电池的充放电功率，使光伏发电系统的实际功率输出尽可能达到预期效果，从而增加可再生能源输出的确定性。

（3）在微电网系统中实现不间断供电。微电网是未来输配电系统的一个重要发展方向，它可以显著提高供电可靠性。当微电网与系统分离时，微电网可以在孤岛模式下运行，微电网电源将独立承担相关区域或负荷的供电任务，特别是在以光伏电源为主构成的微电网中，储能系统作为微电网的组成部分，为微电网提供电压和频率的支撑，实现微电网模式切换过程的快速能量缓冲，保证微电网的平滑切换，保证为负荷提供安全稳定的供电。

从用户角度来讲，储能在光伏发电系统的作用有以下几个。

（1）实现负荷转移。从技术角度讲，负荷转移与调峰类似。许多负荷高峰并不是发生在光伏系统发电充足的白天，而是发生在光伏发电高峰期以后，储能系统可在负荷低谷的时候将光伏系统发出的电能存储起来而不是完全送入电网，待到负荷高峰时再使用，这样，储能系统与光伏系统配合使用可以减少用户在高峰时的用电需求，使用户获得更大的经济利益。

（2）实现负荷响应。为保证在负荷高峰时电网可以安全可靠运行，电网会选定一些高功率的负荷进行控制，使它们在负荷高峰时段交替工作，当这些电力用户配置了光伏储能系统后，则可以避免负荷响应控制对上述高功率设备的正常运行带来的影响。实现负荷响应控制，负荷响应控制的实施需要在光伏储能系统与电网之间有一条通信线路。

（3）实现断电保护。光伏储能系统有一个重要的好处就是可以为用户提供断电保护，即在用户无法得到正常的市电供应时，可以由光伏系统提供用户所需电能。这种有意实现的电力孤岛对用户和电网来说都是有好处的，它既可以允许电网在用电高峰时切掉部分电力负荷，又可以使电力用户在没有市电供应时还能被正常供电。

4. 光伏储能系统的几种类型

根据不同的应用场合，光伏储能系统分为光伏离网储能系统、并离网储能系统、并网储能系统和多种能源发电混合的微电网储能系统等4种。

（1）光伏离网储能系统。光伏离网储能系统也就是有储能装置的离网光伏发电系统，专门用于无电网地区或经常停电地区。由于离网光伏发电系统无法依赖电网，所以只有靠储能系统完全自发自用，实现“边储边用”或者“先储后用”的工作模式。

（2）并离网储能系统。并离网储能系统被广泛应用于经常停电，或者光伏并网系统自发自用不能余量上网、自用电价比上网电价贵很多、波峰电价比波谷电价贵很多等场所。

并离网储能系统结合了离网储能系统和并网储能系统的优点，应用范围更宽、用电更灵活。一是可以设定在电价峰值时以额定功率输出，减少电费开支；二是可以利用谷电为储能系统充电，在用电高峰时段使用，利用峰谷差价获得收益；三是当电网停电时，光伏发电储能系统可作为备用电源在离网工作模式下继续工作。

（3）并网储能系统。并网储能系统能够存储多余的光伏发电量，提高光伏发电自发自用的比例。当光伏发电系统的发电量小于负载用电量时，负载由光伏发电系统和电网一起供电，当光伏发电系统发电量大于负载用电量时，光伏发电量一部分给负载供电，另一部分电量存储在储能系统中。

在国外的一些光伏发电系统应用较早的国家和地区，光伏取消补贴后，一般会再安装一套并网储能系统，让光伏发电完全自发自用。这种“外挂”的并网储能系统可以与原系统的逆变器很好地兼容，原来的系统可以不做任何改动。当储能系统检测到有多余电量流向电网时，储能系统自动启动工作，把多余的电能存储到储能电池中，当储能电池电量也充满后，储能系统还可以接通用户的电热水器，把多余的电能转换为热量存储起来。当傍晚光伏发电系统停止工作后，或用户用电量增加时，可以利用储能系统中存储的电能向负载供电。

（4）微电网储能系统。微电网可充分有效地发挥各种分布式清洁能源的应用潜力，减少各种分布式清洁能源容量小、发电功率不稳定、独立供电可靠性低等的不利因素，确保电网安全运行，是大电网的有益补充。微电网应用灵活，规模可以从数千瓦直至几十兆瓦，大到厂矿企业、医院学校，小到一座建筑或一个家庭都可以实现微电网运行。

5. 光伏储能系统的主要应用模式

（1）配置在光伏发电系统直流侧的储能系统

配置在光伏发电系统直流侧的储能系统可在光伏发电系统直流侧进行配接调控，如图12-13所示。该系统中的光伏发电系统和蓄电池储能系统共享一个逆变器，但是由于蓄电池的充放电特性和光伏发电阵列的输出特性差异较大，原系统中的光伏并网逆变器中的最大功率点跟踪（MPPT）系统是专门为了配合光伏输出特性而设计的，无法同时满足储能蓄电池的输出特性曲线。因此，需要对原系统逆变器进行改造或重新设计，不仅需要使逆变器能满足光伏阵列的逆变要求，还需要增加对蓄电池组的充放电控制和能量管理等功能。这类储能系统一般是单向输出的，也就是说该系统中的储能蓄电池完全依靠光伏发电来补充电量，电网的电力是无法给蓄电池充电的。

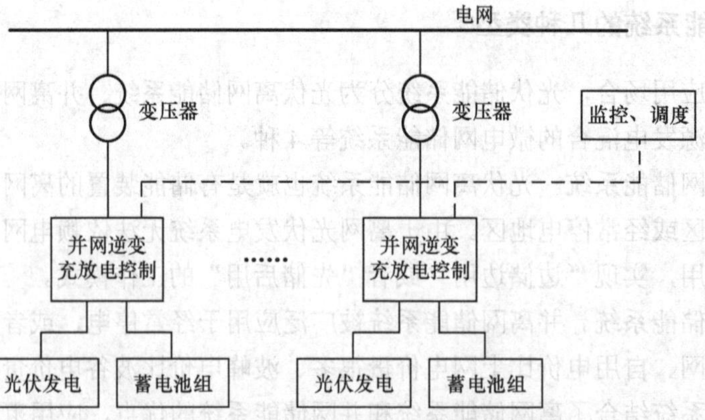

图12-13 配置在光伏发电系统直流侧的储能系统

这种储能系统即便在电网停电，逆变器停止工作时，也不影响光伏方阵向蓄电池的充电，光伏发电系统发出的多余电力可直接存储在蓄电池内，以等待需要的时候释放出来。这种配置的主要特点是系统效率高，设备投资少，可实现光伏发电与储能无缝连接输出电能，可大大提高光伏发电系统输出电能的平滑、稳定和可调控。这种方式的缺点是使用的逆变器需要特殊设计，不适用于对现有已经安装好的光伏发电系统进行升级改造。

（2）配置在光伏发电系统交流侧的储能系统

配置在光伏发电系统交流侧的储能系统如图 12-14 所示，它采用单独的充放电控制器和逆变器（双向逆变器或储能逆变器）来给蓄电池充电或者进行逆变，这种方案实际上就是给现有光伏发电系统外挂一个储能装置，可对目前任何一种光伏发电系统及风力发电系统或其他新能源发电系统进行升级改造，形成站内储能系统。

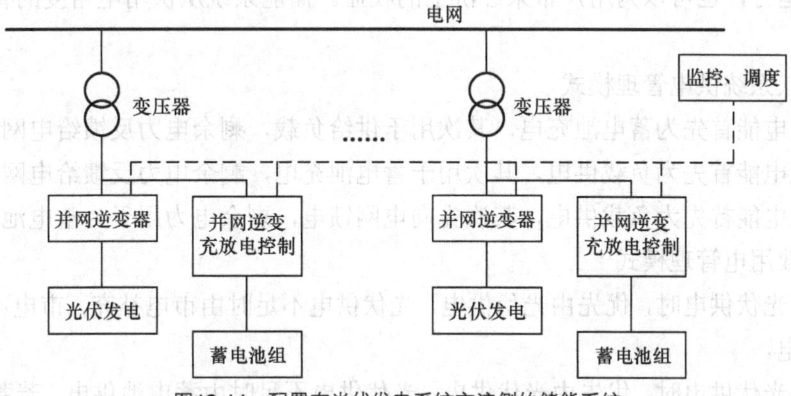

图12-14　配置在光伏发电系统交流侧的储能系统

这种模式解决了直流侧储能系统无法进行多余电力统一调度的问题，该储能系统既可以与光伏或风力发电系统的发电量协调输出，也可以根据电网需要建设成为独立运行的储能电站，储能系统充电还是放电完全由智能化控制系统控制或受电网调度控制，它不仅可以集中全站内的多余电力给储能系统快速有效充电，甚至可以调度站外电网多余的廉价低谷电力，使得系统运行更加方便和有效。

在交流侧接入储能系统的另一种模式是将储能系统接入电网端，如图 12-15 所示。显然，这两种储能系统的不同点只是接入点不同，前者是将储能部分接入了交流低压侧，与原光伏电站分享一个变压器，而后者则是将储能系统作为一个独立的储能电站，直接接入高压电网。

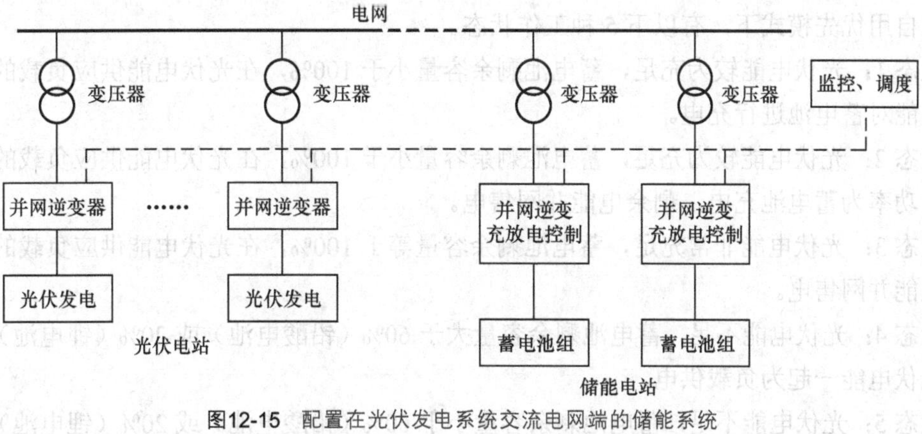

图12-15　配置在光伏发电系统交流电网端的储能系统

交流侧接入方案不仅适用于电网储能，还被广泛应用于诸如岛屿等相对孤立的地区。交流侧接入的储能系统的方案不仅可以在新建发电系统上实施，已经建成的发电系统也可以很容易地进行改造和附加建设，且电路结构清晰，发电系统和储能系统可分地建设，直接关联性少，因此也便于运行控制和维修；缺点是由于发电系统和储能系统相互独立，相互之间的协调和控制就需要一套专门的智能化的控制调度系统，造价相对较高。

6. 光伏储能系统的能量管理模式

带储能的光伏发电系统往往可以实现对负载的连续供电和提高光伏发电的自发自用量，同时也起到了调峰和减弱对电网冲击的作用。对光伏储能系统设计一定的能量管理策略，有利于电网的运行，也可以为用户带来经济上的收益。储能系统从供用电角度的管理模式一般有以下两种。

（1）光伏系统供电管理模式

① 光伏电能首先为蓄电池充电，其次用于供给负载，剩余电力反馈给电网。

② 光伏电能首先为负载供电，其次用于蓄电池充电，剩余电力反馈给电网。

③ 光伏电能首先为负载供电，其次先向电网馈电，剩余电力用于为蓄电池充电。

（2）负载用电管理模式

① 当有光伏供电时，优先由光伏供电，光伏供电不足时由市电补充，市电不可用时，则由蓄电池供电。

② 当有光伏供电时，优先由光伏供电，光伏供电不足时由蓄电池供电，若蓄电池不可用时，则由市电供电。

③ 当没有光伏供电时，优先由蓄电池供电，若蓄电池不可用时，则由市电供电。

④ 当没有光伏供电时，优先由市电供电，当市电不可用时，则由蓄电池供电。

从用户使用角度讲，光伏储能系统的能量管理可分为自用优先、储能优先、削峰填谷和离网应急等几种模式。在每种模式中，又有各种工作状态以满足用户的多样化的应用需求及最大化的用电效益。

（1）自用优先模式

当光伏电能充足时，优先保证为负载供电，剩余电能用于为蓄电池充电，或用于并网售电；当光伏电能不足时，光伏电能与蓄电池一起为负载供电，负载优先使用光伏自发的电量。

在自用优先模式下，有以下 5 种工作状态。

状态 1：光伏电能较为充足，蓄电池剩余容量小于 100%，在光伏电能供应负载的同时，剩余电能对蓄电池进行充电。

状态 2：光伏电能较为充足，蓄电池剩余容量小于 100%，在光伏电能供应负载的同时，以最大功率为蓄电池充电，剩余电能并网售电。

状态 3：光伏电能非常充足，蓄电池剩余容量等于 100%，在光伏电能供应负载的同时，剩余电能并网售电。

状态 4：光伏电能不足，蓄电池剩余容量大于 60%（铅酸电池）或 20%（锂电池），蓄电池和光伏电能一起为负载供电。

状态 5：光伏电能不足，蓄电池剩余容量小于 60%（铅酸电池）或 20%（锂电池），光伏电能和电网一起为负载供电。

（2）储能优先模式

当蓄电池未充满电时，光伏电能与电网电能将共同优先为蓄电池充电，以保证蓄电池在满电状态，从而保证在异常情况下关键负载的应急用电；当光伏电能充足并大于为蓄电池充电所需要的电能时，优先给蓄电池充电，剩余电能向负载供电，最后剩余电能用于并网。

在储能优先模式下，有以下 3 种工作状态。

状态 1：当光伏电能为 0 时，系统通过电网向负载供电。

状态 2：当光伏电能很少时，光伏电能同电网一起向负载供电。

状态 3：当光伏电能充足时，光伏电能向负载供电的同时，剩余电能进行并网售电。

（3）削峰填谷模式

在当地峰谷电价相差较大时，可以通过设置蓄电池的充放电时间，以获得更多的峰谷价差收益。例如，在用电高峰时段，把蓄电池设置成放电模式；在用电低谷（电价便宜）时段，把蓄电池设置成充电模式，通过相对便宜的电网电能为蓄电池充电储能。

这种模式下，用户除了可以实现最大限度光伏自发用电，还可以合理利用峰谷时段电价差，优化用电策略，节省更多的电费，给用户提供更加经济的供用电方案。由于可以自由设置蓄电池充电、放电的时段和输出功率等，再加上光伏电能因不确定的天气因素产生的波动变化影响，蓄电池具体工作状态需要结合各种因素确定。

另外，当用户蓄电池配备容量较大时，在用电高峰时段，把蓄电池设置为放电模式，蓄电池为用户负载供电，还可以把多余的电能用于并网售电，在用电低谷时段，再将其设置成充电模式。这样整个系统除了起到削峰填谷作用，还承担了一定的电能调度作用。当然要达到这种效果，需要配备容量为用户正常负载使用电量 3 倍以上的蓄电池。

（4）离网应急模式

当电网发生异常和故障时，系统自动切换到离网应急模式，后备电源或应急电源为用户重要负载供电。离网应急模式的供电时间长短取决于蓄电池剩余容量、负载用电功率及光伏电能大小和有无等，用户需要根据不同的应急需求配置工作模式，以防止蓄电池剩余容量不足而影响供电时间。

在离网应急模式下，有以下 4 种工作状态。

状态 1：光伏电能充足，蓄电池剩余容量小于 100%，光伏电能为负载供电的同时，剩余电能为蓄电池充电。

状态 2：光伏电能充足，蓄电池剩余容量等于 100%，光伏电能为负载供电，蓄电池处于静止状态。

状态 3：光伏电能不足，光伏电能为负载供电，不足部分由蓄电池补充。

状态 4：光伏电能为 0，蓄电池独立为负载供电。

分布式光伏发电在设计和构建储能系统时，整个系统的能量管理策略和相应的系统工作模式是系统设计的核心，只有针对不同的应用场景，明确整个系统能量管理的使用环境要求及模式特点，才能最终确定系统的设计原则和基本方法。

7. 光伏储能系统的两种架构

（1）MPPT 控制器＋双向逆变器架构

MPPT 控制器＋双向逆变器架构如图 12-16 所示，采用了配置在光伏发电系统直流侧的储能系统模式。光伏组件产生的光伏直流电力通过控制器送到储能电池和双向逆变器的直流端，在为蓄电池充电的同时，直流电力通过双向逆变器为交流负载供电，多余的电力通过双向逆变器馈回电网。

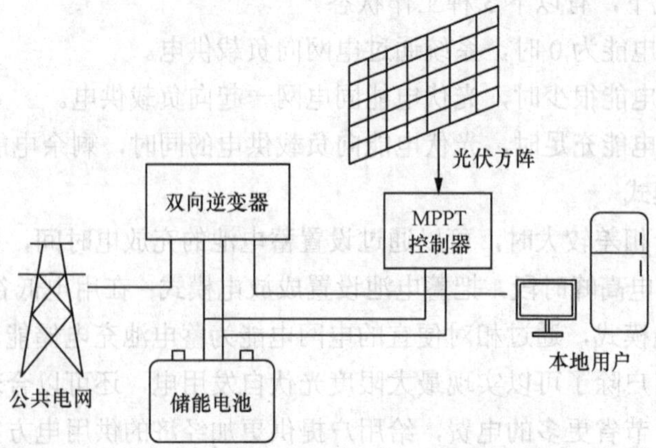

图12-16　MPPT控制器＋双向逆变器架构

（2）并网逆变器＋双向逆变器架构

并网逆变器＋双向逆变器架构如图 12-17 所示，这种架构采用了配置在光伏发电系统交流侧的储能系统模式。光伏组件产生的光伏直流电力通过并网逆变器输出交流电为负载供电，为蓄电池充电，多余电力馈到电网。具体运行管理模式通过双向逆变器进行设置。

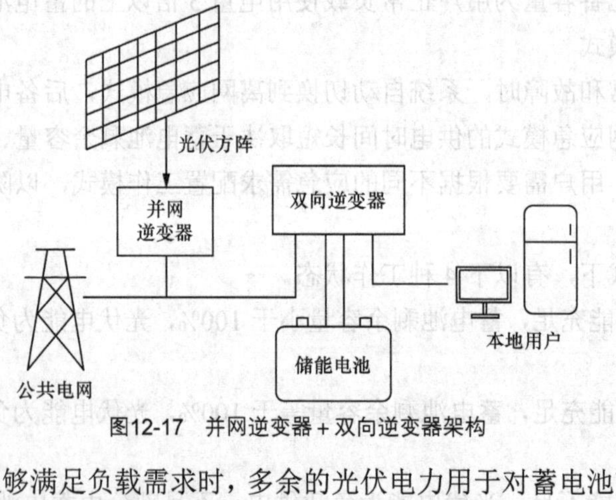

图12-17　并网逆变器＋双向逆变器架构

① 当光伏电力足够满足负载需求时，多余的光伏电力用于对蓄电池充电，不能被蓄电池吸收的电力（电池充满或已用最大电流充电）则反馈回电网。

② 当光伏电力不足以满足负载需求时，不足部分主要由蓄电池提供，电网电力做辅助补充。

③ 当夜晚无光伏发电时，优先由蓄电池向负载供电，直到蓄电池电力不足或光伏发电再次启动。蓄电池电力不足时，由电网向负载供电，但不给蓄电池充电，直到光伏发电启动后，由光伏电力为蓄电池充电。

8. 光伏储能系统的构建与技术要求

目前储能系统基本采用模块化组件系统方案，其构成如图 12-18 所示。为了兼顾分布式电源储能和规模并网储能的应用，储能系统最适宜采用的方式就是模块化组合搭建方式，主要包括电池组（模块）、电池管理系统（BMS）、双向储能逆变器或储能变流器（PCS）、监控管理保护系统、温度控制系统和消防系统等几个部分。这个储能系统主要用于平抑光伏、风力等有间歇性分布式发电的波动，改善电网对新能源电力的吸纳能力，同时具有对电网的削峰填谷和调峰调频的作用。

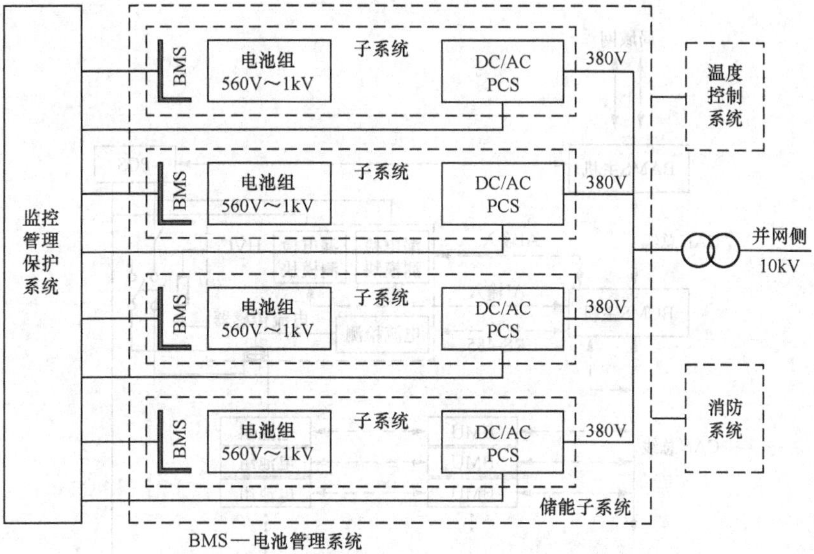

图12-18 储能系统模块化构成

为了使储能技术在光伏并网发电系统中得到广泛应用，储能系统的技术要求主要有以下几个方面。

（1）电池组

用于光伏并网发电的储能装置往往工作环境比较恶劣，而且，受光伏发电输出不稳定的影响，储能系统的充放电条件也比较差，有时甚至需要频繁小循环充放电等。因此，储能电池必须满足以下要求：① 容易实现多方式组合，要满足较高的工作电压和较大的工作电流的要求；② 电池容量和性能可检测和可诊断，使控制系统能在预知电池容量和性能的情况下实现对电站负荷的调度控制；③ 要具备高安全性、高可靠性和电化学性能稳定性，在正常情况下，电池使用寿命不低于 15 年。在极限情况下，即使发生故障，电池也应在受控范围内，不应该发生爆炸、燃烧等危及电站安全运行的事故；④ 要具有良好的快速响应和大倍率充放电能力，一般要求达到 5～10 倍的充放电能力；⑤ 要具有较高的充放电转换效率和良好的充放电循环性能，易于安装和维护，具有较好的环境适应性，较宽的工作温度范围；⑥ 要符合绿色环保的要求，在电池生产、使用、回收过程中不对环境造成破坏和污染。

目前，电化学储能技术发展进步很大，以锂离子电池、铅炭电池、液硫电池为主导的电化学储能技术在安全性、能量转换效率和经济性等方面均取得了重大突破，并逐步得到推广应用。

（2）电池管理系统（BMS）

为了使储能系统实现最长的使用寿命、最大的能量输出及最优的使用效率，需要针对储能蓄电池的特点设置适合应用于分布式光伏发电系统及电力储能系统的充放电和均衡保护管理装置。

电池管理系统一般由电池组管理单元（BMU）、电池组串管理系统（BCMS）、电池堆管理系统（BAMS）和高压控制系统（HVC）组成，其管理架构如图 12-19 所示，具有模拟信号高精度检测与上报、故障告警上传与存储、电池保护、参数设置、主动均衡、电池组荷电状态定标和与其他设备之间信息交互的功能。

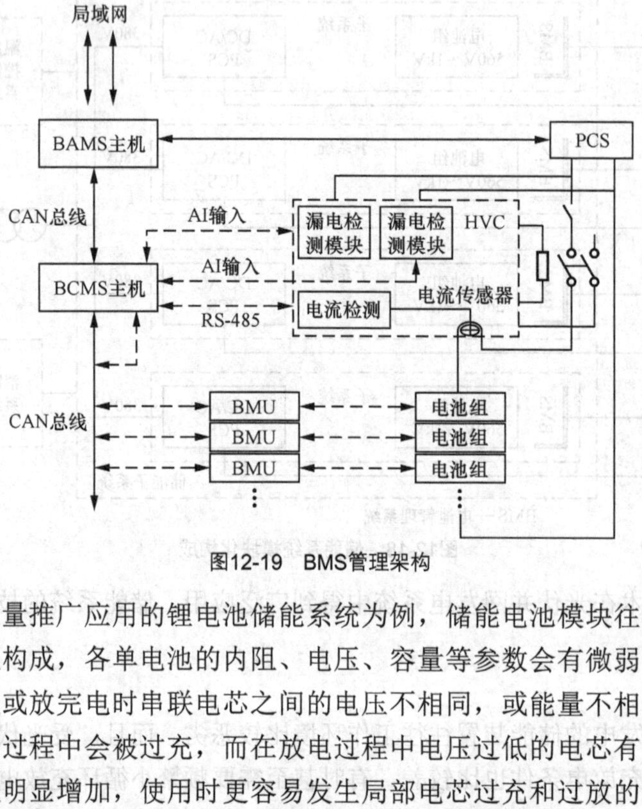

图12-19　BMS管理架构

以目前已经大量推广应用的锂电池储能系统为例，储能电池模块往往由几十串甚至几百串以上的电池组构成，各单电池的内阻、电压、容量等参数会有微弱差异，这种差异表现为电池组充满电或放完电时串联电芯之间的电压不相同，或能量不相同。这种情况使得部分电芯在充电的过程中会被过充，而在放电过程中电压过低的电芯有可能被过放，从而使电池组的离散性明显增加，使用时更容易发生局部电芯过充和过放的现象，使电池组整体容量急剧下降，整个电池组表现出来的容量为电池组中性能最差的电池芯的容量，最终导致电池组提前失效。因此，对锂电池组而言，均衡保护电路是必需的。

（3）采用大功率 PCS 拓扑技术的双向储能逆变器（储能变流器）

双向储能逆变器是连接电网或光伏发电系统与储能电池组之间的电力电子接口设备，用于实现电压、电流的交直流双向变换。新型储能变流器采用大功率 PCS（换极开关）拓扑技术，符合大容量电池组的电压等级和功率等级要求，具有结构简单、稳定可靠、功率损耗小的特点，能够灵活进行整流、逆变的双向切换运行。随着新型电池技术的应用及功率器件和拓扑技术的发展，双向逆变器一般采用 DC/DC+DC/AC 两极变换结构，首先通过 DC/DC 直流转换电路将电池组输出电压进行升压，再通过 DC/AC 逆变电路输出交流电。逆变部分采用多重化、多电平、交错并联等大功率变流技术，以降低并网谐波，简化并网接口。针对经 DC/DC 转换后较高的电池组电压（5～6kV），系统采用多电平技术，功率器件采用 IGCT 或

IGBT 串联，实现直流→交流和交流→直流的灵活切换运行。

（4）监控管理保护系统

储能装置的监控保护管理系统主要用于监控电池管理系统，通过以计算机为基础，以软件为平台构成的自动化控制管理平台，按照监控对象及系统需要对整个储能系统的运行设备进行监视和控制，实现数据采集、显示、报警、设备控制及参数调节等各项功能，可在计算机、手机等各类终端设备上进行展示，具有高性能、高可靠性、实时性的特点，采用多种错误检测方式，保证庞大数据量上传及指令下发的及时性和准确性，并能在电池组出现严重故障时及时停止系统运行。

（5）温度控制系统

在大型储能装置中，往往还要加入温度控制系统，温度控制系统一般由压缩机制冷系统、加热系统、通风系统及控制系统组成。温控系统将根据储能装置工作现场室内外的环境温度、湿度等环境因素变化，通过远程通信自动控制和协调制冷系统和加热系统的工作，为储能装置进行冷却、加热和除湿操作。温控系统具有掉电记忆、自动重新启动、发生故障远程识别与报警等功能，保证储能装置的稳定运行，减少电力消耗和安全隐患。

（6）消防系统

储能装置的消防系统一般采用七氟丙烷自动灭火装置。该装置具有自动检测、定时巡查、自动报警和自动启动灭火装置的功能，能自动释放灭火剂并实施警铃及声光报警。七氟丙烷（HFC-227ea、FM-200）是无色、无味、不导电、无二次污染的气体，具有清洁、低毒、电绝缘性能好、灭火效率高的特点，是一种比较环保的洁净气体灭火剂。

9. 光伏储能系统的智能化管理

普通的储能系统可以把白天光伏发电的剩余电力存储起来，供本地用户早晚时段使用，实现供电时段的转移和延长，这种功能在离网光伏系统中一直应用，而储能系统智能化管理通过系统逻辑控制，对未来光伏发电能力和用电需求进行预测，实现用电的最经济模式。

智能化系统会在晚上就综合考虑第二天光伏发电情况、用户用电模式储能系统充电情况来决定是否在低谷电价时段用市电储能，以及确定储能的额度。例如，如果智能管理系统中的光伏发电预测模块给出明天发电功率将低于用电需求的提示，系统就会控制在夜间低电价时段将储能电池充满电量，然后第二天储能电池与光伏发电共同出力，以最经济的搭配满足用户的用电需求，这样就避免了第二天在用电价格高的时段系统对电网电力的需求，实现节约开支的目的。

储能技术的应用是促进微电网发展的重要课题。配置储能系统，将提升光伏发电的电能质量，为负荷及电网提供平稳电力；也可将白天的光伏发电电量存储起来供晚上使用，结合补助政策，利用不同时段用电价差，在发电产出不变的情况下获得更优化的投资收益。由于储能系统可解决发电时段和用电时段不一致的问题，再加上高低峰用电价格差别较大，其可大幅提升投资回报率，前景广阔。

电力安全是国家能源安全的重要组成部分，储能是保证电力安全、低碳、高效供给的重要技术，是支撑新能源电力大规模发展的重要技术，也是未来智能电网框架内的关键支撑技术。能源互联网作为未来全球能源的发展方向，将会从根本上改变现在的发电、输电、变电、配电、用电的环节和模式，实现智能储能、智能用电、智能交易、智能并网等，这就决定了未来电力的潮流控制、分布式电源及微电网模式将被广泛应用，储能技术将是协调这些应用的重要环节，也是构成能源互联网的最基础设施。储能技术在分布式光伏发电的应用将会进入快速发展的阶段。

附录 1 太阳能及光伏发电词语解释

1. 太阳及其基本物理参数

太阳是太阳系的中心天体，是距离地球最近、与地球关系最密切的一颗恒星。它是一个巨大的、炽热的气体球状体，主要由氢和氦组成，其中氢占 80%，氦占 19%，它们在太阳内部不断进行着剧烈的热核反应（氢氦聚变）。

太阳是太阳系中会发光的恒星，它的质量占太阳系总质量的 99.86%。太阳的直径为 1.39×10^6km，是地球直径的 109 倍；太阳的体积为 $1.41\times10^{18}km^3$，是地球体积的 130 万倍；它的质量约为 1.99×10^{30}kg，是地球质量的 33.3 万倍；它的平均密度为 $1.409g/cm^3$,密度只有地球的 1/4；太阳的表面有效温度为 5770K，核心温度为 1.5×10^7K，总辐射功率为 3.86×10^{26}J/s；日地平均距离为 1.5×10^8km，近日点与远日点的距离相差 5×10^6km；它的自转周期为 25～30 天，距离最近的恒星的距离约 4.2 光年；太阳的活动周期为 11.04 年，太阳的年龄约为 50 亿岁。

2. 太阳能辐射与吸收

太阳每时每刻都向地球传输着巨大的能量，这些来自太阳的能量被称为太阳能。由太阳中的氢经过核聚变而产生的一种能源。太阳每秒所释放的能量大约为 3.86×10^{26}J，太阳发出的能量大约只有二十二亿分之一能够到达地球大气层的范围，约为每秒 1.75×10^{17} J。经过大气层的吸收和反射，到达地球表面的能量约占 51%（如附图 1-1 所示），大约为 8.8×10^{16} J。由于地球表面大部分被海洋覆盖，真正能够到达陆地表面的能量只有到达地球范围辐射能量的 10%左右。尽管如此，把这些能量利用起来，也能够相当于目前全球消耗能量的 3.5 万倍。考虑太阳的寿命至少还有 50 亿年，可以认为太阳能是一种永久、巨大、清洁的绿色能源。充分而合理地利用太阳能，将会是现在和未来满足能源需求和解决环境污染问题的有效手段。

到达地球表面的太阳能大体分为三部分。一部分转变为热能（约 4.0×10^{16} J），使地球的平均温度大约保持在 14℃，形成适合各种生物生存和发展的自然环境，同时地球表面的水不断蒸发，形成全球每年约 1130mm（10 万 mL）的降水量，其中大部分降水落在海洋中，少部分落在陆地上，这就是云、雨、雪、江、河、湖形成的原因。太阳能中还有一部分（约 3.7

$\times 10^{16}$J）用来推动海水及大气的对流运动，形成海流能、波浪能和风能。太阳能还有少部分被植物叶子的叶绿素所捕获，成为光合作用的能量来源。

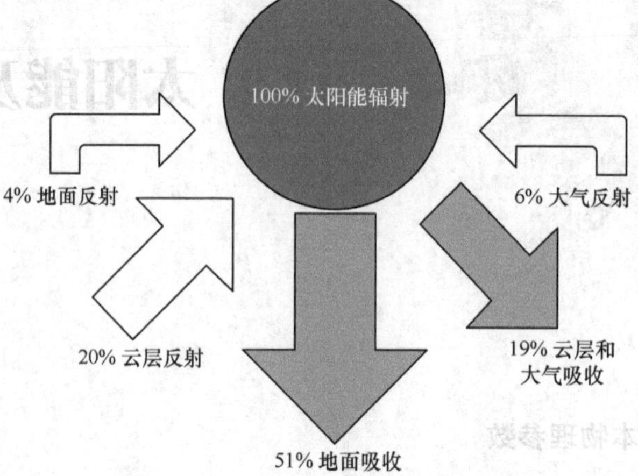

附图1-1　太阳能的辐射、反射与吸收示意

3. 太阳光的光谱

太阳光谱是太阳辐射经色散分光后按波长大小排列的图案。太阳光谱包括无线电波、红外线、可见光、紫外线、X 射线、γ射线等几个波谱范围。太阳光发出的是连续光谱。所谓连续光谱，就是太阳光是由连续变化的不同波长的光混合而成的。也就是说，太阳光由许多不同的单色光组合而成。其中由红、橙、黄、绿、青、蓝、紫排列起来的光，都是人的眼睛能看得见的，叫作可见光谱，它的波长范围是 0.38～0.77μm。在可见光中，波长较长的部分是红光，波长较短的部分是紫光。在太阳光谱中，可见光只占了极窄的一个波段。波长比红光更长的光（0.77μm 以上）叫作红外光，波长比紫光更短的光（0.38μm 以下）叫作紫外光。整个太阳光谱波长范围是非常宽广的，从几埃（10^{-10}m）到几十米。虽然太阳光谱的波长范围很宽，但是辐射能的大小按波长的分配却是不均匀的。其中辐射能量最大的区域在可见光部分，约占 47%，紫外光谱区的辐射能量约占 8%，红外光谱区的辐射能量约占 44.9%，如附图 1-2 所示。在整个可见光谱区，最大能量在波长 0.475μm 处。对太阳能电池来讲，太短的短波不能进行能量变换，过分长的长波只能转换为热量。

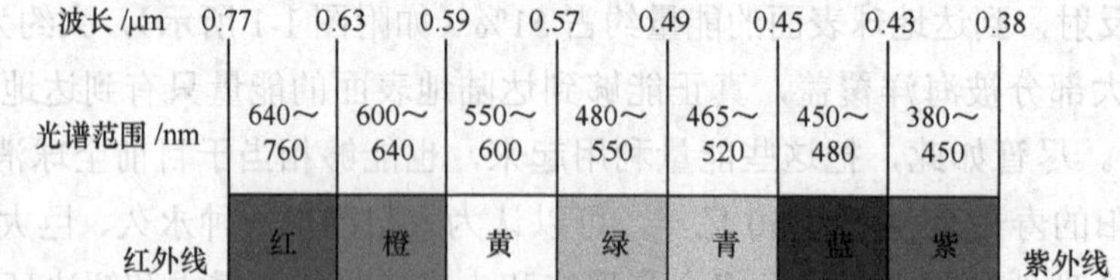

附图1-2　太阳光谱的波长及辐射强度

4. 太阳的直接辐射和散射辐射

太阳的直接辐射是指太阳光通过直线路径辐射的能量，这类光线遇到物体时，能在物体

背后形成边界清晰的阴影，而散射辐射则是太阳光经过大气分子、水蒸气、灰尘等质点的反射，改变了传播方向的太阳辐射。太阳的散射光线不能用凸透镜或反射镜加以聚焦或反射。

太阳辐射的总辐射强度是直接辐射强度和散射辐射强度的总和。直接辐射强度与太阳的位置及太阳光接收面的方位和高度角等都有很大的关系。散射辐射则与大气条件，如灰尘、烟气、水蒸气、空气分子和其他悬浮物的含量，以及太阳光通过大气的路径等有关。一般在晴朗无云的情况下，散射辐射强度占太阳辐射的总辐射强度比例较小；在阴天、多烟尘的情况下，散射辐射强度占太阳辐射的总辐射强度比例较大。

散射辐射的强度通常以其和总辐射强度的比表示，不同的地方和不同的气象条件，其差异很大，散射辐射强度一般占到总辐射强度的百分之十几到百分之三十几。

5. 太阳辐射及能量的计量

自然界中的一切物体，只要其温度在热力学温度零度以上，都以电磁波的形式时刻不停地向外传送热量，这种传送能量的方式称为辐射。辐射是以电磁波和粒子（如α粒子、β粒子等）的形式向外发散。无线电波和光波都是电磁波。在单位时间内，太阳以辐射形式发送的能量称为太阳辐射功率或辐射通量，单位为瓦（W）；太阳辐射到单位面积上的辐射功率（辐射通量）称为辐射度或辐照度（也可称光照强度或日照强度），单位为瓦/平方米（W/m^2），这个物理量表示的是单位面积上接收到的太阳辐射的瞬时强度；而在一段时间内，太阳辐射到单位面积上的辐射能量称为辐射量或辐照量，单位为千瓦·时/平方米·年[$(kW\cdot h)/m^2\cdot y$]、千瓦·时/平方米·月[$(kW\cdot h)/m^2\cdot m$]或千瓦·时/平方米·日[$(kW\cdot h)/m^2\cdot d$]，这个物理量表示的是单位面积上接收的太阳能辐射量在一段时间里的累积值，也就是某段时间内的辐射总量。

太阳辐射具有周期性、随机性和能量密度低的特点。

（1）周期性。太阳辐射的周期性是由地球自转及地球围绕太阳公转产生的。

（2）随机性。地球表面接收到的太阳辐射受云、雾、雨、雪、雾霾和沙尘等因素的影响。这些因素的随机性决定了太阳辐射的随机性。

（3）能量密度低。地面接收到的太阳总辐射强度一般会低于世界气象组织确定的太阳常数。

6. 太阳常数

太阳常数是用来表达太阳辐射能量垂直到达大气层外的辐射强度的一个物理量，它是指在地球大气层外垂直于太阳光线的平面上，单位时间、单位面积内所接收的太阳辐射能。由于地球围绕太阳旋转的轨道是椭圆形的，所以地球与太阳的日地距离在近日点与远日点有3%左右的差别，其中在近日点处的太阳辐射强度约为 1399W/m^2；远日点处的太阳辐射强度约为1309W/m^2。根据这两个数值，世界气象组织把太阳常数值确定为（1367±7）W/m^2。太阳常数是一个相对稳定的常数，依据太阳黑子的活动变化，与气候的长期变化而不是短期的天气变化有关。由于太阳表面常常有黑子等现象，所以太阳常数也不是固定不变的，一年当中的变化幅度在1%左右。

7. 大气质量

太阳辐射到达地面的衰减程度，主要取决于穿过大气层的光程长度或大气层的厚度。也就是说，由于大气层导致太阳辐射量减少的比例与大气层厚度有关，大气层厚度越大，太阳光线经过大气的路程越长，表示其被大气吸收、反射、散射的光线越多，受到的衰减就越多，到达地面的能量就越少。定量表示大气厚度的单位俗称为“大气质量”。在晴朗的天气，通常把太阳当顶时垂直于海平面的太阳辐射穿过的大气厚度规定为一个大气质量，用 AM1 表示，即用由太阳垂直入射通过空气的厚度作为计量标准，如附图 1-3 所示，大气层上界的太阳辐射没有经过空气的吸收，所以太阳常数又称为大气质量为零时的辐射量，用 AM0 表示。而在实际应用中，由于地球表面为球面、太阳高度角也在不断变化、大气引起的太阳散射辐射等，大气质量都低于 AM1，对光伏电池及其组件的性能评价及参数测量时，使用的大气质量标准都为 AM1.5，这时对应的太阳高度角为 41.8°。大气质量从一个方面反映了大气层对太阳辐射的影响。

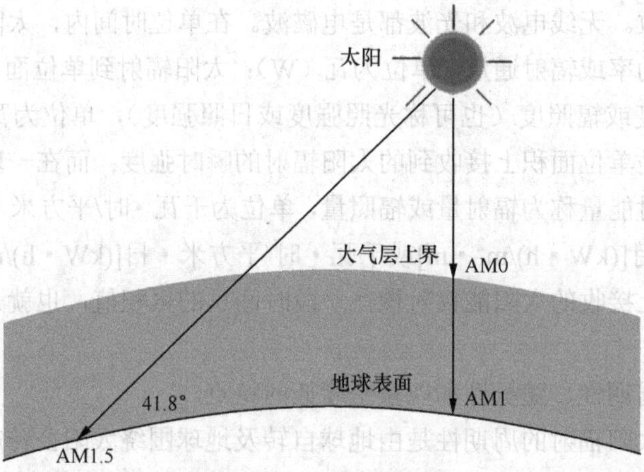

附图1-3　大气质量参数示意

8. 地球绕太阳的运行规律及四季变化

众所周知，由于地球绕着倾斜的“地轴”自西向东自转，产生了昼夜更替的现象，周期为 24h。除了自转，地球还沿偏心率很小的近似椭圆形轨道绕太阳公转，从北极上空看，地球是沿逆时针方向绕太阳运转，公转周期约为 365 天。由于地球的地轴倾斜，使得地球自转的赤道平面与地球公转的轨道平面（即黄道平面）形成了一个约 23.27° 的夹角，这个夹角被称为黄赤交角。由于黄赤交角的存在，同时地轴在宇宙空间的方向保持不变，所以使得太阳直射点会随着地球的公转相应地在地球南北回归线之间往返移动。而当地球处于公转运行轨道的不同位置时，阳光投射到地球的方向也就不同，于是就形成了地球四季的变化，当直射点位于最北时为夏季，位于最南时为冬季，位于赤道时为春分或秋分。地球绕太阳运行规律及四季变化示意如附图 1-4 所示。

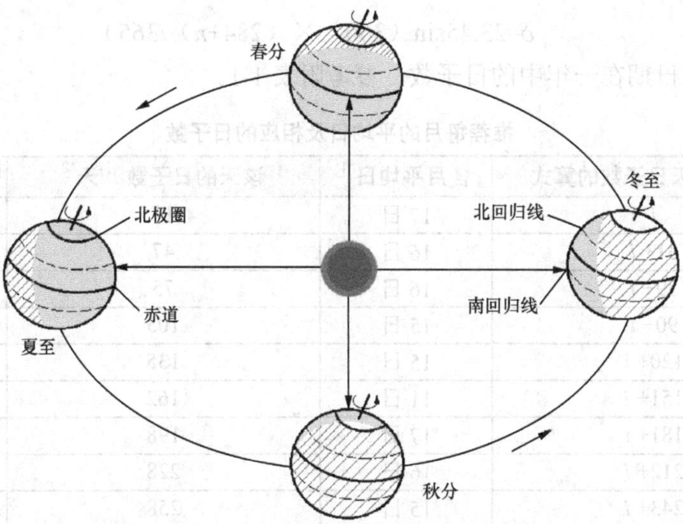

附图1-4 地球绕太阳运行规律及四季变化示意

9. 太阳的时角和赤纬角

太阳的时角和赤纬角是决定太阳在空间位置的两个参数。在天球坐标系统中，时角是指赤经圈与观察者子午圈所交的面的角，也即太阳绕地轴的每日视旋转运动，用时角ω来表示。从观察者位置来说，正午时角角度为零，向西为正角度，向东为负角度，也就是下午时角为正角度，上午时角为负角度，时角的角度变化为每隔 1h 增加 15°，其计算公式为$\omega=(T_s-12)\times15°$，式中 T_s 为每日时间。例如：上午 9 时，$\omega=(9-12)\times15°=-45°$；11 时，$\omega=(11-12)\times15°=-15°$；14 时，$\omega=(14-12)\times15°=30°$；下午 18 时，$\omega=(18-12)\times15°=90°$。

赤纬角是太阳光线与地球赤道平面之间的夹角，通常以δ表示。太阳中心与地球中心的连线与地面的相交点是太阳直射点，在这一点处，太阳垂直照射地面，此时辐射最强，太阳直射点所在的纬度被称为太阳赤纬，如附图 1-5 所示。由于地球不停绕太阳公转，赤纬角在一年中，会在－23.27°～＋23.27°变化，即在南回归线和北回归线之间摆动，形成季节的标志。赤纬角与观察点的具体地点无关，仅与一年中的某一天有关，地球上任何地方的赤纬角都是相同的。计算一年中某一天的赤纬角的公式如下。

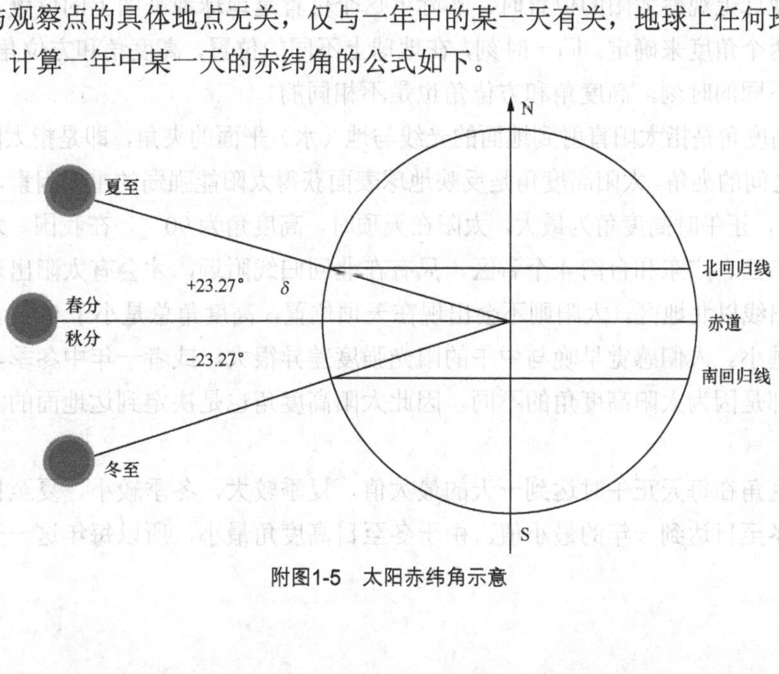

附图1-5 太阳赤纬角示意

$$\delta=23.45\sin(360° \times (284+n)/365)$$

式中，n——所求日期在一年中的日子数，参考附表 1-1。

附表 1-1　推荐每月的平均日及相应的日子数

月份	各月第 i 天日子数的算式	各月平均日[*1]	该天的日子数 n/天[*2]	赤纬角 δ/°
1 月	i	17 日	17	−20.9
2 月	31+ i	16 日	47	−13.0
3 月	59+ i	16 日	75	−2.4
4 月	90+ i	15 日	105	9.4
5 月	120+ i	15 日	135	18.8
6 月	151+ i	11 日	162	23.1
7 月	181+ i	17 日	198	21.2
8 月	212+ i	16 日	228	13.5
9 月	243+ i	15 日	258	2.2
10 月	273+ i	15 日	288	−9.6
11 月	304+ i	14 日	318	−18.9
12 月	224+ i	10 日	344	−23.0

注：*1 按某日算出大气层外的太阳辐射量和该月的日平均值最接近，则将该日定作该月的平均日。

*2 表中的 n 没有考虑闰年的情况，对于闰年 3 月之前，n 要加 1，太阳赤纬角也会稍有变化。

每年 6 月 21 日或 22 日赤纬角达到最大值＋23° 27′，称为夏至，该日中午太阳位于地球北回归线正上空，是北半球日照时数最长、南半球日照时数最短的一天。随后赤纬角逐渐减小，至 9 月 21 日或 22 日，角度为 0°，全球的昼夜时间均相等，该日为秋分。至 12 月 21 日或 22 日，赤纬角减小为最小值－23° 27′，该日为冬至，此时阳光斜射北半球，昼短夜长，而南半球则相反。至次年的 3 月 21 日或 22 日，赤纬角又回到 0° 时，该日为春分，如此周而复始，形成春、夏、秋、冬四季。

10. 太阳的高度角和方位角

人们在地球上观察太阳的位置时，实际上这个位置是地球地平面上的位置，通常用高度角和方位角两个角度来确定。同一时刻，在地球上不同的位置，高度角和方位角是不相同的；同一位置，不同的时刻，高度角和方位角也是不相同的。

太阳的高度角是指太阳直射到地面的光线与地（水）平面的夹角，即是指太阳光的入射方向和地平面之间的夹角。太阳高度角是反映地球表面获得太阳能强弱的重要因素，日出日落时，高度角为 0°，正午时高度角为最大，太阳在天顶时，高度角为 90°。在我国，北回归线穿越的是云南、广西、广东和台湾 4 个省区，只有在北回归线附近，才会有太阳出现在天顶的时刻。在北回归线以北地区，太阳则不会出现在天顶位置，高度角总是小于 90°，而且纬度越高，高度角越小。人们感觉早晚与中午的阳光强度差异很大，或者一年中冬季与夏季的温度差别很大，都是因为太阳高度角的不同。因此太阳高度角也是决定到达地面的太阳辐射强度的主要因素。

太阳高度角在每天正午时达到一天的最大值，夏季较大，冬季较小，夏至日达到一年中的最大值，冬至日达到一年的最小值。由于冬至日高度角最小，所以每年这一天建筑物和树木等物体的投影最长，同理，夏至日投影最短。

太阳方位角就是指太阳所在的方位，是指太阳光线在地平面上的投影与当地子午线的夹角，可近似地看作竖立在地面上的直线在阳光下的阴影与正南方的夹角。方位角以正南方向为0°，由南向东向北为负角度，由南向西向北为正角度，如太阳在正东方时，方位角为-90°，在正西方时方位角为90°，太阳的高度角和方位角示意如附图1-6所示。实际上太阳并不总是东升西落，只有在春、秋分两天，太阳是从正东方升起，正西方落下。在夏至时，太阳从东北方升起，然后从西北方落下，在正午（太阳中心正好在子午线上的时间，即太阳方位角由负值变为正值的瞬间）时，太阳高度角的值是一年中最大的。在冬至时，太阳从东南方升起，然后从西南方落下，在正午时，太阳高度角的值是一年中最小的。

太阳方位角决定了阳光的入射方向，决定了各个方向的山坡或不同朝向建筑物的采光状况。当太阳高度角很大时，太阳基本上位于天顶位置，这时太阳方位角对采光的影响较小。

因此，了解太阳高度角和方位角对分析地面的太阳能强弱、适宜地利用太阳能有重要意义。

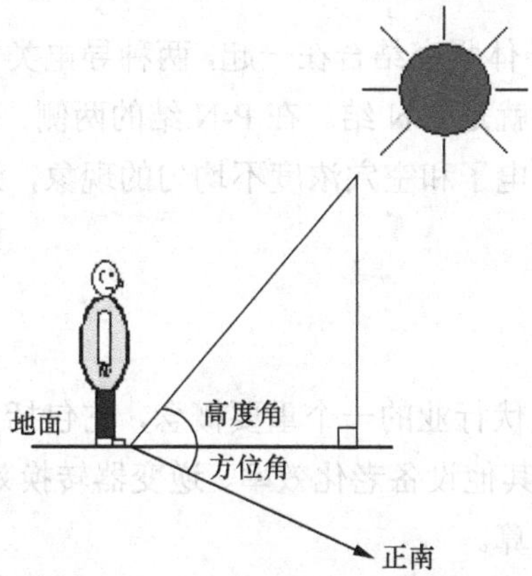

附图1-6　太阳的高度角和方位角示意

11. 太阳的视运动轨迹

在地面上某一点观察一天或一年中太阳位置的变化时，可以发现太阳的视运动是有一定规律的，这种规律也就是太阳的高度角和方位角在不同时间变化而形成了太阳视运动轨迹，如附图1-7所示。

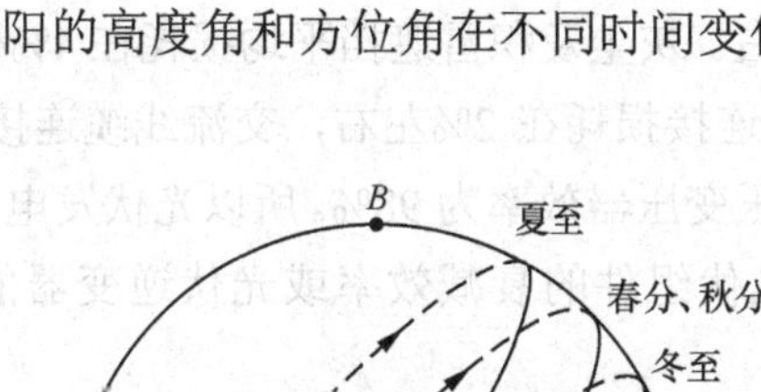

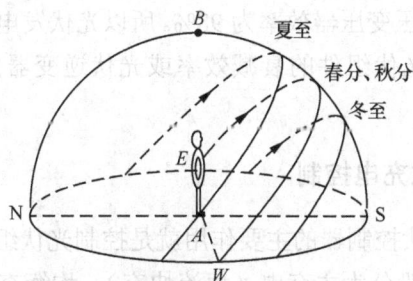

A点为观察地点，B点为天顶

附图1-7　人在地球观察太阳运动轨迹示意

太阳的视运动轨迹与3个因素有关，一是太阳赤纬角，它表明了季节的变化；二是太阳时角，它表示了一天中时间的变化；三是地理纬度，它表明了观察点所在地理位置的差异。在任何一个地区，日出、日落时太阳高度角为零。而每天当地正午时（当地太阳时 12 点），太阳高度角最大，方位角为零，对于北半球而言，此时太阳位于正南。

12. N 型、P 型半导体与 P–N 结

当纯净的硅掺入少量的Ⅴ族元素磷（或砷、锑等）时，由于磷（或砷、锑等）有 5 个价电子，硅有 4 个价电子，磷（或砷、锑等）在与周围的硅原子形成完整的共价键时，会多出 1 个价电子。这个多余的价电子极易挣脱磷原子的束缚变为自由电子，形成电子占主导的导电半导体，也称为 N 型半导体。

当纯净的硅掺入少量的Ⅲ族元素硼（或镓、铟等）时，由于硼（或镓、铟等）有 3 个价电子，硅有 4 个价电子，硼（或镓、铟等）在与周围的硅原子形成完整的共价键时，会缺少 1 个价电子。这样大量的共价键上就会出现许多的空穴，半导体的导电由空穴占主导，也称为 P 型半导体。

将 P 型半导体和 N 型半导体紧密结合在一起，两种导电类型不同的半导体之间就会形成一个过渡区域，这个过渡区域就是 P-N 结。在 P-N 结的两侧，P 区内的空穴比电子多，N 区内的电子比空穴多。两侧存在电子和空穴浓度不均匀的现象，造成了高浓度的载流子向低浓度载流子的扩散运动。

13. 光伏系统效率

光伏系统效率（PR）是光伏行业的一个重要概念，它包括太阳能电池及组件的老化衰减效率、交直流低压系统损耗及其他设备老化效率、逆变器转换效率、变压器及电网损耗效率。系统效率一般通过下列公式计算。

系统效率（PR）=某时间段发电量（E）/光伏系统容量（P）×某时间段峰值日照小时数（h）。

影响系统效率的因素主要有以下几个。

光伏组件功率衰减平均每年 1%左右，国家标准要求 20 年内功率衰减不大于 20%。光伏组串的串并联损耗在 0.5%左右。灰尘及积雪遮挡平均损耗在 4%～5%。光伏组件温度系数损耗平均在 4%左右。直流线缆连接损耗在 2%左右，交流线缆连接损耗也在 2%左右。光伏逆变器效率为 97%～97.5%，升压变压器效率为 98%。所以光伏发电系统总的效率一般在 80%～82%，而不是有些人认为的光伏组件的衰减效率或光伏逆变器的转换效率就是光伏发电系统的效率。

14. 光伏控制器三段式充电控制

在光伏发电系统中，光伏控制器的主要作用就是控制光伏组件或方阵向蓄电池充电的电流和电压，这个控制过程一般分为主充电（恒流快充）、均衡充电（恒压补充）和浮充电 3 个阶段，在这 3 个阶段，充电电流和电压都会发生不同程度的变化，如附图 1-8 所示，下面就介绍 3 个阶段的作用。

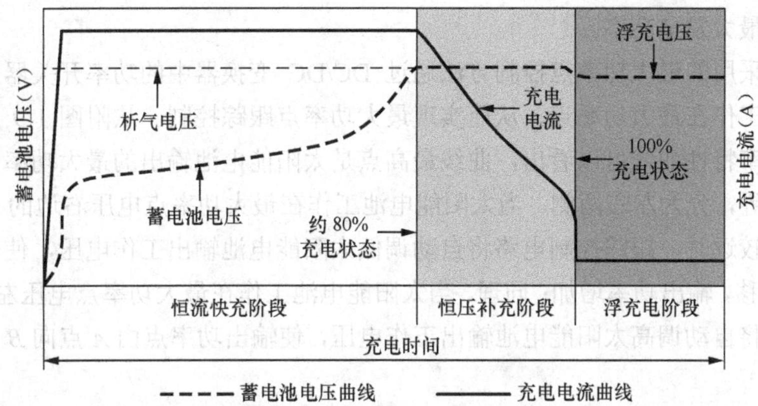

附图1-8 蓄电池充电阶段状况示意

（1）恒流快充阶段。当蓄电池电压较低时，光伏组件或方阵会把尽可能多的电流注入蓄电池，但充电电流过大会损坏蓄电池。为了缩短充电时间，只能用蓄电池容许的最大充电电流进行恒流充电，恒流充电就是通过不断调高充电电压来保持充电电流的不变，根据不同容量的蓄电池，充电电流一般为 0.18～3*C*（C 为电池容量）。当 2V 单体蓄电池的端电压达到 2.45V 时（相当于额定电压 12V 的蓄电池充电到 14.7V），充电转入下一个阶段。恒流快充阶段是蓄电池的主要充电阶段，恒流快充阶段完成时蓄电池已经充入了 80%以上的电量。

（2）恒压补充阶段。当恒流快充阶段结束以后，充电电路保持充电电压恒定不变，开始对蓄电池进行小电流的补充充电。补充充电过程中，控制器要保持充电电压不变，因为充电电压过高会造成蓄电池过度失水和过度充电，电压过低又会导致蓄电池欠充电和电池极板硫化。有些控制电路，将充电时的平滑直流电改为脉冲电流充电，利用脉冲电流有周期性、高电压、大电流的充电特性，既改善了蓄电池的受电能力，又有极板除硫效果。在恒压充电过程中，电池端电压会渐渐升高，充电电流会越来越小，当充电电流下降到 0.5C 以下时，恒压补充过程结束，转入浮充电阶段。恒压补充阶段就是对蓄电池的补充充电阶段，这个阶段结束时，蓄电池已经基本充满了。

对通过串并联构成的蓄电池组来说，这一阶段也是各个蓄电池均衡充电的阶段。因为蓄电池组中的各个蓄电池性能参数总会有一些差异，通过恒压充电的过程，可以使蓄电池基本达到最佳性能水平。

（3）浮充电阶段。浮充充电也叫涓流充电，它的作用是保持蓄电池的充满状态。浮充电阶段的充电实际上也是恒压充电，只是充电电压比上一阶段偏低，充电电流较小。充电电压一般控制在 13.6～13.8V（12V 蓄电池），充电电流比自放电电流略大，一般在 0.01*C*～0.03*C*。通过浮充电阶段，可以把蓄电池电量充到接近 100%。

15. 最大功率点跟踪（MPPT）控制

在一般电气设备中，如果使负载电阻等于供电系统的内电阻，可以在负载上获得最大功率。由于太阳能电池是一个极不稳定的供电电源，其输出功率随着日照强弱、天气阴晴、温度高低等因素随时呈非线性变化，因此，就需要通过最大功率点跟踪控制技术和电路，跟踪调整太阳能电池输出电流和输出电压，来控制太阳能电池发电功率输出的变化，并实时获得太阳能电池的最大发电功率。

目前，常采用的最大功率点控制方法通过 DC/DC 变换器中的功率开关器件来控制太阳能电池或方阵工作在最大功率点，从而实现最大功率点跟踪控制。从附图 1-9 所示的太阳能电池的输出功率特性曲线可以看出，曲线最高点是太阳能电池输出的最大功率点，曲线以最大功率点处为界，分为左右两侧。当太阳能电池工作在最大功率点电压右边的 *D* 点，明显偏离最大功率点较远时，跟踪控制电路将自动调低太阳能电池输出工作电压，使输出功率点由 *D* 点向 *C* 点偏移，输出功率增加；同理，当太阳能电池工作在最大功率点电压左边的 *A* 点时，跟踪控制电路将自动调高太阳能电池输出工作电压，使输出功率点由 *A* 点向 *B* 点偏移，输出功率增加。

最大功率点跟踪控制过程实际上也是一个跟踪控制电路自寻优的过程，类似于“爬山法”。通过对太阳能电池当前输出电压和电流的检测，得到当前太阳能电池的输出功率，再与已存储的前一时刻太阳能电池的输出功率做比较和调整，舍小取大，再检测，再比较，再调整，如此周而复始，就可以使太阳能电池动态地工作在最大功率点上。

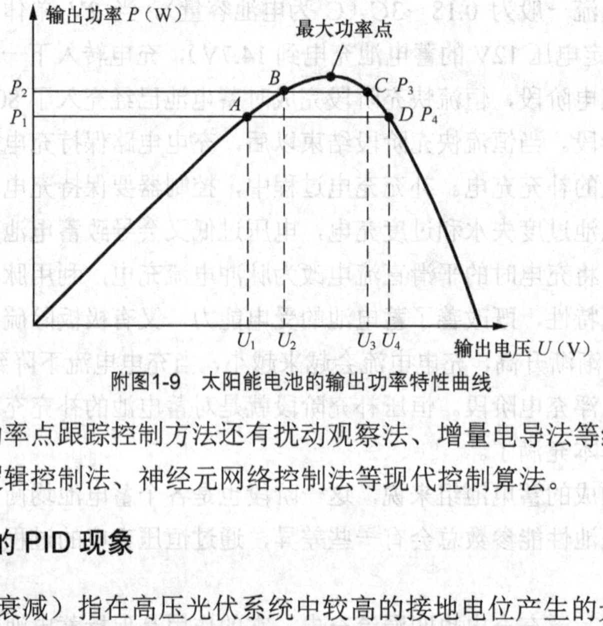

附图1-9　太阳能电池的输出功率特性曲线

较复杂的最大功率点跟踪控制方法还有扰动观察法、增量电导法等经典控制算法，以及最优梯度法、模糊逻辑控制法、神经元网络控制法等现代控制算法。

16. 光伏组件的 PID 现象

PID（电位诱发衰减）指在高压光伏系统中较高的接地电位产生的光伏组件功率快速衰减现象，这种现象与光伏系统的规模和极性相关，具体地说，光伏组件长期工作在高电压下，使得电池片玻璃、封装材料等与组件金属边框之间产生漏电流，大量电荷聚集在电池片表面，电池表面的钝化效果恶化，从而导致光伏组件的 FF、I_{sc}、V_{oc} 等指标降低，组件性能低于设计标准，有的功率衰减甚至超过 40%。特别是近年来 1000～1500V 高电压系统的应用，高电压 PID 对光伏组件的影响增加。

目前，人们认为导致 PID 的因素有很多，它们可被划分为环境因素、系统因素、组件因素和电池因素，目前整个行业还在进行各种测试，对 PID 现象亦没有公认的、统一的检测标准。组件出现 PID 现象有可能是上述某种或多种因素共同导致的。

环境因素：高湿度和高温度是导致 PID 现象的两个主要因素，研究表明，PID 在高湿度、高温度的环境下更容易发生，特别是在相对湿度达到 60%RH 以上的情况下。

系统因素：接地系统电源和逆变器类型可在一定程度上调节系统产生 PID 的程度。

组件因素：组件的设计、所使用的面板玻璃和背板、EVA 等封装材料不同，也可能会增大 PID 现象发生的可能性。

电池因素： P-N 结电阻率的变化等也可能与 PID 的发生有关。

防范 PID 现象的方法有：采用质量更好的封装材料，包括背板及 EVA 胶膜；升级光伏组件的生产制造工艺；选用双玻组件；在光伏发电系统设计施工中使光伏组件负极接地或给光伏组件施加正向偏压。

17. 光伏农业与农业光伏

光伏农业与农业光伏尽管都是光伏发电系统与农业设施的结合，但含义却大不相同。

光伏农业以现有农业设施为基础，主要侧重光伏发电系统的投资和建设本身，几乎不考虑农业的需求，基本是光伏电站与传统农业设施的简单叠加，目前国内主要电站有低支架光伏电站、固定式高支架或半高支架光伏电站或现有农业设施屋顶电站等。

农业光伏把农业作为重点，光伏发电系统仅仅作为农业设施的附加，能够对富余阳光进行再利用，农业光伏作为一体化并网发电项目，将光伏发电系统集成、智能控制、现代农业种植和养殖、高效设施农业等领域的最新技术、经验相结合。一方面光伏发电系统可以利用农业用地直接低成本发电，另一方面可以根据作物生长的阳光需求，通过透光类光伏组件或光伏跟踪系统对阳光照射量进行适时调节，存储热能，提高种植养殖大棚温度，既节约能源，又有利于动植物的冬季生长。

农业光伏以构建现代化健康生态的农业生产组织为核心，以农业光伏一体化并网发电站为平台，将太阳能光伏发电广泛应用于现代农业种植（新型光伏生态农业大棚）、养殖（牧光互补、畜光互补）、灌溉（光伏水泵及扬水系统）、渔业（渔光互补）、病虫害防治（光伏杀虫灯）、污水净化（光伏系统供电）及农业机械动力等领域，既有发电功能，又能为农作物及畜牧养殖提供适宜的生长环境，以此创造更好的经济效益和社会效益。因此，农业光伏是新能源与新农业的互通互融，是农业与光伏的精准结合，是我国乡村振兴等新农村建设的重要方式和主要内容之一。

18. 减排“二氧化碳”与减少“碳排放”

二氧化碳（CO_2）包含 1 个碳原子和 2 个氧原子，相对分子质量为 44（C 的相对原子质量为 12、O 的相对原子质量为 16）。1t 碳在氧气中燃烧后能产生大约 3.67t CO_2（C 的相对原子为 12，CO_2 的相对分子质量为 44，44/12=3.67）。因此减排的“二氧化碳”量与减少的“碳排放”之间是可以转换的。减少 1t 的碳排放（液态碳或固态碳）就相当于减排 CO_2 3.67t。

在日常生活中，每节约 1kW · h 电能，就相当于节约了 0.4kg 标准煤，同时相当于减少了 0.997kg 的 CO_2 排放。

附录 2 气象风力等级表

风级	风名称	一般描述			速 度	
		陆地	海上	浪高/m	m/s	km/h
0	无风	静烟直上	海面如镜	—	＜0.3	＜1
1	软风	烟能表示风向，但风标不能转动	出现鱼鳞似的微波，但不构成浪	0.1	0.3～1.5	1～6
2	轻风	人的脸部感到有风，树叶微响，风标能转动	小波浪清晰，出现浪花，但并不翻浪	0.2	1.6～3.3	6～11
3	微风	树叶和细树枝摇动不息，旌旗展开	小波浪增大，浪花开始翻滚，水泡透明像玻璃，并且到处出现白浪	0.6	3.4～5.4	12～19
4	和风	沙尘飞扬，纸片漂起，小树枝摇动	小波浪增长，白浪增多	1	5.5～7.9	20～28
5	清风	有树叶的灌木动摇，池塘内的水面起小波浪	波浪中等，浪延伸更清楚，白浪更多（有时出现）	2	8.0～10.7	29～38
6	强风	大树枝摇动，电线发出响声，举伞困难	开始产生大的波浪，到处呈现白沫，浪花的范围更大（飞沫更多）	3	10.8～13.8	39～49
7	疾风	整个树木摇动，人迎风行走不便	浪大、浪翻滚、白沫像带子一样随风飘动	4	13.9～17.1	50～61
8	大风	小的树枝折断，迎风行走很困难	波浪加大变长，浪花顶端出现水雾，泡沫像带子一样清楚地随风飘动	5.5	17.2～20.7	62～74
9	烈风	建筑物有轻微损坏（如烟囱倒塌，瓦片飞出）	出现大的波浪，泡沫呈粗的带子随风飘动，浪前倾、翻滚、倒卷、飞沫挡住视线	7	20.8～24.4	75～88
10	狂风	陆地少见，可使树木连根拔起或将建筑物严重损坏	浪变长，形成更大的波浪，大块的泡沫像白色带子随风飘动，整个海面呈白色，波浪翻滚咆哮	9	24.5～28.4	89～102
11	暴风	损毁重大	波峰全呈飞沫	11.5	28.5～32.6	103～117
12	飓风	摧毁极大	海浪滔天	14	＞32.7	＞117

附录3

光伏发电系统场地勘测与项目申报要点

1. 可用场地的六大因素

（1）场地合法性

合法土地资源：非农用地；非林地、草地；建设用地；荒草地、盐碱地、沙地、滩涂、鱼塘、湖泊、煤矿沉陷区、岩石地等。

合法屋顶资源：有房屋产权证明或土地证、宅基地证或乡、镇政府证明的所有建筑屋顶。

（2）场地的可利用性

山地地形地貌状态：山地地势东西走向、相对平坦、北高南低缓坡、周边无更高的山体；避开林木、地下线路较多的区域，避免矿产和文物压覆。

水文地质条件：避开山洪、泥石流、滑坡、岩石滚落、地震断裂带等易发区域，如果避不开，一定要建设相应防范设施，并把相应的设计方案及投资费用与项目统一实施。对于江河湖海及低洼地、滩涂等易受洪水侵害场合，一定要规划建设防洪、泄洪设施。光伏方阵最低边缘要比项目地30年内历史最高水位再加高0.5m。

场地综合利用：详细确认场地可利用面积的大小、形状。尽量减少或避免土石方开挖或拆迁。

建筑屋顶类场所：总体朝向南北或接近南北，周边无遮挡。

（3）气候条件

太阳能资源：因光伏发电系统的发电量与太阳能资源丰富程度密切相关，因此，光伏发电系统要建在太阳能资源较丰富（3类以上）地区。

空气质量：良好地区（无经常性的灰尘、盐雾、雾霾等）。

灾害性气候：光伏发电系统尽量避免建设在风力（台风）、积雪、雷击、冰雹等频繁灾害区域，或考虑建设相应措施或设施。

（4）电网接入条件

接入距离和方式：确认附近有无可接入变电站及其电压等级、间隔容量；确认附近有无电网变压器及输电电缆容量；确认与接入点的距离；接入方式是专线接入还是T接方式；专线方式是否穿过铁路、公路、水库等。

接入电压等级：容量8kW以下，并网接入220V电压；容量大于8～400kW，并网接入

380V 电压；容量大于 400kW～6MW，并网接入 10kV 电压；容量为 5～20MW，并网接入 35kV 电压。如果具备同等接入条件，一般取低一级电压。

其他方面：确认并网区域内自发自用消纳状况；确认施工场地用电方式。

（5）交通运输条件

地面及山地项目：尽量多利用现有交通路线；如果需要开辟和新建道路，要确保施工过程中大型车辆、设备进场需求和以后运维检修便利。荒山荒坡修建道路要综合考虑可行性和建设费用合理性。

屋顶项目：主要考虑吊车、混凝土车等是否能够在建筑周围进行吊装和混凝土浇筑作业。

（6）周边因素影响

充分了解项目地及周边的中长期规划，该地将来有无遮光障碍物或房屋新建或拆迁情况。

2. 场地勘测要点

（1）勘测总体要求

勘测目的：查明准备建设地点的各种相关因素和条件，为站址选择、工程设计和施工安装提供科学、可靠的依据和基础资料，保证工程质量和成本。

勘测方式：沟通、询问、调查、观察、勘察、测量、测试、鉴定、综合评价。

勘测原则：必须坚持先勘测、后设计、再施工的原则。

（2）勘测步骤

前期准备：收集资料，了解政策，与业主沟通，准备勘测用具、制定勘测提纲。

现场勘测：现场调查，绘制草图、填写勘测表、实景拍照、面积尺寸量取，点位测试，确定大致范围等。复杂项目需多次勘测。

分析确认：以选择站址技术参数为依据，进行资料分析，确定可用面积，确定并网接入方案，确定运输路线，编制勘测结论报告。

勘测用具：水平仪、激光测距仪、指南针、10m 钢卷尺、GPS 设备、带有地图软件的手机或笔记本计算机、照相机、记录本、笔等。

（3）其他资料

用电消纳情况：分布式项目以自发自用、余电上网模式为核心，自发自用电量占比越大，收益越大，特别是高耗能企业。考察业主建设区域的用电量、电价、白天用电比例、高峰用电比例、峰谷用电时间分布用电情况，确定光伏容量。

开发建设模式：土地或屋顶租赁模式、电价优惠供应模式（能源合同管理）、合资合作模式等。

产权及企业状况：土地、屋顶产权是否明晰；项目业主或企业实力强、行业前景好、长期存续的稳定性。

3. 瓦屋顶的几种形式及勘测要点

常见瓦屋顶如附图 3-1 所示，主要有双面斜屋顶、四面斜屋顶、别墅屋顶及古建筑屋顶等，这类屋顶的主要勘测内容有：房屋建设剩余年限要大于 25 年；屋顶结构类型；屋面朝向和倾斜角度；屋顶载荷；屋顶可安装面积；屋顶防水情况（修复防水还是利用有防水措施的光伏方阵解决屋顶防水问题）；屋顶附属物及位置、尺寸；计划并网线路变压器及电缆容量；确定逆变器安装位置；确定并网计量配电柜的安装位置；初步测量或预估并网电缆铺设长度。

（a）双面斜屋顶 （b）四面斜屋顶

（c）别墅屋顶 （d）古建筑屋顶

附图3-1 常见瓦屋顶

瓦屋顶勘测的主要尺寸示意如附图 3-2 所示，主要关注有向阳面屋顶的长、宽及倾斜角度，对于古建筑屋顶，还要测量屋面弧度最低点与屋面弧度最高点的距离，以便选择相应尺寸的瓦屋顶支架挂钩固定件。

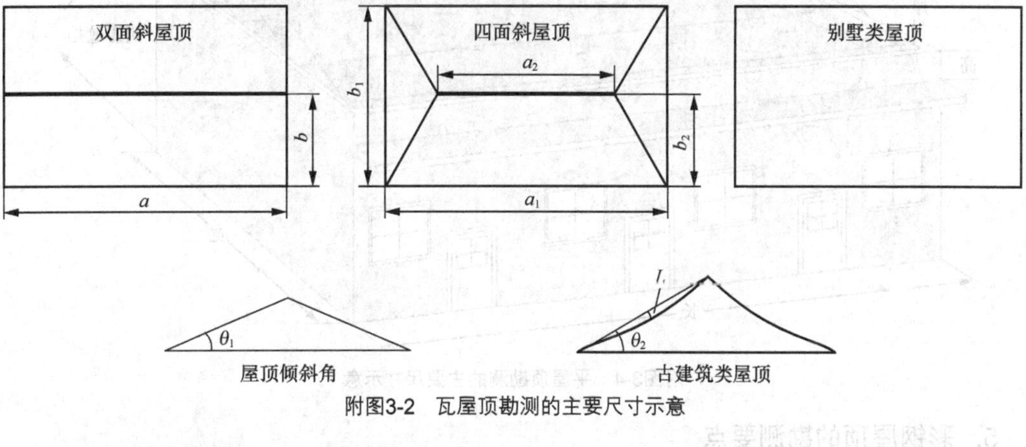

附图3-2 瓦屋顶勘测的主要尺寸示意

4. 平屋顶的几种形式及勘测要点

常见平屋顶结构类型如附图 3-3 所示，主要有挑檐平屋顶、带女儿墙平屋顶、女儿墙加挑檐平屋顶和拱形屋顶等。这类屋顶的主要勘测内容与瓦屋顶基本相同，在勘测中要注意测量女儿墙的高度，以及注意有些商场等在女儿墙或屋顶安装的广告及商业牌匾对光伏方阵的遮挡情况。

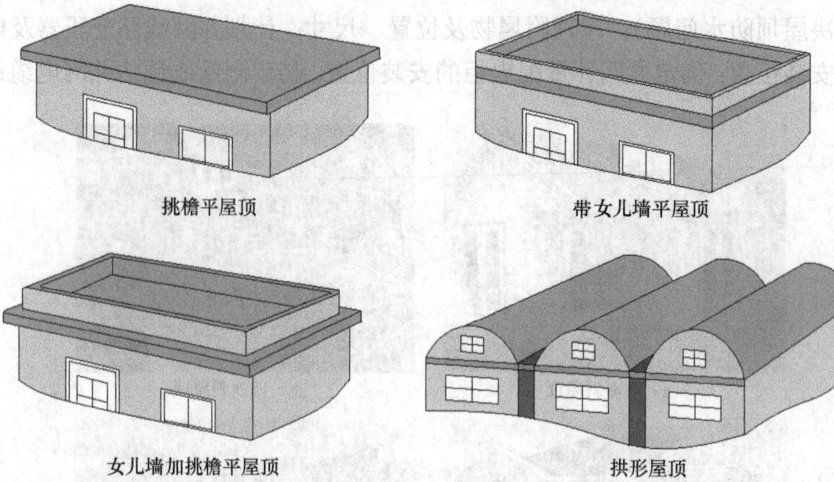

附图3-3　常见平屋顶建筑

平屋顶勘测的主要尺寸示意如附图 3-4 所示。对于一些家庭用户的屋顶，为了充分利用屋顶面积，安装更多容量，可能会做一个倾斜的大方阵覆盖整个屋顶（有些地区称之为“平改坡”），计划采用这种方式时，还需要考虑整个方阵的阴影对房前、屋后邻居采光的遮挡情况，以及是否会引起大面积的风载荷问题。

附图3-4　平屋顶勘测的主要尺寸示意

5. 彩钢屋顶的勘测要点

彩钢屋顶的勘测除了上述一些共性内容，需要特别关注下列一些问题。

（1）屋顶的载荷。彩钢屋顶的载荷与屋顶房梁结构、间距及彩钢本身的钢材强度、厚度都有直接关系，一些屋顶因用途不同，设计比较单薄，不一定能满足正常的载荷要求，所以勘测时要通过图纸或到现场勘测房梁结构及间距尺寸，彩钢屋顶内部钢结构如附图 3-5 所示，在检查和计算其是否满足载荷要求的同时，最好把光伏方阵支架夹具或固定件设计安装在有梁的位置。对于载荷不能满足要求的屋顶，要对屋顶结构加固后实施安装。

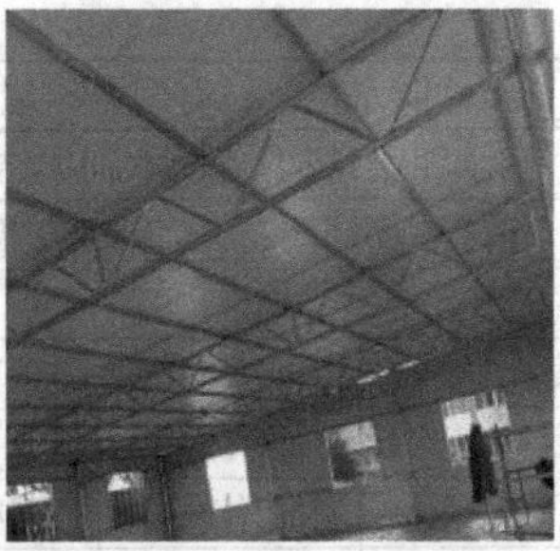

附图3-5 彩钢屋顶内部钢结构

（2）屋面朝向和坡度。彩钢屋面绝大多数是双坡屋面，倾斜角从 5°～20° 不等，这类项目光伏组件一般为顺坡平铺，双坡面有朝向正南正北的，也有朝向正东正西的，无论什么朝向，都不是最佳倾斜角和方位角，特别在纬度 25° 以上地区，光伏系统发电量会受较大影响，因此要根据具体场景适当增加容配比。不同朝向的光伏方阵应分别对应接入不同的逆变器中。

（3）彩钢瓦类型及波峰尺寸间距。勘测中要注意彩钢瓦波峰结构类型，如角驰、直立锁边、梯形等，并测量其具体尺寸，以配置尺寸合适的夹具或固定件，另外要测量波峰间距，如附图 3-6 所示，以便在设计时确定夹具的固定间距。

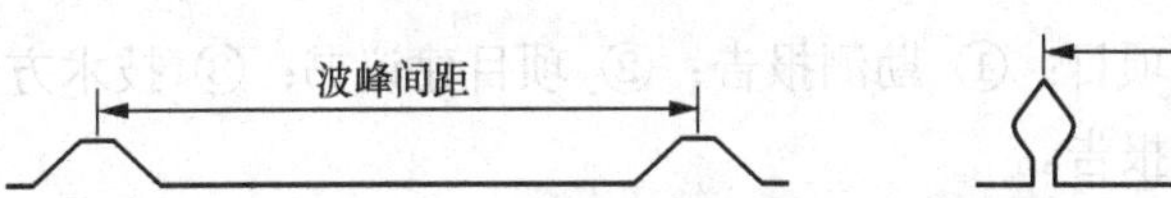

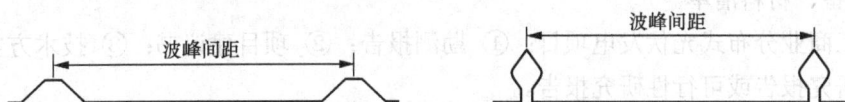

附图3-6 彩钢瓦波峰间距测量示意

（4）屋顶的防水与锈蚀。在勘测过程中，要通过沟通和观察了解屋顶防水是否完好，有没有漏雨情况，如果有漏雨情况一定要先做好防水，才可以进行光伏组件的安装。同样，屋顶的锈蚀程度也是勘测中需要重点检查的，对于锈蚀不严重的屋顶要先进行表面除锈和防锈漆涂刷；对于锈蚀严重，甚至出现钢板局部锈烂穿透现象的屋顶，要先进行更换，更换时最好采用不锈钢彩钢瓦，以保证其 25 年内不用进行光伏组件的二次拆装。无论是防水处理还是锈蚀处理，勘测完毕后都要同业主沟通协商，明确具体解决方法、费用问题和双方责任、义务等。

附表 3-1 是一个屋顶类光伏发电项目勘测表，供读者参考使用。

附表 3-1　　屋顶类光伏发电项目勘测表

业主名称		项目地址	
用电性质	□ 大工业　□ 一般工商业 □ 居民	场区或入户电压等级	□110kV　□35kV　□10kV □380V　□220V
经纬度	经度___度　纬度___度	拟接入电压	____V
执行电价类型	固定电价（元/kW·h）		
	分时电价（元/kW·h）	峰时____	平时____　谷时____
屋顶类型	□平屋顶	□整体浇筑　□预制装配　□其他	
	□瓦屋顶	□琉璃瓦　□水泥瓦　□沥青瓦　□合成树脂瓦　□其他	
	□彩钢顶	□角驰型　□T 型　□直立锁边型　□其他	
	□其他		

续表

<table>
<tr><td rowspan="4">屋顶结构</td><td>平屋顶</td><td colspan="3">女儿墙高度____cm：防水层：□有□无：屋面平整度：□平□不平</td></tr>
<tr><td>瓦屋顶</td><td colspan="3">□混凝土结构　□水泥梁结构　□木制梁结构　□其他结构</td></tr>
<tr><td>彩钢顶</td><td colspan="3">屋顶梁间距____m：波峰间距：____cm：腐蚀程度：□无　□轻　□重</td></tr>
<tr><td>其他</td><td colspan="3"></td></tr>
<tr><td colspan="2">屋面倾斜角</td><td>____度</td><td>屋面朝向</td><td>□正南　□偏东　□偏西　□东西向</td></tr>
<tr><td colspan="2">组件拟铺设倾斜角</td><td>____度</td><td>屋面尺寸</td><td>长____m　宽____m</td></tr>
<tr><td colspan="2">屋顶荷载估测</td><td>□需加固　□不需加固</td><td>屋面附属物</td><td>□阁楼　□热水器　□电梯间　□其他</td></tr>
<tr><td>防雷情况</td><td colspan="2">□已有防雷接地　□无防雷接地</td><td>逆变器位置</td><td>□室内　□室外　□壁挂　□落地</td></tr>
<tr><td>周边遮挡</td><td colspan="2">□有描述：　□无</td><td>配电箱位置</td><td>□室内　□室外　□壁挂　□落地</td></tr>
<tr><td colspan="5">附件：建筑外观照片
屋面结构照片
屋顶内部结构照片
配电室或电表箱位置照片
屋顶附属物位置平面图</td></tr>
</table>

6. 勘测结果输出资料

（1）户用光伏系统项目：① 屋顶勘测表及相关图片；② 组件排布图；③ 支架结构设计图；④ 设备、材料清单。

（2）工商业分布式光伏发电项目：① 勘测报告；② 项目建议书；③ 技术方案；④ 预计可行性研究报告或可行性研究报告。

（3）地面光伏电站项目：① 勘测总结报告；② 预计可行性研究报告（或项目申请报告）；③ 可行性研究报告；④ 申报项目资料汇编。

7. 户用光伏系统项目申报实施流程

户用光伏系统项目申报实施流程如附图3-7所示。

8. 工商业分布式光伏项目申报实施流程

工商业分布式光伏项目申报实施流程主要分为项目备案、项目申请和项目实施3个阶段。

（1）项目备案

① 根据勘测报告和项目建议书起草立项申请报告。

② 向当地县（区）发展和改革委员会递交立项申请报告，包括项目公司简介、项目实施地址、投资来源、收益情况、计划安装容量等，也可以附项目建议书。

③ 领取发展和改革委员会备案批复文件（同意开展前期工作）。

④ 其他资料准备：经办人身份证及复印件、法人委托书、营业执照、房产证或土地证、董事会决议、业主授权材料（如屋顶租赁合同、售电协议）、屋顶平面图和屋顶安全承载证明材料（由有资质的设计单位出具），其他应当提交的材料。

（2）项目申请

① 向当地县（区）电网公司递交《分布式电源项目申请表》、备案批复文件及其他资料。

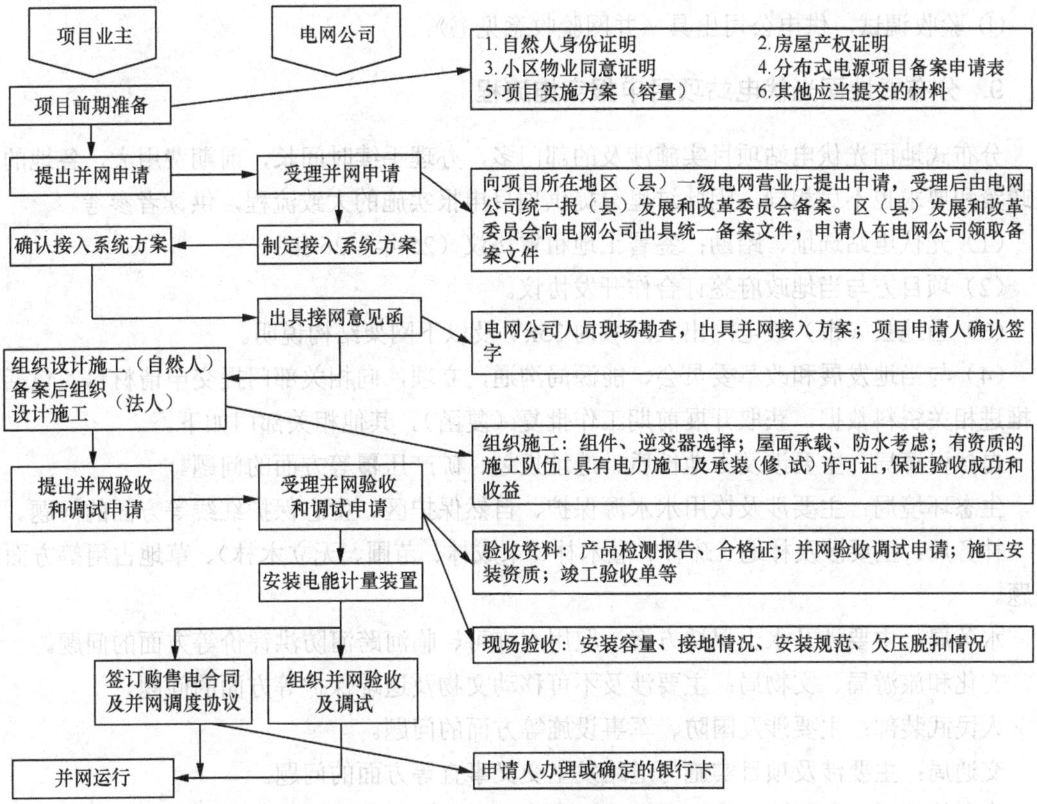

附图3-7 户用光伏系统项目申报实施流程

② 电网公司受理申请，组织经济研究所等有关部门现场勘查，做接入方案准备。

③ 企业提供现场电气图纸、配电室或变电所相关资料等。

④ 供电公司免费编制《分布式电源项目接入系统方案》，出具《接入系统方案项目（业主）确认单》，10kV 以上项目出具《接入电网意见函》。

⑤ 380V（220V）多点并网或 10kV 并网项目，自行委托有相应资质的单位进行接入系统工程设计，交电网公司审查。审查资料包括：设计单位资质复印件；接入工程初步设计报告、图样及说明书；隐蔽工程设计资料；高压电器装置一次、二次接线图及平面布置图；主要电器设备一览表；继电保护、电能计量方式等。

⑥ 电网公司协助用户填写《设计资料审查申请表》，出具《设计资料审查意见书》。审查不通过，提出修改意见，进行变更设计，再次送审。

（3）项目实施

① 工程施工。根据接入方案答复意见和设计审查意见，自主选择有相应资质的施工单位实施光伏发电本体工程及接入系统工程。

② 向供电公司提交并网验收调试申请，递交验收调试资料有：项目备案文件；施工单位资质复印件；主要电气设备型式认证报告或质检证书（包括发电、逆变、开关等设备）；继电保护装置整定记录，通信设备、电能计量装置安装，调试记录；并网工程的验收报告或记录；项目运行人员名单及专业资质认证书复印件。

③ 计量装置安装；签订《发用电合同》，10kV 用户还需签《电网调度协议》。

④ 验收调试，供电公司出具《并网验收意见书》。

9. 分布式地面光伏电站项目申报实施流程

分布式地面光伏电站项目实施涉及的部门多，办理手续时间长，前期费用大，各地的相关政策和要求也不尽相同，因此这里只提供项目申报实施的大致流程，供读者参考。

（1）光伏电站选址、踏勘；签署土地租赁协议（25年、26年）。

（2）项目方与当地政府签订合作开发协议。

（3）当地县（市）级电网出具区域内35kV及以下网架结构说明。

（4）与当地发展和改革委员会、能源局沟通，立项，向相关部门提交申请材料，包括项目推进相关资料数据，获取开展前期工作批复（复函）。其他相关部门如下。

自然资源局：主要涉及土地性质、选址规划、矿产压覆等方面的问题。

生态环境局：主要涉及饮用水水源保护、自然保护区、生态保护红线等方面的问题。

林务局：主要涉及林地（疏林、灌木林、未成林、苗圃、无立木林）、草地占用等方面的问题。

水务局：主要涉及水土保持方案、取用水许可、临河跨河防洪评价等方面的问题。

文化和旅游局、文物局：主要涉及不可移动文物及遗址保护等方面的问题。

人民武装部：主要涉及国防、军事设施等方面的问题。

交通局：主要涉及项目实施与道路发生交叉事宜等方面的问题。

应急管理局：主要涉及落实安全主体责任、安全施工、手续办理等方面的问题。

（5）编制项目上报资料：合同、批复文件；项目企业简介；项目简介；项目实施方案；预计可行性研究报告；接入和消纳分析报告等。

（6）项目方向当地电网公司申请并提供相关资料，经电网相关部门现场勘察后，出具评审意见和接入系统方案。

（7）正式编制可行性研究报告（通过专家组评审）。

（8）根据可行性研究报告及现场勘测数据，提出设计要求。

（9）编制工程施工设计方案，设备、材料技术规范说明，作为采购招标依据。

（10）各专业人员进行图纸绘制（包括土建、结构、电气等）。

（11）工程招、投标，签订相关合同。

（12）进入电站施工、安装、调试、验收阶段。

参考文献

[1] （日）太阳光电协会.太阳能光伏发电系统设计与施工[M].刘树民，宏伟，译. 北京：科学出版社，2006.

[2] 李钟实.太阳能光伏发电系统设计施工与应用[M].北京：人民邮电出版社，2012.

[3] 马金鹏.光伏电站价值提升策略之运维[J].光伏信息，2014（5）：23-26.

[4] 蒋华庆.贺广零，等.光伏电站设计技术[M].北京：中国电力出版社，2014.

[5] 华为技术有限公司.光伏电站智能化发展趋势[J].光伏领跑者专刊，2016：24-26.

[6] 李英姿.太阳能光伏并网发电系统设计与应用[M].北京：机械工业出版社，2014.

[7] 鲁思慧.锂电池储能前景可期[J].光伏信息，2013（5）：58-59.

[8] 中华人民共和国住房和城乡建设部，中华人民共和国国家质量监督检验检疫总局.GB/T 50796-2012 光伏发电工程验收规范[S].北京：中国计划出版社，2012.

[9] 中华人民共和国住房和城乡建设部，中华人民共和国国家质量监督检验检疫总局.GB/T 50795-2012 光伏发电工程施工组织设计规范[S].北京：中国计划出版社，2012.

[10] 中华人民共和国住房和城乡建设部，中华人民共和国国家质量监督检验检疫总局.GB/T 50794-2012 光伏发电站施工规范[S].北京：中国计划出版社，2012.

[11] 郭家宝，汪毅.光伏发电站设计关键技术[M].北京：中国电力出版社，2014.

[12] 宋振涛，田磊. 光伏建筑一体化技术应用与探讨[J].太阳能光伏，2011（7）：29-30.

[13] 李小永，马金鹏.大型荒漠光伏电站并网调试分析[J].光伏信息，2013（4）:42-45.

[14] 分布式光伏电站常见故障原因及解决方案[J].MPV《现代光伏》，2015（4）:52-53.

[15] 李钟实，等.分布式光伏电站设计施工与应用[M].北京：机械工业出版社，2017.

[16] 王东，张增辉，汪祥华.分布式光伏电站设计、建设与运维[M].北京：化学工业出版社，2018.

[17] 李钟实.太阳能光伏发电系统设计施工与应用（第 2 版）[M].北京：人民邮电出版社，2019.

[18] 黄悦华，马辉.光伏发电技术[M].北京：机械工业出版社，2020.

[19] 周宏强，王素梅，高吉荣.光伏电站的运行维护[M].北京：机械工业出版社，2020.

[20] 李钟实. 太阳能分布式光伏发电系统设计施工与运维手册（第 2 版）[M].北京：机械工业出版社，2020.

[21] 葛庆，张清小，张要锋，等.光伏电站建设与施工技术[M].北京：中国铁道出版社，2016.